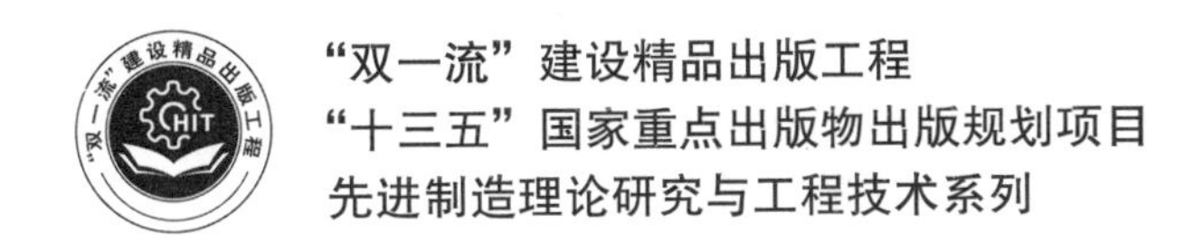

"双一流"建设精品出版工程

"十三五"国家重点出版物出版规划项目

先进制造理论研究与工程技术系列

机械设计课程设计

COURSE EXERCISE IN MACHINERY DESIGN

（第6版）

张　锋　古　乐　主编　宋宝玉　主审

哈爾濱工業大學出版社
HARBIN INSTITUTE OF TECHNOLOGY PRESS

内容简介

为了在新一轮科技革命和产业变革中占据优势地位，多国推出了以智能制造为核心的工业发展新战略，努力实现从制造大国向制造强国的跃升。为了适应新形势对人才的需求，本版在保留第5版教材特色的基础上，增加了三维设计内容，修订并编入了最新标准，吸纳了多所院校课程设计教学研究与教学改革实践经验。

全书共分三篇：第一篇为机械设计课程设计指导书，以减速器设计为例，着重介绍一般机械传动装置的设计内容、方法和步骤，包括二维图和三维图的设计过程；第二篇为机械设计常用标准、规范和其他设计资料；第三篇为课程设计参考图例，既有多种减速器的参考图例，又有多种传动件、轴系零部件的结构参考图例和工作图参考图例。

本书可供高等学校、开放大学和职技学校的机械类与近机械类专业做机械设计课程设计、机械设计基础课程设计及设计大作业使用，也可供相关工程技术人员参考。

Brief Introduction to the Content

In order to firmly occupy a dominant position in a new round of scientific and technological revolution and industrial transformation, many countries have launched new industrial development strategies with intelligent manufacturing as the core, and strive to achieve a leap from a manufacturing country to a manufacturing power. In order to meet the needs of talents in the new era, this edition retains the characteristics of the 5th edition of the textbook of "Course Design of Mechanical Design", adds three-dimensional design content, revises and compiles the latest standards, and absorbs the practical experience of teaching research and reform from many colleges and universities.

The book is divided into three parts. The first part is thecourse design guidebookofmechanical design. Taking the design of gear reducer as an example, this part focuses on the design content, methods and procedures of general mechanical transmission devices, including the design process of two-dimensional drawings and three-dimensional drawings. The second part is design standards, criteria and other design references for mechanical design. The third part provides reference legends for course design, which not only has a variety of reference legends for gear reducers, but also has a variety of structural reference legends and working drawing reference legends for transmission parts and shafting parts.

This book can be used for course design and assignments by mechanical and mechanical related majors in colleges and universities, the Open University of China and vocational and polytechnic schools, and can also be used as a reference by relevant engineers and technicians.

图书在版编目(CIP)数据

机械设计课程设计/张锋，古乐主编. —6版. —哈尔滨：哈尔滨工业大学出版社，2020.4(2023.2重印)

(先进制造理论与工程技术系列)

ISBN 978-7-5603-8634-8

Ⅰ.①机… Ⅱ.①张… ②古… Ⅲ.①机械设计-课程设计-高等学校-教材 Ⅳ.①TH122-41

中国版本图书馆CIP数据核字(2020)第016650号

责任编辑 王桂芝 黄菊英
出版发行 哈尔滨工业大学出版社
社　　址 哈尔滨市南岗区复华四道街10号 邮编150006
传　　真 0451-86414749
网　　址 http://hitpress.hit.edu.cn
印　　刷 哈尔滨久利印刷有限公司
开　　本 787mm×1092mm 1/16 印张17.5 字数426千字
版　　次 2012年8月第5版 2020年4月第6版
　　　　 2023年2月第3次印刷
书　　号 ISBN 978-7-5603-8634-8
定　　价 38.00元

第 6 版前言

本书是“机械设计制造及其自动化”系列教材中的一本，已先后修订 5 次。本次修订再版是结合工程教育专业认证通用标准和机械类专业补充标准《高等学校工科教学基本要求》中的“机械设计”课程教学基本要求（机械类专业适用）和“机械设计课程设计”教学大纲的要求，吸纳了哈尔滨工业大学及各兄弟院校多年课程设计教学研究与改革实践的经验进行的，保留了第 5 版《机械设计课程设计》教材的基本特色。本次修订重点增加了三维图的设计，以满足智能设计和智能制造的需求；在对第 5 版的错误及不当之处进行修订的同时，尽可能采用最新的标准，以满足各类高校“机械设计课程设计”和“机械基础课程设计”的需求。

本书的编写和修订遵循以下原则：

(1) 以满足课程设计的需要为主，兼顾完成设计大作业的要求。全书将课程设计指导书、参考图例和机械设计常用标准、规范及其他资料汇集成册，集教学指导、参考图册、手册于一体。

(2) 与《机械设计》《机械设计基础》教材配套使用，内容力求简明扼要，以“有用、够用”为原则，凡教材中有的内容，一般不再重复。

(3) 根据最新颁布的国家标准和行业规范，对书中的术语、图表数据、标准等进行了核准、补充和更新。标准、规范和常用设计资料均在一般参数范围内。

(4) 结合工程实际情况，对一些常用设计数据进行修正。

(5) 书中指导书部分，总结了作者多年的教学经验，并吸纳哈尔滨工业大学“机械设计课程设计指导规范”的有关内容，精心设计了自检和思考题，便于学生自学、自检。

(6) 补充了原书中的遗漏，并纠正了文字和插图中的错误。

参加本次修订的有哈尔滨工业大学的张锋、古乐、于东、孙厚涛、敖宏瑞、丁刚和浙江理工大学的胡明，由张锋、古乐担任主编，由哈尔滨工业大学宋宝玉教授主审。

本书在编写过程中得到了哈尔滨工业大学及兄弟院校讲授“机械设计”课程或“机械设计基础”课程的许多老师的帮助和支持，在此一并表示衷心的感谢。

由于编者的水平有限，书中难免存在疏漏和欠妥之处，恳请广大读者批评指正，谢谢！

编　者

2021 年 3 月

目　　录

第一篇　机械设计课程设计指导书

第 11 章　机械设计中常用材料

第 12 章　连接

第 13 章 滚动轴承

第 14 章　联轴器

第 15 章　润滑装置、密封件和减速器附件

第 16 章　电动机

第 17 章 极限与配合、几何公差、表面结构及传动件的精度

第三篇　课程设计参考图例

第一篇　机械设计课程设计指导书

第1章　概　述

1.1　机械设计课程设计的目的

机械设计课程是培养学生具有机械设计能力的技术基础课。课程设计则是机械设计课程重要的实践性教学环节。其目的是:

(1) 通过课程设计实践,树立正确的设计思想,增强创新意识,培养综合运用机械设计课程和其他先修课程的理论与生产实际知识去分析与解决机械设计问题的能力。

(2) 学习机械设计的一般方法,掌握机械设计的一般规律。

(3) 进行机械设计基本技能的训练,例如,计算、二维及三维绘图、查阅设计资料和手册、运用标准和规范等。

1.2　机械设计课程设计的内容

机械设计课程设计的题目常为一般用途的机械传动装置,如图1.1所示带式运输机的机械传动装置——减速器。

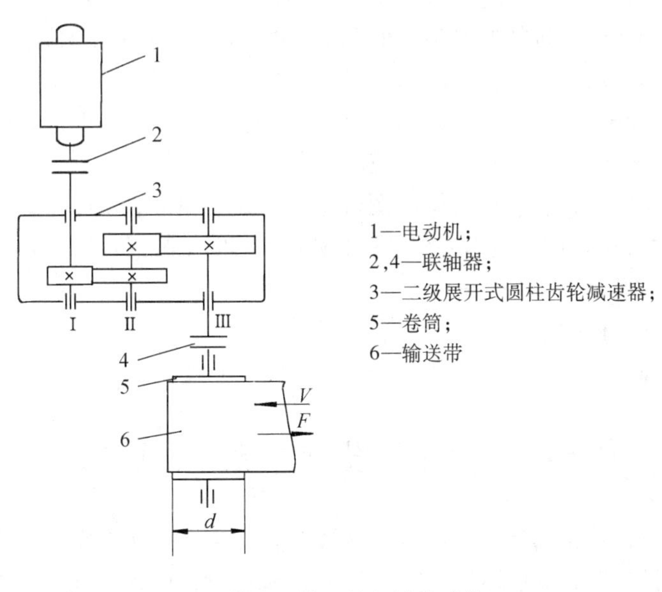

图1.1　带式运输机的机械传动装置

每个学生都应完成以下工作:

① 减速器装配工作图 1 张(A0 图纸);

② 零件工作图 2 张(传动件、轴,A2 ~ A3 图纸);

③ 设计计算说明书 1 份。

1.3 机械设计课程设计的方法和步骤

机械设计课程设计通常从分析或确定传动方案开始,进行必要的计算和结构设计,最后以图纸表达设计结果,以设计计算说明书说明设计的依据。由于影响设计结果的因素很多,机械零件的结构尺寸不可能完全由计算确定,还需借助画图、初选参数或初估尺寸等手段,通过边画图、边计算、边修改的过程逐步完成设计,亦即通过计算与画图交叉进行来逐步完成设计。

课程设计大致按以下步骤进行:

1. 设计准备

认真研究设计任务书,明确设计要求和工作条件;通过看实物、模型、录像及减速器拆装实验等来了解设计对象;复习课程有关内容,熟悉有关零部件的设计方法和步骤;准备好设计需要的图书、资料和用具;拟定设计计划等。

2. 传动装置的总体设计

确定传动装置的传动方案;选定电动机的类型和型号;计算传动装置的运动和动力参数(确定总传动比,并分配各级传动比,计算各轴的功率、转速和转矩)。

3. 传动零件的设计计算

设计计算各级传动件的参数和主要尺寸,如齿轮的模数 m、齿数 z、分度圆直径 d 和齿宽 b 等。

4. 装配图设计

(1) 装配草图设计。选择联轴器,初定轴的基本直径,选择轴承类型,确定减速器箱体结构方案和主要结构尺寸;通过草图设计Ⅰ定出轴上受力点的位置和轴承支点间的跨距;校核轴、轴毂连接的强度,校核轴承的基本额定寿命;通过草图设计Ⅱ完成传动件及轴承部件结构设计;通过草图设计Ⅲ完成机体及减速器附件的结构设计。

(2) 装配工作图设计。不仅要按制图规范画出足够的视图,而且要完成装配图的其他要求,如标注尺寸、技术特性、技术要求、零件编号及其明细栏、标题栏等。

5. 零件工作图设计

6. 编写设计计算说明书

7. 设计总结和答辩

1.4 机械设计课程设计中应注意的几个问题

机械设计课程设计是高等工科院校大多数专业学生第一次较全面的设计训练。为了尽快投入并适应设计实践,达到预期的教学目的,在机械设计课程设计中必须注意以下几个问题:

（1）正确处理参考已有资料与创新的关系。设计是一项根据特定设计要求和具体工作条件而进行的复杂细致的工作，凭空设想而不依靠任何资料是无法完成的，因此在课程设计中首先要认真阅读参考资料，仔细分析参考图例的结构，充分利用已有资料，这是学习前人经验、提高设计质量的重要保证，也是设计工作能力的重要体现，但是决不应该盲目地、机械地抄袭资料，而应该在参考已有资料的基础上，根据设计任务的具体条件和要求，大胆创新，亦即做到继承与创新相结合。

（2）正确处理设计计算与结构设计和工艺要求等方面的关系。任何机械零件的尺寸，都不可能完全由理论计算确定，而应该综合考虑强度、结构和工艺的要求。因此不能把设计片面理解为就是理论计算，更不能把所有计算尺寸都当成零件的最终尺寸，例如轴伸的基本直径 d 按强度计算为 15 mm，但考虑到相配联轴器的孔径，最后可能取 $d=20$ mm。显然这时轴的强度计算只是为确定轴伸直径大小提供了一个方面的依据。

（3）熟练掌握边画图、边计算、边修改的设计方法，力求精益求精。

（4）正确使用标准和规范。设计中采用的标准件（如螺栓）的尺寸参数必须符合标准规定；采用的非标准件的尺寸参数，若有标准，则应执行标准（如齿轮的模数）；若无标准，则应尽量圆整为标准数列或优先数列。但对于一些有严格几何关系的尺寸（例如，齿轮传动的啮合尺寸参数），则必须保证其正确的几何关系，而不能随意圆整。例如 $m_n=3$ mm、$z=20$、$\beta=10°$的斜齿圆柱齿轮，其分度圆直径 $d=60.926$ mm，不能圆整为 $d=60$ mm。

（5）图纸应符合机械制图规范，说明书要求计算正确，书写工整，内容完备。

（6）课程设计是在教师指导下由学生独立完成的，因此，在设计过程中要教学相长，教师要因材施教，严格要求，学生要充分发挥主观能动性，要有勤于思考、深入钻研的学习精神和严肃认真、一丝不苟、有错必改、精益求精的工作态度。

（7）要注意掌握设计进度，保质保量地按期完成设计任务。

第2章 传动装置的总体设计

传动装置总体设计的目的是分析或确定传动方案、选定电动机型号、计算总传动比并合理分配传动比、计算传动装置的运动和动力参数,为设计计算各级传动零件和装配图的设计准备条件。

2.1 分析或确定传动方案

传动方案通常用机构运动简图表示,它反映运动和动力传递路线及各零部件的组成和连接关系。在课程设计中,如由设计任务书给定传动方案时,学生应了解和分析各传动方案的特点;如设计任务书只给定工作机的性能要求(带式运输机的有效拉力F和输送带的线速度v等),学生应根据各种传动的特点确定出最佳的传动方案。

合理的传动方案,首先要满足工作机的性能要求,适应工作条件(如工作环境、场地等),工作可靠,此外还应使传动装置的结构简单、尺寸紧凑、加工方便、成本低廉、传动效率高和使用维护方便。同时满足这些要求是比较困难的,因此要通过分析比较多种传动方案,选择出能保证重点要求的最佳传动方案。

常用传动机构的性能及适用范围参见表2.1。选择传动机构类型的一般原则是:

(1) 小功率传动,宜选用结构简单、价格便宜、标准化程度高的传动结构,以降低制造成本。

(2) 大功率传动,应优先选用传动效率高的传动机构(如齿轮传动),以减少能耗,降低运行费用。

(3) 载荷变化较大时,应选用具有缓冲吸振能力的传动机构(如带传动)。

(4) 工作中可能出现过载时,应选用具有过载保护作用的传动机构(如带传动)。

(5) 工作温度较高、潮湿、多粉尘、易爆易燃场合,宜选用链传动、闭式齿轮传动或蜗杆传动,而不能采用带传动或摩擦传动。

(6) 要求两轴保持准确的传动比时,应选用齿轮传动、蜗杆传动或同步带传动。

当采用由几种传动形式组成的多级传动时,要充分考虑各种传动形式的特点,合理地布置其传动顺序。下列各点可供参考。

(1) 带传动的承载能力小,当传递相同转矩时,结构尺寸较其他传动形式大,但传动平稳,能吸振缓冲,因此宜布置在高速级。

(2) 链传动运动不均匀,有冲击,不适用于高速级,应布置在低速级。

(3) 斜齿圆柱齿轮传动的平稳性较直齿轮传动好,常用在高速级或要求传动平稳的场合。

(4) 开式齿轮传动的工作环境一般较差,润滑条件不好,因而磨损严重、寿命较短,应布置在低速级。

(5) 锥齿轮传动只用于需要改变轴的布置方向的场合。由于锥齿轮(特别是大直径、大模数锥齿轮）加工困难，所以应将其布置于传动的高速级，并限制其传动比，以减小其直径和模数。

（6）蜗杆传动可以实现较大的传动比，结构紧凑，传动平稳，但传动效率较低，故适用于中小功率的高速传动中。

常用减速器类型及特点参见表2.1。

表2.1　减速器的主要类型和特点

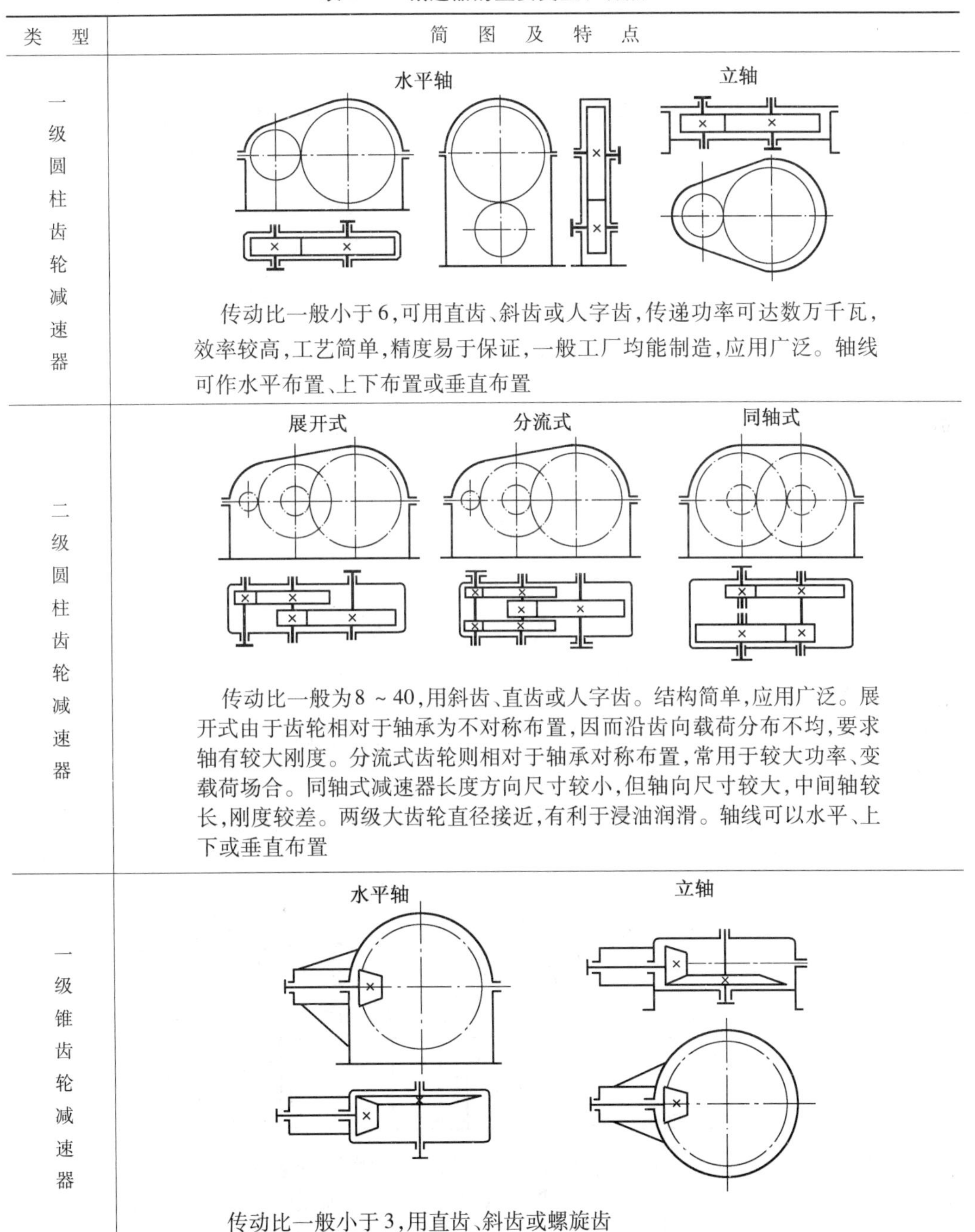

类　型	简　图　及　特　点
一级圆柱齿轮减速器	传动比一般小于6，可用直齿、斜齿或人字齿，传递功率可达数万千瓦，效率较高，工艺简单，精度易于保证，一般工厂均能制造，应用广泛。轴线可作水平布置、上下布置或垂直布置
二级圆柱齿轮减速器	传动比一般为8～40，用斜齿、直齿或人字齿。结构简单，应用广泛。展开式由于齿轮相对于轴承为不对称布置，因而沿齿向载荷分布不均，要求轴有较大刚度。分流式齿轮则相对于轴承对称布置，常用于较大功率、变载荷场合。同轴式减速器长度方向尺寸较小，但轴向尺寸较大，中间轴较长，刚度较差。两级大齿轮直径接近，有利于浸油润滑。轴线可以水平、上下或垂直布置
一级锥齿轮减速器	传动比一般小于3，用直齿、斜齿或螺旋齿

续表 2.1

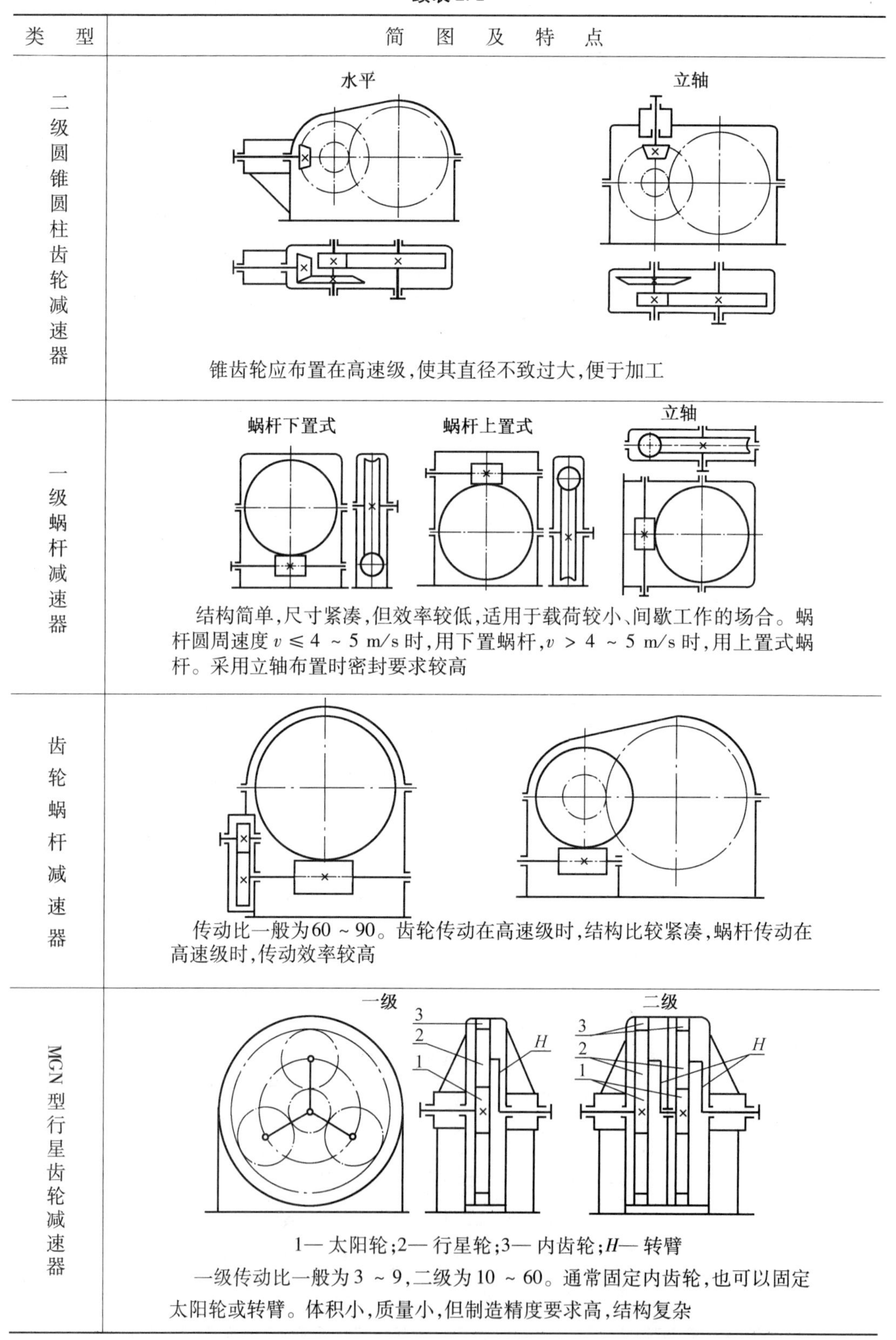

类　型	简　图　及　特　点
二级圆锥圆柱齿轮减速器	水平　立轴 锥齿轮应布置在高速级,使其直径不致过大,便于加工
一级蜗杆减速器	蜗杆下置式　蜗杆上置式　立轴 结构简单,尺寸紧凑,但效率较低,适用于载荷较小、间歇工作的场合。蜗杆圆周速度 $v \leqslant 4 \sim 5$ m/s 时,用下置蜗杆,$v > 4 \sim 5$ m/s 时,用上置式蜗杆。采用立轴布置时密封要求较高
齿轮蜗杆减速器	传动比一般为60 ~ 90。齿轮传动在高速级时,结构比较紧凑,蜗杆传动在高速级时,传动效率较高
MGN 型行星齿轮减速器	一级　二级 1— 太阳轮;2— 行星轮;3— 内齿轮;H— 转臂 一级传动比一般为 3 ~ 9,二级为 10 ~ 60。通常固定内齿轮,也可以固定太阳轮或转臂。体积小,质量小,但制造精度要求高,结构复杂

2.2 选择电动机

电动机是专门工厂批量生产的标准部件，设计时要根据工作机的工作特性、工作环境和工作载荷等条件，选择电动机的类型、结构、容量（功率）和转速，并在产品目录中选出其具体型号和尺寸。

1. 选择电动机类型和结构形式

电动机分交流电动机和直流电动机两种。由于生产单位一般多采用三相交流电源，因此，无特殊要求时均应选用三相交流电动机，其中以三相异步交流电动机应用最广泛。根据不同防护要求，电动机有开启式、防护式、封闭自扇冷式和防爆式等不同的结构形式。

Y系列三相笼型异步电动机是一般用途的全封闭自扇冷式电动机，由于其结构简单、工作可靠、价格低廉、维护方便，因此广泛应用于不易燃、不易爆、无腐蚀性气体和无特殊要求的机械上，如金属切削机床、运输机、风机、搅拌机等。常用Y系列三相异步电动机的技术数据和外形尺寸见表16.1和表16.2。对于经常启动、制动和正反转的机械（如起重、提升设备），要求电动机具有较小的转动惯量和较大的过载能力，应选用冶金及起重用三相异步电动机YZ型（笼型）或YZR型（绕线型）。

电动机的类型和结构形式应根据电源种类（交流或直流）、工作条件（环境、温度、空间位置等）、载荷大小和性质（变化性质、过载情况等）、启动性能和启动、制动、正反转的频繁程度等条件来选择。

2. 选择电动机的容量（功率）

电动机的容量（功率）选择是否合适，对电动机的正常工作和经济性都有影响。容量选得过小，会使电动机因超载而过早损坏，不能保证工作机正常工作；而容量选得过大，则电动机的价格高，能力又不能充分利用，而且由于电动机经常不满载运行，其效率和功率因数都较低，增加电能消耗而造成能源的浪费。

电动机的容量主要根据电动机运行时的发热条件来决定。对于载荷比较稳定、长期连续运行的机械（如运输机），只要所选电动机的额定功率 P_{ed} 等于或稍大于所需的电动机工作功率 P_d，即 $P_{ed} \geqslant P_d$，电动机就能安全工作，不会过热，因此通常不必校验电动机的发热和启动转矩。

如图1.1所示的带式运输机，其电动机所需的工作功率为

$$P_d = \frac{P_W}{\eta_\Sigma} \quad \text{kW}$$

式中，P_W 为工作机的有效功率，即工作机的输出功率（kW），它由工作机的工作阻力和运动参数确定，$P_W = \dfrac{Fv}{1\ 000}$kW，F 为输送带的有效拉力（N），v 为输送带的线速度（m/s）；η_Σ 为从电动机到工作机输送带间的总效率。它为组成传动装置和工作机的各部分运动副或传动副的效率之乘积。设 η_1、η_2、η_3、η_4 分别为联轴器、滚动轴承、齿轮传动及卷筒传动的效率，则

$$\eta_\Sigma = \eta_1^2 \cdot \eta_2^4 \cdot \eta_3^2 \cdot \eta_4$$

计算总效率 η_Σ 时，应注意以下几点：

（1）各机械传动效率的概略值可参见表10.1。表中数值是概略的范围，一般可取中间值。

（2）轴承效率均指一对轴承而言。

（3）同类型的几对运动副或传动副都要考虑其效率，不要漏掉，例如，有两级齿轮传动时，其效率为 $\eta_{齿轮} \cdot \eta_{齿轮} = \eta_{齿轮}^2$。

（4）蜗杆传动的效率与蜗杆头数 Z_1 有关，应先初选头数 Z_1，然后估计效率 $\eta_{蜗杆}$。此外蜗杆传动的效率 $\eta_{蜗杆}$ 中已包括蜗杆轴上一对轴承的效率，因此在总效率的计算中，蜗杆轴上轴承效率不再计入。

3. 确定电动机的转速

容量相同的三相异步电动机，一般有3 000、1 500、1 000、750 r/min四种同步转速。电动机同步转速愈高，磁极对数愈少，外部尺寸愈小，价格愈低。但是电动机转速愈高，传动装置总传动比愈大，会使传动装置外部尺寸增加，提高制造成本。而电动机同步转速愈低，其优缺点则刚好相反。因此，在确定电动机转速时，应综合考虑，分析比较。一般可根据工作机主动轴转速和各传动副的合理传动比范围，计算出电动机转速的可选范围，即

$$n_d = i_\Sigma' n_W = (i_1' \cdot i_2' \cdot i_3' \cdot \cdots \cdot i_n') n_W \ \mathrm{r/min}$$

式中，n_W 为工作机主动轴转速，对带式运输机，$n_W = \dfrac{60 \times 1\,000 v}{\pi d}$ r/min，v 为输送带的线速度（m/s），d 为卷筒直径（mm）；i'_Σ 为传动装置总传动比的合理范围；i_1'，i_2'，i_3'，… 为各级传动副传动比的合理范围。

在本课程设计中，通常多选用同步转速为1 500 r/min或1 000 r/min的电动机。

选定了电动机的类型、结构及同步转速，计算出了所需电动机容量后，即可在电动机产品目录或设计手册中查出其型号、性能参数和主要尺寸。这时应将电动机型号、额定功率、满载转速、外形尺寸、电动机中心高、轴伸尺寸和键连接尺寸等记下备用。

2.3 确定传动装置总传动比和分配传动比

传动装置的总传动比 i_Σ 由选定的电动机满载转速 n_m 和工作机主动轴转速 n_W 确定，即

$$i_\Sigma = \frac{n_m}{n_W}$$

在多级传动的传动装置中，其总传动比 $i_\Sigma = i_1 \cdot i_2 \cdot i_3 \cdot \cdots \cdot i_n$，因此分配传动比，即各级传动比如何取值是设计中的一个重要问题，它将直接影响传动装置的外廓尺寸、质量大小和润滑条件。图2.1所示为二级展开式齿轮减速器的两种传动比分配方案，两种分配方案均满足总传动比需求，但粗线表示的方案，不仅外廓尺寸小，而且高速级大齿轮也得到了良好的润滑。

为合理地分配传动比，应注意以下几点：

（1）应使各级传动比均在荐用值的范围内，以符合各种传动形式的特点，并使结构紧凑。

（2）应使各传动件尺寸协调，结构匀称合理。例如，传动装置由普通 V 带传动和齿轮减速器组成时，带传动的传动比不宜过大，否则，由于带传动的传动比过大，会使大带轮的外圆半径大于齿轮减速器的中心高，造成尺寸不协调或安装不方便，如图 2.2 所示。

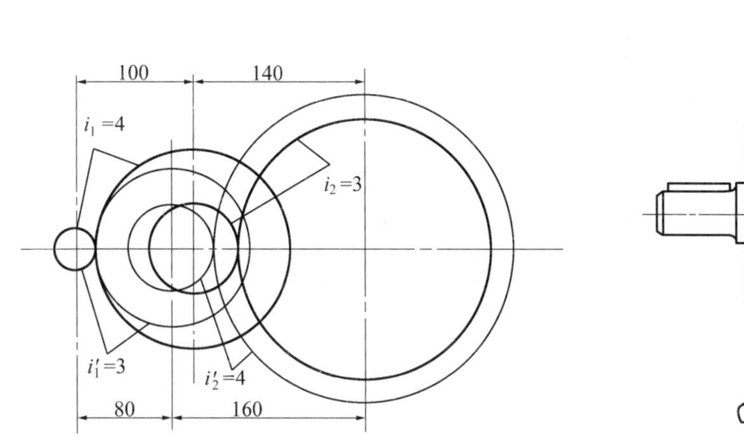

图 2.1　两种传动比分配方案的比较

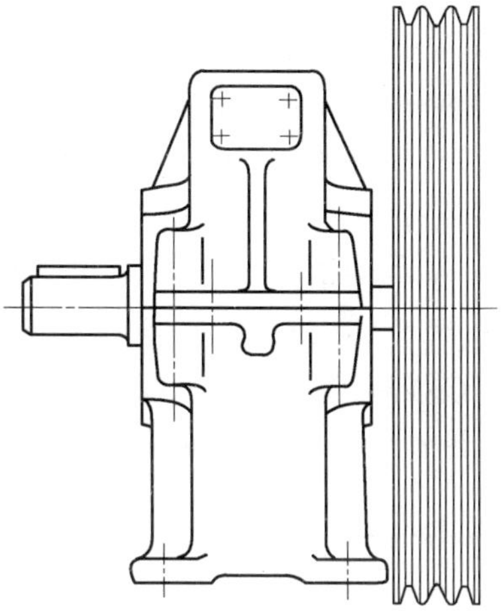

图 2.2　大带轮半径过大

（3）应使各传动件彼此不发生干涉碰撞，例如，在两级圆柱齿轮减速器中，若高速级传动比过大，会使高速级的大齿轮轮缘与低速级输出轴相碰，如图 2.3 所示。

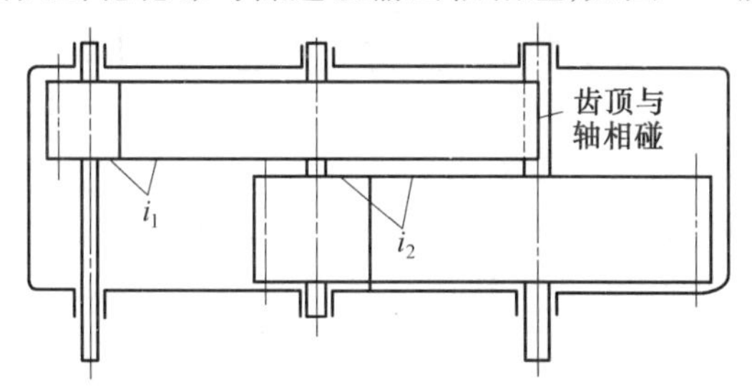

图 2.3　高速级大齿轮轮缘与输出轴相碰

（4）应使各级大齿轮浸油深度合理（低速级大齿轮浸油稍深，高速级大齿轮能浸到油），要求两大齿轮的直径相近。通常在展开式二级圆柱齿轮减速器中，低速级中心距大于高速级，因此，为使两大齿轮的直径相近，应保证高速级传动比大于低速级传动比，如图 2.4 所示。

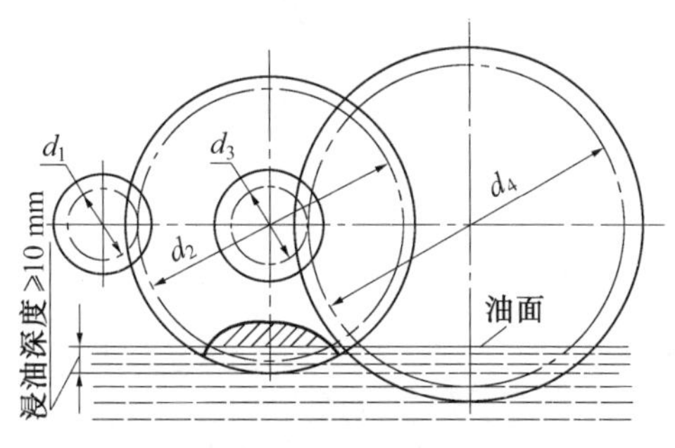

图 2.4　两级大齿轮的直径相近

下面给出一些分配传动比的参考数据：

① 对于展开式二级圆柱齿轮减速器，可取 $i_1 = (1.3 \sim 1.5)i_2, i_1 = \sqrt{(1.3 \sim 1.5)i_\Sigma}$，式中 i_1、i_2 分别为高速级和低速级的传动比，i_Σ 为总传动比，要使 i_1、i_2 均在推荐的数值范围内。

② 对于同轴式二级圆柱齿轮减速器，可取 $i_1 = i_2 = \sqrt{i_\Sigma}$。

③ 对于圆锥-圆柱齿轮减速器，可取锥齿轮传动的传动比 $i_1 \approx 0.25i_\Sigma$，并尽量使 $i_1 \leqslant 3$，以保证大锥齿轮尺寸不致过大，便于加工。

④ 对于蜗杆-齿轮减速器，可取齿轮传动的传动比 $i_2 \approx (0.03 \sim 0.06)i_\Sigma$。

⑤ 对于齿轮-蜗杆减速器，可取齿轮传动的传动比 $i_1 < 2 \sim 2.5$，以使结构紧凑。

⑥ 对于二级蜗杆减速器，为使两级传动件浸油深度大致相等，可取 $i_1 = i_2 = \sqrt{i_\Sigma}$。

应该强调指出，这样分配的各级传动比只是初步选定的数值，实际传动比要由传动件参数准确计算来确定。例如，初定齿轮传动的传动比 $i = 3.1, Z_1 = 23$，则 $Z_2 = iZ_1 = 3.1 \times 23 = 71.3$，取 $Z_2 = 71$，故最终传动比为 $i = \dfrac{Z_2}{Z_1} = \dfrac{71}{23} = 3.09$。对于一般用途的传动装置，如带式运输机的减速器，其传动比一般允许在 $\pm(3\% \sim 5\%)$ 范围内变化，即 $\left|\dfrac{\Delta i}{i}\right| \leqslant (3\% \sim 5\%)$。

2.4　计算传动装置的运动和动力参数

在选定了电动机型号、分配了传动比之后，应将传动装置中各轴的功率、转速和转矩计算出来，为传动零件和轴的设计计算提供依据。因此在计算时，应注意以下几点：

(1) 按工作机所需要的电动机工作功率 P_d 来计算。

(2) 因为有轴承功率损耗，同一根轴的输入功率（或转矩）与输出功率（或转矩）数值是不同的，通常仅计算轴的输入功率和转矩。

(3) 同一轴上功率 P(kW)、转速 n(r/min) 和转矩 T(N · mm) 的关系式为

$$T = 9.55 \times 10^6 \frac{P}{n}$$

而相邻两轴的功率关系式为

$$P_{\mathrm{II}} = P_{\mathrm{I}} \eta_{\mathrm{I\,II}}$$

其中，$\eta_{\mathrm{I\,II}}$ 为 Ⅰ、Ⅱ 轴间的传动效率。

相邻两轴的转速关系式为

$$n_{\mathrm{II}} = \frac{n_{\mathrm{I}}}{i_{\mathrm{I\,II}}}$$

其中，$i_{\mathrm{I\,II}}$ 为 Ⅰ、Ⅱ 轴间的传动比。

相邻两轴的转矩关系式为

$$T_{\mathrm{II}} = T_{\mathrm{I}} i_{\mathrm{I\,II}} \eta_{\mathrm{I\,II}}$$

按照上述要求，计算得到各轴的运动和动力参数数据后，可以汇总列于表中，以备查用（参见例 2.1 的格式）。

例 2.1　如图1.1 所示带式运输机传动方案，已知输送带的有效拉力 $F = 2\ 000$ N，输送

带线速度 $v=0.85$ m/s,卷筒直径 $d=250$ mm,载荷平稳,常温下连续运转,工作环境有灰尘,电源为三相交流电,电压为 380 V。① 试选择合适的电动机;② 计算传动装置的总传动比,并分配各级传动比;③ 计算传动装置各轴的运动和动力参数。

解

一、选择电动机

1. 选择电动机类型

按工作要求和工作条件选用 Y 系列三相鼠笼型异步电动机,其结构为全封闭自扇冷式结构,电压为 380 V。

2. 选择电动机的容量

工作机的有效功率为

$$P_W=\frac{Fv}{1\ 000}=\frac{2\ 000\times 0.85}{1\ 000}=1.7\ \text{kW}$$

从电动机到工作机输送带间的总效率为

$$\eta_\Sigma=\eta_1^2\cdot\eta_2^4\cdot\eta_3^2\cdot\eta_4$$

式中,η_1、η_2、η_3、η_4 分别为联轴器、轴承、齿轮传动和卷筒的传动效率。由表10.2 可知,$\eta_1=0.99$,$\eta_2=0.98$,$\eta_3=0.97$,$\eta_4=0.96$,则

$$\eta_\Sigma=0.99^2\times 0.98^4\times 0.97^2\times 0.96=0.817$$

所以电动机所需工作功率为

$$P_d=\frac{P_W}{\eta_\Sigma}=\frac{1.7}{0.817}=2.08\ \text{kW}$$

3. 确定电动机转速

按表10.2 推荐的传动比合理范围,二级圆柱齿轮减速器传动比 $i'_\Sigma=8\sim 40$,而工作机卷筒轴的转速为

$$n_W=\frac{60\times 1\ 000v}{\pi d}=\frac{60\times 1\ 000\times 0.85}{\pi\times 250}\approx 65\ \text{r/min}$$

所以电动机转速的可选范围为

$$n_d=i'_\Sigma n_W=(8\sim 40)\times 65=(520\sim 2\ 600)\ \text{r/min}$$

符合这一范围的同步转速为 750 r/min、1 000 r/min 和 1 500 r/min 三种。综合考虑电动机和传动装置的尺寸、质量及价格等因素,为使传动装置结构紧凑,决定选用同步转速为 1 000 r/min 的电动机。

根据电动机的类型、容量和转速,由表16.1、表16.2 选定电动机型号为Y112M-6,其主要性能参数如表 2.2 所示,电动机的主要外形和安装尺寸如表 2.3 所示。

表 2.2 Y112M-6 型电动机的主要性能参数

电动机型号	额定功率/kW	满载转速/($\text{r}\cdot\text{min}^{-1}$)	$\frac{\text{起动转矩}}{\text{额定转矩}}$	$\frac{\text{最大转矩}}{\text{额定转矩}}$
Y112M-6	2.2	940	2.0	2.0

表 2.3　Y112M－6 型电动机的外形和安装尺寸

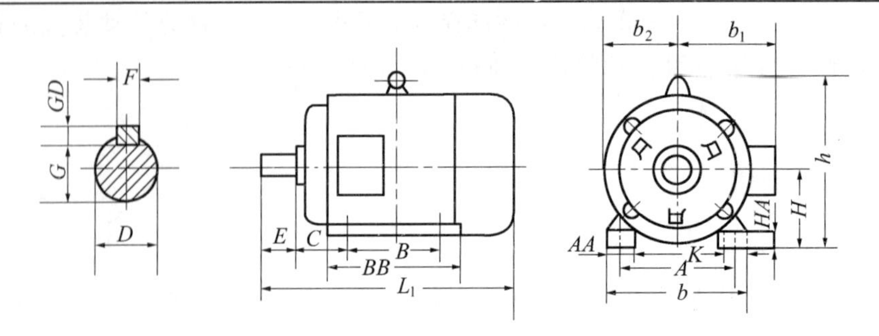

mm

型号	H	A	B	C	D	E	$F \times GD$	G	K	b	b_1	b_2	h	AA	BB	HA	L_1
Y112M	112	190	140	70	28	60	8 × 7	24	12	245	190	115	265	50	180	15	400

二、计算传动装置的总传动比 i_Σ 并分配传动比

1. 总传动比 i_Σ

$$i_\Sigma = \frac{n_m}{n_W} = \frac{940}{65} = 14.46$$

2. 分配传动比

$$i_\Sigma = i_{\mathrm{I}} \times i_{\mathrm{II}}$$

考虑润滑条件，为使两级大齿轮直径相近，取 $i_{\mathrm{I}} = 1.4 i_{\mathrm{II}}$，故

$$i_{\mathrm{I}} = \sqrt{1.4 i_\Sigma} = \sqrt{1.4 \times 14.46} = 4.5$$

$$i_{\mathrm{II}} = \frac{i_\Sigma}{i_{\mathrm{II}}} = \frac{14.46}{4.5} = 3.21$$

三、计算传动装置各轴的运动和动力参数

1. 各轴的转速

Ⅰ 轴　$$n_{\mathrm{I}} = n_m = 940\ \text{r/min}$$

Ⅱ 轴　$$n_{\mathrm{II}} = \frac{n_{\mathrm{I}}}{i_{\mathrm{I}}} = \frac{940}{4.5} = 208.9\ \text{r/min}$$

Ⅲ 轴　$$n_{\mathrm{III}} = \frac{n_{\mathrm{II}}}{i_{\mathrm{II}}} = \frac{208.9}{3.21} \approx 65\ \text{r/min}$$

卷筒轴　$$n_{卷} = n_{\mathrm{III}} = 65\ \text{r/min}$$

2. 各轴的输入功率

Ⅰ 轴　$$P_{\mathrm{I}} = P_d \eta_1 = 2.08 \times 0.99 = 2.06\ \text{kW}$$

Ⅱ 轴 $P_{Ⅱ} = P_{Ⅰ}\eta_2\eta_3 = 2.06 \times 0.98 \times 0.97 = 1.96\ \mathrm{kW}$

Ⅲ 轴 $P_{Ⅲ} = P_{Ⅱ}\eta_2\eta_3 = 1.96 \times 0.98 \times 0.97 = 1.86\ \mathrm{kW}$

卷筒轴 $P_{卷} = P_{Ⅲ}\eta_2\eta_1 = 1.86 \times 0.98 \times 0.99 = 1.8\ \mathrm{kW}$

3. 各轴的输入转矩

电动机轴的输出转矩 T_d 为

$$T_{\mathrm{d}} = 9.55 \times 10^6 \frac{P_{\mathrm{d}}}{n_{\mathrm{m}}} = 9.55 \times 10^6 \times \frac{2.08}{940} = 2.11 \times 10^4\ \mathrm{N \cdot mm}$$

故Ⅰ轴 $T_{Ⅰ} = T_{\mathrm{d}}\eta_1 = 21\ 131.9 \times 0.99 = 2.09 \times 10^4\ \mathrm{N \cdot mm}$

Ⅱ轴 $T_{Ⅱ} = T_{Ⅰ}\eta_2\eta_3 i_{Ⅰ} = 20\ 920.6 \times 0.98 \times 0.97 \times 4.5 = 8.95 \times 10^4\ \mathrm{N \cdot mm}$

Ⅲ轴 $T_{Ⅲ} = T_{Ⅱ}\eta_2\eta_3 i_{Ⅱ} = 89\ 492.1 \times 0.98 \times 0.97 \times 3.21 = 2.73 \times 10^5\ \mathrm{N \cdot mm}$

卷筒轴 $T_{卷} = T_{Ⅲ}\eta_2\eta_1 = 273\ 078.4 \times 0.98 \times 0.99 = 2.65 \times 10^5\ \mathrm{N \cdot mm}$

将上述计算结果汇总于表 2.4,以备查用。

表 2.4 带式传动装置的运动和动力参数

轴 名	功率 P/kW	转矩 T/(N·mm)	转速 n/(r·min^{-1})	传动比 i	效率 η
电机轴	2.08	2.11×10^4	940	1	0.99
Ⅰ轴	2.06	2.09×10^4	940	4.5	0.95
Ⅱ轴	1.96	8.95×10^4	208.9	3.21	0.95
Ⅲ轴	1.86	2.73×10^5	65	1	0.97
卷筒轴	1.80	2.65×10^5	65		

习题与思考题

(1) 传动装置的主要作用是什么? 合理的传动方案应满足哪些要求?

(2) 各种机械传动形式有何特点? 各适用于何种场合?

(3) 为什么带传动一般布置在高速级,而链传动布置在低速级?

(4) 为什么锥齿轮传动常布置在传动的高速级?

(5) 减速器的主要类型有哪些? 各有什么特点?

(6) 你所设计的传动装置有哪些特点?

(7) 选择电动机包括哪几方面内容?

(8) 常用的电动机有哪几种类型? 各有什么特点? 根据哪些条件来选择电动机类型?

(9) 电动机的容量主要是根据什么条件确定的? 如何确定所需要的电动机工作功率? 所选电动机的额定功率和工作功率之间一般应满足什么条件? 设计传动装置时按什么功率来计算? 为什么?

（10）电动机的转速如何确定？选用高转速电动机与低转速电动机各有什么优缺点？

（11）传动装置的总效率如何计算？计算时要注意哪些问题？

（12）如何查出电动机型号？Y系列电动机型号中各符号表示的意义是什么？传动装置设计中所需的电动机参数有哪些？

（13）传动装置的总传动比如何确定？如何分配传动比？分配传动比时要考虑哪些问题？

（14）传动装置中同一轴上的功率、转速和转矩之间有什么关系？各相邻轴间的功率、转矩、转速关系如何确定？

第3章 传动件设计

传动件是传动装置的中心，它直接决定传动装置的性能和结构尺寸。设计减速器必须先设计各级传动件，然后再设计相应的支承零件和箱体等。

传动件多为盘形。轮缘部分由强度设计确定，轮毂尺寸由支承轴决定，其余部分依轮缘直径参考典型结构设计。这些在教材和设计手册中都已详细讲述。本章仅强调一些需要注意的问题。

3.1 减速器外传动件的设计要点

减速器外传动件常采用V带、滚子链和开式齿轮，它们在减速器之前设计。

(1) V带传动由计算确定的是:带的型号、长度和根数;带轮的直径;传动中心距和对轴的压力。一般动力传动可以忽略滑动率。

(2) 滚子链由计算确定的是:链的型号、链节数和排数;链轮齿数和直径;传动中心距和轴上压力。若单排链尺寸过大，可改用双排或多排链。设计中还应考虑润滑和链轮的布置。

(3) 开式齿轮传动常用于低速。为使支承结构简单，常采用直齿。由于支承刚度较小，齿宽系数应取小些。

磨损是开式齿轮传动的主要失效形式，考虑磨损对轮齿强度的削弱，应将由齿根弯曲强度计算所得的模数增大10% ~15%，同时选择减摩性和耐磨性好的配对材料。开式齿轮传动不需计算齿面接触强度。

(4) 减速器外传动件与电机、联轴器等规格产品相连。因此轮毂及毂孔结构尺寸要与之相配。带轮尺寸一般比较大，需注意它与支撑装置的尺寸关系，以免装在电机上的小带轮半径超过电机的中心高或大带轮过大而与机架相碰(图3.1)。

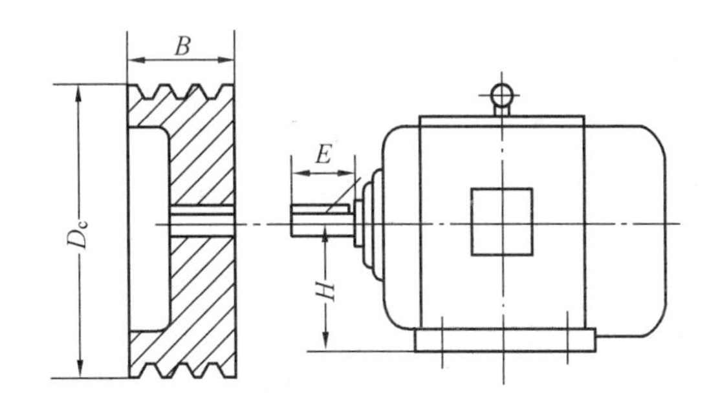

图3.1

(5) 各减速器外传动件的尺寸参数确定之后，应计算其实际传动比，以修正减速器的传动比和运动、动力参数。

3.2 减速器内传动件的设计要点

减速器内传动件包括圆柱齿轮、锥齿轮和蜗轮、蜗杆等。它们的设计在减速器外传动件设计之后,按修正的参数进行。

(1) 齿轮材料的强度特性与毛坯尺寸及制造方法有关。因此,选择材料时,应考虑毛坯的制造方法。当齿轮直径 $d \leqslant 500$ mm 时,一般采用锻造毛坯,当锻造设备能力不足时,可选用铸造毛坯;当 $d>500$ mm 时,多采用铸造毛坯。

小齿轮若制成齿轮轴,选材还应兼顾轴的要求。

同一减速器中各级小齿轮(或大齿轮)的材料尽可能一致,以减少材料牌号和简化工艺的要求。

钢材的韧性好,耐冲击,是应用最广泛的齿轮材料,而要改善钢材的机械性能和提高齿面硬度,一般都采用热处理的方法。软齿面(硬度≤350 HBW)齿轮,可经调质或正火获得。为使大小齿轮使用寿命比较接近,应使小齿轮齿面硬度较大,齿轮齿面硬度高出 30 ~ 50 HBW;硬齿面(硬度>350 HBW)齿轮,可经多种表面硬化处理方法获得,如整体淬火、表面淬火、渗碳淬火、氮化、氰化等,对低碳钢或低碳合金钢齿轮应选渗碳淬火处理。

(2) 在各种圆柱齿轮强度计算中,有三种齿宽系数的定义:$\phi_d=b/d_1$;$\phi_a=b/a$;$\phi_m=b/m$。因为 d_1、a 和 m 之间有固定的几何关系,因而,若按其中之一取值,另外两个系数就已确定,而不能随意另取。如选定 ϕ_d 之后,$\phi_a=\dfrac{2\phi_d}{1+i}$,$\phi_m=Z_1\phi_d$。锥齿轮计算中的 ϕ_R 和 ϕ_m 也同此理。

(3) 齿轮强度计算中的齿宽 b 是工作(接触)齿宽。这对相啮合的一对齿轮来说是相同的。对于圆柱齿轮传动,考虑到装配时两齿轮可能产生的轴向位置误差,常取大齿轮齿宽 $b_2=b$,而小齿轮齿宽 $b_1=b+(5\sim10)$ mm,以便于装配;对于锥齿轮传动,因为齿宽方向的模数不同,为了两齿轮能正确啮合,大小齿轮的齿宽必须相等,而且在齿轮的支承上也应相应地调整两齿轮位置,以使两齿轮模数相等的大端能够对齐。

(4) 按处理方法不同,传动件的尺寸可分为:一是具有严格几何关系的啮合尺寸,如分度圆直径、齿顶圆直径、齿根圆直径等。这类尺寸应精确计算,长度尺寸精确到小数点后(2 ~ 3)位,角度准确到秒(″);二是需标准化的参数,如模数 m、蜗杆分度圆直径 d_1 等;三是中心距 a、齿宽 b、轮毂直径、宽度、轮辐厚度等应该圆整的尺寸,其中中心距 a 应尽量圆整为尾数 0 或 5,以便于制造和测量。

(5) 蜗杆传动的特点是滑动速度大,而不同的蜗杆副材料适用的滑动速度 v_s 不同。选择材料时,可用公式 $v_s=5.2\times10^{-5}n_1\sqrt[3]{T_2}$ (m/s) 初估蜗杆副的滑动速度(式中,n_1 为蜗杆转速(r/min),T_2 为蜗轮转矩(N · m))。蜗杆传动尺寸确定之后,要校核实际滑动速度和传动效率;检查材料选择是否恰当;有关计算数据(如转矩等)是否需要修正。

蜗杆上置或下置依蜗杆圆周速度 v_1 而定。$v_1 \leqslant 4\sim5$ m/s 时,可以下置。

为便于加工,蜗杆螺旋线尽量取为右旋。

如需进行蜗杆轴的强度和刚度验算及传动的热平衡计算,则应在装配草图确定了蜗杆轴支点和箱体轮廓尺寸后进行。

第4章 减速器装配草图的设计

在传动装置总体方案设计、运动学计算和传动零件设计计算等工作完成以后,即可进行减速器装配图的设计工作。

装配图是反映设计人员的设计构思,表达机器的整体结构、轮廓形状、各零部件的结构形状及相互尺寸关系的图纸,也是绘制零部件工作图和进行机器组装、调试、维护等的技术依据。所以,一般机械设计图纸总是从装配图设计开始。但是由于这个设计过程比较复杂,必须综合地考虑强度、刚度、制造工艺、装配、调整、润滑和密封等各方面的要求,往往要边计算、边画图、边修改,反复地修改图纸是不可避免的。因此为了获取最合理的结构和表达最规范的图纸,在装配图的设计中往往先绘制装配草图,最后完成装配工作图。

装配草图的设计一般按以下步骤进行:

(1) 装配草图设计前的准备工作。

(2) 草图设计的第一阶段,主要是定出跨距和力作用点间的距离。

(3) 轴、键连接的强度校核计算及滚动轴承的基本额定寿命计算。

(4) 草图设计的第二阶段,主要是完成轴系部件的结构设计。

(5) 草图设计的第三阶段,主要是完成减速器的箱体结构设计和附件设计。

(6) 装配草图的检查。

必须强调指出:虽说是装配草图,但设计时不能有任何草率,不允许用徒手的方法随意勾画,一定要用绘图仪器或计算机按一定的比例和步骤认真绘制。

4.1 装配草图设计前的准备工作

在绘制装配草图之前,应仔细阅读有关资料;认真读懂几张典型的减速器装配图纸;参观有关陈列展览,拆装减速器实物;比较、研究各种结构方案特点,弄懂各零部件的功用和相互关系,做到对所设计的内容心中有数。具体的准备工作有以下几方面:

一、通过阅读同类型减速器的装配图和拆装减速器实物,了解减速器的组成和结构

二、确定各类传动零件的主要尺寸

各类传动零件的主要尺寸为中心距、直径(最大圆、顶圆、分度圆)、轮缘宽度等。

三、查取安装尺寸

按已选出的电机型号,查出其安装尺寸,如轴伸直径 D、轴伸长度 E 及中心高 H 等。

四、选定联轴器的类型

按工作情况、转速高低、转矩大小及两轴对中情况选定联轴器的类型。

对于连接电动机和减速器高速轴的联轴器,为了减小启动转矩,其联轴器应具有较小的转动惯量和良好的减震性能,故多采用有弹性元件的挠性联轴器,如弹性套柱销联轴器和尼龙柱销联轴器等。对于减速机低速轴和工作机轴相连的联轴器,由于其转速较低,传递转矩较大,安装时应保证同心度(如有公共的底座),可采用刚性联轴器,如凸缘联轴器;若安装时不能保证同心度,就应采用有良好补偿位移偏差性能的无弹性元件的挠性联轴器,如金属滑块联轴器等。

五、初定各轴最小直径

因轴的跨距还未确定,先按轴所受的转矩初步计算轴的最小直径。计算公式为

$$d_{\min} \geqslant C\sqrt[3]{\frac{P}{n}} \quad \text{mm}$$

式中,P 为轴传递的功率(kW);n 为轴的转速(r/min);C 为由许用应力确定的系数,详见机械设计教科书有关表格。

当该直径处有键槽时,则应将计算值加大 3% ~4%,并且还要考虑有关零件的相互关系,这样才能圆整确定轴的最小直径。

高速轴伸出端通过联轴器与电动机轴相连时,还应考虑电动机轴伸直径和联轴器的型号所允许的轴径范围是否都能满足要求,这个直径必须大于或等于上述最小初算直径,可以与电机轴径相等或不相等,但必须在联轴器允许的最大直径和最小直径范围内。具体确定方法详见例 4.1。

与工作机相连接的减速器低速轴的最小直径,可按初算直径考虑键槽的影响放大 3% ~4% 圆整确定。

如果是二级齿轮减速器,中间轴的最小直径处将安装滚动轴承,可根据最小初算直径圆整确定,但不应小于高速轴安装轴承处的直径。

例 4.1 某带式运输机用的减速器高速轴轴伸通过联轴器与电动机轴相连接,按表 16.1,已选定电动机型号为 Y132M1 - 6,其传递功率为 $P=4$ kW,转速为 960 r/min。查表 16.2可知,电动机轴径为 $d_{电机}=38$ mm。试确定该减速器高速轴的最小直径(即该轴的外伸段轴径),并选择适用的联轴器。

解 1. 按扭转强度初定该轴的最小直径 $d_{\min}$

$$d_{\min} \geqslant C\sqrt[3]{\frac{P}{n}} = 100\sqrt[3]{\frac{4}{960}} = 17.7 \text{ mm}$$

该段轴上有一键槽将计算值加大 3%,$d_{\min}$应为 18.23 mm。

2. 选择联轴器

根据传动装置的工作条件,拟选用 LX 型弹性柱销联轴器(GB/T 5014—2003)。

计算转矩为

$$T_c = KT = 1.5 \times 39.8 = 59.7 \text{ N}\cdot\text{m}$$

式中，T 为联轴器所传递的名义转矩，即

$$T=9\ 550\ \frac{P}{n}=9\ 550\times\frac{4}{960}=39.8\ \text{N}\cdot\text{m}$$

K 为工作情况系数，查机械设计教科书有关表格得，工作机为带式运输机时，$K=1.25\sim1.5$，本例题取 $K=1.5$。

根据 $T_c=59.7\ \text{N}\cdot\text{m}$，表14.1中LX1型联轴器就能满足传递转矩的要求（$T_n=250\ \text{N}\cdot\text{m}>T_c$）。但其轴孔直径范围为 $d=12\sim24$ mm，满足不了电动机的轴径要求，故最后确定选LX3型联轴器（$T_n=1\ 250\ \text{N}\cdot\text{m}>T_c$，$[n]=4\ 750\ \text{r/min}>n$）。其轴孔直径 $d=30\sim48$ mm，可满足电动机的轴径要求。

3. 确定减速器高速轴轴伸处的直径

确定减速器高速轴轴伸处的直径为 $d_{min}=30$ mm。

六、确定滚动轴承的类型

滚动轴承的具体型号先不确定。一般直齿圆柱齿轮传动采用深沟球轴承（60000类），斜齿圆柱齿轮传动可采用角接触轴承（70000类或30000类）等。

七、初步确定轴的阶梯段

根据轴上零件的受力情况、固定和定位的要求，初步确定轴的阶梯段。具体尺寸暂不定。如在一般情况下，减速器的高速轴、低速轴有6～8段；中间轴有5～6段。

八、确定滚动轴承的润滑和密封方式

当减速器内的浸油传动零件（如齿轮）的圆周速度 $v\geqslant2$ m/s时，采用齿轮转动时飞溅出来的润滑油来润滑轴承是最简单的，当浸油传动零件的圆周速度 $v<2$ m/s时，油池中的润滑油飞溅不起来，可采用润滑脂润滑轴承。然后，可根据轴承的润滑方式和机器的工作环境是清洁或是多尘，选定轴承的密封型式。

九、确定轴承端盖的结构型式

轴承端盖用以固定轴承、调整轴承间隙，并承受轴向力。轴承端盖的结构型式有凸缘式和嵌入式两种。

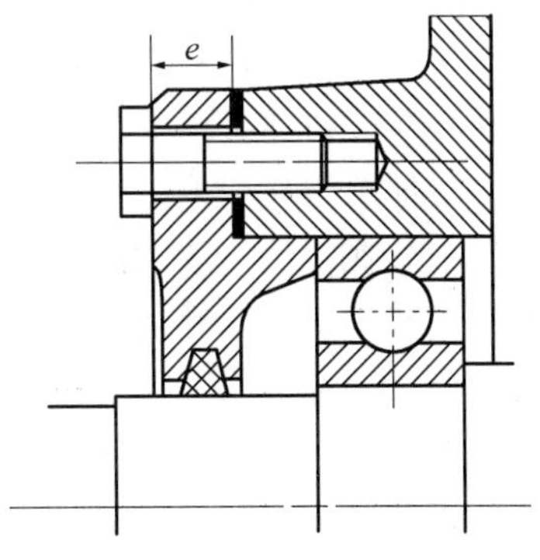

图4.1　凸缘式轴承端盖

凸缘式轴承端盖如图4.1所示，其端盖是用螺栓与机体轴承座连接，调整轴承间隙比较方便，密封性能也好，用得较多。这种端盖多用铸铁铸造，设计时要注重考虑铸造工艺。

嵌入式轴承端盖如图4.2所示，其结构简单，机体外表比较光滑，能减少零件总数和减轻机体总的质量，但密封性能较差，调整轴承间隙比较麻烦，需要打开机盖，放置调整垫片。只适宜于深沟球轴承和大批量生产时。如用角接触轴承，应在嵌入式端盖上增设调整螺钉结构，以便于调整轴承间隙，如图4.2(b)所示。

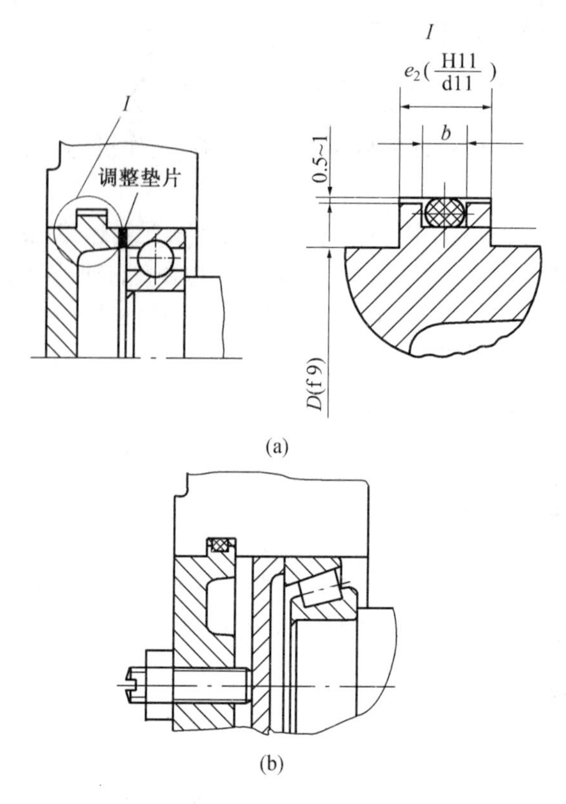

图 4.2　嵌入式轴承端盖

十、确定减速器机体的结构方案

确定减速器机体的结构方案,并计算出它和有关零件的结构尺寸。

减速器机体用以支持和固定轴系零件,是保证传动零件的啮合精度、良好润滑及密封的重要零件。因此,机体结构对减速器的工作性能、加工工艺、材料消耗及制造成本等有很大影响,设计时必须全面考虑。

机体材料多用铸铁制造。小批或单件生产时,也可用钢板焊成,其质量约为铸造箱体的1/2~3/4。机体壁厚约为铸造机体的0.5~0.7倍。

机体可以做成剖分式和整体式两种结构。

剖分式机体多取通过传动件轴线的平面为剖分面。一般为水平剖分面。图4.3~4.7都为剖分式机体。整体式机体加工量少、质量轻,但装配比较麻烦,图4.8、4.9都为整体式机体。

按照现代工业美学的要求,采用方箱式机体的方案逐渐增多,如图4.6所示。方箱式机体外表面几何形状简单,加强筋藏在箱体里面,地脚座不伸出机体外表面,起吊减速器的吊耳与机体铸成一体,机体内贮油空间增大,但质量稍有增加,铸造造型较复杂,内部清砂涂漆也较困难。

图4.3为二级圆柱齿轮减速器的结构图。

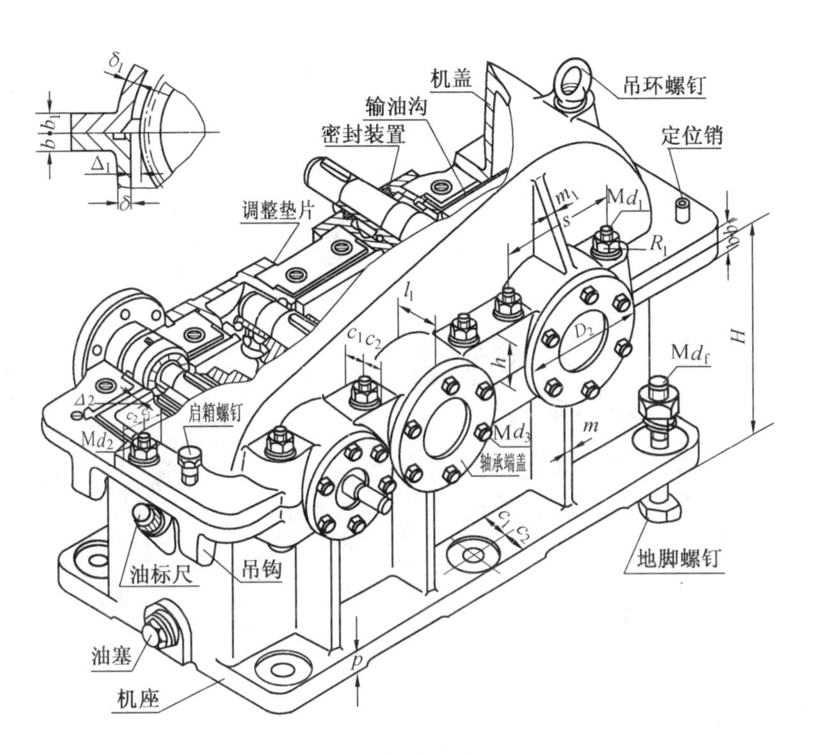

图4.3 二级圆柱齿轮减速器

图 4.4 为二级圆锥圆柱齿轮减速器的结构图。

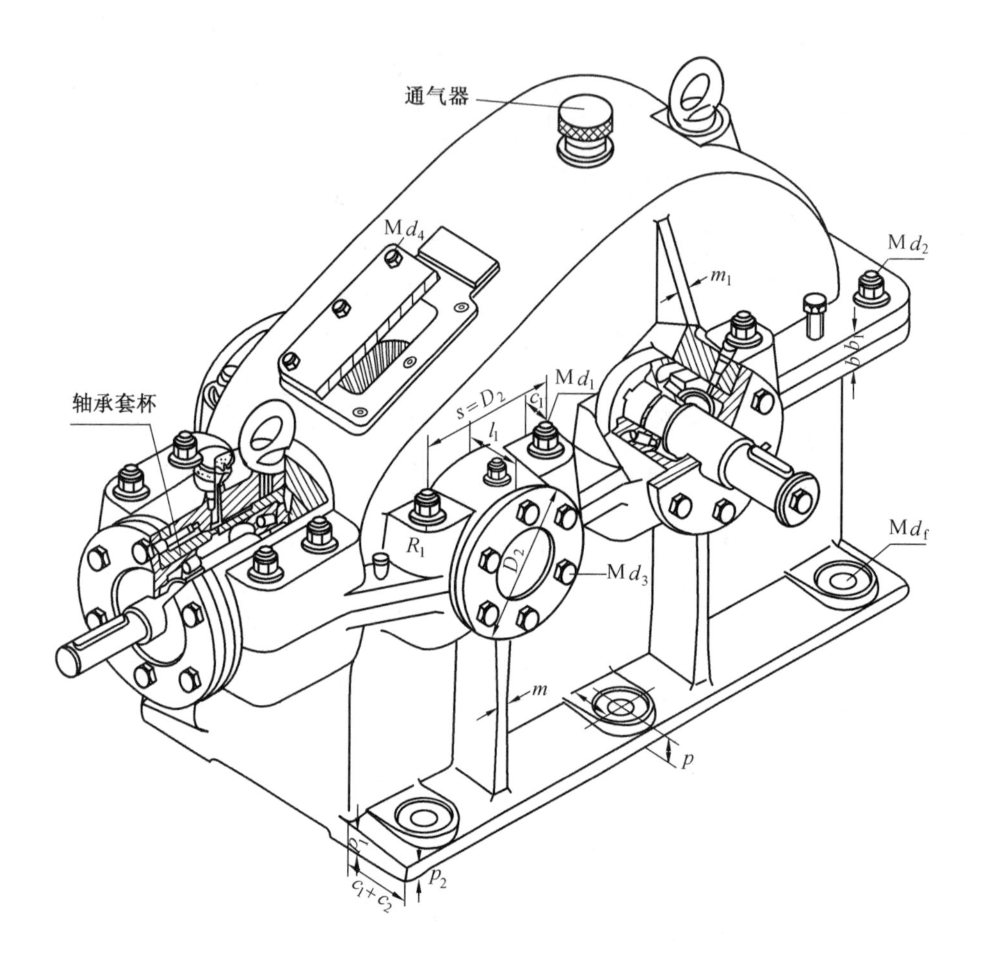

图 4.4 二级圆锥圆柱齿轮减速器

图 4.5 为一级蜗杆减速器的结构图。

图 4.6 为一级铸造方箱式圆柱齿轮减速器机体的结构图。

图 4.7 为一级焊接式圆柱齿轮减速器机体的结构图。

图 4.8、4.9 为整体式铸造机体结构方案。

表 4.1 为铸造式机体结构尺寸计算表。

表 4.2 为连接螺栓扳手空间 c_1、c_2 值和沉头座直径表。

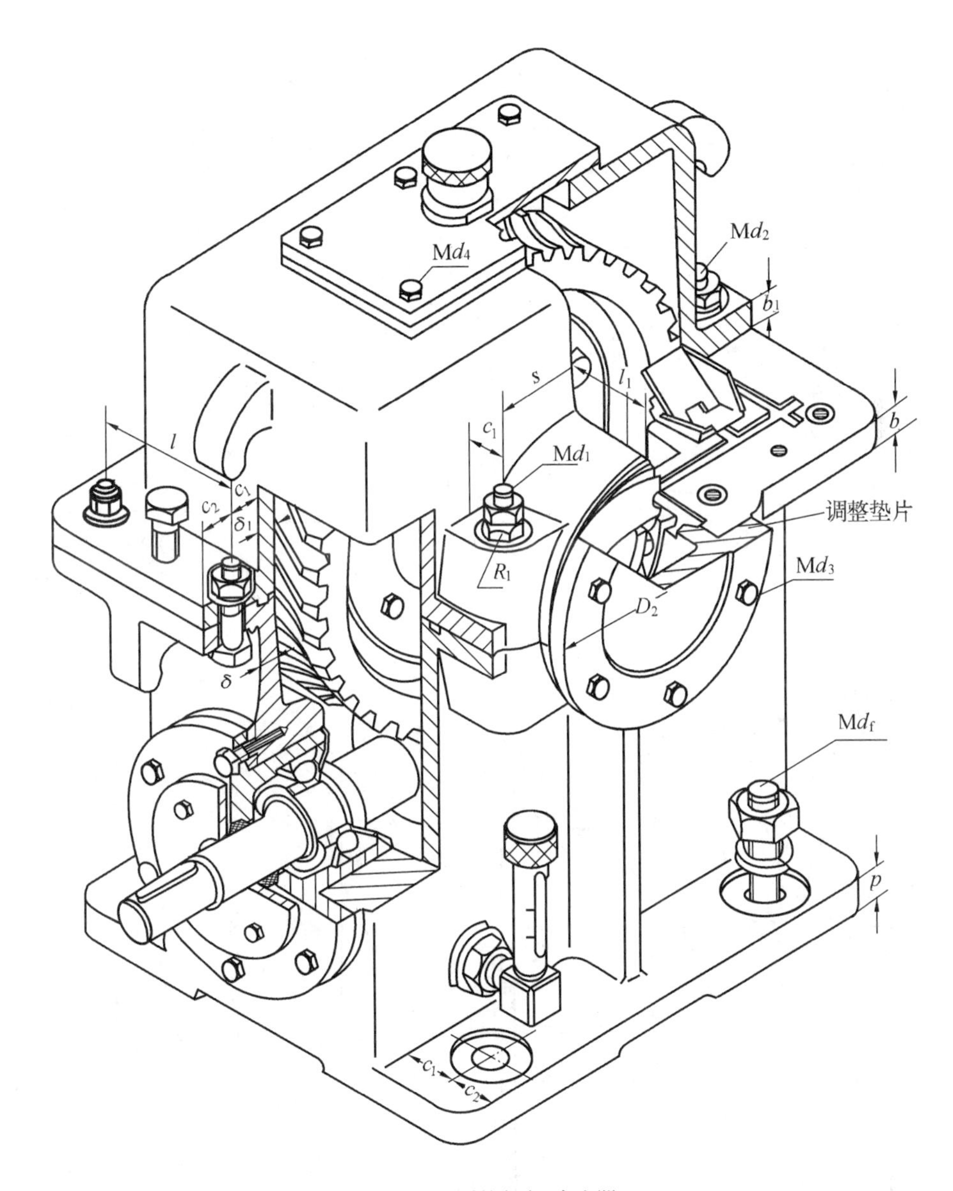

图 4.5　一级圆柱蜗杆减速器

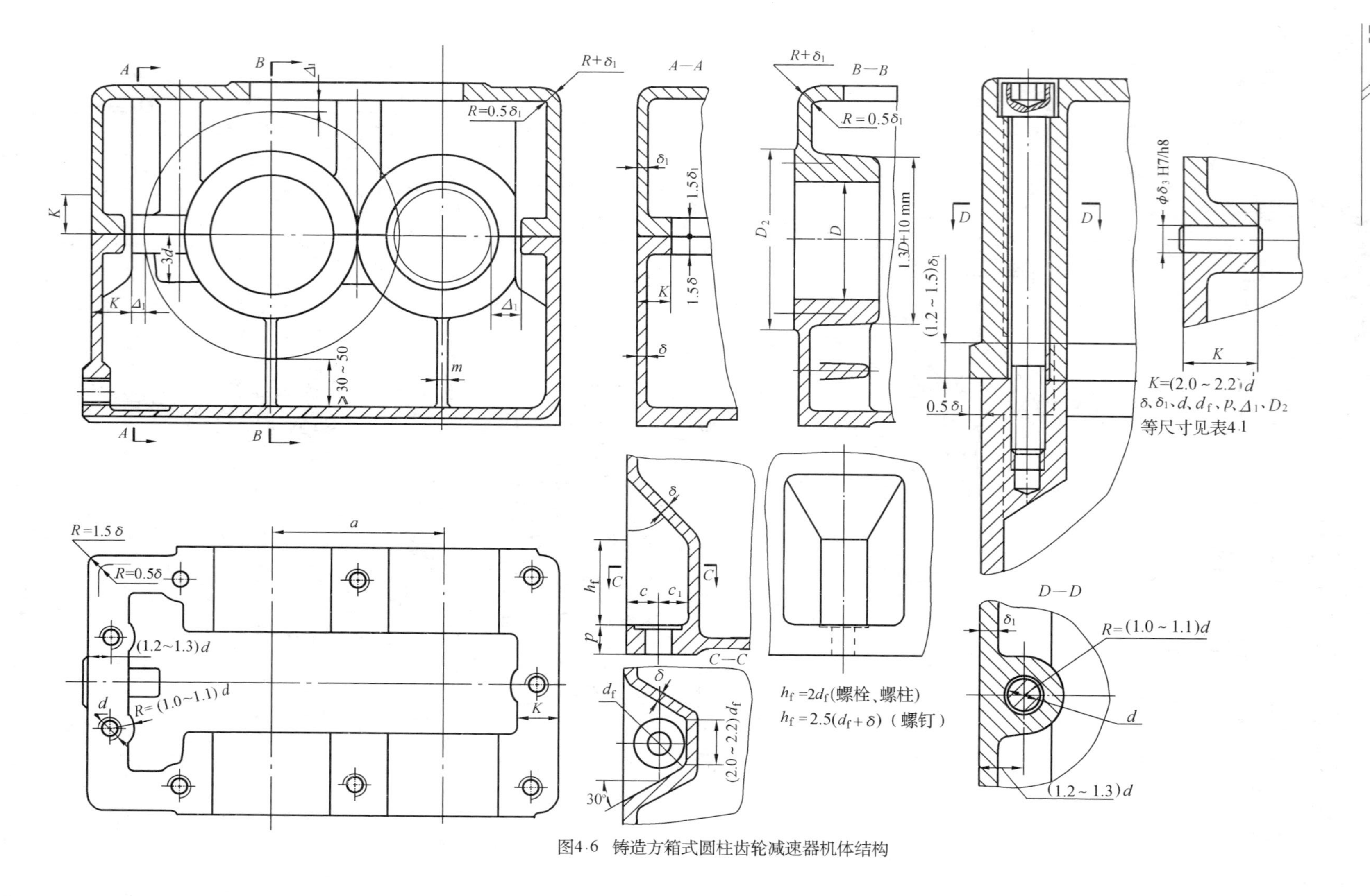

图4.6 铸造方箱式圆柱齿轮减速器机体结构

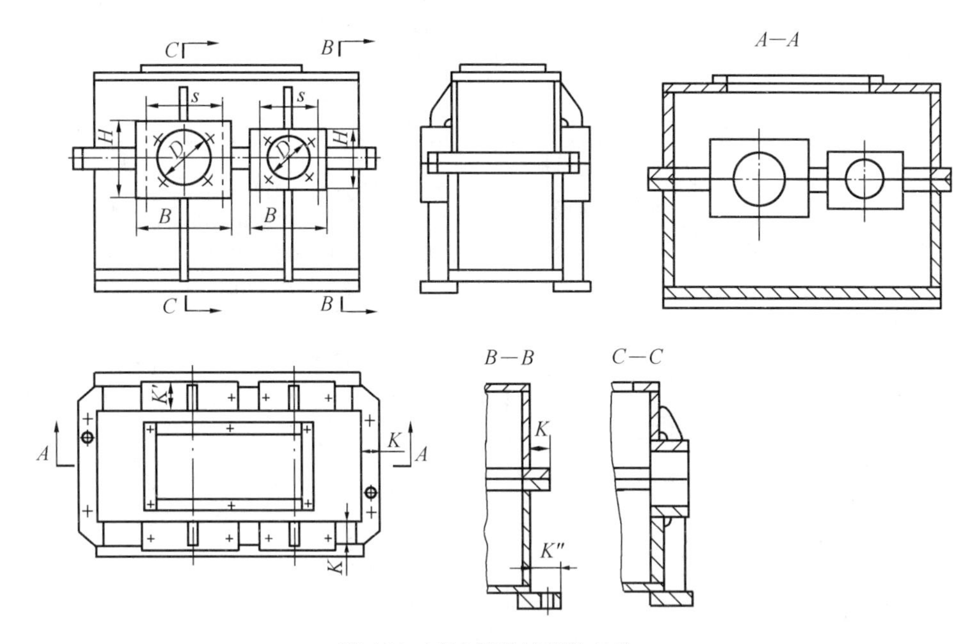

图4.7 减速器焊接箱体结构

$H=D+(5\sim5.5)d_3, s\approx H$；

$B=s+2c_2$；

d_3—轴承端盖螺钉直径；

c_2—由表4.1确定；

K、K'、K''按相应的螺栓直径由表4.1的c_1+c_2来确定；

$\delta'=(0.7\sim0.8)\delta$，$\delta$由表4.1来确定

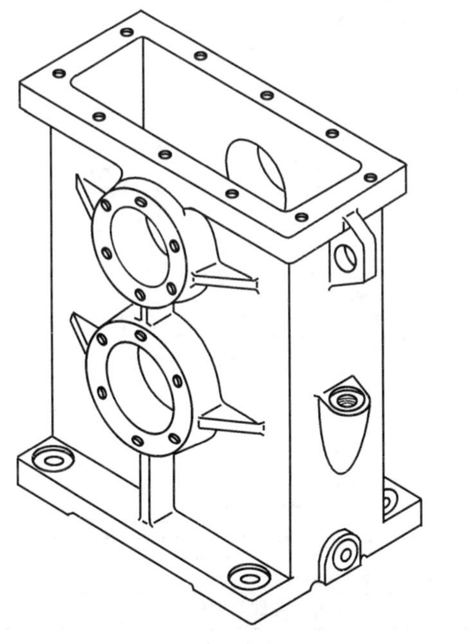

图4.8 齿轮传动整体式铸造机体

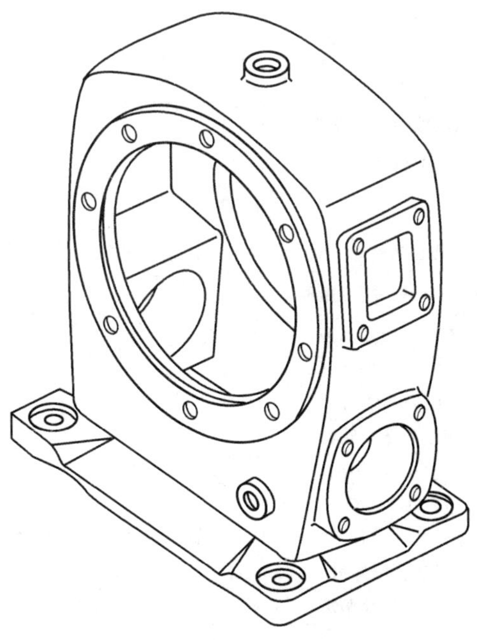

图4.9 蜗杆传动整体式铸造机体

表 4.1 铸铁减速器机体结构尺寸计算表

名　　称	符号	减速器型式及尺寸关系 mm		
		齿轮减速器	锥齿轮减速器	蜗杆减速器
机座壁厚	δ[①]	一级 $0.025a+1\geqslant 8$ 二级 $0.025a+3\geqslant 8$ 三级 $0.025a+5\geqslant 8$	$0.01(d_1+d_2)+1\geqslant 8$ 或　$0.0125(d_{1m}+d_{2m})+1\geqslant 8$ d_1、d_2—小、大锥齿轮的大端直径; d_{1m}、d_{2m}—小、大锥齿轮的平均直径	$0.04a+3\geqslant 8$
		考虑铸造工艺,所有壁厚都不应小于 8		
机盖壁厚	δ_1[①]	一级 $0.02a+1\geqslant 8$ 二级 $0.02a+3\geqslant 8$ 三级 $0.02a+5\geqslant 8$	$0.01(d_{1m}+d_{2m})+1\geqslant 8$ 或　$0.0085(d_1+d_2)+1\geqslant 8$	蜗杆在上:$\approx\delta$ 蜗杆在下:$=0.85\delta\geqslant 8$
机座凸缘厚度	b	1.5δ		
机盖凸缘厚度	b_1	$1.5\delta_1$		
机座底凸缘厚度	p	2.5δ		
地脚螺钉直径	d_f	$0.036a+12$	$0.018(d_{1m}+d_{2m})+1\geqslant 12$ 或　$0.015(d_1+d_2)+1\geqslant 12$	$0.036a+12$
地脚螺钉数目	n	$a\leqslant 250$ 时,$n=4$ $a>250\sim 500$ 时,$n=6$ $a>500$ 时,$n=8$	$n=\dfrac{\text{机座底凸缘周长之半}}{200\sim 300}\geqslant 4$	4
轴承旁连接螺栓直径	d_1	$0.75d_f$		
机盖与机座连接螺栓直径	d_2	$(0.5\sim 0.6)d_f$		
连接螺栓 d_2 的间距	l	$150\sim 200$		
轴承端盖螺钉直径	d_3	$(0.4\sim 0.5)d_f$		
窥视孔盖螺钉直径	d_4	$(0.3\sim 0.4)d_f$		
定位销直径	d	$(0.7\sim 0.8)d_2$		
d_f、d_1、d_2 至外机壁距离	c_1	见表 4.2		
d_f、d_2 至凸缘距离	c_2	见表 4.2		
轴承旁凸台半径	R_1	c_2		
凸台高度	h	根据低速级轴承座外径确定,以便于扳手操作为准(图 4.44)		
外机壁至轴承座端面距离	l_1[②]	$c_1+c_2+(5\sim 8)$		
内机壁至轴承座端面距离	l_2[②]	$\delta+c_1+c_2+(5\sim 8)$		
大齿轮顶圆(蜗轮外圆)与内机壁距离	Δ_1	$>1.2\delta$		
齿轮(圆锥齿轮或蜗轮轮毂)端面与内机壁距离	Δ_2	$\geqslant\delta$		
机盖、机座肋厚	m_1、m	$m_1\approx 0.85\delta_1$　$m\approx 0.85\delta$		
轴承端盖外径	D_2	轴承座孔直径+$(5\sim 5.5)d_3$;对嵌入式端盖 $D_2=1.25D+10$,D —轴承外径		
轴承端盖凸缘厚度	e	$(1\sim 1.2)d_3$		
轴承旁连接螺栓距离	s	尽量靠近,以 Md_1 和 Md_3 互不干涉为准,一般取 $s\approx D_2$		

注:① 多级传动时,a 取低速级中心距。对圆锥-圆柱齿轮减速器,按圆柱齿轮传动中心距取值。

② 式中$(5\sim 8)$是考虑轴承旁凸台铸造斜度及轴承座端面与凸台斜度间的距离而给出的概略值。

表 4.2　连接螺栓扳手空间 c_1、c_2 值和沉头座直径表　mm

螺栓直径	M8	M10	M12	M16	M20	M24	M30
$c_{1\,min}$	13	16	18	22	26	34	40
$c_{2\,min}$	11	14	16	20	24	28	34
沉头座直径	20	24	26	32	40	48	60

由于机体结构形状比较复杂，各部分尺寸多借助于经验公式来确定。按经验公式计算出的尺寸可以作适当修改，稍许放大或稍许缩小，然后圆整，与标准件有关的尺寸应符合相应的标准。

十一、选好图纸幅面和比例

上述各项准备工作完成后，即可着手草图的设计工作。为了增强真实感，培养图上判断尺寸的能力，应用 A0 号或 A1 号图纸幅面，优先采用 1∶1 的比例尺绘制。一般情况下，为充分完整表达各零件结构形状和尺寸位置，应绘制三个视图，必要时再加一些局部视图和剖视图。同时要合理布局图面。表 4.3 提供的数据作为图 4.10 视图布局的参考，以免布局不当视图布置不下。

表 4.3　视图大小估算表

	A	B	C
一级齿轮减速器	$3a$	$2a$	$2a$
二级齿轮减速器	$4a$	$2a$	$2a$
一级蜗杆减速器	$2a$	$3a$	$2a$

注：a 为一级传动中心距，二级传动 a 为低速级中心距。

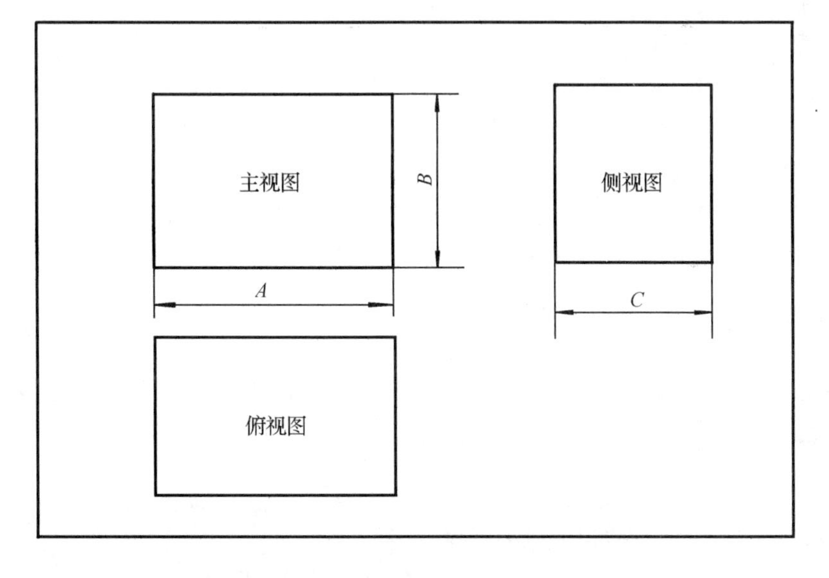

图 4.10　视图布局参考图（图中 A、B、C 见表 4.3）

4.2 草图设计的第一阶段

草图设计第一阶段的任务是:绘制设计轴的结构尺寸及选出轴承型号;确定轴承的支点和轴上传动零件的力作用点的位置,定出跨距和力作用点间的距离;提供力学模型,为轴和键连接的强度计算,为滚动轴承的基本额定寿命计算提供数据。

以圆柱齿轮减速器为例,说明草图第一阶段的设计步骤。

一、绘图开始

绘制开始,可参考4.1节中表4.3和图4.10提供的尺寸,估计减速器的轮廓尺寸的大小,在三个视图位置上将视图的中心线画出,并在正视图上用点画线画出各个齿轮的分度圆,用实线画出输出轴上大齿轮的齿顶圆。

减速器的设计首先在最反映其结构特点的视图上进行,对齿轮减速器的设计先在俯视图上进行,而对蜗杆减速器的设计则要从主视图和左视图上同时进行。

二、画四种线

1. 画齿轮的轮廓尺寸线

齿轮的轮廓尺寸线为分度圆、齿顶圆和齿宽。齿轮的细节结构暂不画出。通常圆柱小齿轮比大齿轮齿宽要宽3~5 mm。中间轴上两齿轮轴向间距取$\Delta_4=8\sim12$ mm。

2. 画机体内壁线

机体内壁线距离小齿轮的端面的距离为$\Delta_2\geqslant\delta$(表4.1),大齿轮齿顶圆与机体内壁距离为$\Delta_1=1.2\,\delta$(表4.1)。小齿轮齿顶圆一侧的内壁线先不画。

3. 画机体外壁线

用虚线画出外壁线,壁厚为δ。

4. 画轴承座的外端面线

轴承座的外端面线的绘制决定了轴承座的宽度。它的宽度取决于机壁厚度δ、轴承旁连接螺栓的扳手空间c_1和c_2的尺寸及区分加工面与非加工面的尺寸5~8 mm。

轴承座宽度

$$l_2=\delta+c_1+c_2+(5\sim8)\ \text{mm}$$

式中,δ值见表4.1,c_1和c_2值见表4.2。

三、画轴承盖凸缘e的位置

如采用凸缘式轴承端盖,在轴承座外端面线以外画出轴承端盖凸缘的厚度e的位置。凸缘距离轴承座外端面应留有1~2 mm的调整垫片厚度的尺寸。e的大小由轴承端盖连接螺栓直径d_3确定,$e=1.2d_3$,应圆整之,见图4.1。

四、确定轴承在轴承座孔中的位置

轴承在轴承座孔中的位置与轴承润滑方式有关。当采用机体内润滑油润滑时,轴承外圈端面至机体内壁的距离 $\Delta_3=3\sim5$ mm，如图 4.11(a)所示；当采用润滑脂润滑时，因要留出甩油环的位置，则 $\Delta_3=8\sim12$ mm，如图 4.11(b)所示。

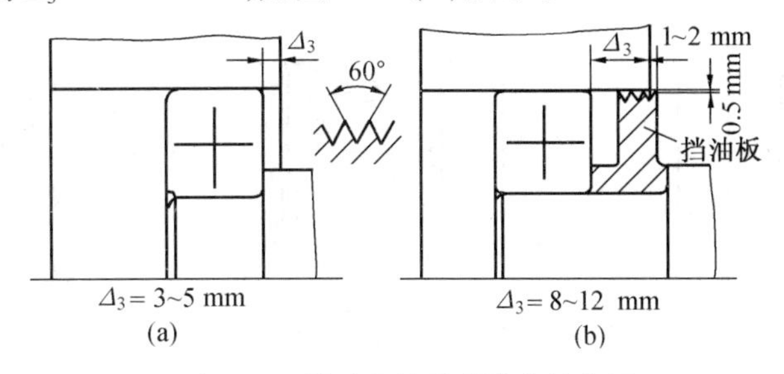

图 4.11　轴承在轴承座孔中的位置

按 1 ~4 步绘好后的图形如图 4.12 和图 4.13 所示。

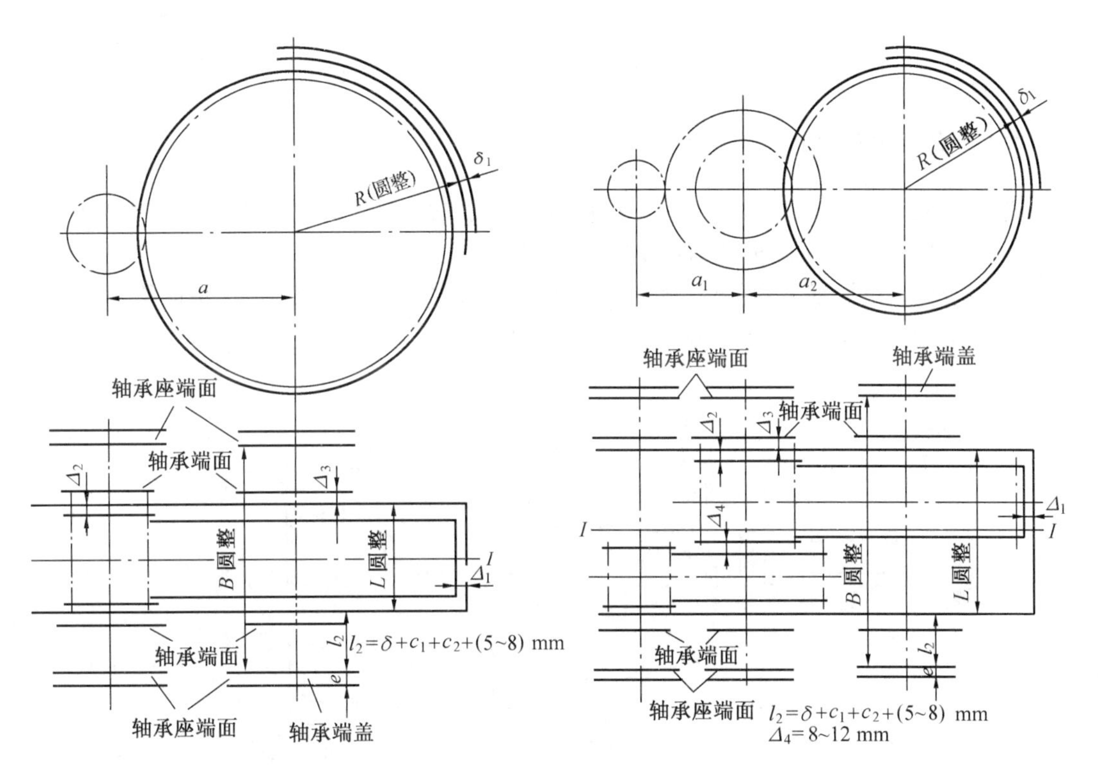

图 4.12　一级齿轮减速器草Ⅰ的第一步　　图 4.13　二级齿轮减速器草Ⅰ的第一步

五、画出轴伸上固定机体外传动零件或联轴器的定位轴肩位置

轴肩至轴承端盖(凸缘式轴承端盖)或轴承座端面(嵌入式轴承端盖)一般应有 $l\geqslant 10\sim15$ mm的距离。若联轴器或传动零件不拆而需要拆卸凸缘式轴承端盖上的连接螺栓时，则 l 的长度必须保证连接螺栓能从机盖内退出(图 4.14(a))；若联轴器或传动零件的轮毂不影响拆卸螺栓(图 4.14(b))或采用嵌入式端盖时，则 l 的长度可取小些；若轴伸安装弹性套柱销联轴器，则要求有足够的装配尺寸 A，以保证弹性套柱销的安装空间(图 4.14(c))。

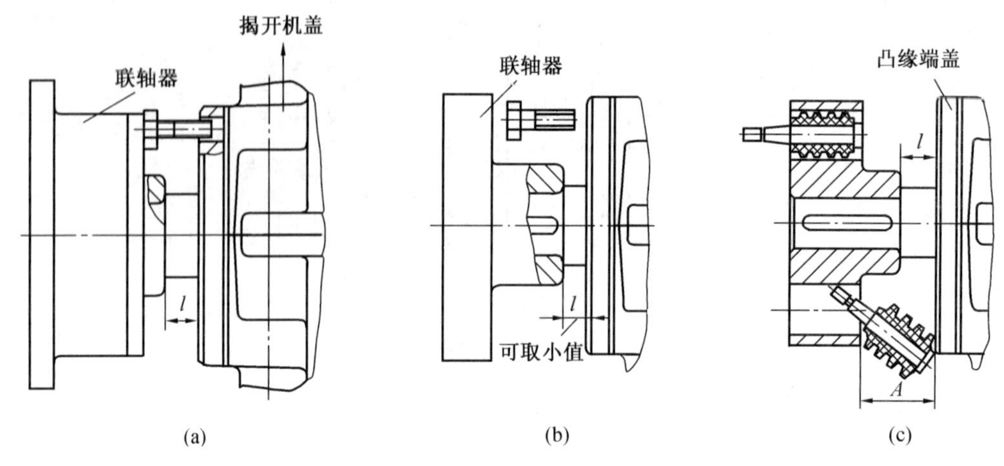

图 4. 14　轴伸轴肩位置的确定

六、轴的结构设计

设计轴的结构时,既要满足强度的要求,也要保证轴上零件的定位、固定和装配方便,并有良好的加工工艺性,所以轴的结构一般都做成阶梯形(图 4. 15(a)),阶梯轴的径向尺寸(直径)的变化是根据轴上零件受力情况、安装、固定及轴表面粗糙度、加工精度等要求而定的;而轴向尺寸(各段长度)则是根据轴上零件的位置、配合长度及支承结构确定的。

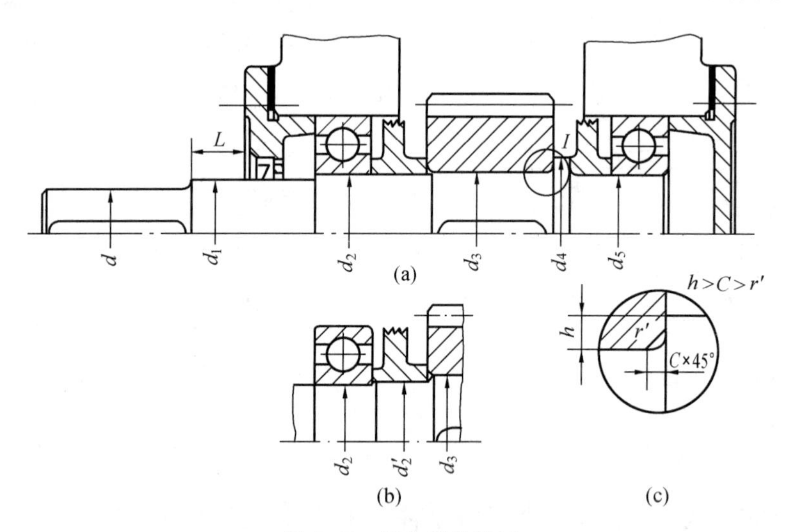

图 4. 15　轴的结构设计

下面以图 4. 15(a)所示的伸出轴为例,说明确定轴的结构和具体尺寸的方法。

(1) 以初步计算的最小直径 d 为基础,轴的直径从轴端逐渐向中间增大,然后又减小,边画图边定尺寸,逐步形成阶梯形结构。

(2) 当直径变化处的端面是为了固定传动零件或联轴器时,直径变化值要大些,轴肩高度 h 应大于 2 ~ 3 倍轮毂孔倒角 C,过渡圆角半径 r'应小于轮毂孔的倒角 C,如图 4. 15(c)所示;当用轴肩固定滚动轴承时,轴肩(或套筒)直径 D 应小于轴承内圈的半径,如

图4.16(a)、(b)所示,以便于拆卸轴承,图4.16(d)、(e)的结构错误;过渡圆角半径 r_g 应小于轴承孔的圆角半径 r,如图4.16(c)所示,以保证定位固定。固定轴承的轴肩尺寸 D 和 r、r_g 值可由手册查得。而与密封件配合的轴径 d_1(图4.15(a))应符合密封标准直径要求,一般为以0、2、5、8结尾的轴径(详见密封标准)。

当轴径变化仅为了装配方便或区别加工表面时,则相邻直径变化值可小,稍有差别甚至选用不同的公差即可,如 d_1 和 d_2、d_2 和 d_3 的变化就是为了使轴承和齿轮装配方便。但是滚动轴承的内径是标准值,因此轴径 d_2 也应取相应的标准值,一般是以0、5结尾的数值。由于一根轴上的轴承通常是成对使用的,故轴径 $d_5=d_2$,如图4.15(a)所示。若 d_2 段较长,可在 d_2 和 d_3 之间增加轴段 d'_2,如图4.15(b)所示,则 d'_2 段的表面粗糙度和精度都可以低于轴段 d_2,改善了轴的工艺性,安装齿轮处的直径 d_3 一般比前段大2~5 mm,既方便装配,也符合受力要求。

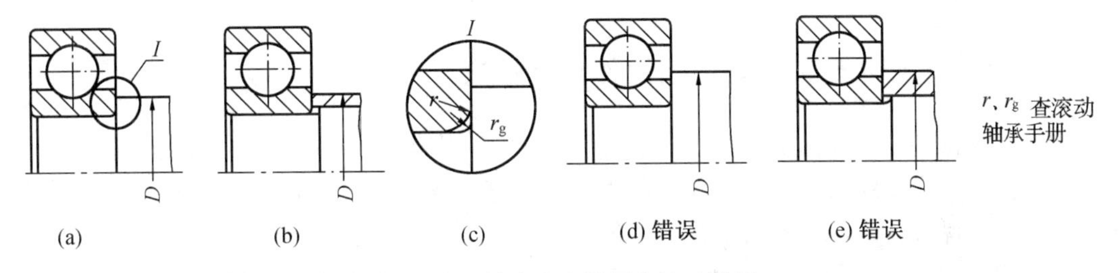

图4.16 轴肩和套筒固定滚动轴承

(3) 确定各轴段的长度,通常由安装传动件如齿轮的轴段 d_3 开始,然后分别确定轴段 d_2、d_1、d 及 d_4、d_5 的长度,如图4.15(a)所示。轴段 d_3 的长度由所装齿轮的轮毂宽度决定,但为了保证齿轮端面与套筒接触起到轴向固定作用,轴段 d_3 的长度要比齿轮轮毂宽度小2~3 mm(图4.15(a))。确定轴段 d_2 的长度时,要考虑到齿轮端面与机体内壁的间距、滚动轴承在轴承座孔中的位置(与轴承润滑方式有关)和滚动轴承的座圈宽度。确定轴段 d_1 的长度时,既要考虑轴承端盖的结构尺寸,又要考虑定位轴肩的位置要求。轴段 d 的长度由轴上安装零件的轮毂宽度决定,但也要比轮毂宽度小2~3 mm。轴环 d_4 的宽度一般为轴环高度 h 的1.4倍,并要圆整,若为简化甩油环的结构,轴环的宽度可适度放大。轴段 d_5 的长度等于轴段 d_2 的长度-(2~3) mm-轴段 d_4 的长度。

(4) 确定轴上键槽的位置和尺寸,普通平键连接的结构尺寸可按轴径查标准确定,普通平键长度应比键所在轴段的长度短些,而且要使轴上的键槽靠近轴上零件装入一侧,以便于装配时轮毂上的键槽易与轴上的键对准。如图4.17(a)所示,$\Delta=1\sim3$ mm,图4.17(b)的结构错误,因 Δ 值过大而在装配轴上零件时轮毂键槽与键对准困难,同时,键槽开在过渡圆角处会加重应力集中。

当轴沿键长方向有多个键槽时,各键槽应布置在同一直线上,如图4.17(a)所示,而图4.17(b)错误。如轴径尺寸相差不大,各键槽断面可按直径较小的轴段取相同尺寸,以便用一把刀具加工。

七、画出轴承

根据安装轴承处的轴径 d_2,选出轴承型号,在图上画出轴承。

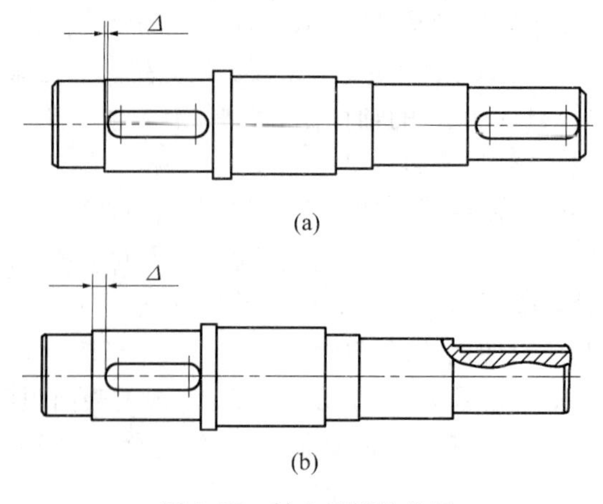

图 4.17 轴上键槽的位置

八、确定支点位置和传动件的力作用点位置

以上线条画出后，轴上零件的位置、轴的结构和各段直径大小及各段长度都基本确定。这时支点位置、传动件的力作用点位置都能确定下来。支点位置一般可取轴承宽度的中点，对角接触轴承按轴承手册中给出的尺寸 a 确定。传动件的力作用点位置取轮缘宽度的中点。然后用比例尺量出各点间的距离 A、B、C（图 4.18 和图 4.19），圆整为整数。为使轮毂定位可靠，轴与轮毂配合段的长度应比轮毂长度稍短 2～3 mm。

至此草图第一阶段的设计任务基本完成。完成后的图形见图 4.18 和图 4.19，图 4.18 为一级圆柱齿轮减速器草图的第一阶段；图 4.19 为二级圆柱齿轮减速器草图的第一阶段。

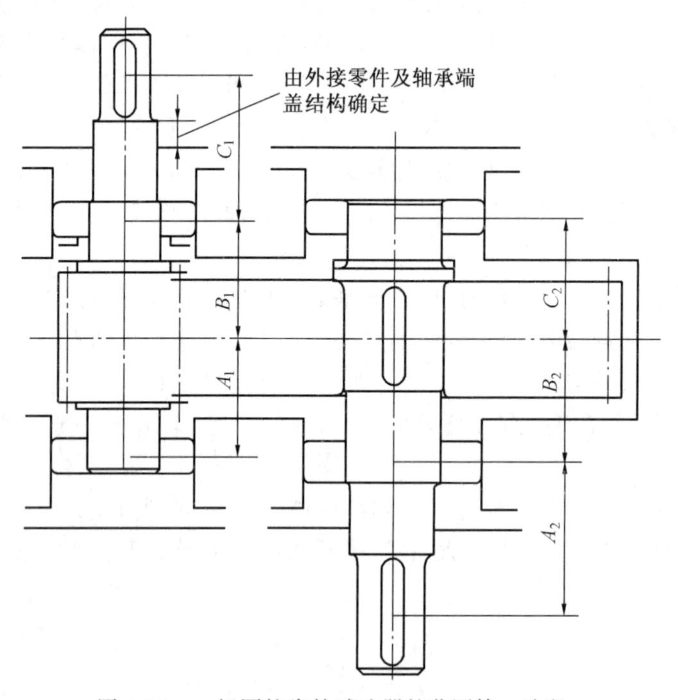

图 4.18 一级圆柱齿轮减速器的草图第一阶段

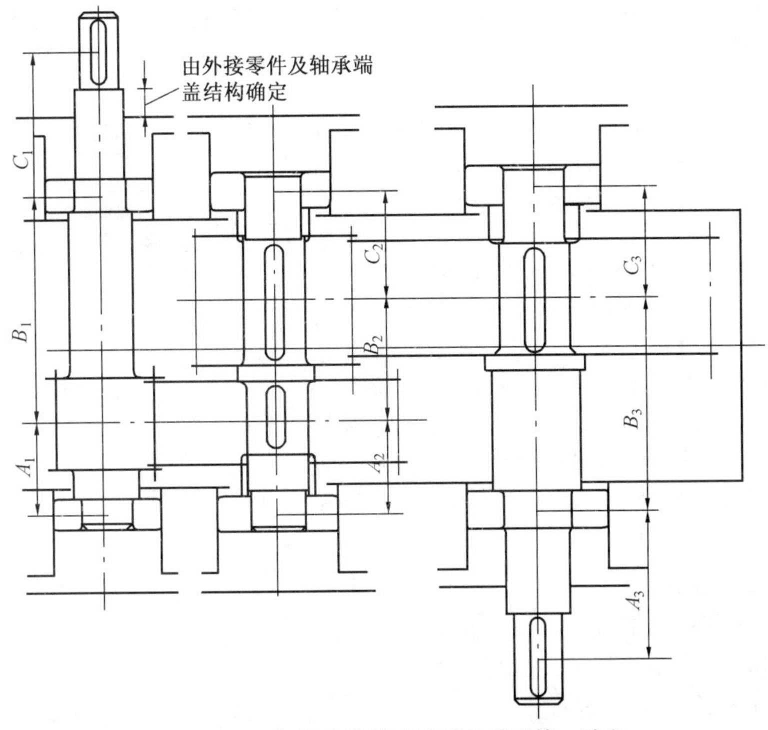

图4.19 二级圆柱齿轮减速器的草图第一阶段

关于锥齿轮减速器高速轴部件结构设计的要点提示如下：

圆锥-圆柱齿轮减速器的机体，通常是沿传动件轴线水平面剖分，并且以小锥齿轮轴线作为对称轴的对称结构。

在确定圆锥-圆柱齿轮减速器的机体内壁线的位置时，如图4.20所示，小锥齿轮轮毂

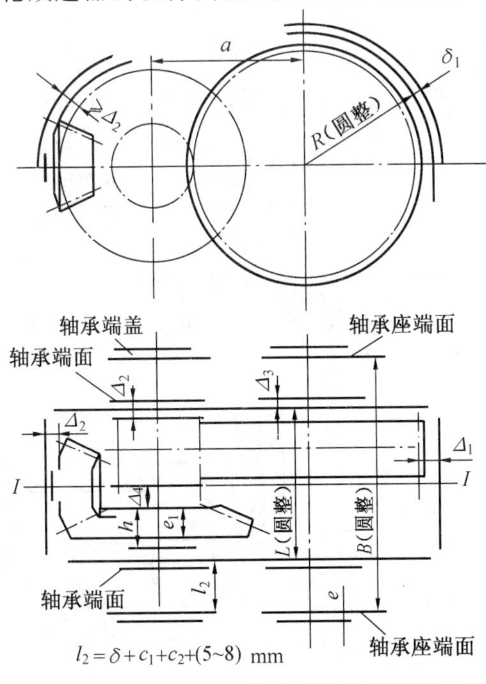

图4.20 圆锥-圆柱齿轮减速器草Ⅰ的第一步

端面与机体内壁间的距离为Δ_2(Δ_2 值见表4.1),在确定大锥齿轮轮毂端面与机体内壁间距离Δ_2时,应先估计大锥齿轮的轮毂宽度h,可取$h=(1.5\sim1.8)e_1$,e_1由作图确定,待轴径大小确定后再作修正。

锥齿轮的高速轴多做成悬臂结构,如图4.21所示。轴承支点距离可取$l_1=2l_2$或$l_1=2.5\ d$,d为轴承处轴的直径。为保证支承刚度,l_1不宜太小,并且尽量减小l_2。

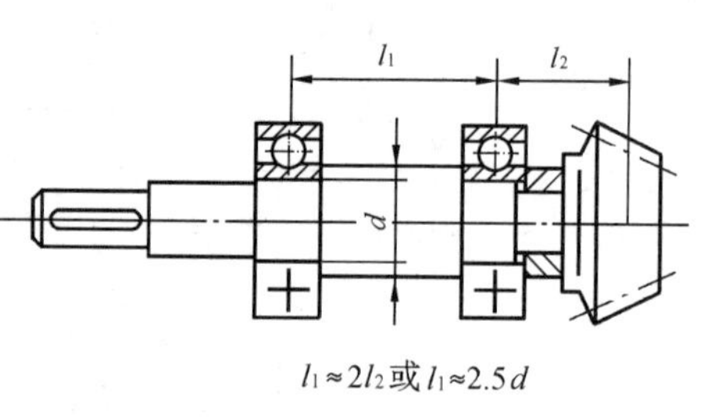

图4.21　锥齿轮轴的悬臂结构

为保证锥齿轮传动的啮合精度,装配时需要调整大小锥齿轮的轴向位置,使两轮锥顶重合。因此小锥齿轮轴和轴承通常放在套杯内,用套杯凸缘内端面与轴承座外端面之间的一组垫片调整小圆锥齿轮的轴向位置(图4.22(a))。套环右端的凸肩用以固定轴承外圈,套杯厚度$\delta_2=8\sim10$ mm,凸肩高度应使直径D不小于轴承手册中的规定值D_a,以免无法拆卸轴承外圈。图4.22(b)是错误的结构,因为无法拆下轴承外圈。

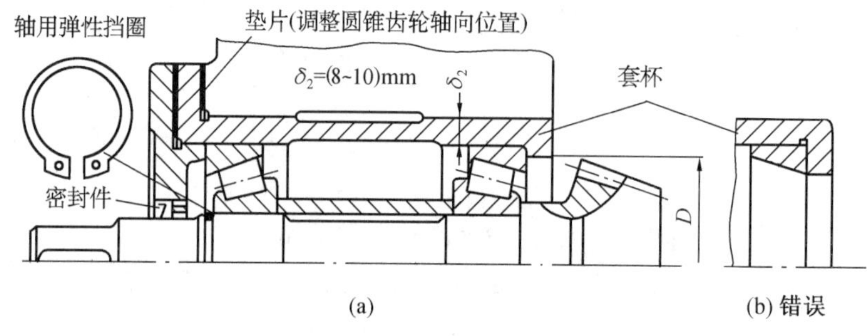

图4.22　小锥齿轮轴承部件

小锥齿轮的轴采用角接触轴承支承时,轴承有两种布置方案,如图4.23所示。图4.23(a)方案轴承面对面布置,图4.23(b)方案轴承背对背布置。两种方案中轴的结构、轴的刚度和轴承的固定方法均不同。图4.23(b)方案中轴的刚度较大。

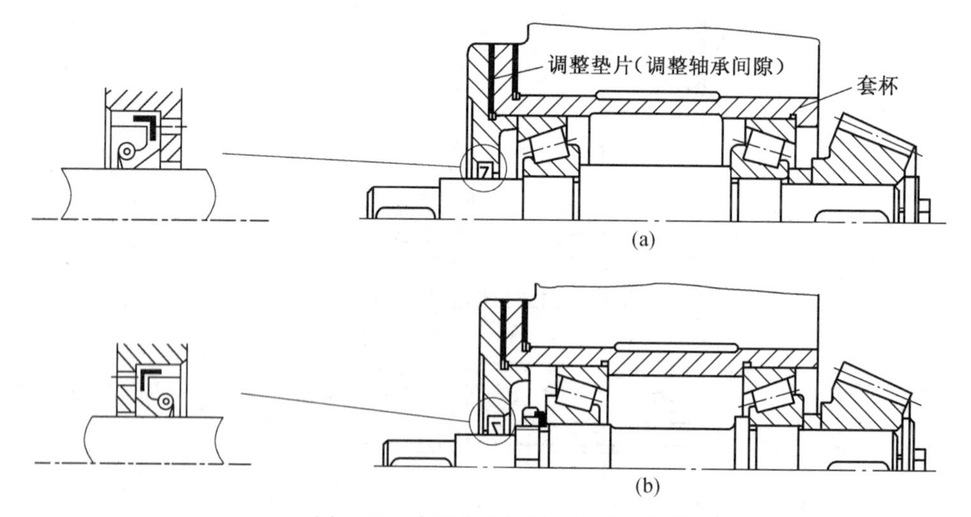

图4.23　小锥齿轮与轴分开的轴承部件

若小锥齿轮和轴是一体的，则做成齿轮轴，如图4.22所示；若小锥齿轮和轴是分开做的，则其结构如图4.23所示。

圆锥-圆柱齿轮减速器草图设计第一阶段完成后的图形，如图4.24所示。

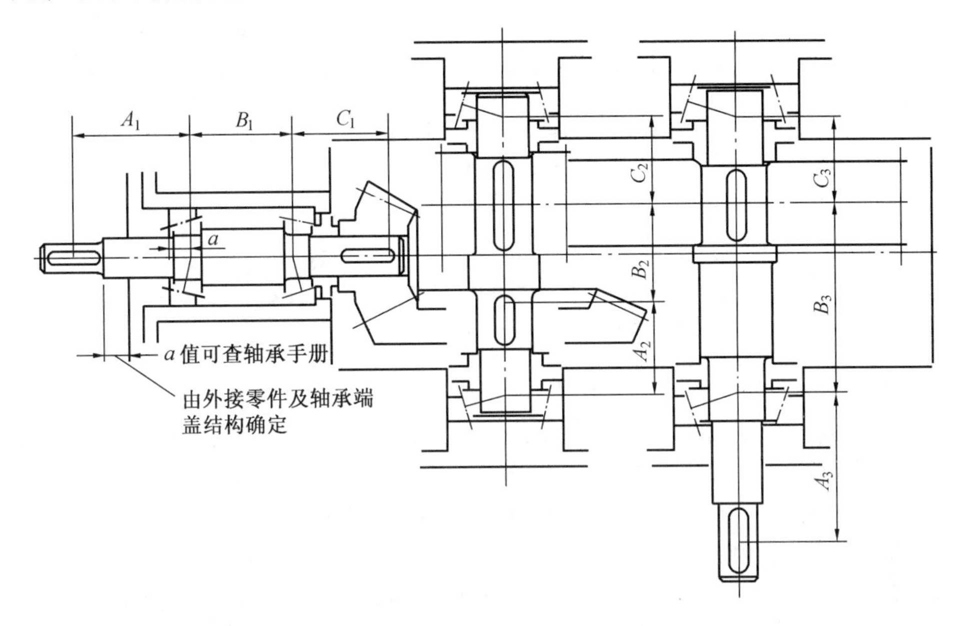

图4.24　圆锥-圆柱齿轮减速器的草图第一阶段

关于蜗杆减速器草图设计第一阶段的设计方法要点提示如下：

蜗杆减速器的设计通常要从主视图和左视图入手，如图4.25所示。

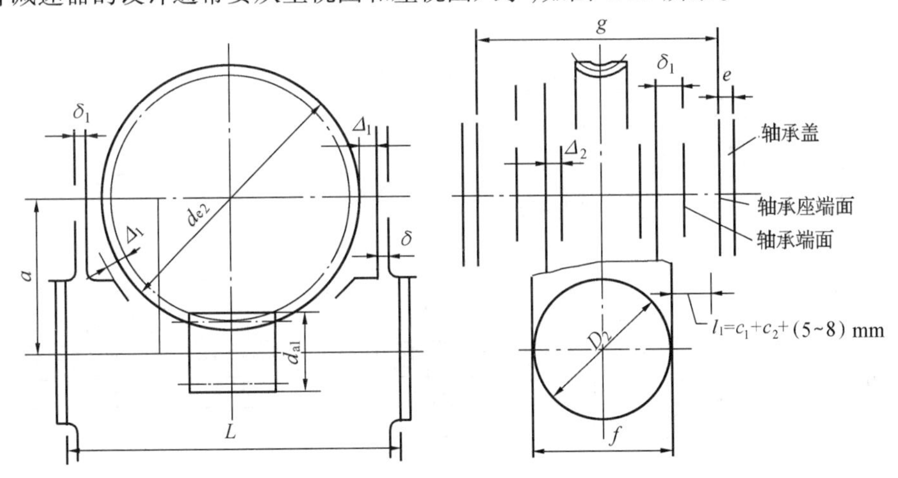

图4.25　蜗杆减速器草I的第一步

在视图位置上画出蜗杆、蜗轮的中心线后，按计算出的尺寸数据画出蜗杆和蜗轮的轮廓，再由表4.1推荐的Δ_1和δ_1、δ值，在主视图上根据蜗轮外圆尺寸d_{e2}确定箱体内、外壁位置，通常取箱体宽度等于蜗杆轴承端面凸缘直径，即$f\approx D_2$，由此在左视图上画出箱体宽度方向的内、外壁位置，并根据蜗轮轴承座宽度确定蜗轮轴承座外端面位置（图4.25）。

对蜗杆减速器，为了提高蜗杆刚度，应尽量缩短支点距离。因此，蜗杆轴承座常伸到机体内侧。为保证间隙Δ_1，常将轴承座内端面做成斜面，如图4.26(a)、(b)所示。

设计蜗杆轴时，当该轴较短（支点距离小于300 mm）时，可用两个支点固定的结构，如

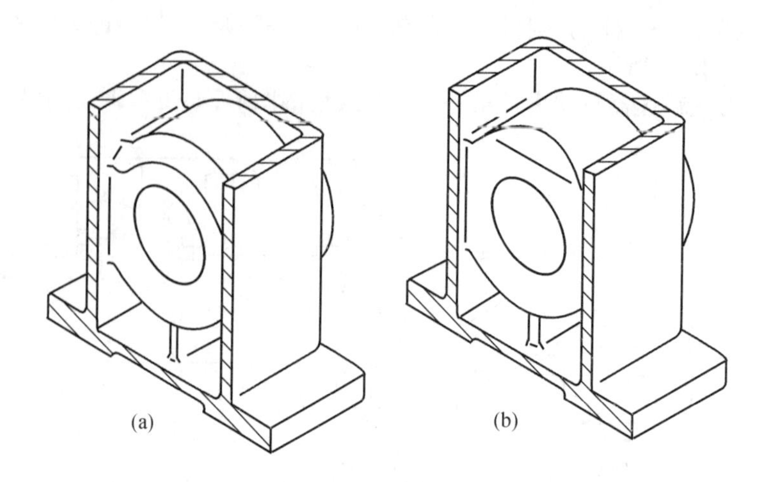

图 4.26　蜗杆轴承座结构

图4.27所示；当蜗杆轴较长时，轴热膨胀伸长量大，如采用两端固定结构，则轴承将承受较大附加轴向力，使轴承运转不灵活，甚至轴承卡死压坏。这时常用一端固定一端游动的支承结构，如图 4.28 所示。固定端一般选在非外伸端，并常用套杯结构，以便固定轴承。为了便于加工，两个轴承座孔常取同样的直径。为此，游动端也可用套杯结构或选取轴承外径与座孔直径相同的轴承，如图 4.28(b)所示。当采用角接触球轴承作为固定端时，必须在两轴承之间加一套圈(图 4.28(b))，以避免调整轴承间隙时外圈接触。

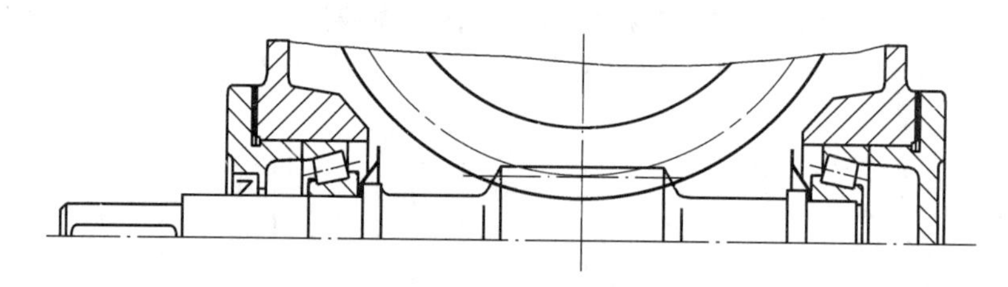

图 4.27　两端固定式的支承结构

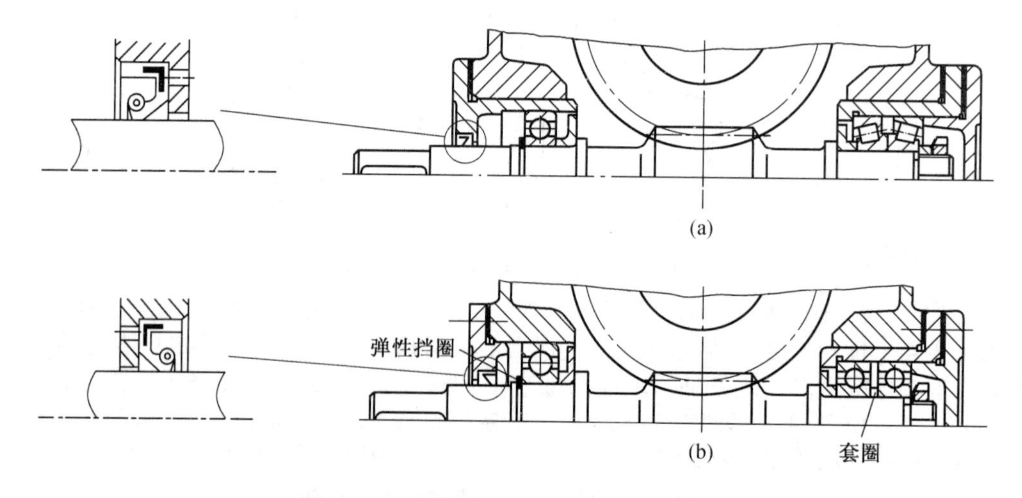

图 4.28　一端固定一端游动式的支承结构

设计蜗杆轴承座时,应使其左右两孔径相同且大于蜗杆外径 d_{a1},以便于机体轴承座孔的加工和蜗杆的装入。

蜗轮轴的支点距离 p 一般由机体宽度 f 确定(图 4. 29(a)),$f \approx D_2$,D_2 为蜗杆轴承端盖凸缘外径;也可采用图 4. 29(b)、(c)、(d)的结构,其支点距离 p 则减小。

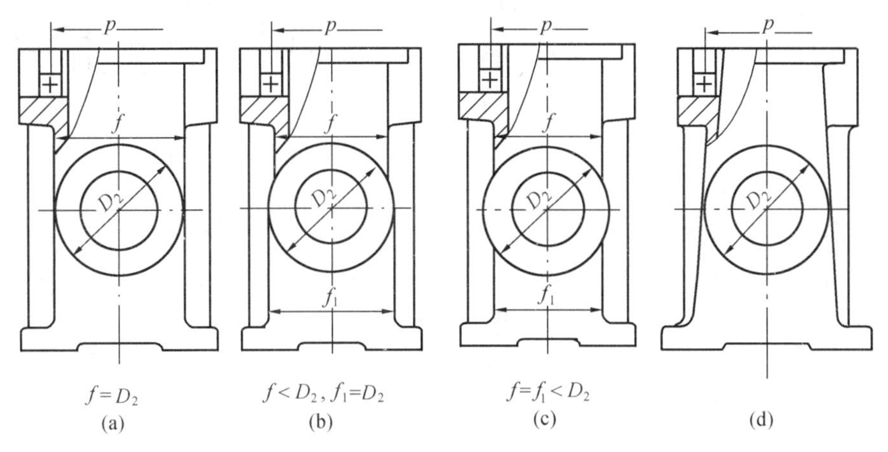

图 4. 29 蜗杆减速器机体结构

对于整体式蜗杆减速器的机体,其机体内壁位置可参看图 4. 30。

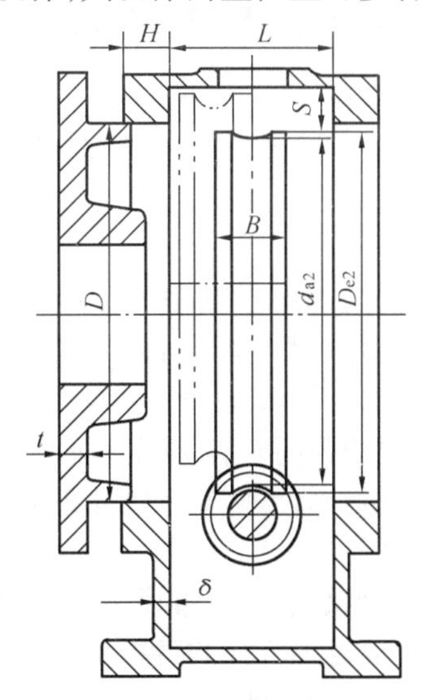

图 4. 30 双点划线表示蜗轮在安装过程中的位置

因为安装时,蜗轮轴系零部件通过机体上与大端盖配合的孔进入机体内,升高后移到中间平面位置,再沿径向接近蜗杆达到啮合位置,然后再装上两侧大端盖,因此其主要结构尺寸应满足下列条件

$$D>D_{e2}$$

$$L>2B$$

$$S>2m+\frac{D_{e2}-d_{a2}}{2}$$

式中,m 为模数。

蜗杆减速器草图第一阶段完成程度如图 4.31 所示。

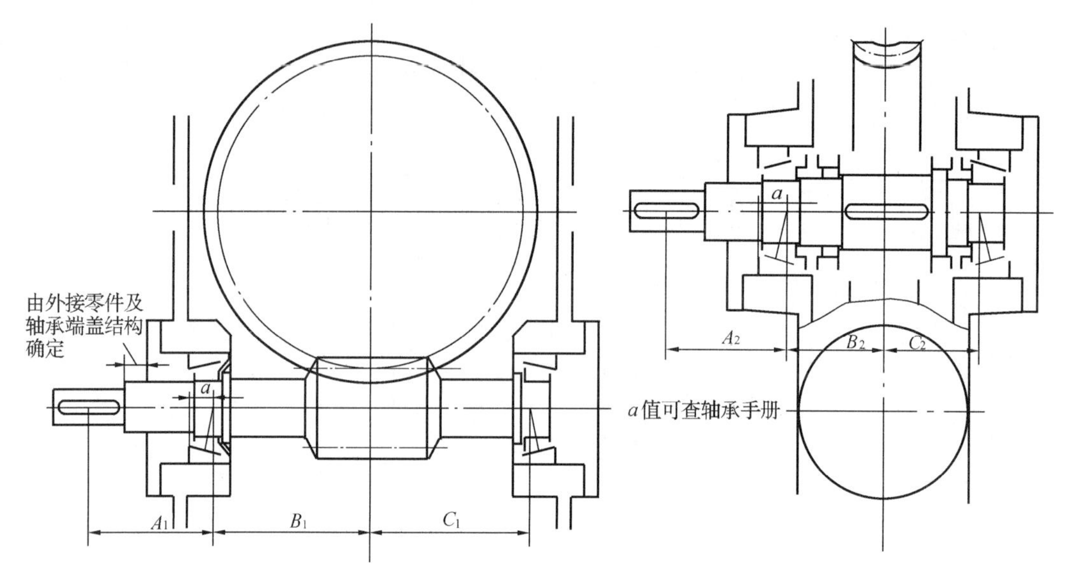

图 4.31 蜗杆减速器的草图第一阶段

装配草图设计第一阶段自检重点及思考题

(一) 自检重点

(1) 输入轴和输出轴的伸出端、齿轮或蜗轮的位置与传动简图是否一致。

(2) 外伸轴最小直径是否既满足强度要求,又考虑了相配传动件或联轴器的孔径要求,外伸轴轴肩的位置是否恰当。

(3) 大齿轮顶圆(或蜗轮外圆)与机体壁的距离 Δ_1、圆柱齿轮(或圆锥齿轮、蜗轮轮毂)端面与机体内壁的距离 Δ_2、中间轴上两齿轮轴向间距 Δ_4 及轴承外圈端面和机体内壁的距离 Δ_3 是否恰当。

(4) 机体内壁至轴承座外端面的距离 l_2 是否等于 $\delta+c_1+c_2+(5\sim8)$ mm。

(5) 蜗杆轴轴承座内端面位置是否合理,其轴承座外圆与蜗轮外圆间的距离是否恰当,轴承座孔直径是否大于蜗杆顶圆直径 d_{a1}。

(6) 蜗轮机体宽度与蜗杆轴轴承端盖外圆直径是否协调。

(7) 整体式蜗杆减速器,其大端盖配合孔的直径是否大于蜗轮外圆直径。

(8) 轴承在座孔中的位置及轴上的挡油板是否与润滑方式相符。

(二) 思考题

(1) 试述装配图的功用。

(2) 绘制装配图前应做好哪些准备工作?

(3) 如何选择联轴器? 你采用哪种联轴器? 有何特点?

(4) 如何选择滚动轴承的类型? 你采用哪类滚动轴承? 有何特点?

(5) 机体内壁线位置如何确定? 轴承座宽度如何确定?

(6) 在本阶段设计中哪些尺寸必须圆整? 为什么?

(7) 轴承在轴承座孔中的位置如何确定?

(8) 外伸轴的最小直径如何确定? 外伸长度如何确定?

(9) 转轴为什么多做成阶梯轴？阶梯轴各段的直径和长度应如何确定？

(10) 固定轴承时，轴肩(或轴环)的直径如何确定？

(11) 轴上键槽的长度和位置如何确定？

(12) 直径变化过渡部分的圆角如何确定？

(13) 挡油板的作用是什么？有哪些结构型式？

(14) 锥齿轮减速器高速轴的轴向尺寸如何确定？其轴承部件结构有何特点？轴承套杯起什么作用？

(15) 锥齿轮减速器高速轴采用角接触轴承支承时，背对背和面对面安装的结构各有何特点？

(16) 为缩短蜗杆轴支点距离，可采取哪些结构措施？

(17) 在什么情况下，蜗杆轴上轴承采用一端固定一端游动的支承结构？

(18) 轴承在轴上的固定方法有哪些？你采用了哪种方法？

(19) 如何确定角接触轴承支点的位置？

4.3 轴、轴承及键连接的校核计算

草图第一阶段完成后，确定了轴的初步结构、支点位置和距离及传动零件力的作用点位置，即可着手对轴、键连接强度及轴承的额定寿命进行校核计算。计算步骤如下：

一、当量弯矩图的绘制

首先定出力学模型，然后求出支反力，画出弯矩图、转矩图，再计算绘制出当量弯矩图。

二、轴的校核计算

根据轴的结构尺寸、应力集中的大小和力矩图判定一个或几个危险截面。用合成弯矩法或安全系数法对轴进行疲劳强度校核计算。

校核结果如强度不够，应加大轴径，对轴的结构尺寸进行修改。如强度足够，且计算应力或安全系数与许用值相差不大，则以轴结构设计时确定的尺寸为准不再修改。若强度富裕过多，可待轴承寿命及键连接的强度校核后，再综合考虑是否修改轴的结构。

三、对轴承进行基本额定寿命计算

四、对键连接进行挤压强度的校核计算

一根轴上若有二处键连接，若传递扭转相同，可只校核尺寸较小、受力较大的键连接。如强度合格，另一个键连接的尺寸可以与它一样，以简化工艺。

4.4 草图设计的第二阶段

装配草图设计的第二阶段主要工作内容是：设计传动零件、轴上其他零件及与轴承支点结构有关零件的具体结构。简单地说，就是要完成轴系部件结构设计。

这一阶段的工作，对于齿轮减速器，仍在俯视图上进行；对于蜗杆减速器，也仍在主视图和左视图上进行。

草图的设计步骤和注意事项如下：

一、传动零件的结构设计

1. 齿轮

齿轮的结构形状和所采用的材料、毛坯尺寸大小及制造工艺方法有关。尺寸较小的齿轮可与轴连成一体，成为齿轮轴，如图 4. 32 所示。当齿根圆直径 d_f 小于轴径 d 时，必须用滚齿法加工齿轮，如图 4. 32(b)所示；当齿根圆直径 d_f 大于轴径 d，并且 $x \geqslant 2.5\ m_n$ 时(m_n 为模数)，齿轮可与轴分开制造，这时轮齿也可用插齿法加工。图 4. 33 即为实心式齿轮结构。应尽量采用轴与齿轮分开的方案，以使结构和工艺简化，降低制造成本。

对于直径较大的齿轮(齿顶圆直径 $d_a \leqslant 500$ mm)，常用锻造毛坯制成腹板式结构，如图 4. 34所示。当生产批量较大时，宜采用模锻毛坯结构，如图 4. 34(a)所示；当批量较小时，宜采用自由锻毛坯结构，如图 4. 34(b)所示。

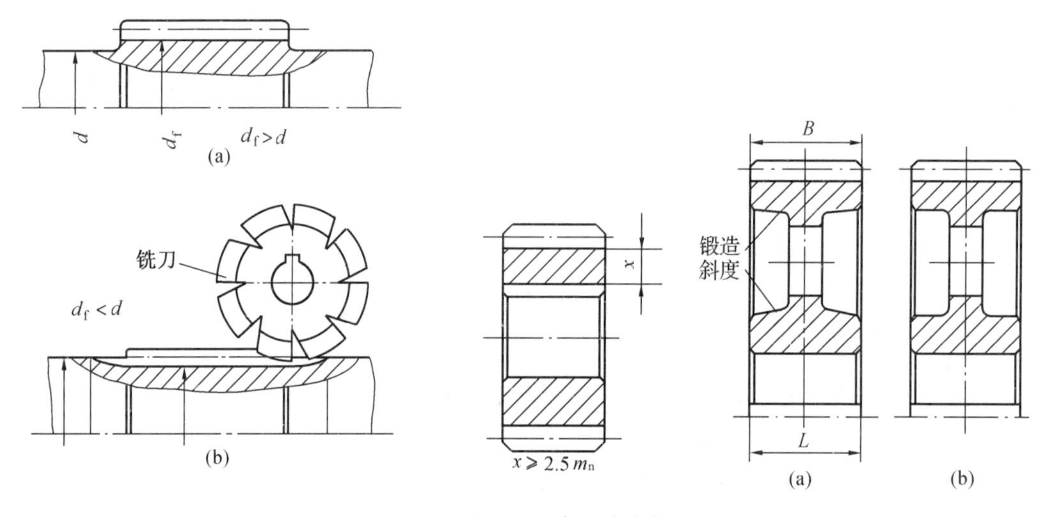

图 4. 32　齿轮轴轮齿加工

图 4. 33　实心式齿轮

图 4. 34　腹板式齿轮

对于直径 $d_a \geqslant 400$ mm 的齿轮，宜采用铸造毛坯结构，如图 4. 34(a)所示。

大型的齿轮多用铸造的或焊接的带有轮辐的结构，轮辐的断面有各种形状。单件或小批量生产时，宜采用焊接齿轮结构。

各类齿轮的结构与尺寸见图例(图号 13)。

2. 蜗杆

蜗杆在大多数情况下都做成蜗杆轴。蜗杆螺旋齿的加工可采用车制或铣制两种方法。车制时蜗杆轴上必须有退刀槽。铣制蜗杆轴可获得较大的轴刚度。

有关蜗杆轴的详细结构见图例(图号 15)。

3. 蜗轮

蜗轮的结构形式取决于蜗轮的尺寸大小和材料的选择。在课程设计中常采用齿圈压配式结构。齿圈与轮芯用过盈配合 H7/r6 或 H7/s6，并沿配合面圆周加装 4～6 个骑缝螺钉，以增强连接的可靠性。为便于钻孔,应将螺纹孔中心线向材料较硬的轮芯一边偏移2~3 mm。

有关蜗轮的详细结构和尺寸关系见图例(图号18)。

二、轴承端盖的结构设计

有关轴承端盖的结构和尺寸关系见图例(图号22)。

三、轴承的润滑和密封结构的设计

轴承的润滑和密封是保证轴承正常运行的重要结构措施。

当浸油齿轮圆周速度大于或等于2 m/s时,可以靠机体内油的飞溅直接润滑轴承,也可以通过机体剖分面上的油沟将飞溅到机体内壁上的油引导至轴承进行润滑,如图4.35所示。这时,必须在端盖上开槽。为防止装配时端盖上的槽没有对准油沟而将油路堵塞,可将端盖的端部直径取小些,使端盖在任何位置时油都可以流入轴承。

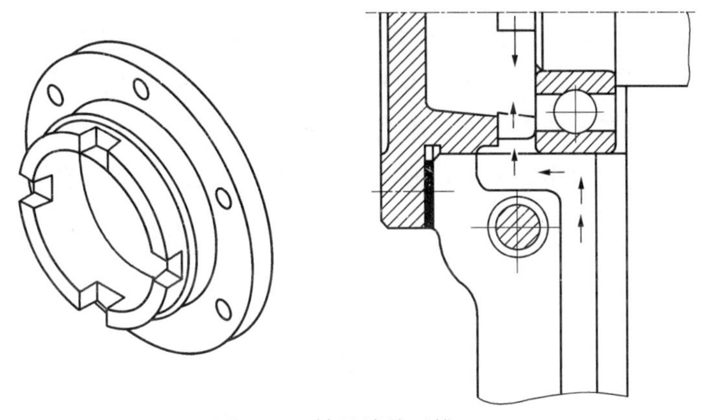

图4.35　轴承端盖开槽

当浸油齿轮圆周速度小于2 m/s时,宜用润滑脂润滑轴承。这时应在轴承旁加设挡油板,既防止润滑脂流入机体油池,也防止油池中的油溅入后稀释油脂,如图4.15所示。

当采用稀油润滑轴承,轴承旁是斜齿轮,而且斜齿轮直径小于轴承外径时,由于斜齿有沿齿轮轴向排油作用,使过多的润滑油冲向轴承,尤其在高速时更为严重,增加了轴承的阻力,所以也应在轴承旁装置挡油板。挡油板可用薄钢板冲压成型,也可用圆钢车制,还可以铸造成型。挡油板如图4.36所示。

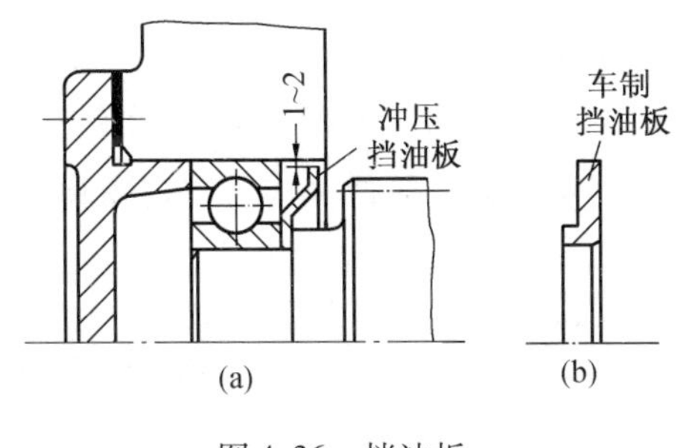

图4.36　挡油板

密封形式很多,相应的密封效果也不一样,常见密封形式如图 4.37 所示。

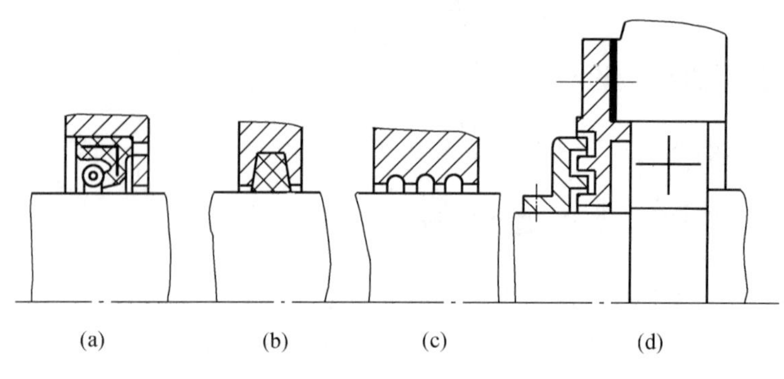

图 4.37 常见密封形式

橡胶唇形密封圈密封效果较好,得到广泛应用。这种密封装配方向不同,密封的效果也有差别,图 4.37(a)的装配方法对左边密封效果较好。如果采用两个橡胶唇形密封圈相对放置,则两面的效果都好。橡胶唇形密封圈有两种结构:一种是密封圈内带有金属骨架,与孔配合安装,不需再有轴向固定,如图 4.37(a)所示;另一种是没有金属骨架,在结构设计时需要考虑轴向固定装置。图 4.37(b)是毛毡圈油封结构图,其密封效果较差,但结构简单,对润滑脂润滑也能可靠工作。上述两种密封均为接触式密封,要求轴表面粗糙度数值不能太大。图 4.37(c)与(d)为油沟和迷宫式密封结构,属于非接触式密封,其优点是,可用于高速,如果与其他密封形式配合使用,效果将更好。

密封形式的选择,主要是根据密封处轴表面的圆周速度、润滑剂种类、工作温度、周围环境等因素决定。各种密封适用的参考圆周速度为:

密封形式	适用的圆周速度/($m \cdot s^{-1}$)
粗羊毛毡圈油封	3 以下
半粗羊毛毡圈油封	5 以下
航空用毡圈油封	7 以下
橡胶唇形油封	8 以下
迷宫	10 以下

草图设计第二阶段完成的情况,如图 4.38 ~4.41 所示。

图 4.38 为一级圆柱齿轮减速器草图第二阶段完成后的俯视图的情况。

图 4.39 为二级圆柱齿轮减速器草图第二阶段完成后的俯视图的情况。

图 4.40 为二级圆锥圆柱齿轮减速器草图第二阶段完成后的俯视图的情况。

图 4.41 为一级蜗杆减速器草图第二阶段完成后主视图和左视图的情况。

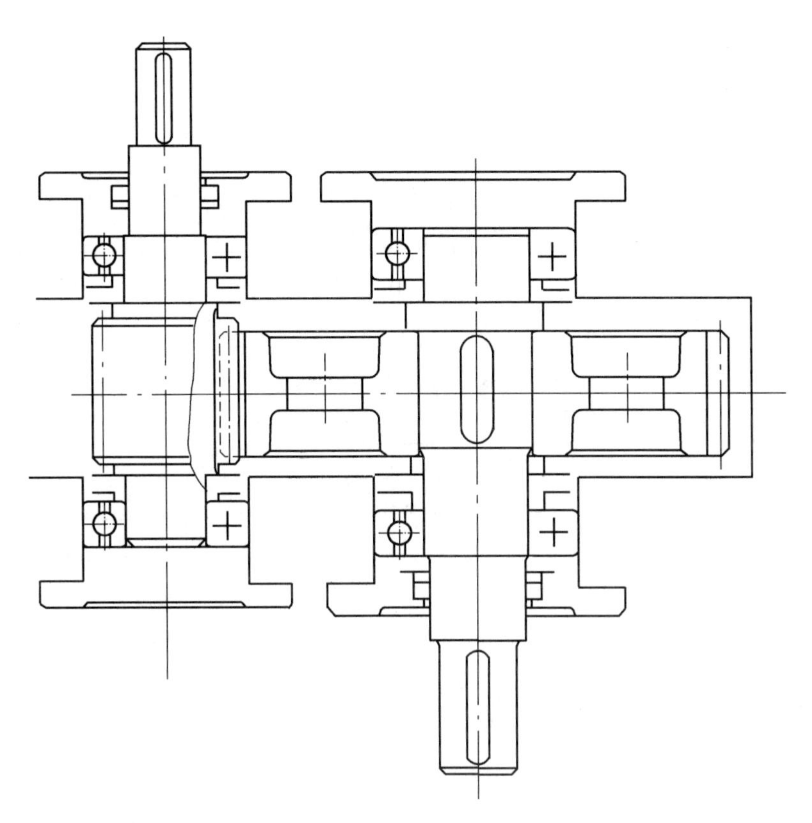

图4.38 一级圆柱齿轮减速器草图第二阶段完成的俯视图

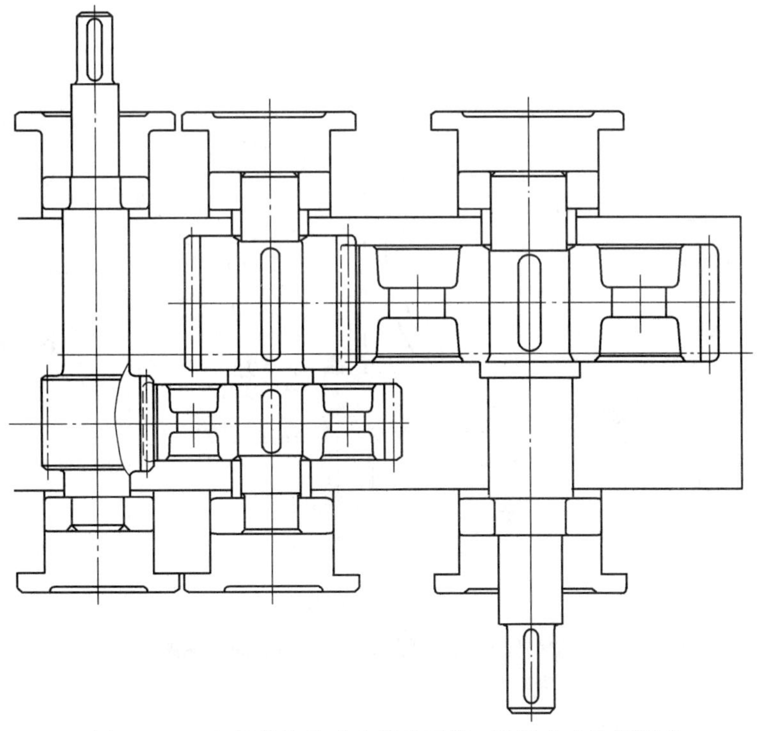

图4.39 二级圆柱齿轮减速器草图第二阶段完成的俯视图

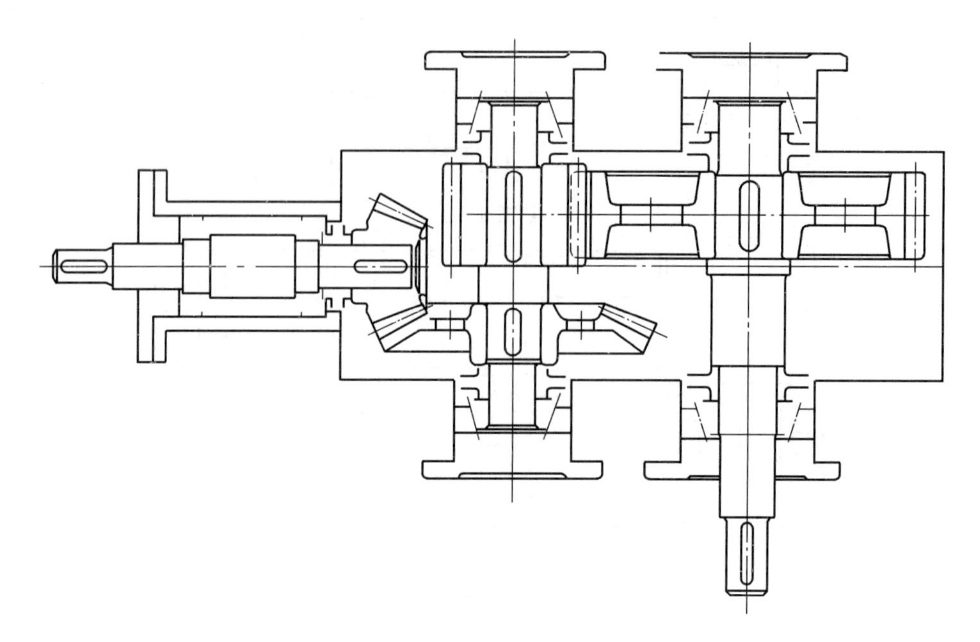

图 4.40　二级圆锥圆柱齿轮减速器草图第二阶段完成的俯视图

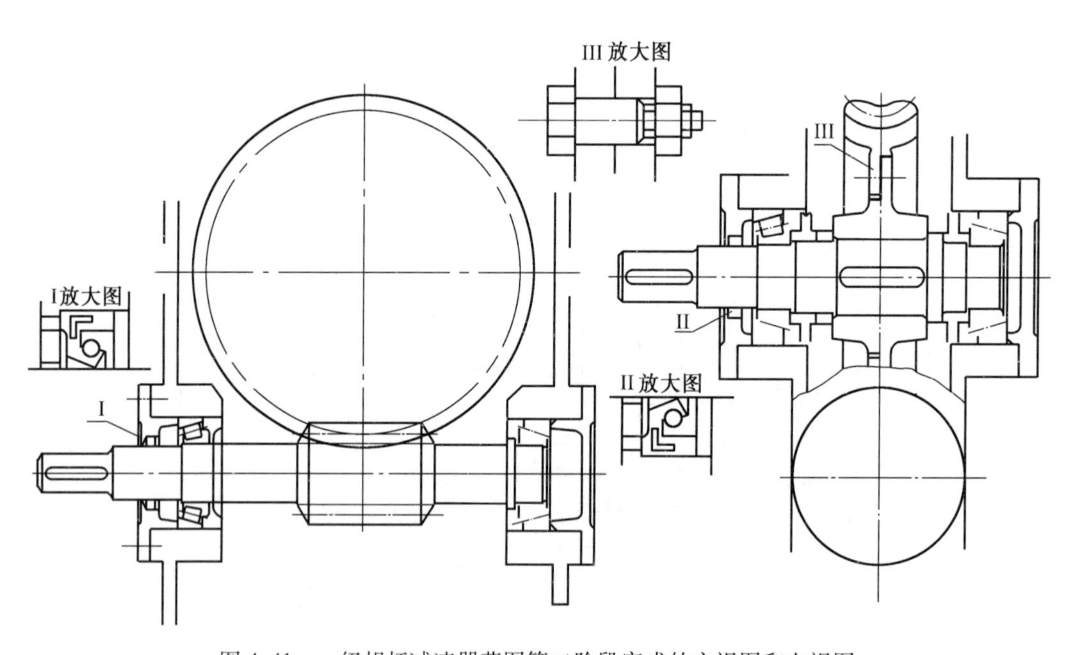

图 4.41　一级蜗杆减速器草图第二阶段完成的主视图和左视图

装配草图设计第二阶段自检重点及思考题

（一）自检重点

（1）齿轮的结构形状与材料、直径尺寸、制造方法、生产批量是否适应，配对齿轮啮合部位投影关系是否正确。

（2）齿根圆直径小于轴径的齿轮轴，必须用滚齿法加工，滚齿宽度与滚刀直径是否相等，绘图是否正确。

（3）蜗杆螺旋齿的加工方式与蜗杆轴的结构尺寸是否相符，蜗杆螺旋齿的长度是否合理。

（4）蜗轮结构形式选择是否合理，若采用齿圈压配式蜗轮，其齿圈与轮芯的配合结构及骑缝螺钉连接结构设计是否正确；若采用银铸式蜗轮，其轮芯外圆柱面预制出的榫槽结构设计是否正确。

（5）铸造轴承端盖结构形状及尺寸是否符合铸造工艺与机械加工的要求，轴承端盖凸缘外径是否符合安装连接螺栓的要求。

（6）轴的各段直径和长度是否合理，轴上零件是否定位准确、固定可靠。

（7）轴承部件组合设计是否合理，轴承的润滑方式选择是否合理，若轴承采用传动件溅出的润滑油润滑时，轴承端盖的结构形状是否满足润滑的要求，若轴承采用油脂润滑时，轴承内甩油环的结构尺寸和安装位置是否正确。

（8）下置式蜗杆轴承旁挡板的结构尺寸和安装位置是否正确。

（9）密封件的选择是否符合工作条件与转速的要求。

（10）轴承端盖上安装密封件处的结构设计是否正确。

（二）思考题

（1）齿轮、蜗轮和蜗杆的轮齿有哪些加工方法？你设计的传动件轮齿是如何加工的？

（2）齿轮有哪些结构形式？如何选用？你设计的齿轮是哪种结构形式？结构设计时应注意什么问题？

（3）蜗轮有哪些结构形式？如何选用？你设计的蜗轮是哪种结构形式？结构设计时应注意什么问题？

（4）齿轮和蜗轮的轮毂宽度和直径如何确定？轮缘厚度又如何确定？

（5）齿轮的齿宽如何确定？为什么小齿轮齿宽 b_1 要比大齿轮齿宽 b_2 大 3 ~ 5 mm？

（6）蜗轮的齿宽如何确定？蜗杆的螺旋部分长度如何确定？

（7）传动件在轴上如何定位和固定？

（8）轴承端盖有哪些结构形式？它们的各部分尺寸如何确定？

（9）如果轴承采用润滑油润滑，那么轴承端盖要采取哪些结构措施？

4.5 草图设计的第三阶段

草图设计的第三阶段是草图设计的最后阶段。这一阶段的设计内容有两个：一是减速器机体的结构设计；二是减速器机体上的附属零件的设计。具体设计步骤如下：

一、减速器机体的结构设计

减速器机体是用来支持和固定轴系部件，保证传动件啮合精度和良好润滑及轴系可靠密封的重要零件。机体质量约占减速器总质量的40%左右。它的设计好坏对传动质量、加工工艺和制造成本都有很大影响。

铸铁的机体被广泛采用。它具有较好的吸振性和良好的切削性能。在重型机械中，为了提高机体的强度和刚度，也有用铸钢的机体。钢板焊接的机体能使机体质量减轻30%，单件和小批量生产时应优先考虑。

减速器机体结构形式分剖分式和整体式两类。剖分式机体应用较多，其剖分面多取通过传动件轴线的水平面。整体式机体可提高孔的加工精度，减少零件的数量，但装配较复杂，只宜于尺寸比较小的机体，如对传动中心距 $a \leqslant 120$ mm 的减速器机体，可考虑采用整体式机体结构。

机体设计应在三个基本视图上同时进行。

现以水平剖分式机体为例，说明机体结构设计的步骤和要点。

1. 轴承座的设计

为了保证传动零件的啮合精度，机体应有足够的刚度，其中，轴承座刚度的影响很大。因此，轴承座的设计应首先考虑增加刚度的问题。

为了增加轴承座的刚度，轴承座应有足够的厚度。轴承座的厚度常取为2.5 d_3，d_3 为轴承盖的连接螺栓的直径。

为了增加轴承座的刚度，可在轴承座附近加支撑筋。筋有外筋和内筋两种结构形式。图4.3、4.4、4.5、4.7、4.8都为外筋结构形式。图4.6、4.42、4.43都为内筋结构形式。内筋结构形式刚度大，外表面光滑美观，且存油量增加，但工艺比较复杂。目前采用内筋的结构逐渐增多。

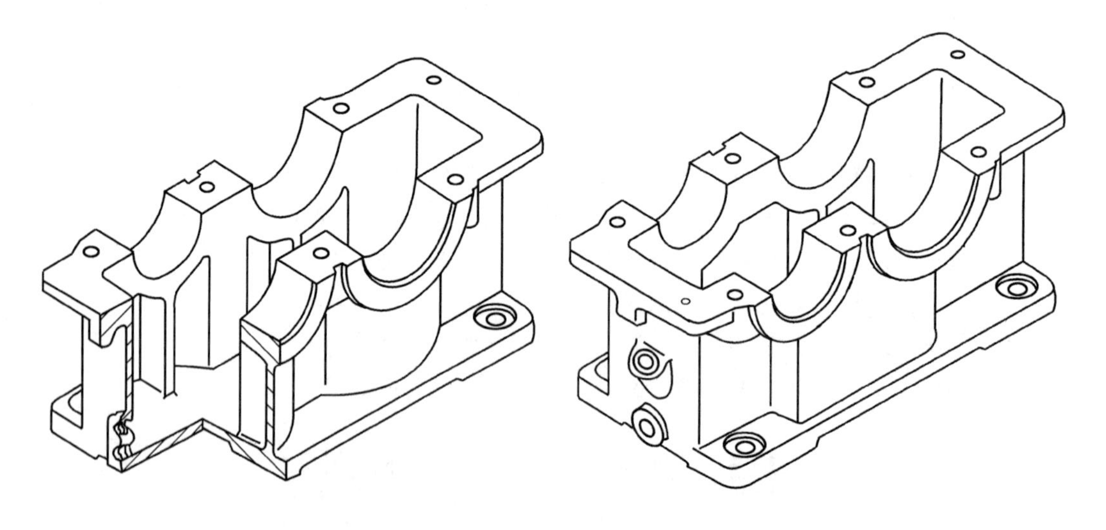

图4.42 轴承座内筋结构之一　　图4.43 轴承座内筋结构之二

为了提高轴承座的连接刚度，座孔两侧的连接螺栓距离 s_1 应尽量靠近（以不与端盖螺钉孔干涉为原则）。通常取 $s_1 = D_2$，D_2 为轴承座外径，即取螺栓中心线与轴承座外径 D_2 的圆相切的位置。为此轴承座旁边应做出凸台，如图4.44（a）所示，轴承旁凸台的高度及大小要保证安装轴承旁连接螺栓时有足够的扳手空间 c_1 和 c_2。因此，凸台的高度可以根据 c_1 的大小用作图法确定（图4.45）。图4.44（b）的结构是没有设计凸台的形式，s_2 的距离较 s_1 大了许多，轴承座的连接刚度小。设计凸台结构时，应在三个基本视图上同时进行，其投影关系如图4.45和图4.46（a）所示。当凸台位置在机壁外侧时，凸台可设计成图4.46（a）、（b）、（c）所示的结构。当机体同一侧面有多个大小不等的轴承座时，除了保证扳手空间 c_1 和 c_2 外，轴承旁凸台的高度应尽量取相同的高度，以使轴承旁连接螺栓的长度都一样，减少了螺栓的品种。

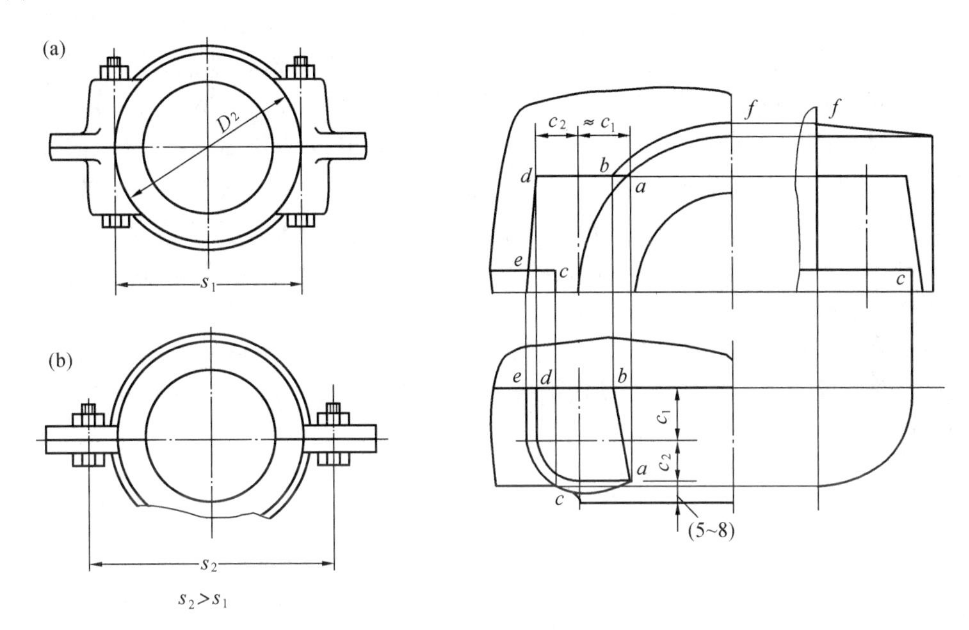

图4.44　机盖和机座轴承旁的连接形式

图4.45　轴承旁凸台的投影关系

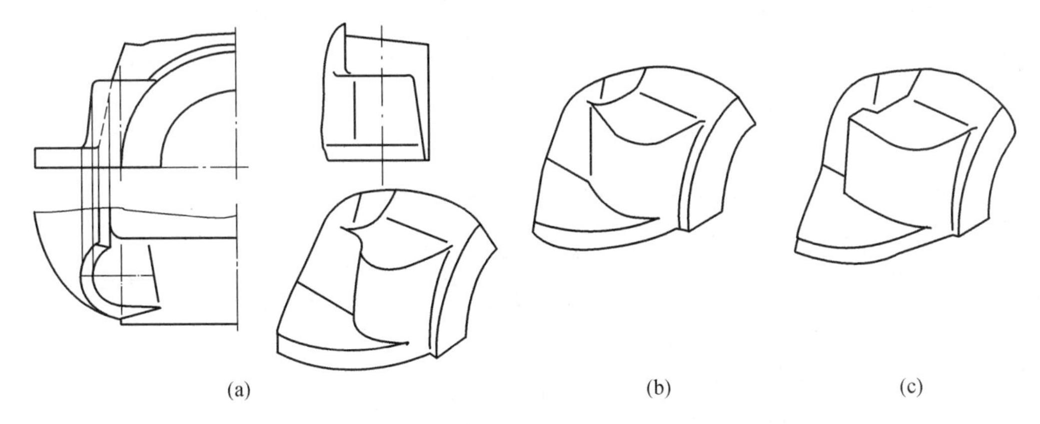

图4.46　轴承旁凸台突出机体外侧时的结构形式

2. 机体的结构设计

对于机体的结构设计，除轴承座外，其他部分的设计要求如下：

（1）机盖大齿轮一端的外轮廓半径的确定，即

$$外轮廓半径=大齿轮齿顶圆半径+\Delta_1+\delta_1$$

式中,Δ_1、δ_1 由表 4.1 所给经验公式确定,外轮廓半径数值应适当圆整。

(2) 机盖小齿轮一端的外轮廓半径的确定。这一端的外轮廓圆弧半径不能像大齿轮一端那样,用公式计算确定。因为小齿轮直径较小,按上述公式计算会使机体的内壁不能超出轴承座孔。一般这个圆弧半径的选取应使外轮廓圆弧线在轴承旁凸台边缘的附近。这个圆弧线可以超出轴承旁凸台,如图 4.3 和图 4.45 所示,机体径向尺寸显得大一些,但结构简单。这个圆弧线也可以不超出轴承旁凸台,如图 4.46 所示,机体结构可以紧凑些,但轴承旁凸台的形状较复杂。

(3) 机盖和机座连接凸缘的设计及连接螺栓和输(回)油沟的布置。为了保证机体的刚度,机盖和机座的连接凸缘应有一定的厚度。一般取凸缘厚度为机体壁厚的 1.5 倍,即 $b_1=1.5\,\delta_1$,$b=1.5\,\delta$,见表 4.1。为了保证机盖和机座连接处的密封性能,连接凸缘应有足够的宽度。对于外凸缘,其宽度 $B\geqslant\delta+c_1+c_2$,式中 δ 为机体壁厚,c_1、c_2 为凸缘上连接螺栓 d_2 的扳手空间尺寸;对于内凸缘,其宽度 $K\geqslant(2\sim2.2)d$,式中,d 为机盖与机座间连接螺栓直径,见图 4.6。凸缘的连接表面应精刨,其表面粗糙度应不大于 $\overset{6.3}{\triangledown}$。密封要求高的表面要经过刮研。装配时可涂层密封胶,但不允许放任何垫片,以免影响轴承孔的精度。必要时还可在凸缘上铣出回油沟,使渗入凸缘的连接缝隙面上的油通过回油沟重新流回至机体内部,如图 4.47(a)、(b)所示。

当轴承利用机体内的油润滑时,可在剖分面的连接凸缘上做出输油沟,使飞溅的润滑油沿机盖内壁经过输油沟通过端盖的缺口进入轴承,如图 4.47(c)所示。图 4.48 为采用不同加工方法的油沟形式。

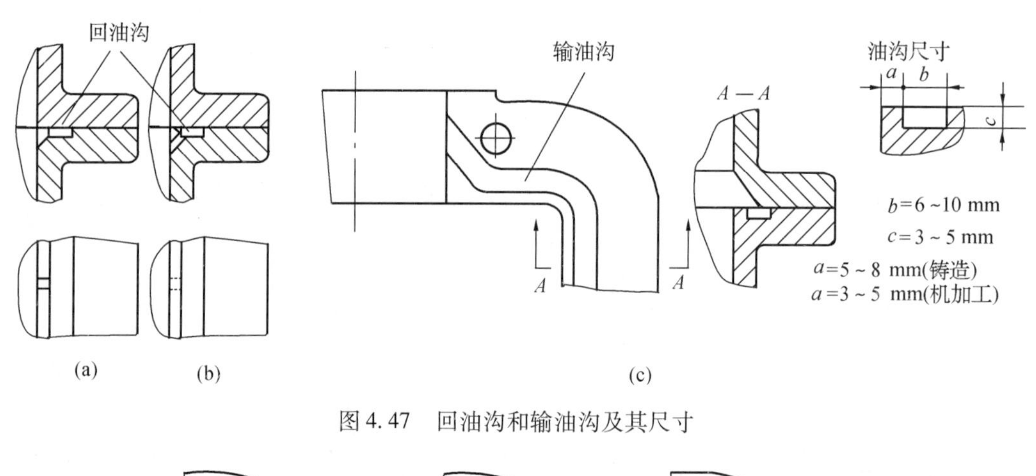

图 4.47　回油沟和输油沟及其尺寸

图 4.48　不同加工方法的油沟形式

为保证密封性,凸缘连接螺栓之间的距离不宜过大。对于中小型减速器,一般间距为 100 ~ 150 mm;对于大型减速器,可取间距为 150 ~ 200 mm。在螺栓的布置上应尽量做到均匀、对称。并注意不要与吊耳、吊钩和定位销等相互干涉。

(4) 机体中心高和油面位置的确定。机体中心高的确定应考虑防止浸油传动件回转时将油池底部沉积的污物搅起。大齿轮的齿顶圆到油池底面的距离应不小于30~50 mm,如图4.49所示。由图确定的中心高H值应圆整。如果H值与相连电动机的中心高相接近,最好就取电动机的中心高作为减速器的中心高,以使所设计的安装减速器和电动机的平台机架不需要再局部垫起,简化了平台机架的结构。如果这两个中心高的数值相差甚远,就不能兼顾了。下置式蜗杆减速器的中心高常取$(0.8\sim1)a$,a为传动中心距,目的是使机体油池有足够的储油量。

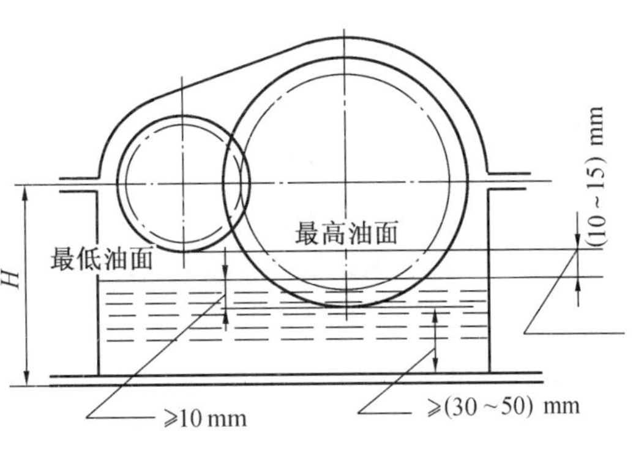

图4.49　油池深度和油面位置

在图4.49中还表示出传动件在油池中的浸油深度。圆柱齿轮浸入深度不应小于10 mm,这个油面位置为最低油面。当考虑使用中油不断蒸发耗失,还应给出一个允许的最高油面,对于中小型减速器,其最高油面比最低油面高出10~15 mm,同时还应保证传动件浸油深度最多不得超过齿轮半径的1/4~1/3,以免搅油损失过大。锥齿轮的浸油深度取齿宽的1/2作为最低油面位置,浸油也不应小于10 mm。对于下置式蜗杆浸油深度,取1~2个齿高作为最低油面,最高油面比最低油面高出10~15 mm,但不应超过滚动轴承最低滚动体中心,以免影响轴承密封和增加搅油损失。如超过滚动轴承最低滚动体中心,最低油面应以滚动体中心为准,蜗杆轴上加设溅油盘装置,如图4.50所示。

按上面原则确定出机体中心高后,应该验算油池容积的储油量是否满足传递功率所需要的油量。油池容积V应大于或等于传动的需油量V_0。单级减速器每传递1 kW功率需油量为0.35~0.7 dm^3,多级减速器按级数成比例增加。需油量的小值用于低粘度油,大值用于高粘度油。油池容积愈大,则油的性能维持得愈久,因而润滑条件愈好。若$V<V_0$时,则应适当增大H。

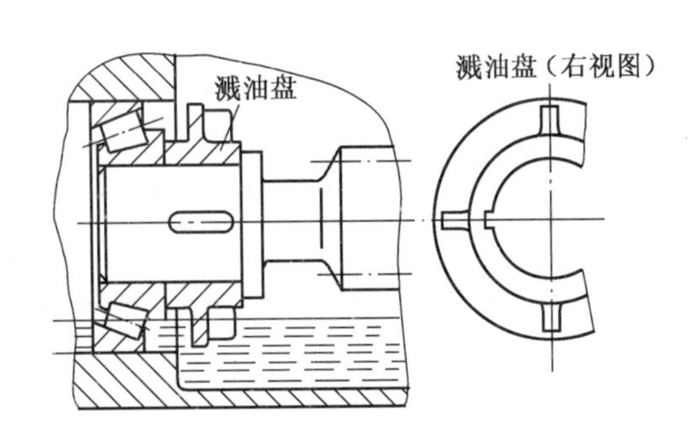

图4.50　溅油盘装置

(5) 机座底凸缘的设计和地脚螺栓孔的布置。机座底凸缘承受很大的倾覆力矩,应很好地固定在机架或地基上。因此,所设计的地脚座凸缘应有足够的强度和刚度。

为了增加机座底凸缘的刚度,常取凸缘的厚度$p=2.5\delta$,δ为机座的壁厚。而凸缘的宽度按地脚螺栓直径d_f,由扳手空间c_1和c_2的大小确定,如图4.51所示。其中宽度B应超过机座的内壁,以增加结构的刚度,图4.51(b)是不好的结构。

为了增加地脚螺栓的连接刚度,地脚螺栓孔的间隔距离不应太大,一般距离为150~200 mm。地脚螺栓的数量通常取(4~8)个。

（6）机体结构要有良好的工艺性。机体结构工艺性的好坏，对提高加工精度、装配质量、提高劳动生产率和方便检修维护等方面有明显的影响，设计时应特别注意。

① 铸造工艺的要求。设计铸造机体时，应考虑铸造工艺的要求，力求形状简单，壁厚均匀，过渡平缓，金属不要局部积聚。

考虑到液态金属的流动性，铸件壁厚不可太薄，以免浇铸不足，其壁厚最小值列于表4.4中，砂型铸造圆角半径可取 $R \geqslant 5$ mm。

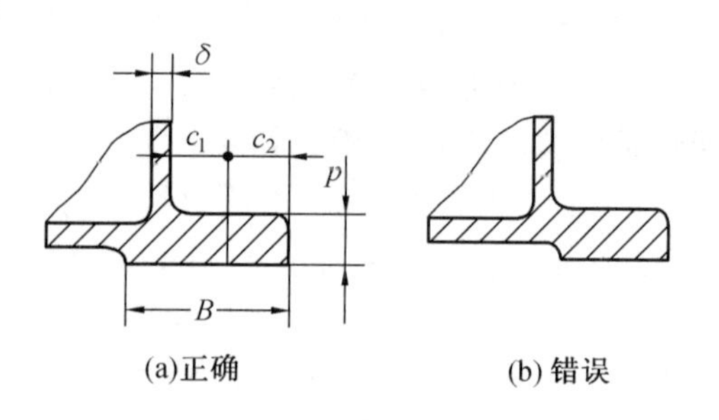

(a)正确　　(b)错误

图4.51　机座底凸缘结构

为了避免因冷却不均而造成的内应力裂纹或缩孔，机体各部分壁厚应均匀。当由较厚部分过渡到较薄部分时，应采用平缓的过渡结构，具体尺寸见表4.5。

表4.4　铸件最小壁厚（砂型铸造）　　mm

材　料	小型铸件 ≤200×200	中型铸件 （200×200）～（500×500）	大型铸件 >500×500
灰口铸铁	3～5	8～10	12～15
可锻铸铁	2.5～4	6～2	
球墨铸铁	>6	12	
铸　钢	>8	10～12	15～20
铝	3	4	

表4.5　铸件过渡部分尺寸　　mm

铸件壁厚 h	x	y	R
10～15	3	15	5
15～20	4	20	5
20～25	5	25	5

设计机体时，应使机体外形简单，便于拔模。沿拔模方向可有1∶10～1∶20的拔模斜度。尽量避免活块造型，需要活块造型的结构应有利于活块的取出。机体上还应尽量避免出现狭缝，否则砂型强度不够，在造型和浇注时易形成废品。如图4.52(a)中两凸台距离 m 太小，应将凸台连成一起，如图4.52(b)、(c)、(d)的结构在造型浇注时就不会出现废品。

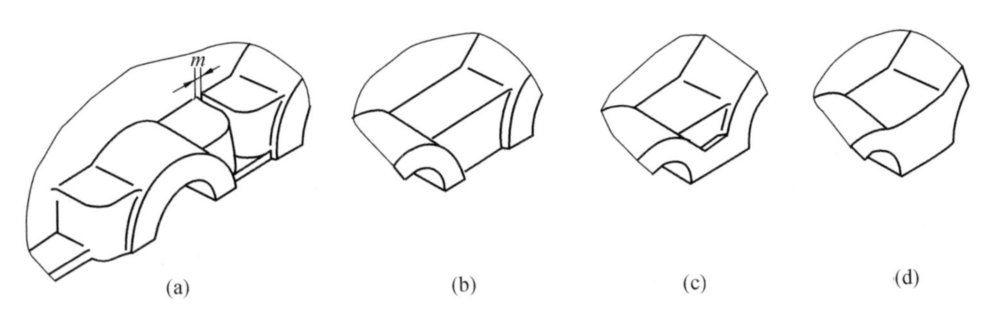

图 4. 52 铸造机体结构

② 机械加工的要求。机体结构形状的设计,应尽可能减少机械加工的面积,以提高劳动生产率和减少刀具的磨损。在图 4. 53 所示的机座底面结构中,图(b)为较好的结构,图(a)为不合理的结构。

为了保证加工精度并缩短加工工时,应尽量减少在机械加工时工件和刀具的调整次数。例如,同一轴心线上的两轴承座孔直径应尽量一致,以便于镗孔和保证镗孔精度。又如同一方向的平面,应尽量一次调整加工。所以,各轴承座端面都应在同一平面上,如图 4. 54(b)所示。

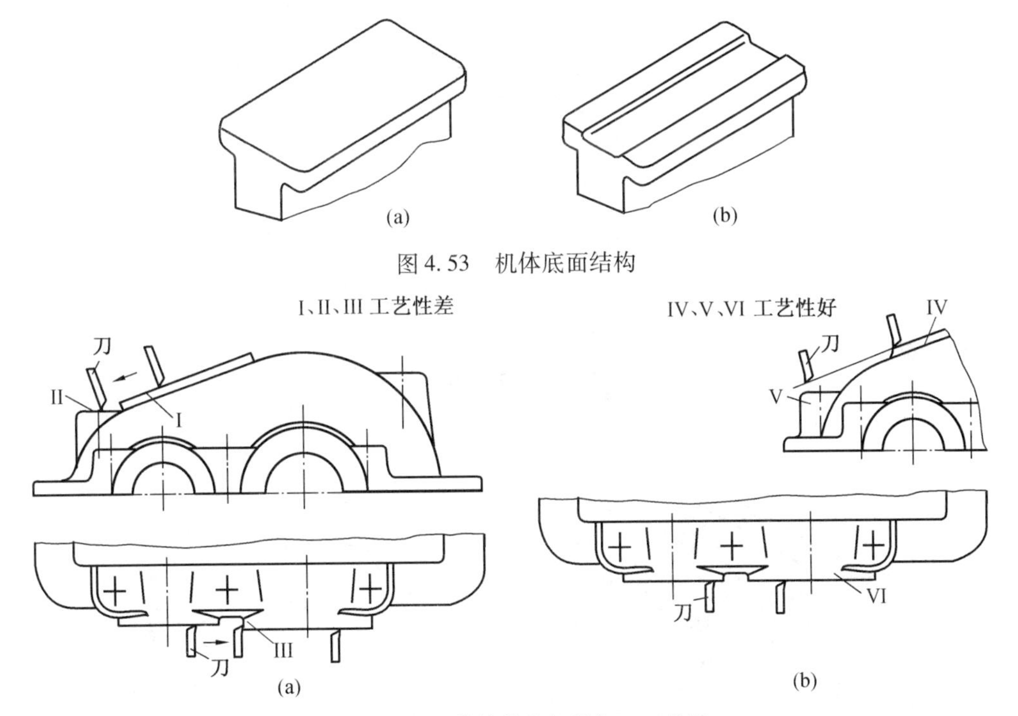

图 4. 53 机体底面结构

图 4. 54 机体结构的机械加工工艺性

机体的任何一处加工面与非加工面必须严格分开,例如,机体的轴承座端面需要进行加工,因而应当凸出,图 4. 55 中(a)为不合理结构,(b)为合理结构。

螺栓连接的支承面应当进行机械加工,经常采用圆柱铣刀锪平成沉头座结构。图4. 56 为所示结构及加工方法,图 4. 56(b)为圆柱铣刀不能从下方进行加工时的方法。

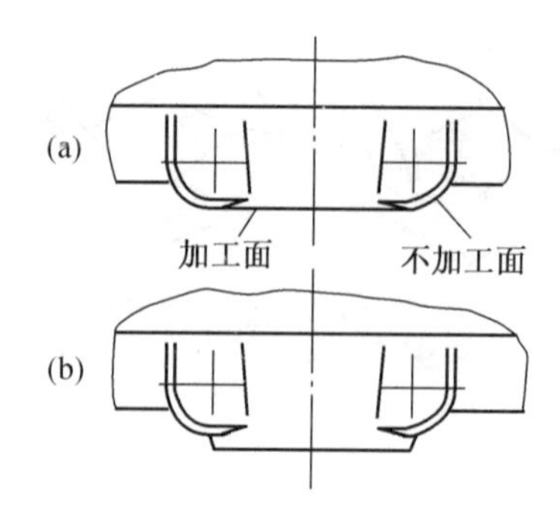

图 4.55　轴承座端面结构

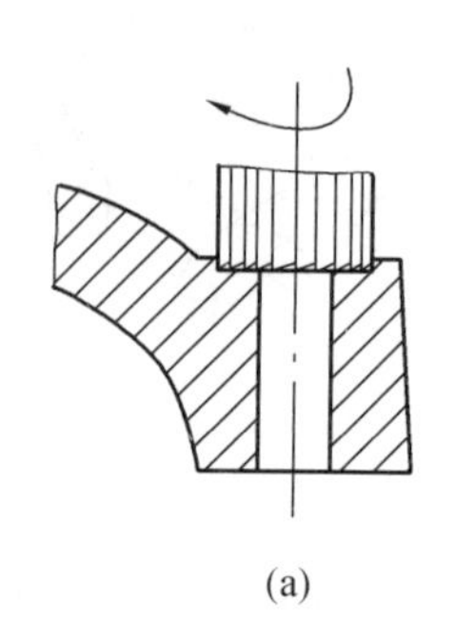

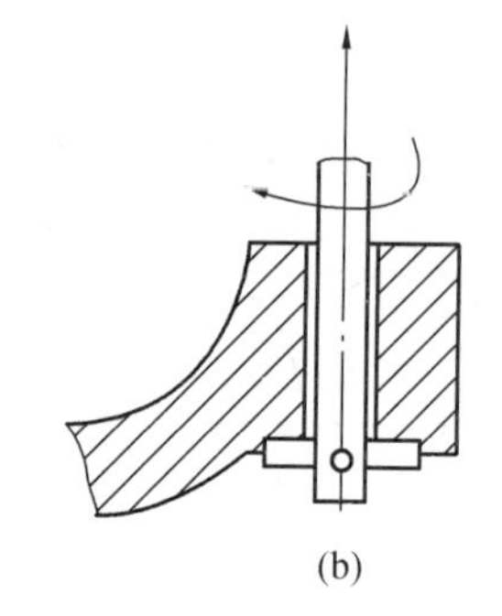

图 4.56　轴承旁凸台螺栓连接支承面的加工

(7) 有关方箱式机体结构的介绍。目前,为了提高机体的刚性,方箱式机体日益得到广泛应用,如图 4.57 所示为其几种常见形式。这种结构采用内肋来增加轴承座刚度;采用了便于拆装的双头螺柱或内六角螺钉的连接结构;不用底凸缘,而将底座下部四角凹进一块,放置地脚螺栓,使机体结构更加紧凑,而外表显得平整,造型更加美观、新颖。有关方箱式结构尺寸的关系见图号 5。

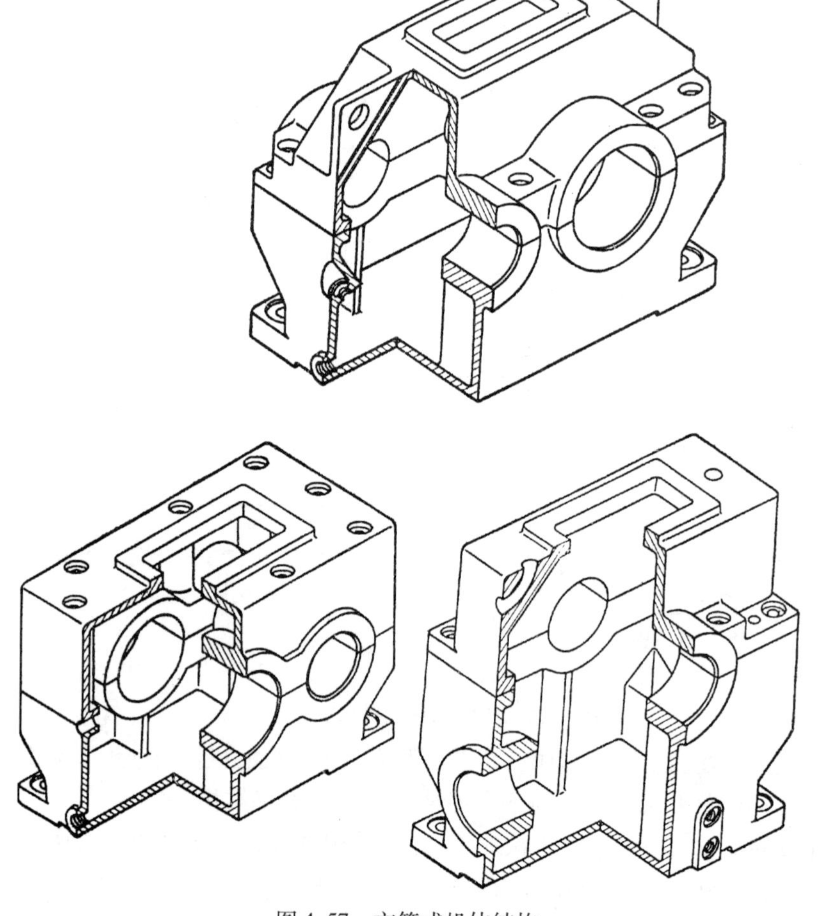

图 4.57　方箱式机体结构

二、减速器的附件设计

为了保证减速器的正常工作，还应考虑到怎样便于观察、检查机体内传动件的工作情况；怎样便于润滑油的注入和污油的排放及机体内油面高度的检查；怎样才能便于机体、机盖的开启和精确的定位；怎样便于吊装、搬运减速器等问题。因此在减速器上还要设计一系列辅助零部件，称为减速器附件。现将这些附件的作用、结构形式、合理布局等设计问题阐述如下。

1. 窥视孔和窥视孔盖

为了检查传动件的啮合情况，并向机体内注入润滑油，应在机体上设置窥视孔。窥视孔应设置在减速器机体的上部，可以看到所有传动件啮合的位置，以便检查齿面接触斑点和齿侧间隙，检查轮齿的失效情况和润滑状况。平时窥视孔用盖板盖住，用M5～M8的螺钉紧固，以防污物进入机体和润滑油飞溅出来。因此盖板下应加防渗漏的垫片。盖板可以用钢板、铸铁或有机玻璃制造。机盖上安放窥视孔盖的表面应进行刨削或铣削加工，故应有3～5 mm的加工凸台，如图4.58所示。不同材料的窥视孔盖的结构如图4.59所示。窥视孔的大小至少应能伸进手去，以便操作。具体尺寸见表15.7，也可以自行设计。

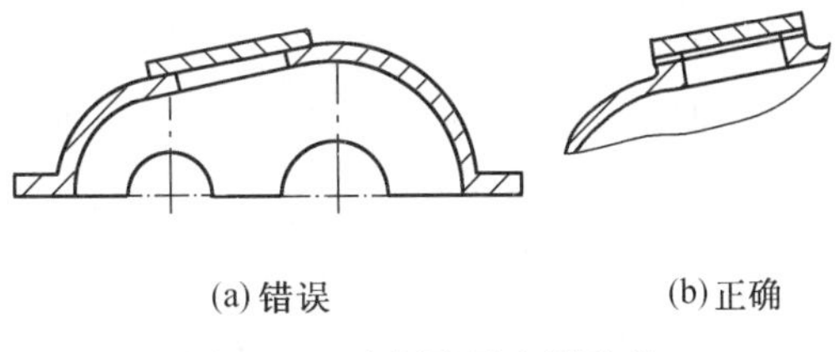

图4.58　窥视孔及窥视孔盖

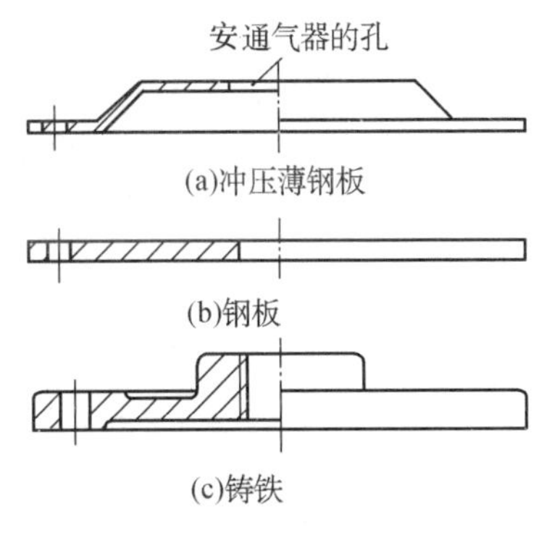

图4.59　窥视孔盖的结构

2. 放油孔及放油螺塞

更换油时，应把污油全部排出，并进行机体内清洗。因此，应在机体底部油池最低位置开设放油孔。平时，放油孔用放油螺塞和防漏垫圈堵严。为了便于加工，放油孔处的机体外壁应有加工凸台，经机械加工成为放油螺塞头部的支承面，并加封油垫圈以免漏油，封油垫圈可用石棉橡胶板或皮革制成。放油螺塞带有细牙螺纹，具体尺寸见表15.14，图4.60为其装配图结构。

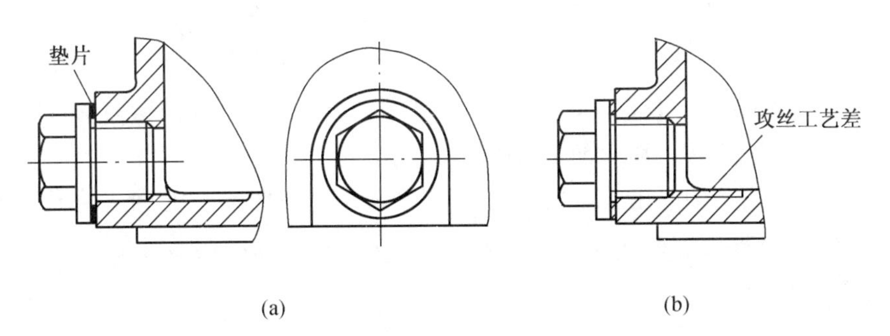

图4.60　放油螺塞与放油孔

3. 油面指示器

油面指示器用来显示油面的高度,以保证油池中有正常的油量。油面指示器一般设置在机体便于观察、油面较稳定的部位。油面指示器有各种结构类型,有的类型已有国家标准。常见形式有油标尺、圆形油标、长形油标和管状油标等。

油标尺,又称杆式油标,由于结构简单,在减速器中应用较多。其上刻有最高和最低油面的刻度线。油面位置在这两个刻度线之间视为油量正常。长期连续工作的减速器可选用外面装有隔离套的油标尺,如图 4. 61(a)所示,以便能在不停车的情况下随时检查油面。间断工作或允许停车检查油面的减速器可不设油标尺套(图 4. 61(b))。设计时,注意选择在机体上放置的部位及倾斜角度。在不与机体凸缘相干涉,并保证顺利拆装和加工的前提下,油标尺的设置位置应尽可能高一些。油标尺可以垂直插入油面,也可倾斜插入油面,与水平面的夹角不得小于 45°。

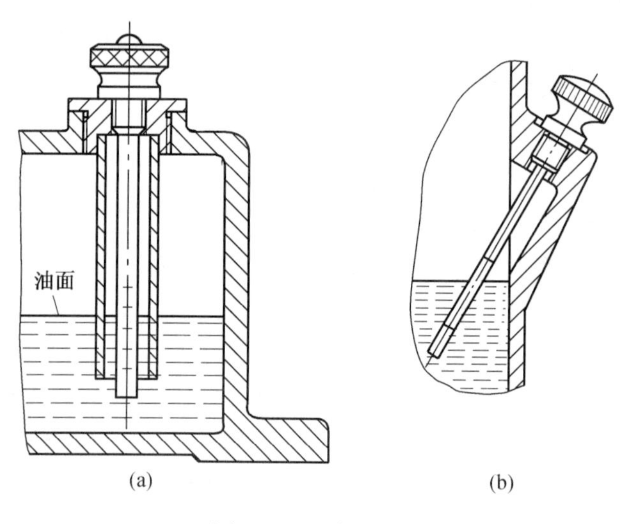

图 4. 61 油标尺

在减速器离地面较高便于观察或机座较低无法安装油标尺的情况下,可采用圆形油标、长形油标或管状油标。

各种油面指示器的结构和尺寸见表 15. 10 ~ 15. 13。

4. 通气器

减速器运转时,由于摩擦生热使机体内温度升高,若机体密闭,则机体内气压会增大,导致润滑油从缝隙及密封处向外渗漏,使密封失灵。所以多在机盖顶部或窥视孔盖上安装通气器,使机体内的热涨气体自由逸出,达到机体内外气压平衡,可提高密封的性能。常用通气器有通气螺塞和网式通气器两种结构形式。

清洁环境可选用结构简单的通气螺塞,多尘环境应选用带有过滤网式的通气器。通气器的尺寸规格有多种,应视减速器的大小选定。有关通气器的结构形式和尺寸见表 15. 8 和表 15. 9。

5. 吊环螺钉、吊耳和吊钩

为了装拆和搬运，应在机盖上设置吊环螺钉或吊耳，在机座上设置吊钩。当减速器的质量较大时，搬运整台减速器，只能用机座上的吊钩，而不允许用机盖上的吊环螺钉或吊耳，以免损坏机盖和机座连接凸缘结合面的密封性。

吊环螺钉是标准件，其公称直径的大小按起重质量由表12.15选取。各种减速器的参考质量可由该表之下注近似估计。

采用吊环螺钉使机械加工工艺复杂，所以常在机盖上直接铸出吊钩或吊耳，如图4.62所示。在机座上的吊钩也是直接铸造出来的，如图4.63所示。图中所给的尺寸作为设计时的参考，设计时可根据具体情况加以适当修改。

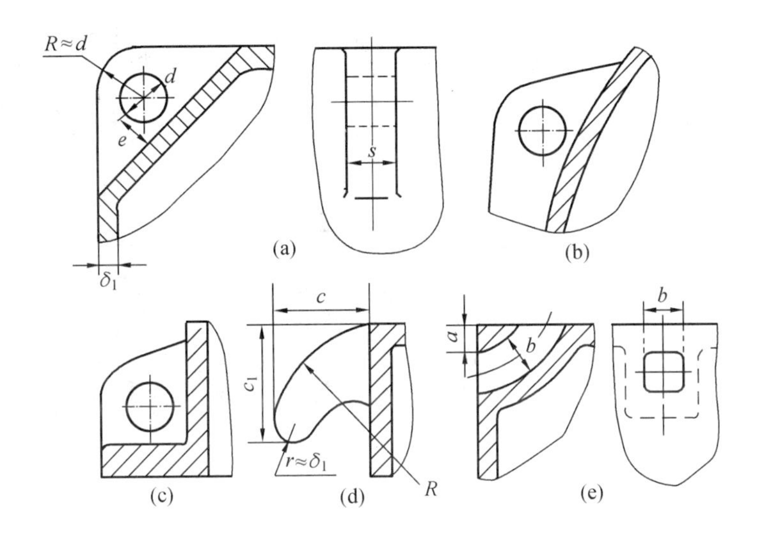

图4.62 机盖上的吊耳与吊钩

$d\approx(1.8\sim2.5)\delta_1$；$s=2\delta_1$；$c=(4\sim5)\delta_1$；$c_1=(1.3\sim1.5)c$；

$R\approx c_1$；$a=(1.6\sim1.8)\delta_1$；$b=(2.5\sim3)\delta_1$；$e=(0.8\sim1.0)d$

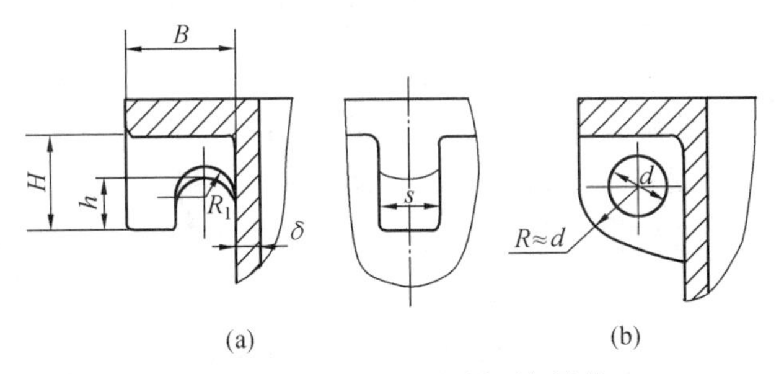

图4.63 机座上的吊耳与吊钩

$d\approx(1.8\sim2.5)\delta$；$R_1\approx0.25B$；$s=2\delta$；$h=(0.5\sim0.6)H$；$H=(0.8\sim1.2)B$

6. 定位销

在剖分式机体中，为了保证轴承座孔的加工和装配精度，在机盖和机座用螺栓连接后，在镗轴承座孔之前，在连接凸缘上应该配装两个定位销。定位销可保证机盖的每次装配都使轴承座孔始终保持制造加工时的位置精度。

经常采用圆锥销作定位销。两个定位销相距应尽量远些,常安置在机体纵向两侧的连接凸缘上,并呈非对称布置,以加强定位效果。

定位销的直径一般取 $d=(0.7\sim0.8)d_2$,式中 d_2 为机盖和机座连接螺栓的直径。其长度应大于机盖和机座连接凸缘的总厚度,以利于装拆。图 4.64 为定位销连接结构图,图中(b)、(c)为不能从小端拆卸时的圆锥销结构及其拆卸方法。圆锥销是标准件,设计时,可按表 12.32 所给标准选用。螺尾锥销请查其他有关手册。

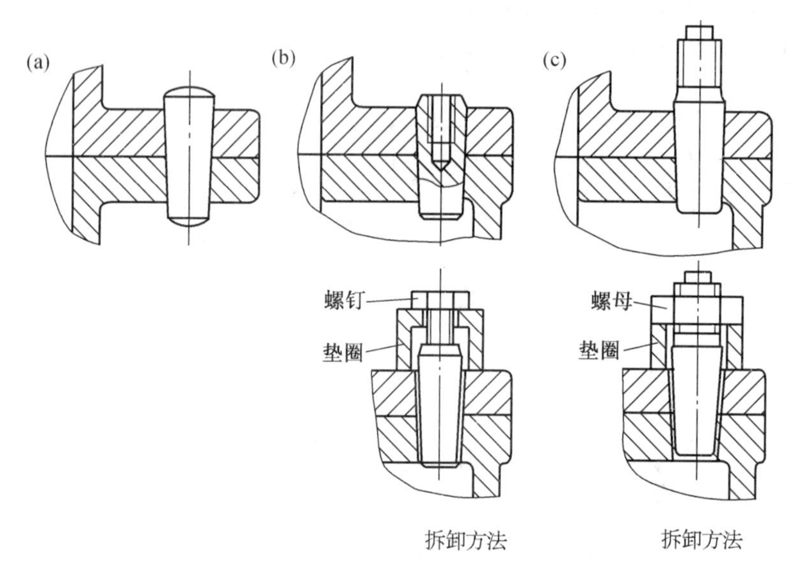

图 4.64 定位销连接

圆锥销孔的加工分两道工序,先用钻头钻出圆柱孔,再用 1∶50 锥度的铰刀铰配出圆锥孔。

7. 启盖螺钉

为了提高密封性能,机盖和机座连接凸缘的结合面上常涂有水玻璃或密封胶。因此,连接结合较紧,不易分开。为了便于拆下机盖,在机盖的凸缘上常装有 1～2 个启盖螺钉。在启盖时,拧动此螺钉可将机盖顶起,图 4.65 为启盖螺钉安装结构图。螺钉上的螺纹长度应大于机盖凸缘的厚度。螺杆端部要做成圆柱形,或大倒角,或半圆形,以免启盖时顶坏螺纹。启盖螺钉的直径和长度可以与机盖和机座连接螺栓取同一规格。对安放在野外的减速器,为避免雨水沿启盖螺钉流入结合面,进而流入机体内,此时启盖螺钉应安装在机座的凸缘上。

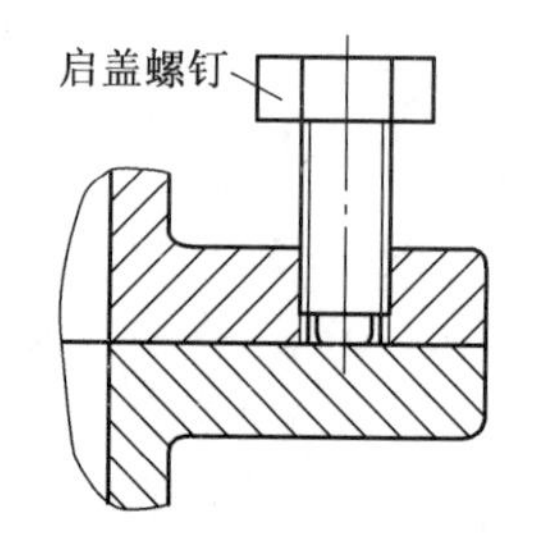

图 4.65 启盖螺钉

减速器附件设计工作完成后,装配草图的设计工作也就基本完成。

图 4.66 为一级圆柱齿轮减速器装配草图的完成情况。

图 4.67 为二级圆柱齿轮减速器装配草图的完成情况。

图 4.68 为二级圆锥圆柱齿轮减速器装配草图的完成情况。

图 4.69 为一级蜗杆减速器装配草图的完成情况。

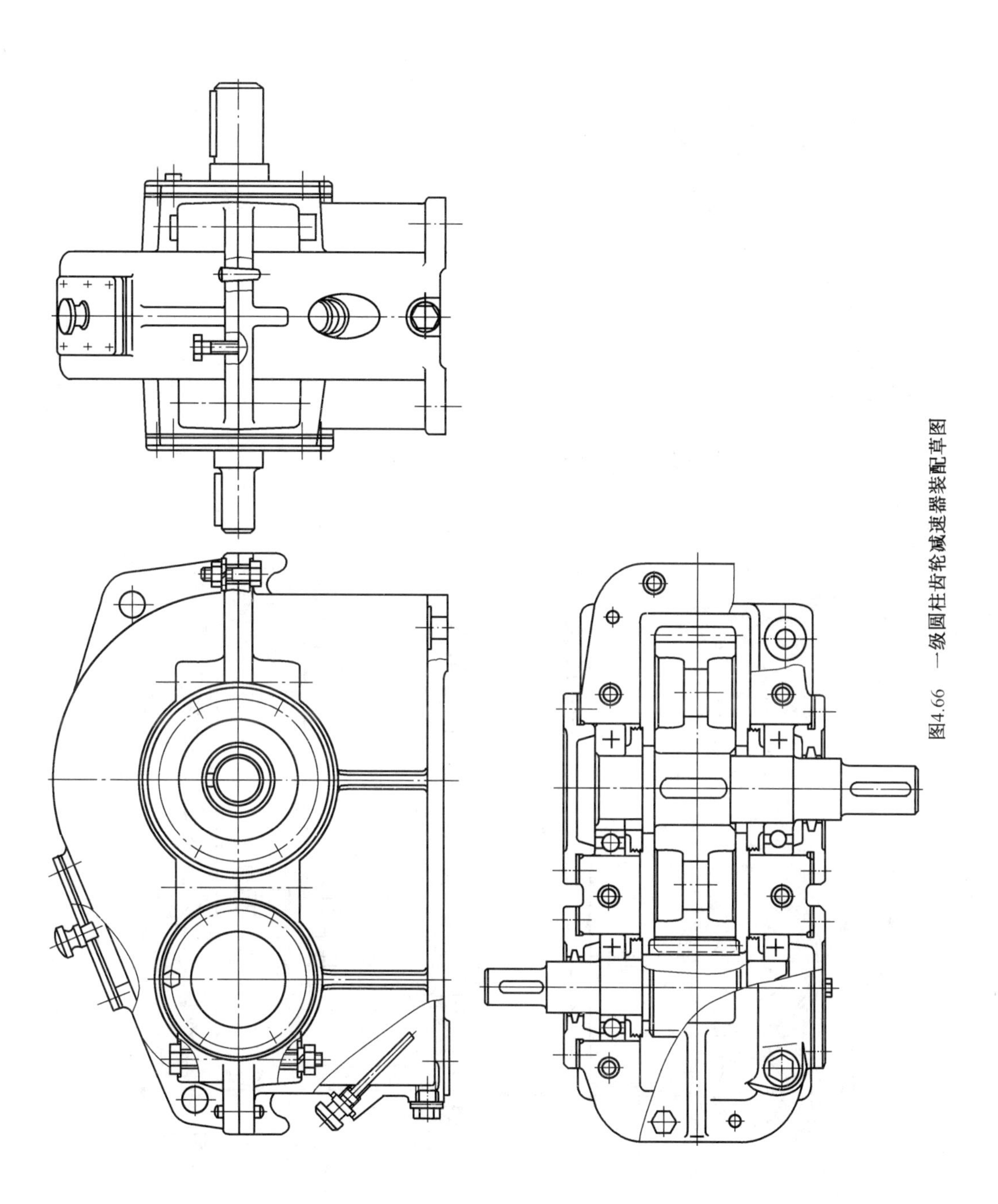

图4.66　一级圆柱齿轮减速器装配草图

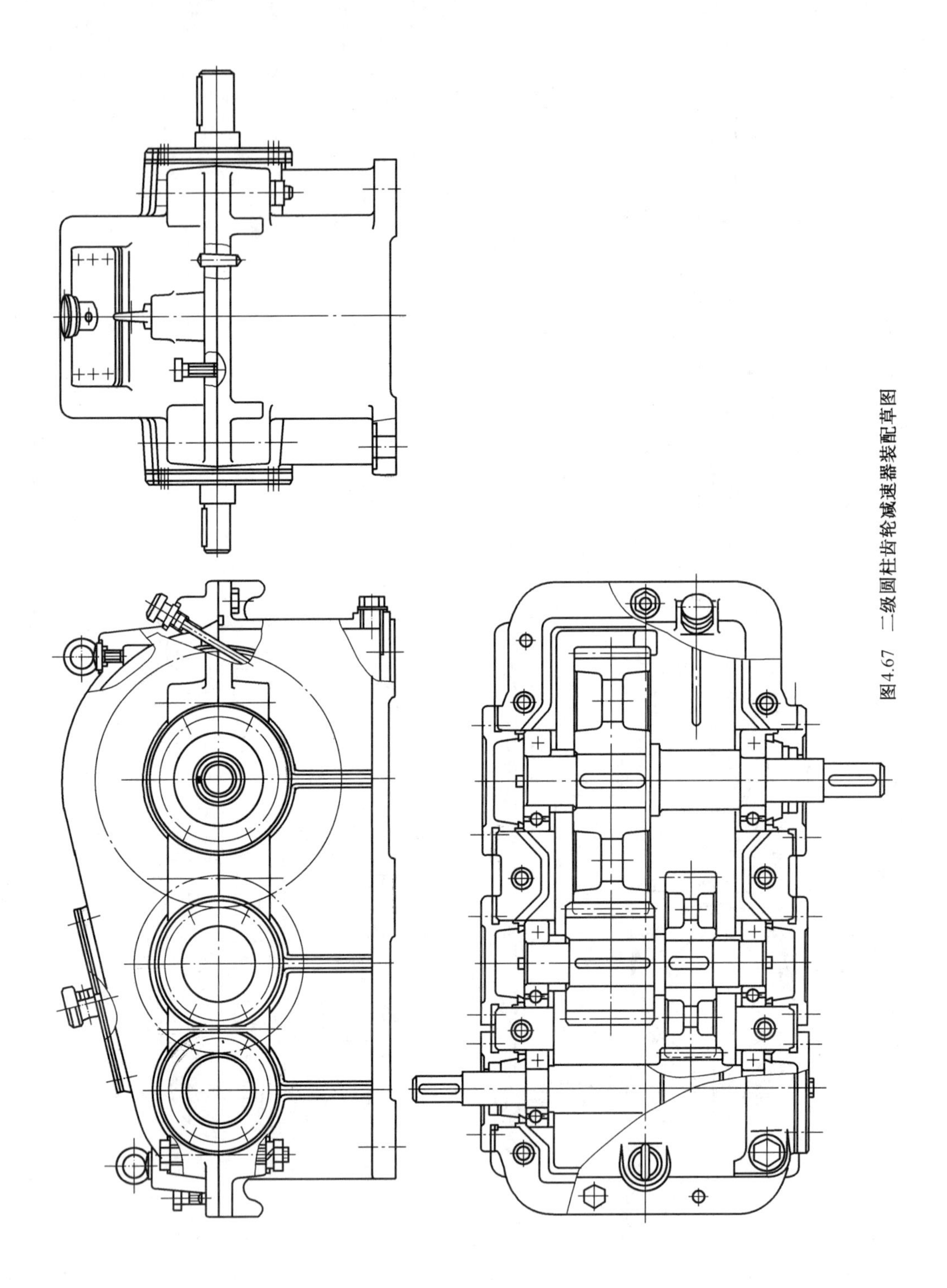

图4.67　二级圆柱齿轮减速器装配草图

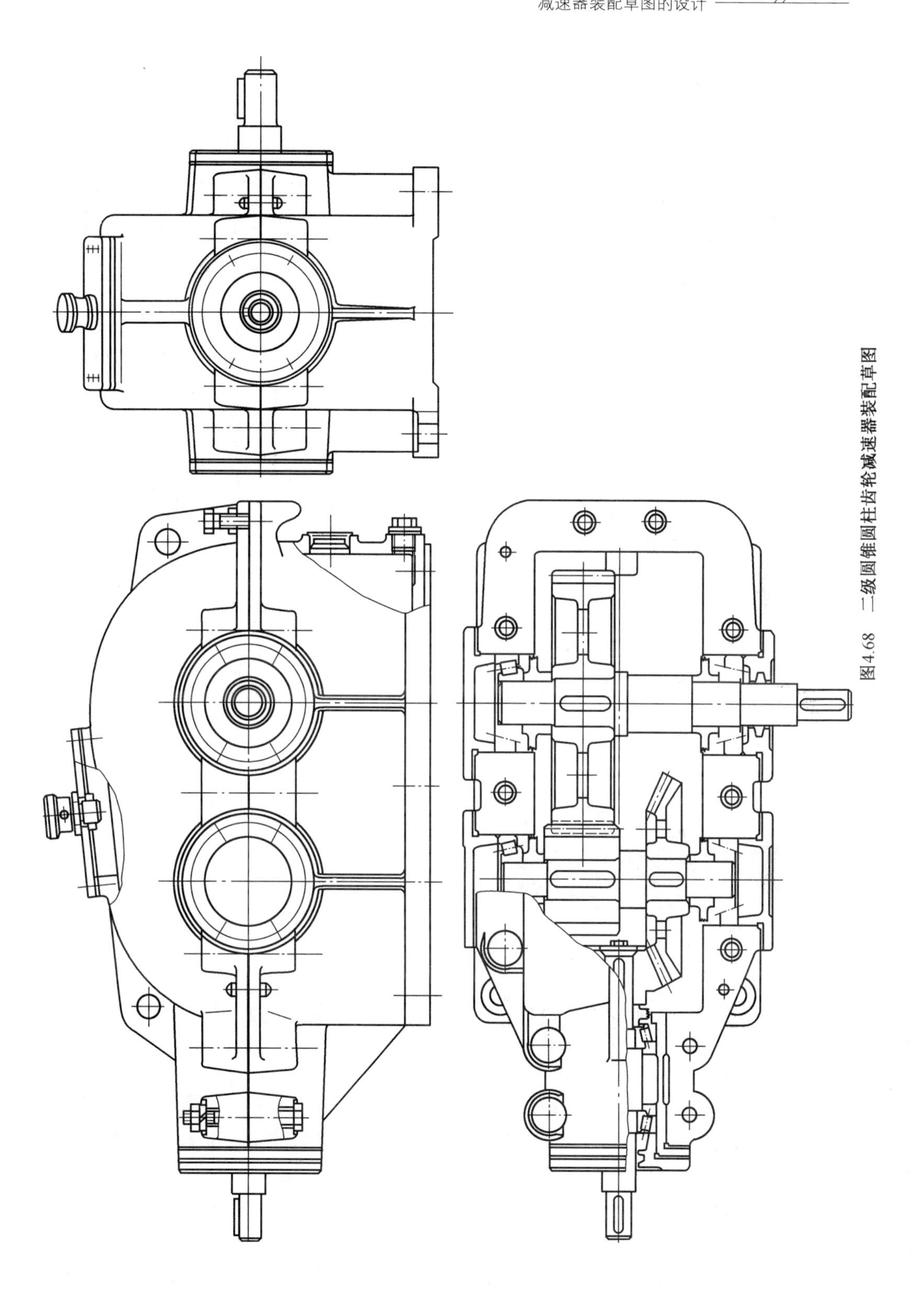

图4.68 二级圆锥圆柱齿轮减速器装配草图

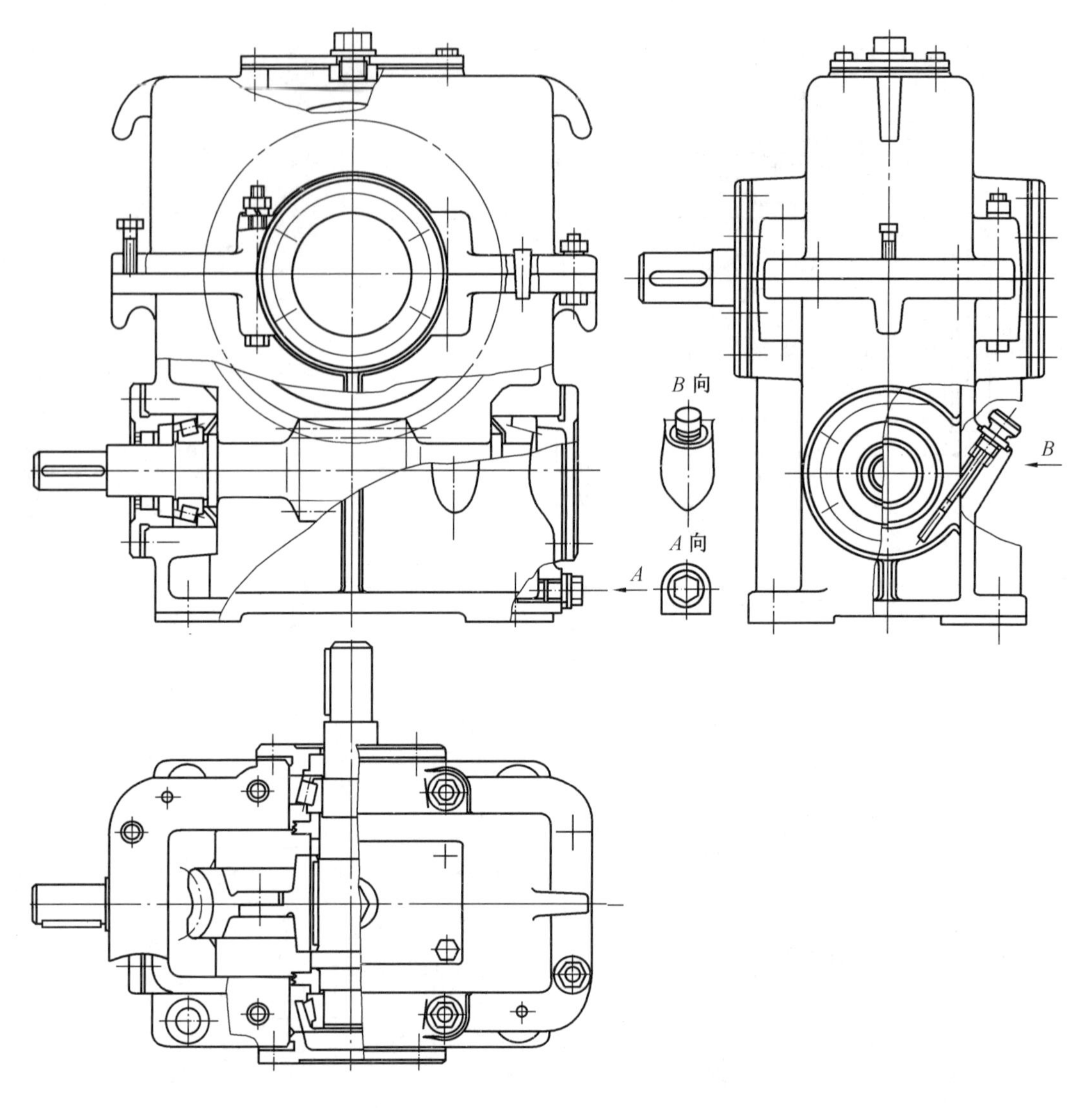

图 4.69 一级蜗杆减速器装配草图

装配草图设计第三阶段自检重点及思考题

(一) 自检重点

(1) 机座中心高是否合适,机座中心高应保证外连部件有足够的运动空间,齿轮减速器的大齿轮顶圆至油池底面的距离不小于 30 ~ 50 mm,下置蜗杆中心至机座底面的距离不小于(0.8 ~ 1)a,a 为传动中心距。

(2) 机座底凸缘的厚度和宽度是否合理,其上的底脚螺栓孔位置、大小和结构是否正确。

(3) 机盖、机座连接凸缘的厚度和宽度是否合理;连接凸缘上的定位销孔、连接螺栓孔、端盖螺钉孔和吊耳吊钩的位置是否合适,相互间是否有干涉。

(4) 轴承座旁凸台的高度是否合适,在三个视图上的投影关系是否正确,特别是小齿轮轴轴承座旁凸台在机壁外侧时,其投影关系是否正确。

(5) 机体的铸造工艺性(如壁厚、圆角、壁厚过渡、拔模斜度等)和机加工艺性(如减少加工面)是否合理。

(6) 连接螺栓、启盖螺钉和键连接在三个视图上的投影关系是否正确。

(7) 油标尺的位置、结构和投影关系是否正确,能否正确反映传动件的浸油深度。

(8) 放油孔的位置和放油螺塞的结构是否正确,加工放油孔的机座外壁凸台形状是否合理。

(9) 窥视孔的位置大小和窥视孔盖的结构是否合理。

(10) 通气器的类型、结构与工作条件是否相符。

(二) 思考题

(1) 减速器机体的作用是什么? 设计时要考虑哪些方面的要求?

(2) 剖分式和整体式机体各有什么特点? 铸造和焊接机体各有什么特点? 它们各自适用于什么场合?

(3) 为什么说机体的刚度对保证减速器的正常工作特别重要? 可采取哪些措施保证机体的刚度?

(4) 机体加筋的作用是什么? 内外筋各有何特点?

(5) 设计轴承座孔旁的连接螺栓凸台结构需考虑哪些问题?

(6) 机座的高度如何确定? 传动件的浸油深度如何确定? 它们和保证良好的润滑与散热有何关系?

(7) 采取哪些措施以保证机体的密封?

(8) 轴承的密封形式有哪些? 各有何特点? 你采用了哪种密封形式?

(9) 蜗杆减速器的机体设计有何特点?

(10) 在设计中如何考虑机体的结构工艺性? 铸件设计有何特点?

(11) 减速器上有哪些附件? 它们各自的作用是什么?

(12) 窥视孔的位置及大小如何确定?

(13) 放油孔的位置如何确定? 放油孔处机体外壁凸台通常设计成什么形状? 为什么? 如何防止漏油?

(14) 常用的油标有哪几种? 它们各有什么特点? 油标放置在何处? 如何测量油面?

(15) 油尺的设计需要注意哪些问题?

(16) 通气器有哪几种? 它们各有什么特点? 放置在何处?

(17) 定位销设计要注意哪些问题? 圆锥销孔是如何加工的?

(18) 吊环螺钉的尺寸如何选择,拧入吊环螺钉的螺纹孔有何特点? 为什么?

(19) 吊钩在机体上如何布置? 其尺寸如何确定?

(20) 机体剖分面上的输油沟如何加工? 设计油沟时应注意哪些问题?

(21) 在机体凸缘上布置连接螺栓、启盖螺钉、定位销等应注意什么问题?

4.6 装配草图的检查

装配草图的设计是关系整个减速器和所有零部件设计是否合理的关键。设计时,应把主要精力放到结构设计上，综合考虑强度、刚度、工艺、标准和规范等各方面的问题，解决好各方面的矛盾。

除装配草图设计的每一阶段都要认真检查外，草图设计基本完成后，还应再次仔细检查各部分的结构设计是否合理，审查视图表达是否完整，投影关系是否正确。发现问题，应在草图上予以修正。

现将同学们在设计中经常出错和不合理的结构设计以正误对比的方式列于表 4.6 中。希望同学们在设计中引以为戒。

表 4.6　结构设计的正误对比

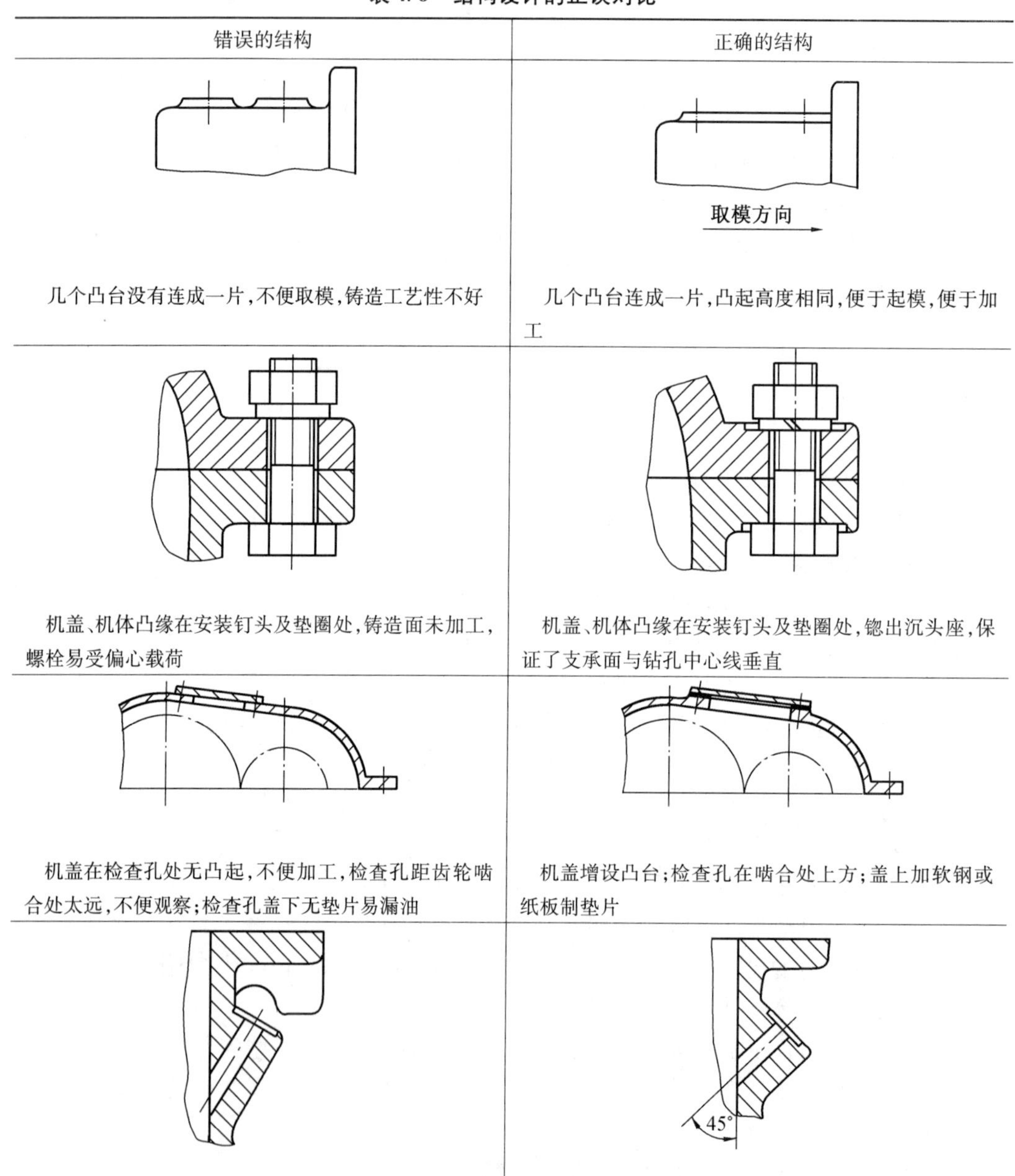

错误的结构	正确的结构
几个凸台没有连成一片，不便取模，铸造工艺性不好	几个凸台连成一片，凸起高度相同，便于起模，便于加工
机盖、机体凸缘在安装钉头及垫圈处，铸造面未加工，螺栓易受偏心载荷	机盖、机体凸缘在安装钉头及垫圈处，锪出沉头座，保证了支承面与钻孔中心线垂直
机盖在检查孔处无凸起，不便加工，检查孔距齿轮啮合处太远，不便观察；检查孔盖下无垫片易漏油	机盖增设凸台；检查孔在啮合处上方；盖上加软钢或纸板制垫片
油标尺座孔倾斜过大，座孔无法加工，油标尺无法装配	油标尺座孔位置高低，倾斜角度（常为 45°）适中，便于加工，装配时油标尺不与机体凸缘干涉

续表 4.6

错误的结构	正确的结构
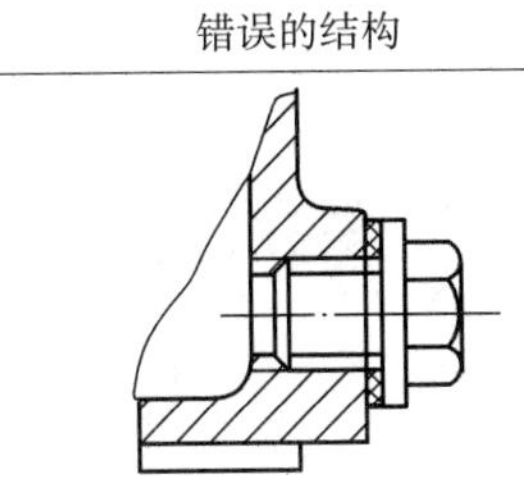 放油孔开设得过高,油孔下方的污油不能排净	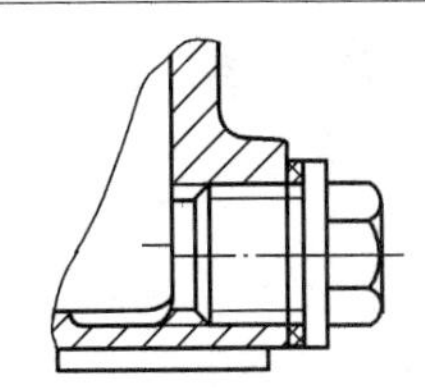 螺孔内径(螺纹小径)略低于机体底面,并用扁铲铲出一块凹坑或铸出一块凹坑,以免钻孔时偏钻打刀
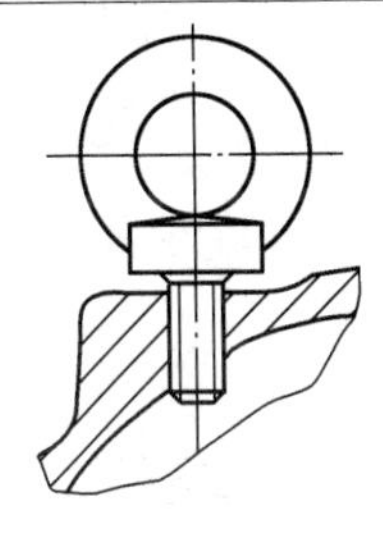 支承面未锪削出沉头座;螺钉根部的螺孔未扩孔,螺钉不能完全拧入;装螺钉处凸台高度不够,螺钉连接的圈数太少,连接强度不够;箱盖内表面螺钉处无凸台,加工时易偏钻打刀	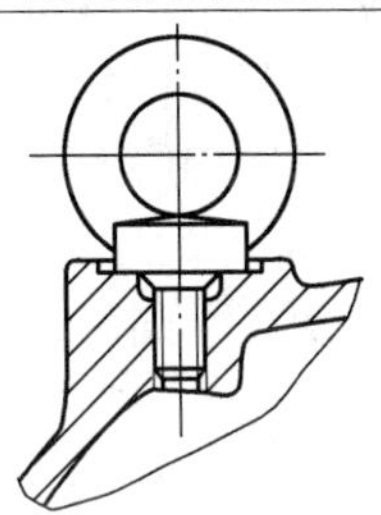 机盖外表面加高凸台,内表面增设凸台;凸台上表面锪沉头座;螺钉根部螺孔扩孔
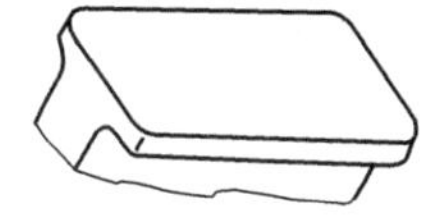 地脚平面全部为加工面,加工面积大,增大刀具磨损,生产率低	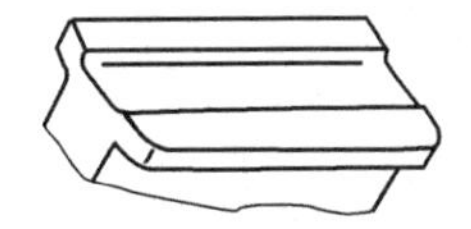 将地脚平面设计成条状或块状,以减少加工面积

第5章 减速器装配工作图的设计

减速器装配草图的设计是将减速器中各零件、部件的结构及其装配关系都基本确定。但作为正式用于生产的图纸，还要做许多工作才能形成一张完整的图纸——装配工作图。

在装配工作图的设计阶段，仍然需要从基本的设计原则出发，对草图的结构设计进行认真的分析检查。对发现的零部件之间的不协调及制造、装配工艺方面考虑不周之处在装配工作图的设计中都必须改正过来。

装配工作图主要内容有：按国家机械制图标准规定完成视图的绘制；标注必要的尺寸和配合关系；编写零部件的序号、明细栏及标题栏；编制机器的技术特性表；编注技术要求说明等工作。下面对这几个问题进行说明。

5.1 装配工作图视图的绘制

装配工作图的视图应该符合国家机械制图标准的规定。以两个或三个视图为主，以必要剖面或局部视图为辅。要尽量把减速器的工作原理和主要装配关系集中表达在一个基本视图上。对于齿轮减速器，尽量集中在俯视图上；对于蜗杆减速器，可取主视图为基本视图。装配工作图的各视图应当能完整、清晰地表示各零件的结构形状和尺寸，尽量避免采用虚线。必须表达的内部结构和细部结构可以采用局部剖视图，若局部剖面图表达不清楚，必要时可局部移出放大比例。

画剖视图时，相邻接的零件的剖面线方向或剖面线的间距应取不同，以便区别。对于剖面厚度尺寸较小（$\leqslant$2 mm）的零件，如垫片，其剖面线允许采用涂黑表示。应该特别注意的是，同一零件在各视图上，其剖面线的方向和间距应取一致。

根据机械制图国家标准规定，在装配工作图上某些结构可以采用省略画法、简化画法和示意画法。例如，相同类型、规格尺寸的螺栓连接，可以只画出一个，其他用中心线表示，但所画的这一个必须在各视图上表达完整。又例如，螺栓、螺钉、螺母等可以用简化画法，滚动轴承可以用简化画法或示意画法。但一张图纸上采用的画法风格应一致。

装配图打完底稿后，最好先不要加深，因设计零件工作图时可能还要修改装配图中的某些局部结构或尺寸。待零件工作图设计完成，对装配图再进行必要的修改后再加深完成装配工作图的设计。

若用 AutoCAD 画图，则应注意以下事项：

（1）按照国家标准设置图层、颜色、线型。

在 GB/T 14665—1998 机械工程 CAD 制图规则中，对于图层名称、线型、颜色进行了规定，如表 5.1 所示。

表5.1　GB/T 14665—1998 对于图层名称、线型、颜色的规定(摘录)

图层名称	颜色	应　用
01	绿色	粗实线
02	白色	细实线、波浪线
04	黄色	细虚线
05	红色	细点画线
08		尺寸线
10		剖面符号
11		文本
12		尺寸值、公差

AutoCAD 提供了 acad. lin 和 acadiso. lin 两个线型文件。acadiso. lin 中的线型是按 ISO 规范设置的。其中 ACAD－ISO02W100 虚线、ACAD－ISO08W100 点画线和 ACAD－ISO09W100 双点画线比较常用。

(2) 按 A0 图纸的尺寸画出外边框,注意图层和线型。

(3) 定出主视图、俯视图和左视图的位置,按照制图标准完成装配图的全部工作,注意图层和线型。

(4) 出图时,首先注意比例的设置,其次线宽的设置方法按照绘图仪来决定。

5.2　装配工作图的尺寸标注

由于装配工作图是装配、安装及包装减速器时所依据的图样,因此在装配图上应标注出以下四类尺寸:

1. 特性尺寸

表明减速器性能、规格和特征的尺寸作为减速器的特性。如传动零件的中心距及其偏差等。

2. 配合尺寸

减速器中主要零件的配合处都应标出基本尺寸、配合性质和公差等级。配合性质和公差等级的选择对减速器的工作性能、加工工艺及制造成本等都有很大影响,它们也是选择装配方法的依据,应根据有关资料认真确定。

表5.2 给出了减速器中主要零件的荐用配合,供设计时参考。

表 5.2　减速器主要零件的荐用配合

配 合 零 件	荐 用 配 合	装 拆 方 法
一般情况下的齿轮、蜗轮、带轮、链轮、联轴器与轴的配合	$\frac{H7}{r6}$;$\frac{H7}{n6}$	用压力机
小锥齿轮及常拆卸的齿轮、带轮、链轮、联轴器与轴的配合	$\frac{H7}{m6}$;$\frac{H7}{k6}$	用压力机或手锤打入
蜗轮轮缘与轮芯的配合	轮箍式:H7/s6 螺栓连接式:H7/h6	加热轮缘或用压力机推入
滚动轴承内圈孔与轴、外圈与箱体孔的配合	内圈与轴:j6;k6 外圈与孔:H7	温差法或用压力机
轴套、挡油盘、溅油轮与轴的配合	$\frac{D11}{k6}$;$\frac{F9}{K6}$;$\frac{F9}{m6}$;$\frac{H8}{h7}$;$\frac{H8}{h8}$	徒手装配与拆卸
轴承套杯与箱体孔的配合	$\frac{H7}{js6}$;$\frac{H7}{h6}$	
轴承盖与箱体孔(或套杯孔)的配合	$\frac{H7}{d11}$;$\frac{H7}{h8}$	

3. 安装尺寸

在安装减速器时,要与基础、机架或机械设备的某部分相连接。同时减速器还要与电动机或其他传动部分相连接。这就需要在减速器的装配图纸上标注出一些与这些相关零件有关系的尺寸——安装尺寸。

减速器装配图上的安装尺寸主要有:机体底座的尺寸,地脚螺栓孔的直径、间距、地脚螺栓孔的定位尺寸(地脚螺栓孔至高速轴中心线的水平距离),伸出轴端的直径和配合长度以及轴外伸端面与减速器某基准轴线的距离,外伸端的中心高等。

4. 外形尺寸

外形尺寸是表示减速器大小的尺寸,以供考虑所需空间大小及工作范围,供车间布置及包箱运输时参考。如减速器的总长、总宽和总高的尺寸均属于外形尺寸。

标注尺寸时,应使尺寸线布置整齐、清晰,并尽可能集中标注在反映主要结构关系的视图上;多数尺寸应注在视图图形的外边;数字要书写得工整清楚。

5.3　装配工作图上零件序号、明细栏和标题栏的编写

为了便于了解减速器的结构和组成,便于装配减速器和做好生产准备工作,必须对装配图上每个不同零件、部件进行编号。同时编制出相应的明细栏和标题栏。

1. 零件序号的编注

零件序号的编注应符合国家机械制图标准的有关规定,避免出现遗漏和重复。编号应尽量按顺序整齐排列。凡是形状、尺寸及材料完全相同的零件应编为一个序号。编号的指引线应用细实线自所指部分的可见轮廓内引出,并在末端画一圆点引到视图的外面。指引

线之间不得相交，通过剖面时也不应与剖面线平行，但允许指引线折弯一次。对于装配关系明显的零件组，如螺栓、螺母及垫圈这样的零件组，可公用一条指引线，但应分别予以编号。有些独立的部件，如组合式蜗轮、滚动轴承、通气器和油标等，虽然是由几个零件所组成，也只编一个序号。序号应安排在视图外边，可沿水平方向或垂直方向顺序排列整齐。序号的字体要求书写工整，字高要比尺寸数字高度大一二号（如尺寸数字高5 mm，序号数字则应高为7 mm或10 mm）。

2. 明细栏

明细栏是装配图上所有零、部件的详细目录。明细栏应注明各零件、部件的序号、名称、数量、材料及标准规格等内容。填写明细栏的过程也是最后确定各零件、部件的材料和选定标准件的过程。应尽量减少材料和标准件的品种和规格。

明细栏应紧接在标题栏之上，应自下而上按序号顺序填写。各标准件均需按规定标记书写；写明零件名称、材料、主要尺寸及标准代号；材料应标注具体的牌号；齿轮等零件应标注出主要参数，如模数 m、齿数 z 和螺旋角 β 等。

3. 标题栏

标题栏是表明装配图的名称、绘图比例、件数、质量和图号的表格，也是设计者和单位及各种责任者签字的地方。

标题栏应布置在图纸的右下角，紧贴图框线。标题栏的格式已由GB/T 10609.1—1989作了规定，由于尺寸较大，内容较多，所以在机械设计课程设计时，推荐采用简化的明细栏和标题栏，其格式见表10.17和表10.18。

5.4 编制减速器的技术特性表

为了表明设计的减速器的各项运动、动力参数及传动件的主要几何参数，在减速器的装配图上还要以表格形式将这些参数列出。下面给出两级圆柱斜齿轮减速器的技术特性的示范表，供设计者参考。

减速器技术特性

输入功率/kW	输入转速/$(r \cdot min^{-1})$	效率/%	总传动比 i	传动特性					
				传动级	m_n	z_1	z_2	β	精度等级
				高速级					
				低速级					

5.5 编写减速器的技术要求

装配图上都要标注一些在视图上无法表达的关于装配、调整、检验、维护等方面的设计要求，以保证减速器的各种性能。这些设计要求就是技术要求。

技术要求通常包括下面几方面的内容：

1. 对零件的要求

在装配之前，应按图纸要求检验零件的配合尺寸，合格的零件才能装配；所有零件在装配前要用煤油或汽油清洗；机体内不许有任何杂物存在；机体内壁应涂上防侵蚀的涂料。

2. 对润滑剂的要求

润滑剂起着减少摩擦、降低磨损和散热冷却的作用，对传动性能有很大影响。所以在技术要求中，应标明传动件和轴承所用润滑剂的牌号、用量、补充和更换的时间。

选择润滑剂应考虑传动类型、载荷性质及运转速度等因素。一般对重载、高速、频繁启动、反复运转等情况，由于形成油膜条件差，温升高，应选用粘度高、油性和极压性好的润滑油。对轻载、间歇工作的传动件可取粘度较低的润滑油。

当传动件与轴承采用同一润滑剂时，应优先满足传动件的要求，适当兼顾轴承的要求。

对于多级传动，由于高速级和低速级对润滑油粘度的要求不同，选用时可取其平均值。

对于一般齿轮减速器，常用 L-AN 全损耗系统用油；对于中、重型齿轮减速器，可用中载荷工业齿轮油和重载荷工业齿轮油；对于蜗杆减速器，可用蜗轮蜗杆油。

传动件和轴承所用润滑剂的具体选择方法可参阅教材或机械设计手册有关部分。机体内装油量的计算请看第四章 4.5 节。换油时间取决于油中杂质的多少及氧化与污染的程度，一般为半年左右更换一次。当轴承采用润滑脂润滑时，轴承空隙内润滑脂的填入量与速度有关。若轴承转速 $n<1\ 500$ r/min，润滑脂填入量不得超过轴承空隙体积的 2/3；若轴承转速 $n>1\ 500$ r/min，则不得超过轴承空隙体积的 1/3 ~ 1/2。润滑脂用量过多，会使阻力增大，温升提高，影响润滑效果。

3. 对密封的要求

试运转过程中，所有连接面及轴伸密封处都不允许漏油。剖分面允许涂以密封胶或水玻璃，但不允许使用任何垫片。轴伸处密封应涂上润滑脂。对橡胶唇形密封圈应注意按图纸所示方向安装。

4. 对安装调整的要求

在减速器进行装配时，滚动轴承必须保证有一定的轴向游隙。应在技术要求中提出游隙的大小，因为游隙的大小将影响轴承的正常工作。游隙过大，会使滚动体受载不均，轴系窜动；游隙过小，会妨碍轴系因发热而伸长增加轴承阻力，严重时会将轴承卡死。当轴承支点跨度大、运转温升高时，应取较大的游隙。或用一端固定、一端游动的支承结构。

当两端固定的轴承结构中采用不可调间隙的轴承（如深沟球轴承）时，可在端盖与轴承外圈端面间留有适当的轴向间隙 Δ，Δ 一般取 0.25 ~ 0.4 mm，如图 5.1 所示，以容许轴的热伸长，间隙的大小可以用垫片调整。该图还给出了用调整垫片调整轴向间隙 Δ 的方法。先用端盖将轴承顶紧到轴只能勉强转动，这时轴承轴向间隙基本消除，而端盖与轴承座端面之间有间隙 δ，δ 值由塞尺量得，再用厚度为 $\delta+\Delta$ 的调整垫片置于端盖与轴承座之间，拧紧端盖螺钉，即可得到需要的间隙。调整垫片可采用一组厚度不同的软钢（通常用 08F）薄片组成，其总厚度在 1.2 ~ 2 mm之间。

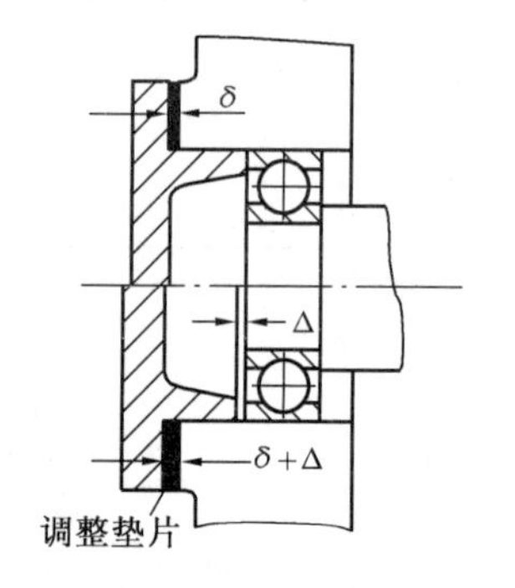

图 5.1 用垫片调整轴向间隙

对间隙可调的轴承，如角接触轴承，应仔细调整其游隙。这种游隙一般都较小，以保证轴承刚性和减少噪声、振动。当运转温升小于20～30℃时，游隙Δ的推荐值请查表13.5。

轴承的轴向间隙还可以采用圆螺母或调节螺钉结构形式进行调整，如图5.2所示。调整时先把螺母或螺钉拧紧至基本消除轴向间隙，然后再退转螺母或螺钉至需要的轴向间隙为止，再用锁紧螺母（背帽）锁紧即可。这种结构中端盖与轴承座之间的垫片不起调整作用，只起密封作用。

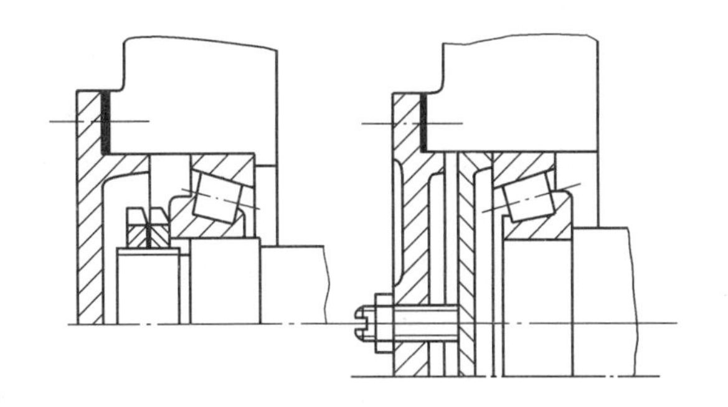

图5.2 用圆螺母或调节螺钉调整轴向间隙

在安装齿轮或蜗杆蜗轮后，必须保证需要的侧隙及齿面接触斑点，所以，在技术要求中必须提出这方面的具体数值，供安装后检验用。侧隙和接触斑点的数值由传动精度确定，可由表17.22、17.30、17.37、17.38和图17.17查取。

传动侧隙的检查可以用塞尺或铅片塞进相互啮合的两齿间，然后测量塞尺厚度或铅片变形后的厚度。

接触斑点的检查是装配的齿轮副在施加轻微的载荷下进行的，首先在主动轮齿面上涂上装配工用的蓝色印痕涂料或其他专用涂料，当主动轮转动2～3周后，观察从动轮齿面的着色情况，由此分析接触区的位置及接触面积的大小。

当传动侧隙及接触斑点不符合要求时，可对齿面进行刮研、跑合或调整传动件的啮合位置。对于锥齿轮减速器，可通过垫片调整大小锥齿轮的位置，使两锥齿轮的锥顶重合。对于蜗杆减速器可调整蜗轮轴承的垫片（一端加垫片，一端减垫片），使蜗轮的中间平面与蜗杆轴心线重合。

对于多级传动，当各级的侧隙和接触斑点要求不同时，应分别在技术要求中写明。

5. 对试验的要求

减速器装配好后，在出厂前应对减速器进行试验，试验的规范和要求达到的指标应在技术要求中给出。

试验分空载试验和负载试验两阶段。一般情况下，作空载试验要求正反转各1 h，要求运转平稳，噪声小，连接固定处不得松动，负载试验时按25%、50%、75%、100%、125%逐级加载，运转各1～2 h，油池温升不得超过35～40℃。轴承温升不得超过40～50℃等。

6. 对包装、运输和外观的要求

对于外伸轴及其零件，需涂油严密包装，机体表面涂漆，防止运输和装卸倒置这些要求均应在技术要求中写明。

装配工作图设计自检重点及思考题

（一）自检重点

（1）视图是否足够，投影关系是否正确，表达减速器的工作原理和装配关系是否清楚，是否符合机械制图的国家标准。

（2）零部件结构是否正确，特别是检查传动件、轴、轴承组合和机体结构是否有重大错误,减速器的装拆、调整、维修和润滑是否可行和方便。

(3) 四类尺寸标注是否完整正确,尺寸是否符号标准系列,是否与零件工作图上相关尺寸一致,配合和公差等级的选择是否合理。

(4) 技术特性表内各项数据和单位是否完整、正确。

(5) 技术要求内容是否完备,各项要求是否合理。

(6) 标题栏和明细栏内各项内容的填写是否完备、正确,序号有无遗漏或重复,序号与明细栏是否相符。

(7) 文字和数字是否按机械制图国家标准规定的格式和字体书写,应保证清晰、工整、图面整洁美观。

(8) 图纸幅面与图框线是否符合机械制图国家标准的规定。

注:设计者对图纸认真检查并修改后,签上自己的姓名和完成日期,然后请设计指导教师审查并签字。

(二) 思考题

(1) 一张完整的装配图要有哪几方面的内容? 为什么?

(2) 装配图上应标注的尺寸有哪几类? 起何作用? 举例说明之。

(3) 如何选择减速器主要零件的配合与精度? 滚动轴承与轴和轴承座孔的配合如何选择? 如何标注?

(4) 为什么在装配图上要写出技术要求? 有哪些内容?

(5) 对传动件和轴承进行润滑的目的是什么? 如何选择润滑油? 如何进行润滑?

(6) 轴承为什么要调整轴向间隙? 间隙值如何确定? 如何调整间隙?

(7) 传动件的接触斑点在什么情况下进行检查? 如何检查? 影响接触斑点的主要因素是什么?

(8) 为什么齿轮传动、蜗杆传动安装时要保证必要的侧隙? 如何获得侧隙? 如何检查?

(9) 蜗轮和圆锥齿轮在机体中的位置是否需要调整? 如何调整?

(10) 零件如何编号? 有哪些注意事项?

(11) 减速器各零件的材料如何选择?

(12) 为什么在机体剖分面处不允许使用垫片?

(13) 在减速器工作时地脚螺栓组连接受哪些载荷作用?

第6章 零件工作图的设计

6.1 零件工作图的要求

作为零件生产和检验的基本技术文件,零件工作图必须提供零件制造和检验的全部内容,既要反映设计意图,又要考虑加工的可能性和合理性。

零件工作图在装配图设计之后绘制。零件的基本结构及尺寸应与装配图一致,不应随意更改。若必须更改,则装配图也应作相应的修改。

合理选择和安排视图,视图及剖视的数量应尽量减少,但需完整而清楚地表示出零件内部和外部的结构形状和尺寸大小。

标注尺寸要选好基准面,标出足够的尺寸又不重复,并且要便于零件的加工,避免在加工时作任何计算。大部分尺寸最好集中标注在最能反映零件特征的视图上。对配合尺寸及要求精确的几何尺寸,应标出尺寸的极限偏差,如配合的轴和孔、机体孔中心距等。

零件的所有表面都应注明表面结构中粗糙度的数值,可将一种采用最多的表面结构中粗糙度值集中注在图纸的右上角。在不影响正常工作的情况下,尽量取较大的粗糙度数值。

零件图上还应标注必要的形位公差。普通减速器零件的形位公差等级可选6~8级,特别重要的地方(如与滚动轴承孔配合的轴颈处)按6级选择,大多数按8级选择。

零件图上还要提出技术要求,它是不便用图形和符号表示,而在制造时又必须保证的要求。对传动零件还要列出主要几何参数、精度等级及偏差表。

在图纸右下角应画出标题栏,格式如表10.16所示。

对于不同类型的零件,其工作图的内容也各有特点,为此分述于后。

6.2 轴类零件工作图

轴类零件系指圆柱体形状的零件,如轴、套筒等。

1. 视图

一般只需一个视图,轴的轴线处于水平位置,在有键槽和孔的地方,增加必要的剖视图或剖面图。对不易表达清楚的局部,例如,退刀槽、越程槽等,必要时应绘制局部放大图。

2. 尺寸标注

尺寸标注主要是径向尺寸和轴向尺寸的标注。

标注径向尺寸要注意配合部位的尺寸及其偏差。不同位置上同一尺寸的几段轴径,应逐一标注,不能省略。圆角、倒角等细部结构尺寸也不能漏掉(也可在技术要求中加以说明)。

对于轴向尺寸,首先是选好基准面,并尽量使标注的尺寸反映加工工艺及测量的要求。

还应避免出现封闭的尺寸链。

图6.1是轴类零件轴向尺寸标注示例。它反映了表6.1所示轴的车削主要加工工艺过程。I为主要基准,L_2、L_3、L_4、L_5等尺寸都以I作为基准标注出,可减少加工时的测量误差。标注L_3和L_2是考虑到齿轮和轴承轴向固定,而L_5和控制轴承的支点跨距有关。d_1和d_6的轴段长度是次要尺寸,其误差不影响轴系部件的装配精度,因而分别取它们作为封闭环,使加工的误差累积在这两个轴段上,避免尺寸链封闭。

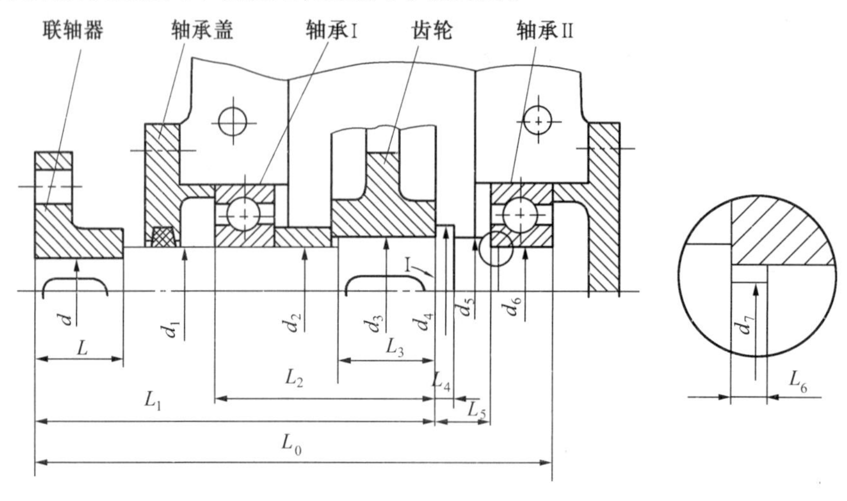

图6.1 轴的尺寸标注

表6.1 轴的车削主要工序过程

工序号	工序名称	工序草图简图	所需尺寸
1	车两端面,打中心孔	L_0	L_0, $d_4+\Delta$
2	中心孔定位,车外圆	d_4, L	L, d_4
3	卡住一头车d_3段	d_3, L_1	L_1, d_3

续表 6.1

工序号	工序名称	工序草图简图	所需尺寸
4	车 d_2 段	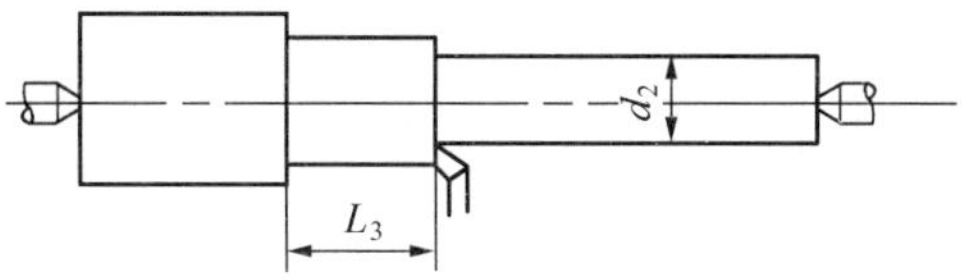	L_3, d_2
5	车 d_1 段	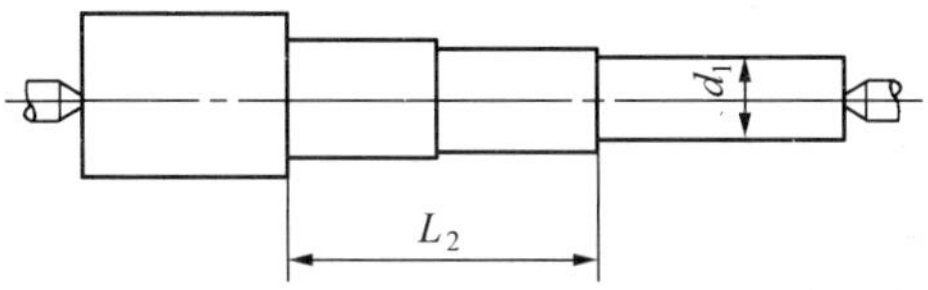	L_2, d_1
6	车 d 段	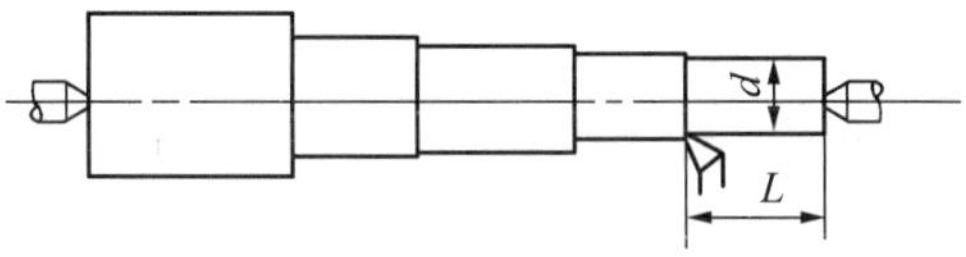	L, d
7	调头 d_5 段	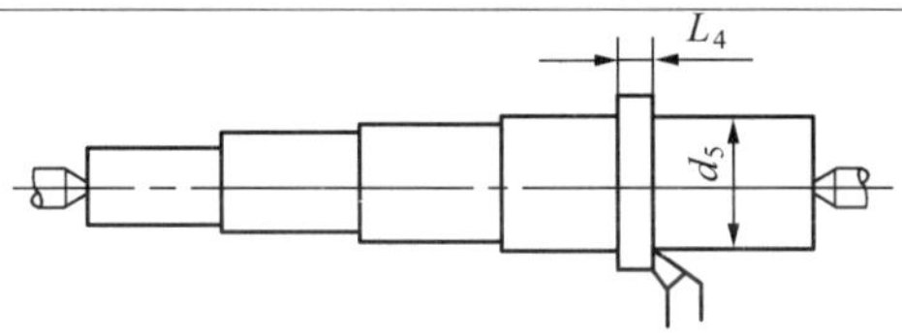	L_4, d_5
8	车 d_6 段	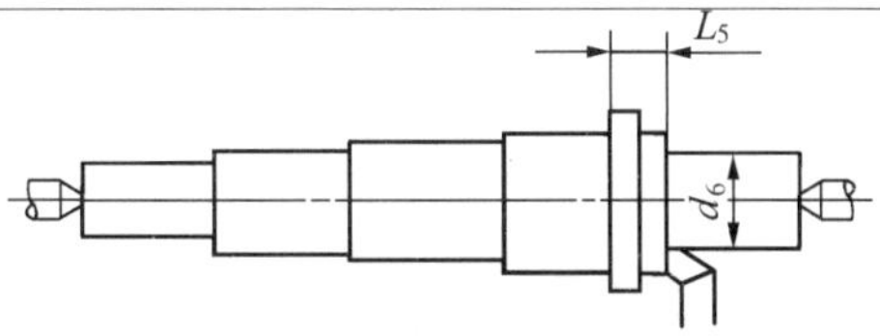	L_5, d_6
9	在 d_6 段切退刀槽	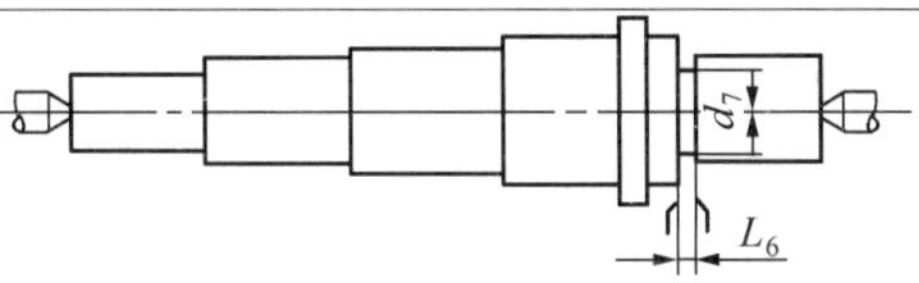	L_6, d_7

3. 表面粗糙度

轴的所有表面都要加工,各表面的粗糙度可以按表 17.16 选取。

4. 几何公差

轴的几何公差值可根据表 17.3 查取,其标注方法可参见图号 19。

5. 中心孔的尺寸选择和标注

中心孔的尺寸可参考轴的毛坯直径和质量,由表 10.7 查取,中心孔在图样上的标注可查表 10.6。

6. 技术要求

轴类零件图的技术要求包括：

(1)对材料和热处理的要求。如允许的代用材料，热处理方式及热处理后的表面硬度。

(2)对加工的要求。如中心孔、与其他零件的配合加工(配钻、配铰等)。

(3)对图上未注明的倒角、圆角及未注明公差的说明。

(4)其他必要的说明。如对较长的轴要求校直毛坯等。

6.3 齿轮类零件工作图

1. 视图

齿轮类零件图一般用两个视图表示。按国家标准规定可将左视图简化。

对于组合式的蜗轮，则需分别画出齿圈、轮芯的零件图和蜗轮的组件图。齿轮轴与蜗杆轴的视图则与轴类零件相似。

2. 尺寸标注、毛坯尺寸及公差

齿轮类零件的尺寸标注按回转零件进行。分度圆直径虽不能直接测量，但它是设计的基本尺寸，应该标出，而且一般在啮合特性表中也应标注。

齿轮类零件在切齿之前应先加工好毛坯，为了保证切齿精度，在零件图上应注意毛坯尺寸和公差的标注。

正确标注毛坯尺寸，首先是明确标注基准。它们是基准孔、基准端面和顶圆柱面(锥齿轮为顶圆锥面)等。

毛坯尺寸的偏差和几何公差在齿轮及蜗杆传动精度等级标准中有明确规定。

现以参照图6.2、6.3、6.4简要介绍毛坯尺寸及其公差的标注。

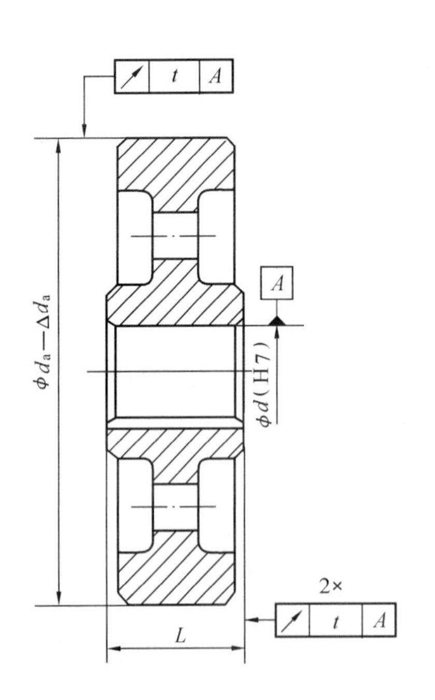

图6.2　圆柱齿轮毛坯尺寸及公差

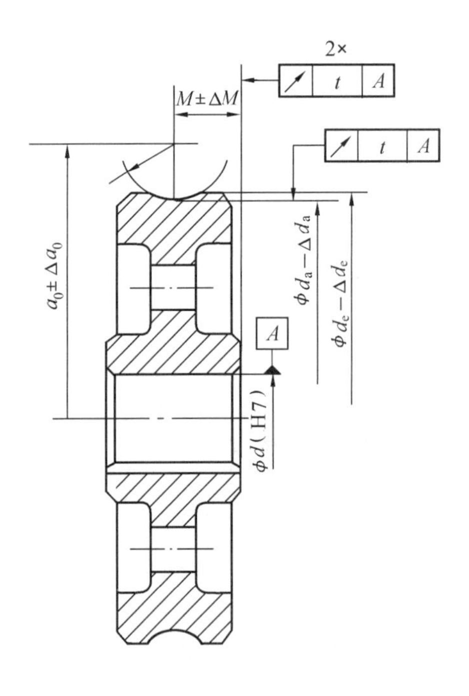

图6.3　蜗轮毛坯尺寸及公差

(1)基准孔。轮毂孔是重要的装配基准,也是切齿和检测加工精度的基准。孔的加工质量直接影响零件的旋转精度。孔的尺寸精度一般可选基孔制 7 级。几何公差有端面跳动、顶圆和锥面的径向跳动,对蜗轮还应标注蜗轮孔中心线到滚刀中心距离的尺寸偏差(图 6. 3 中的 $a_0 \pm \Delta a_0$)。

(2)基准端面。轮毂孔端面是装配定位基准,切齿时可以以它定位。因此轮毂端面影响安装质量和切齿精度。除应标出端面对孔中心线的垂直度或端面跳动以外,对蜗轮和圆锥齿轮还应标注出以端面为基准的毛坯尺寸和偏差,如图 6. 3 和图 6. 4 所示。对于悬臂装置的锥齿轮,只需一个端面作为基准就可满足定位要求,如图 6. 4(b)所示,其余尺寸标注同图 6. 4(a)。

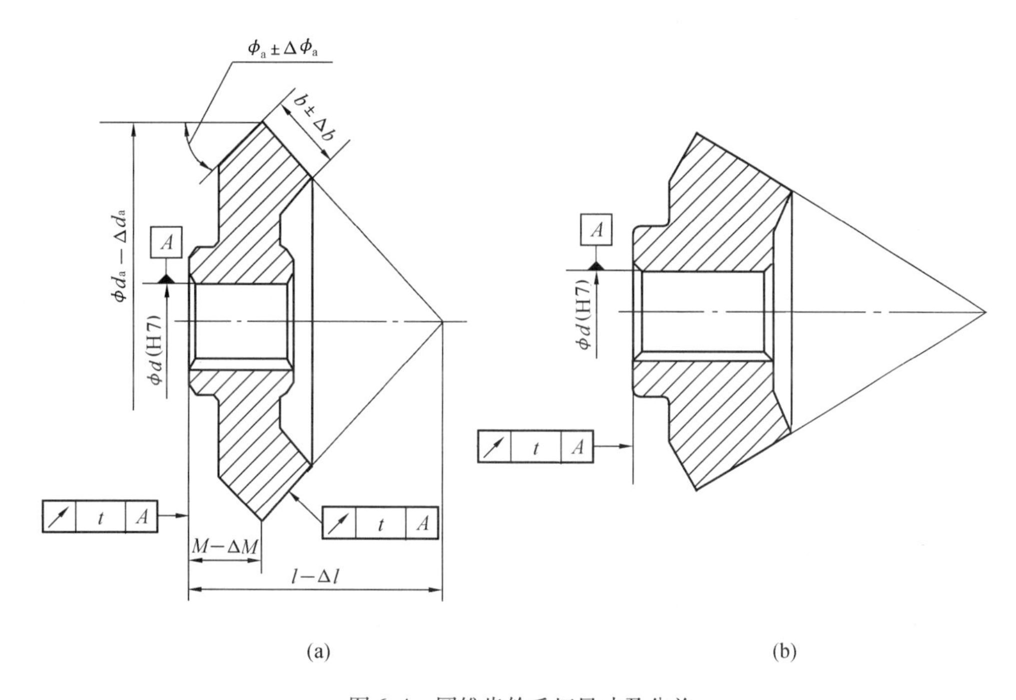

图 6. 4　圆锥齿轮毛坯尺寸及公差

以端面为基准标注的毛坯尺寸及偏差,对锥齿轮为端面至锥体大端和锥顶的距离为 $M-\Delta M$ 和 $l-\Delta l$(图 6. 4);对蜗轮为端面至蜗轮主剖面的距离 $M \pm \Delta M$(图 6. 3),这个尺寸要规定偏差是为了保证切齿时滚刀能获得正确的位置,达到切齿精度。

(3)顶圆柱面。圆柱齿轮和蜗轮的顶圆柱面为工艺基准和测量的定位基准,因此应标出尺寸偏差和几何公差,如图 6. 2 和图 6. 3 所示。锥齿轮除应标出锥体大端的直径偏差外,还应标出顶锥角偏差和锥面的径向跳动公差(图 6. 4)。

除上述从基准标出的毛坯及尺寸偏差之外,锥齿轮还应注明加工背锥的角度及其偏差 $\phi_a \pm \Delta\phi_a$ 和齿宽及其偏差 $b \pm \Delta b$ 等(图 6. 4(a))。

3. 表面结构中的粗糙度

表面结构中的粗糙度 Ra 值可参考表 17. 16 或从手册中查取。

4. 啮合特性表

啮合特性表包括齿轮的主要参数和误差检查项目。误差检查项目和具体数值可从表17.18~17.21中查取。

5. 技术要求

技术要求一般内容包括：

(1)对铸件、锻件或其他类型坯件的要求。

(2)材料的热处理和硬度要求。齿面作硬化处理的方法、硬化层深度等。

(3)对未注明倒角、圆角及未注明公差的说明。

(4)其他必要的说明,如大型或高速齿轮的平衡试验要求等。

6.4 机体零件工作图

1. 视图

机体零件的结构比较复杂,一般需要三个基本视图,并且按具体情况加绘必要的局部视图和剖视。

2. 尺寸标注

机体的尺寸多而杂。标注时既要考虑加工及测量的要求,又要清晰,一目了然。为此,应注意以下几点:

(1)机体尺寸可以分为定形尺寸和定位尺寸。定形尺寸是壁厚、槽的深宽、各种孔径及深度和机体长宽高等各部位形状大小的尺寸。这类尺寸应直接标出,而不应有任何计算。如图6.5中的壁厚和图6.6中轴承座孔尺寸的标注。图中方框内的标注是错误的(图6.7~6.10同此)。

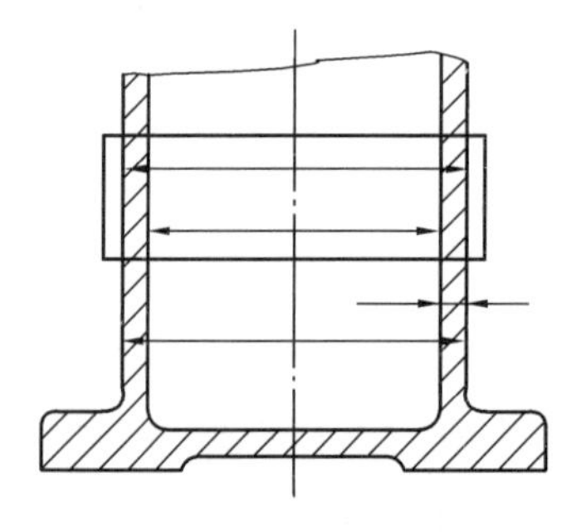

方框内为错误的标注

图6.5 机体宽及壁厚尺寸标注

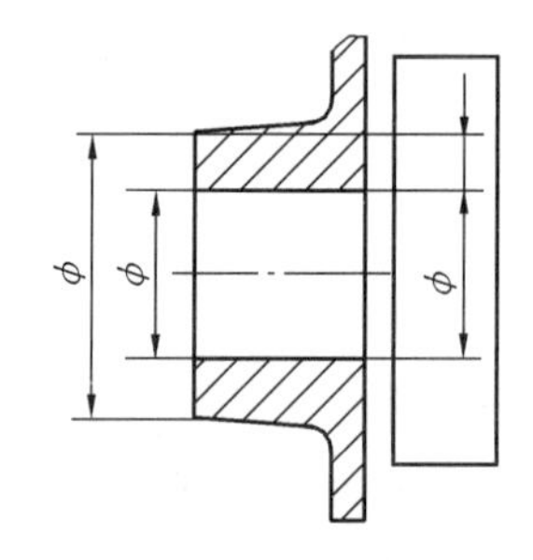

方框内为错误的标注

图6.6 轴承座孔尺寸标注

定位尺寸是确定机体各部位相对于基准的位置尺寸,如孔的中心线、曲线的中心位置及其他有关部位的平面等与基准间的距离。这类尺寸都应从基准(或辅助基准)直接标出,如图6.6中以轴承孔中心线作为基准。

(2)选好基准。最好采用加工基准作为标注尺寸的基准,这样便于加工和测量,如机座和机盖的高度方向最好以剖分面(加工基准面)为基准;如不能以此加工面作为基准时,应采用计算上比较方便的基准,例如,机体的宽度尺寸可以采用宽度的对称中心线作为基准,如图6.7所示。机体长度方向可取轴承孔中心线作为基准，如图6.8所示地脚螺栓孔长度方向孔距的尺寸标注。

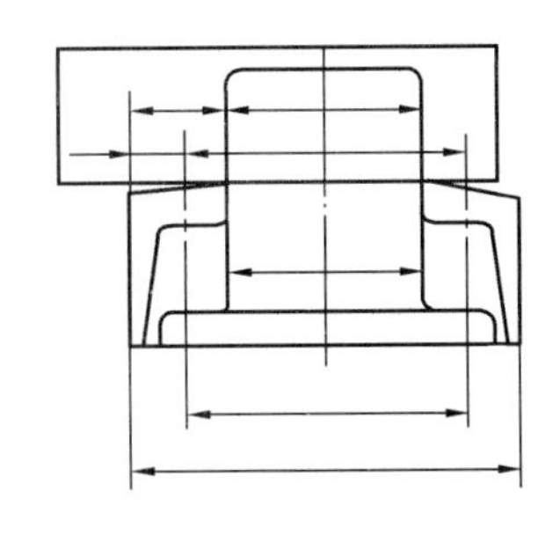

方框内为错误的标注

图6.7 机盖宽及中心孔距标注

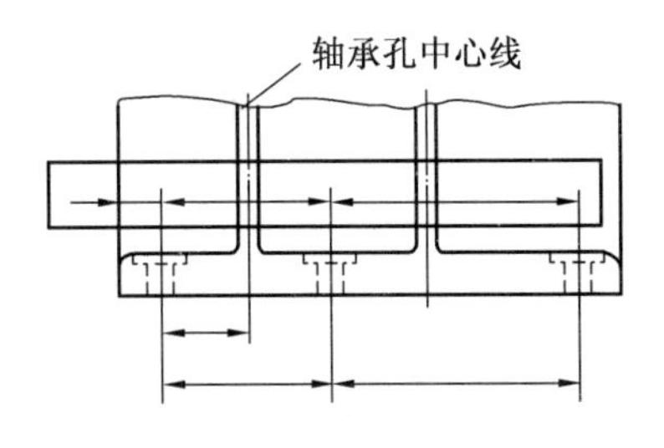

方框内为错误的标注

图6.8 地脚螺栓孔中心孔距标注

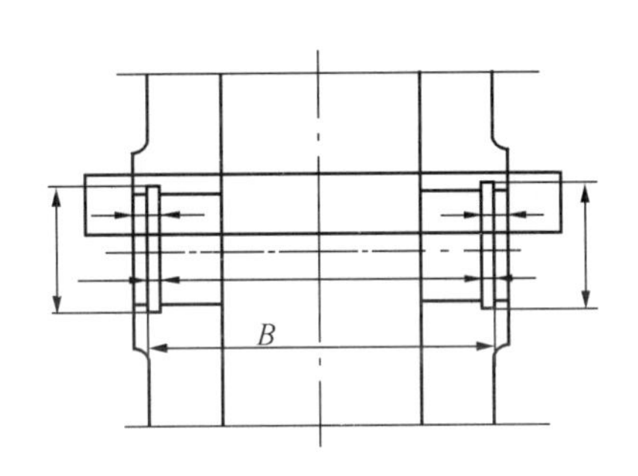

方框内为错误的标注

图6.9 槽的深宽标注

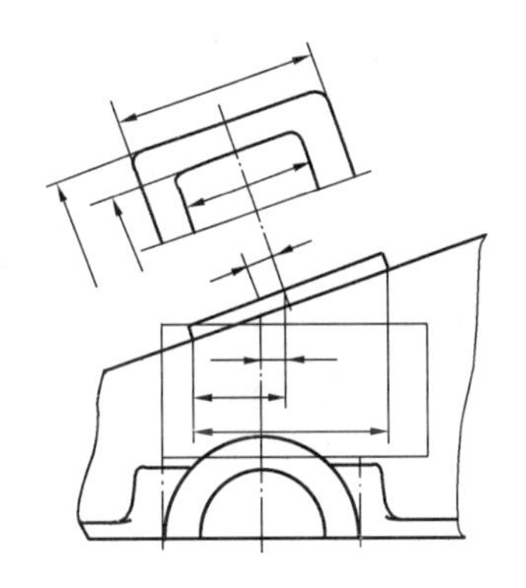

方框内为错误的标注

图6.10 窥视孔尺寸标注

(3)影响机器工作性能的尺寸应直接标出，以保证加工准确性，如轴承孔的中心距按齿轮传动中心距标注并加注极限偏差$\pm f_a$。又如采用嵌入式端盖结构时，机体上沟槽位置尺寸影响轴承的轴向固定，应如图6.9所示标注。

(4)考虑制造工艺特点。机体大多是铸件，因此标注尺寸要便于木模的制作。木模常由一些基本形体拼接而成，在基本形体的定位尺寸标出后，定形尺寸即以自己的基准标出。如图6.10所示窥视孔的尺寸标注。其他油尺孔、放油孔等也与此类似。

(5)所有圆角、倒角、拔模斜度等都必须标注或在技术要求中说明。

3. 表面粗糙度和几何公差

机体的表面结构中的粗糙度 *Ra* 值和机体应标注的几何公差项目可以参考图号20、图号21。其值可从表17.16和表17.8～17.12中查取。

4. 技术要求

技术要求应包括的内容有：

(1)对铸件清砂、清洗、表面防护(如涂漆)的要求。

(2)铸件的时效处理。

(3)对铸件质量的要求(如不许有缩孔、砂眼和渗漏现象等)。

(4)未注明的倒角、圆角和铸造斜度的说明。
(5)机座和机盖组装后配作定位销孔,并加工轴承座孔和外端面的说明。
(6)组装后分箱面处不许有渗漏现象,必要时可涂密封胶等的说明。
(7)其他必要的说明(如图上未注明的铸造精度和加工尺寸精度、几何精度等)。

零件工作图设计自检重点及思考题

(一) 自检重点

(1) 零件的结构与尺寸和装配图是否一致。
(2) 零件的倒角、圆角、退刀槽、键槽等细化结构是否正确。
(3) 尺寸标注是否不重复、不遗漏,是否便于加工,配合尺寸的极限偏差数值是否正确。
(4) 表面结构中的粗糙度标注是否遗漏、合理,几何公差标准是否正确。
(5) 传动件特性表、误差检验项目及其数值填写是否正确。
(6) 必要的技术要求是否完备、书写正确。

注:设计者对图纸认真检查并修改后,签上自己的姓名和完成日期,然后请设计指导教师审查并签字。

(二) 思考题

(1) 零件工作图的功用是什么?零件工作图设计包括哪些内容?
(2) 在零件工作图标注尺寸时,应如何选取基准?
(3) 轴的标注尺寸和轴的加工工艺有何关系?
(4) 分析轴表面结构中的粗糙度和工作性能及加工工艺的关系。
(5) 分析轴的几何公差对其工作性能的影响。
(6) 如何选择齿轮类零件的误差检验项目?它们和齿轮精度的关系如何?
(7) 如何标注机体零件工作图的尺寸?
(8) 分析机体的几何公差对减速器工作性能的影响?
(9) 零件工作图中哪些尺寸需要圆整?
(10) 装配图上哪些零件不必画零件图?为什么?

第 7 章 减速器三维图的设计

7.1 Solidworks 三维制图的基本操作

一、Solidworks 简介

Solidworks 软件是世界上第一个基于 Windows 开发的三维 CAD 系统，该软件以参数化特征造型为基础，具有功能强大、易学易用和技术创新等特点，使得 Solidworks 成为领先的、主流的三维 CAD 解决方案。Solidworks 能提供不同的设计方案，减少设计过程中的错误并提高产品质量，使用户能够在比较短的时间内完成更多工作，能够更快地将高质量产品投放市场。

熟悉微软的 Windows 系统的用户，可以用 Solidworks 进行设计工作。Solidworks 自带常用标准件库，可以参数化生成并调用标准件；独有的拖拽功能，使用户可以在比较短的时间内完成大型装配设计；强大的渲染功能，可以生成震撼的效果图。Solidworks 资源管理器是同 Windows 资源管理器一样的 CAD 文件管理器，用它可以方便地管理 CAD 文件。在强大的设计功能和易学易用的操作（包括 Windows 风格的拖、放，点、击，剪切、粘贴）协同下，使用 Solidworks，整个产品设计是百分之百可编辑的，零件设计、装配设计和工程图之间是全相关的。

二、Solidworks 制图的基本操作

使用 Solidworks 进行常规的工程设计，一般的流程如图 7.1 所示。

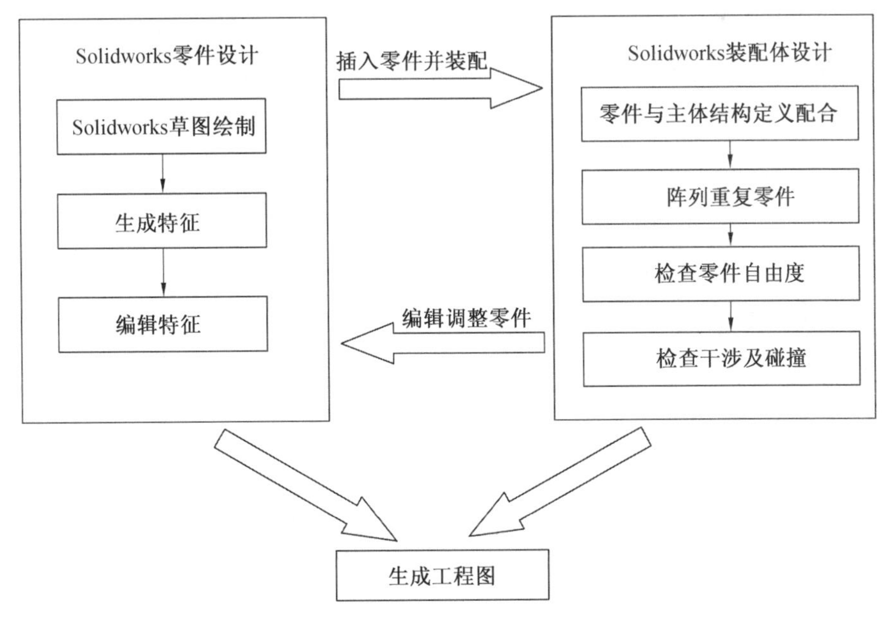

图 7.1　Solidworks 工程设计的一般流程

1. Solidworks 绘制草图

绘制二维草图,是使用 Solidworks 进行设计的起始工作,并且贯穿在整个设计过程。草图必须在一个平面上绘制,这个平面可以是基准平面,也可以是三维模型上的某一个平面。在最开始绘图阶段,由于还没有生成任何的三维模型,因此须指定基准面。在草图绘制工具栏上(图 7.2)有草图绘制基本工具和草图编辑工具。草图绘制的基本工具如表 7.1 所示,我们可以利用这些工具绘制基本的平面形状。表 7.2 是草图编辑工具按钮的图标及说明。

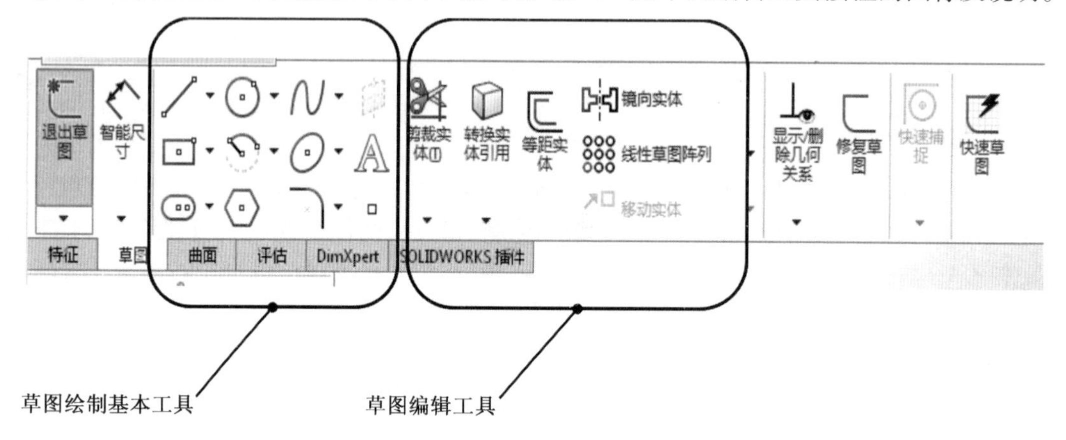

图 7.2　草图绘制工具栏

表 7.1　草图绘制的基本工具

按钮图标	工具名称	简要说明
	直线	以起点、终点的方式绘制一条直线
	矩形	以对角线的起点和终点绘制一个矩形
	中心矩形	以一点为中心绘制一个矩形
	3 点边角矩形	以所选角度绘制一个矩形
	3 点中心矩形	以所选角度绘制带有中心点的矩形
	平行四边形	绘制平行四边形
	直槽口	生成直槽口
	中心点直槽口	生成带有中心点的直槽口

续表 7.1

按钮图标	工具名称	简要说明
	三点圆弧槽口	利用三点绘制圆弧形槽口
	中心点圆槽口	通过指定槽口长度、宽度绘制圆弧槽口
	多边形	生成边数 3 ~ 40 之间的等边多边形
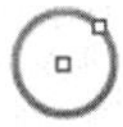	圆	通过一个圆心,绘制一个指定半径的圆
	周边圆	以圆周直径的两点方式绘制一个圆
	圆心/起/终点画圆弧	按圆心、起点、终点的顺序绘制一个圆弧
	切线弧	绘制一条与草图实体相切的弧线
	三点圆弧	按照起点、终点及中点的顺序绘制一个圆弧
	椭圆	以指定圆心、长轴、短轴的顺序绘制一个完整的椭圆
	部分椭圆	按圆心、起点、终点的顺序绘制一部分椭圆
	抛物线	先指定焦点,再拖动光标确定焦距,然后以指定起点和终点的方式绘制一条抛物线
	样条曲线	以不同路径上的两点或者多点绘制一条样条曲线,可以在端点处指定相切
	曲面上样条曲线	在曲面上绘制一个样条曲线,可以沿曲面添加并拖动点生成
	函数驱动曲线	通过定义函数的方式生成曲线
	点	在草图中生成点
	中心线	在草图中以起点和终点的方式生成中心线
	文字	在特征表面上添加文字草图,通过拉伸或切除操作生成文字实体

表7.2 草图编辑工具按钮

按钮图标	工具名称	简要说明
	构造几何线	将草图中或工程图中的草图实体转换为构造几何线,构造几何线的线型与中心线相同
	绘制圆角	在草图线的交叉处倒圆角,生成一个切线弧
	绘制倒角	在草图线的交叉处按照一定角度和距离剪裁,并用直线相连,形成倒角
	等距曲线	按给定的距离等距一个或多个草图实体,可以是线、弧、环等
	转换实体引用	将其他特征轮廓投影到草图平面上,形成一个或多个草图实体
	交叉曲线	在基准面和曲面或模型面、两个曲面、曲面和模型面、基准面和整个零件的曲面交叉处生成草图曲线
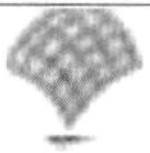	由面提取曲线	从面或者曲面提取参数,形成三维曲线
	剪裁曲线	根据剪裁类型,剪裁或者延伸草图实体
	延伸曲线	将草图实体延伸与另一个草图实体相连
	分割曲线	将一个草图实体分割,以生成两个草图实体
	镜像草图	相对一条中心线生成对称的草图实体
	动态镜像草图	适用于2D草图或在3D草图基准面上所生成的2D草图
	线性草图阵列	沿一个轴或同时沿两个轴生成线型草图排列
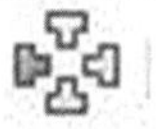	圆周草图阵列	生成草图实体的圆周排列
	制作路径	使用制作路径可以生成机械设计布局草图
	修改草图	使用该工具来移动、旋转或按比例缩放整个草图
	草图图片	将图片插入到草图基准面

2. 生成三维特征

生成特征操作是三维 CAD 与平面 CAD 的最大区别，这些生成特征的操作在各种三维 CAD 软件中的操作大同小异，掌握了一种软件的特征生成方法，其他 CAD 软件也会很快上手。在 Solidworks 中我们可以通过拉伸、旋转、切除、薄壁特征及打孔等操作来实现产品的设计。如图 7.3 所示，在“特征”选项卡中可以看到特征绘制工具及特征编辑工具。表7.3、7.4 中列出了特征工具按钮的名称及简要说明。

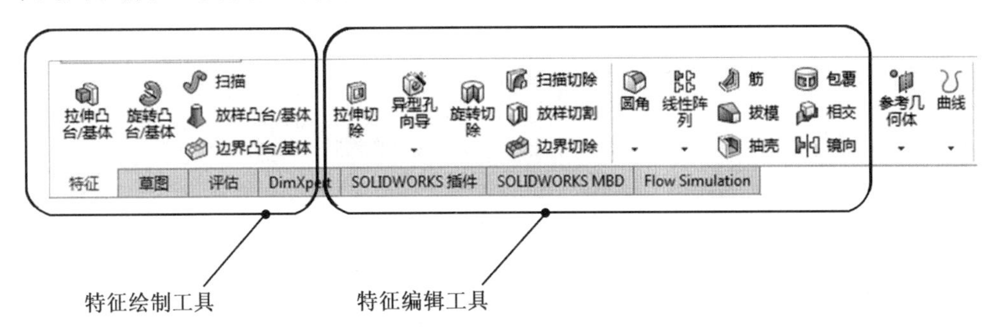

图 7.3 特征工具栏

表 7.3 特征生成工具

按钮图标	工具名称	简要说明
	拉伸凸台/基体	以绘制的草图轮廓向一个或两个方向拉伸来生成一个实体
	旋转凸台/基体	绕轴心旋转一个草图来生成一个实体
	扫描	沿开环或闭合路径通过扫描闭合轮廓来生成实体特征
	放样凸台/基体	在两个或多个轮廓之间添加材质来生成实体特征
	边界凸台/基体	以双向在轮廓之间添加材料以生成实体特征

表 7.4 特征编辑工具

按钮图标	工具名称	简要说明
	拉伸切除	以一个或两个方向按照草图区域来切除一个实体模型
	异形孔向导	用预先定义的剖面插入孔
	旋转切除	通过绕轴心旋转绘制的轮廓切除实体模型
	扫描切除	沿开环或闭合路径通过扫描闭合轮廓来切除实体模型

续表 7.4

按钮图标	工具名称	简要说明
	放样切割	在两个或多个轮廓之间通过移除材质来切除实体模型
	边界切除	在轮廓之间移除材料来切除实体模型
	圆角	沿实体或曲面特征中的一条或多边线来生成圆形内部或外部面
	线性阵列	以一个或两个线性方向阵列特征、面或实体
	筋	为实体添加薄壁支撑
	拔模	使用中性面或分型线按所指定的角度削尖模型面
	抽壳	从实体移除材料来生成一个薄壁特征
	包覆	将草图轮廓闭合到面上
	相交	相交曲面、平面和实体，以创建卷
	镜向	绕面或基准面镜像特征、面及实体

7.2 二级齿轮减速器的三维设计

现代 CAD 软件通过建立标准件库、参数化设计、仿真计算等方式，极大减少了设计者的工作量，使设计更加高效和准确。利用 Solidworks 进行二级齿轮减速器的设计主要包括非标件设计及标准件选用两部分。非标件主要包括轴、齿轮、部分附件、机箱等，这些非标件的设计需要掌握 Solidworks 一些绘图的基本操作和技巧；标准件包括螺纹连接件、轴承、密封等。

一、非标件设计

1. 轴的设计

以输出轴为例，根据设计好的各轴段直径和长度绘制出阶梯状草图，标好各段的尺寸，在轴心位置绘制出中心线，使用“旋转凸台”操作生成阶梯轴实体（图 7.4）。当在后期需要对轴结构进行调整时，只需要对草图进行编辑，修改相应结构的尺寸即可。实体生成后进行键槽、倒角、退刀槽等结构设计。

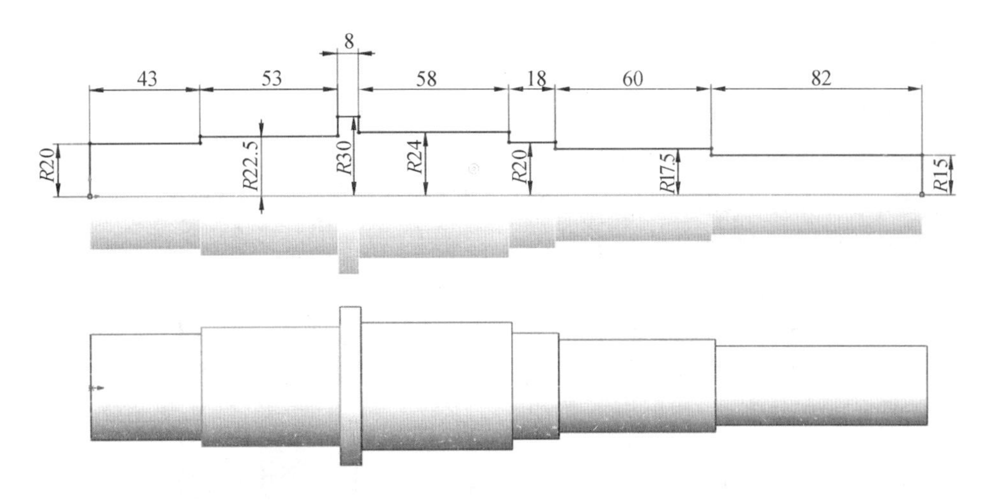

图7.4 旋转生成轴实体

可以通过草图中的“直槽口”命令按钮快速生成键槽。首先在正视于键槽的视图上相切于需要加工键槽的轴段生成一个基准面,在这个基准面上开展键槽草图绘制。如图7.5所示,选择“直槽口”工具按钮,按照设计的键槽位置绘制出直槽口的中心线,并在直槽口的参数中输入槽宽及槽长,点击“确认”完成键槽草图绘制。按照键槽深度,使用“切除”特征工具切出键槽。

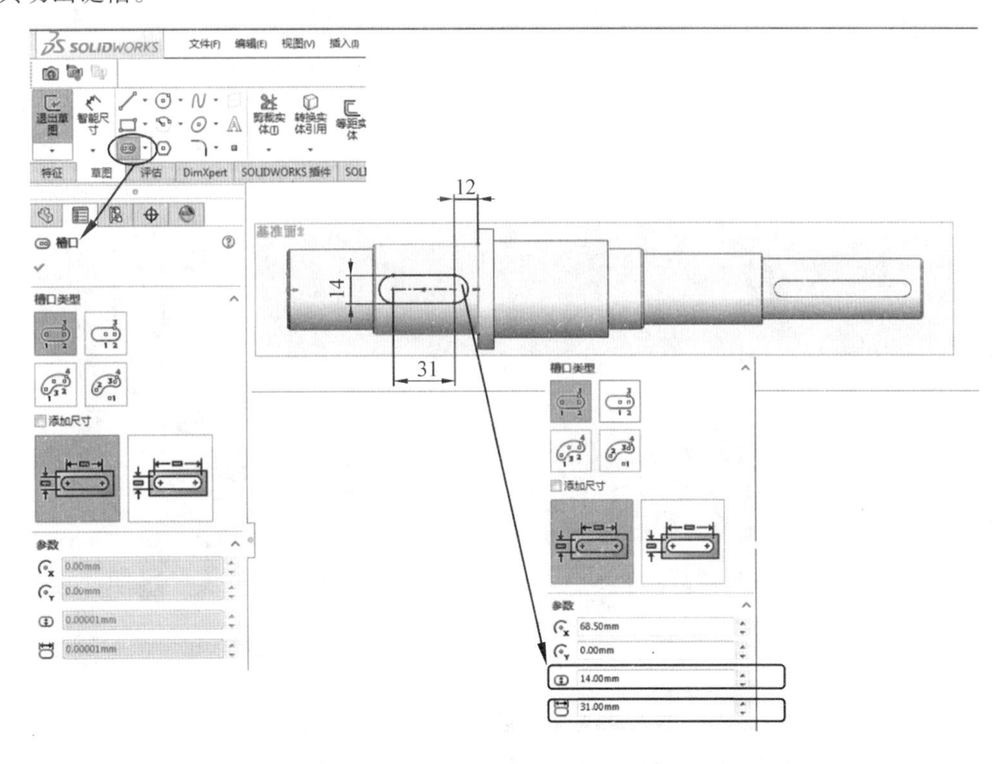

图7.5 轴上键槽的绘制

在相应需要绘制倒角及圆角的位置,通过特征编辑工具的倒角和圆角按钮生成倒角和圆角,完成轴的设计与三维制图。

2. 减速器箱体的设计

(1)基座设计。减速器箱体是减速器中结构结构最复杂的零件,其设计是根据传动件参数确定后进行设计的,需要综合考虑结构工艺、密封、润滑、减速器附件等多种因素。当我们确定传动件的空间位置后(图7.6),就可以确定基座的内壁空间了,按照表4.1(铸铁减速器机体结构尺寸计算表)确定基座的其他尺寸后,就可以开始绘制机箱三维图。

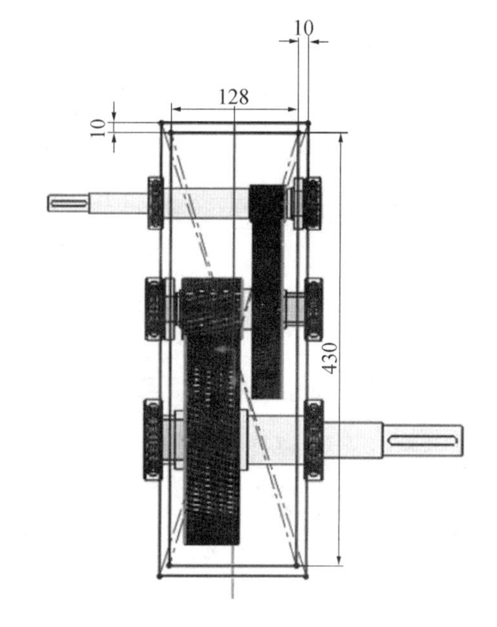

图7.6 传动件布置图

如图7.7所示,①按照基座壁厚、基座底凸缘、基座凸缘绘制出基座基本形状后,根据输入轴、中间轴及输出轴的相对位置关系,以及选定的轴承型号,可以绘制出基座轴承座孔;②在轴承座孔基础上从基座外壁面上拉伸出轴承座孔加强筋、轴承凸台,并在底座凸缘上拉伸切除出地脚螺栓孔及沉头座;③在轴承座孔端面上绘制轴承座孔轮廓,通过拉伸切除获得轴承座孔外形,并在基座凸缘上表面相应位置使用拉伸切除操作绘出轴承旁连接螺栓孔;④在基座凸缘上表面拉伸切除机盖与基座连接螺栓孔、定位销孔,在轴承座孔端面拉伸切除轴承端盖连接螺纹孔,并在两侧绘制出基座吊耳;⑤在基座凸缘上表面绘制油沟草图轮廓,按照油沟深度切出油沟。

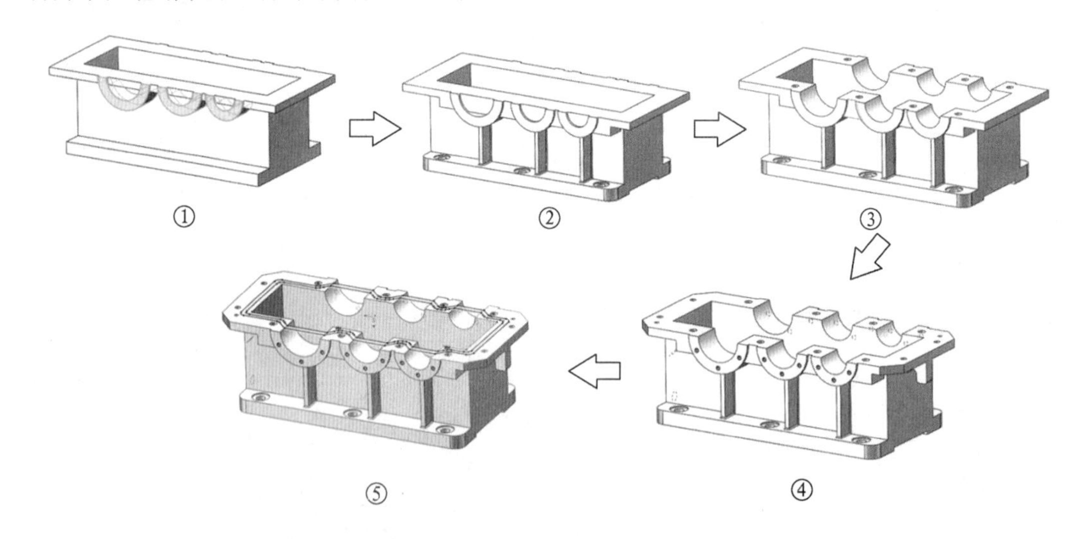

图7.7 基座主要结构的绘制过程

机箱中含有较多需要进行侧抽芯脱模的工艺结构,为了能保证这部分结构能从模具中顺利脱出,需要为这些结构添加拔模斜度,例如吊耳、加强筋、轴承座外壁面、油标座等结构,通常对这些结构有1∶10的拔模斜度要求,大约为3°。在Solidworks特征工具中设有拔模工具,可以方便对特征添加拔模斜度。在特征工具中点击"拔模"工具按钮,进入拔模操作界面,如图7.8所示,选择手工方式后,将拔模角度修改为3°。中性面为拔模操作过程中不变的截面,一般为模具最深处的那个截面。拔模面为需要产生拔模斜度的平面。以轴承座结构为例,我们将轴承座端面选择为中性面,轴承座外壁面选择为拔模面,点击确认后,可以看见相应结构产生了拔模斜度。应当注意的是,在进行拔模特征编辑时,应当在拔模结构连接区域尚未添加圆角特征前进行,例如本示例中如果在轴承座与基座连接区域添加了圆角之后再进行拔模操作,可能会产生计算错误而无法添加拔模特征。

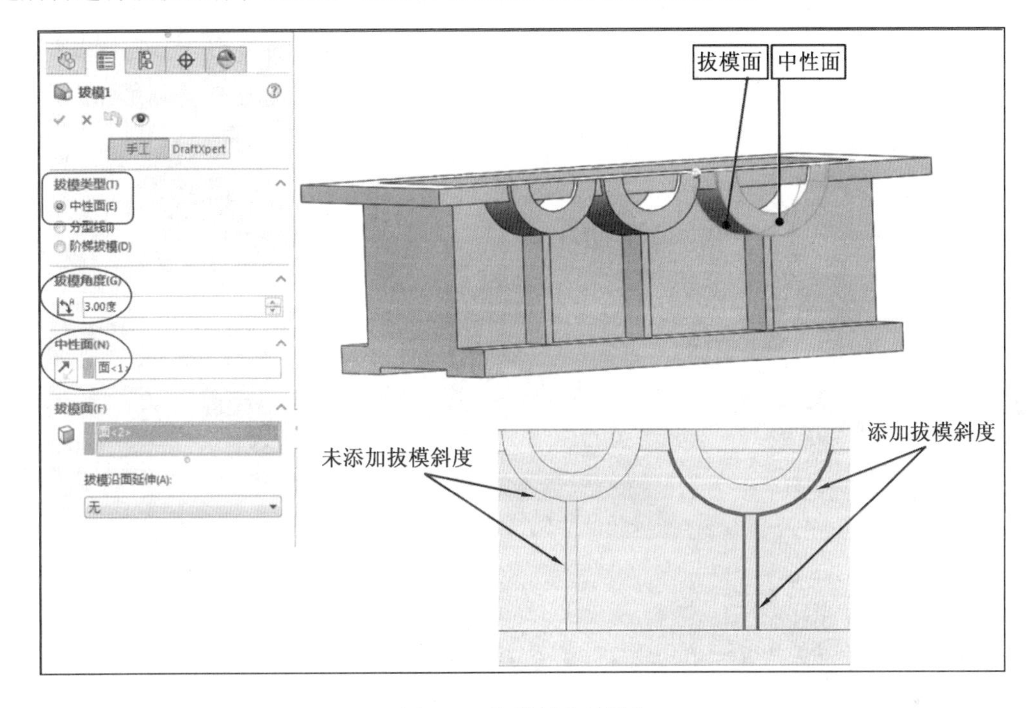

图7.8 拔模斜度的添加

基座侧面一般还设置有两个附件结构放油螺塞孔及油标座。放油螺塞孔的位置应选择在基座内腔的最低位置处,以助于将残余润滑油释放干净,在如图7.9所示,在侧壁面的适当位置通过拉伸凸台的方式创建放油螺塞凸台,使用拉伸切除工具切出螺纹孔,螺塞凸台与壁面连接处创建圆角。在拟放置油标的位置建立参考几何面,在此平面上绘制游标座的草图轮廓,通过双向凸台拉伸生成游标座的基本形状,将游标座下方倒出圆角,并切出垂直于游标座平面的通孔及沉头座。

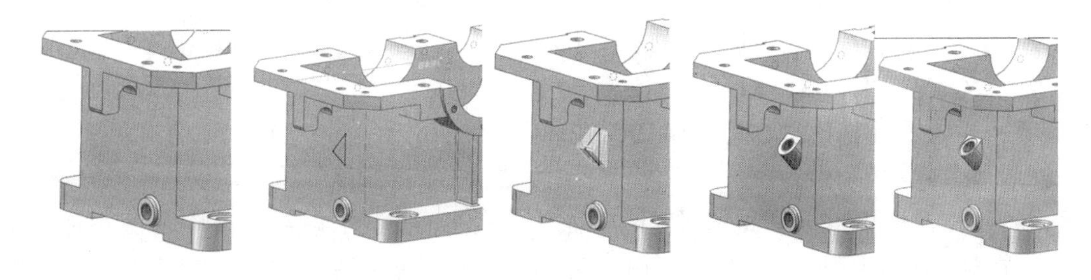

图7.9 基座附件结构设计

(2)机盖设计。机盖的设计与基座类似,主要过程如图 7.10 所示:

①按照基座凸缘的尺寸,绘制机盖凸缘;②按照两级齿轮在空间位置关系,为每个齿轮预留足够空间后,绘制出箱体内壁轮廓区域草图,并向上偏移一个壁厚的距离拉伸生成上壁面;③使用凸台拉伸工具在机盖前后方向生成侧板,构成完整的上盖封闭结构;④按照各轴位置并与基座轴承座孔相对应,拉伸出机盖轴承座壁厚;⑤切除多余实体,生成轴承座孔,并在轴承座外壁拉伸出轴承旁凸缘,切出机盖螺栓孔、销钉孔,轴承旁连接螺栓孔,轴承端盖连接螺钉孔;⑥在上盖两侧拉伸出吊耳结构;⑦按照两级齿轮啮合区域范围,以上盖上壁面为基准面绘制窥视孔区域草图,拉伸切除生成窥视孔;⑧绘制窥视孔铸造凸台,切出窥视孔盖连接螺纹孔;⑨为上盖绘制加强筋,为相应结构添加拔模斜度后,添加必要的圆角和倒角。

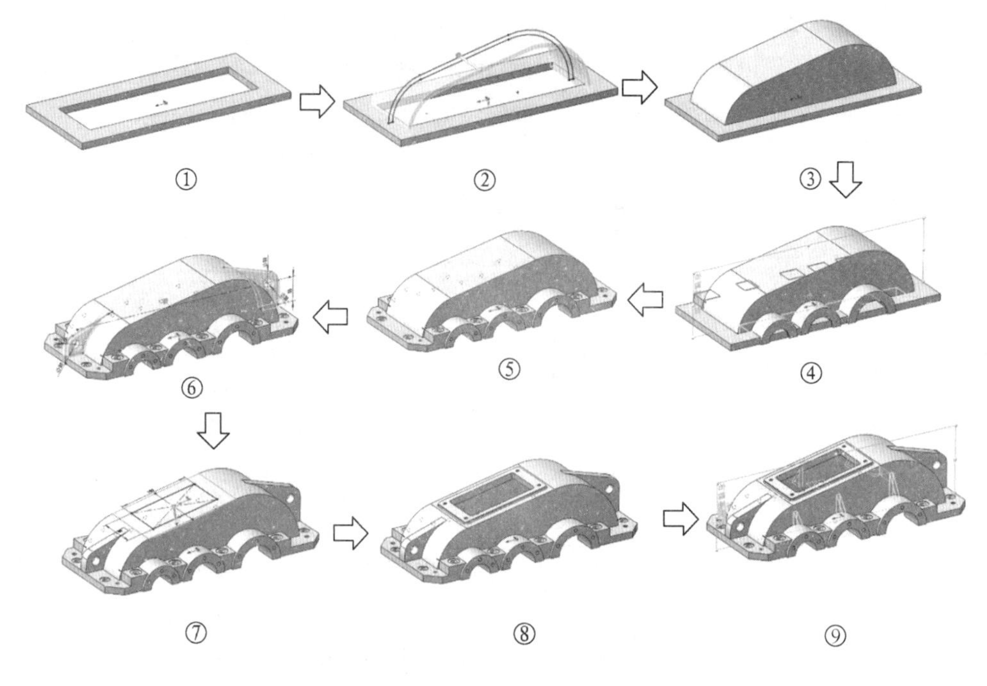

图 7.10 机盖的建模过程

(3) 轴承端盖的设计。轴承端盖是减速器中的一个典型非标零件,其外形尺寸与轴承的选用、轴间中心距等密切相关。端盖分为盲盖和透盖两种,其中透盖在设计时还要考虑密封件的安装和尺寸等问题。

①盲盖的设计及绘图。轴承端盖是一个轴对称图形,如图 7.11 所示,可通过旋转凸台的方式生成特征。按照端盖各部分的尺寸绘制出端盖轴截面轮廓的一半,以轴心位置的线段为回转中心,旋转出端盖的主体特征。

对于轴承采用油润滑的减速器,需要在油槽区域切出油沟豁口,以利于油沟内润滑油流入轴承座孔内的轴承中。如图 7.12 所示,在轴承端盖的小端面上绘制出切口形状草图,使用“拉伸切除”特征工具,按指定深度切出油槽口。按照选用的连接螺钉规格及螺钉的分布直径,在端盖的大端面上阵列出法兰螺钉孔,使用“拉伸切除”特征工具,完全贯穿端盖,切出连接螺钉口。最后将大端盖边缘倒角,完成轴承端盖盲盖的设计绘图。

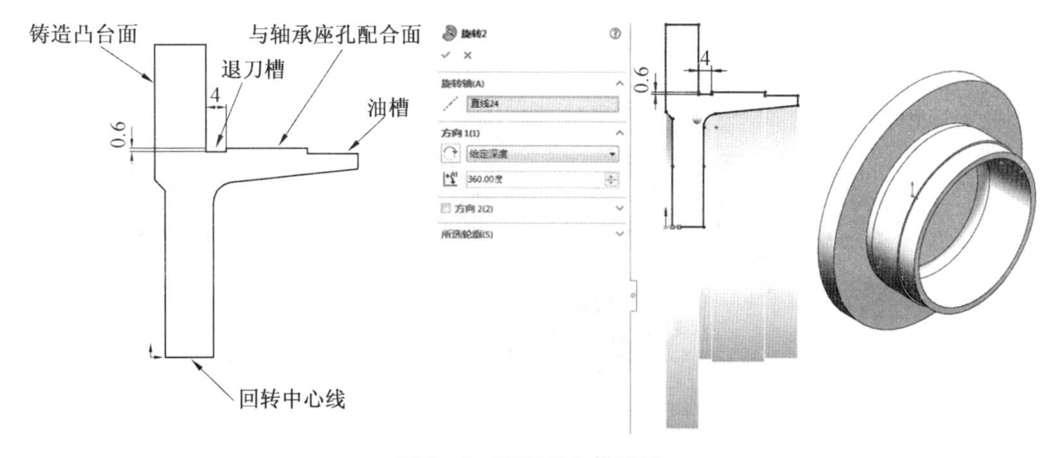

图7.11　盲盖的主体特征

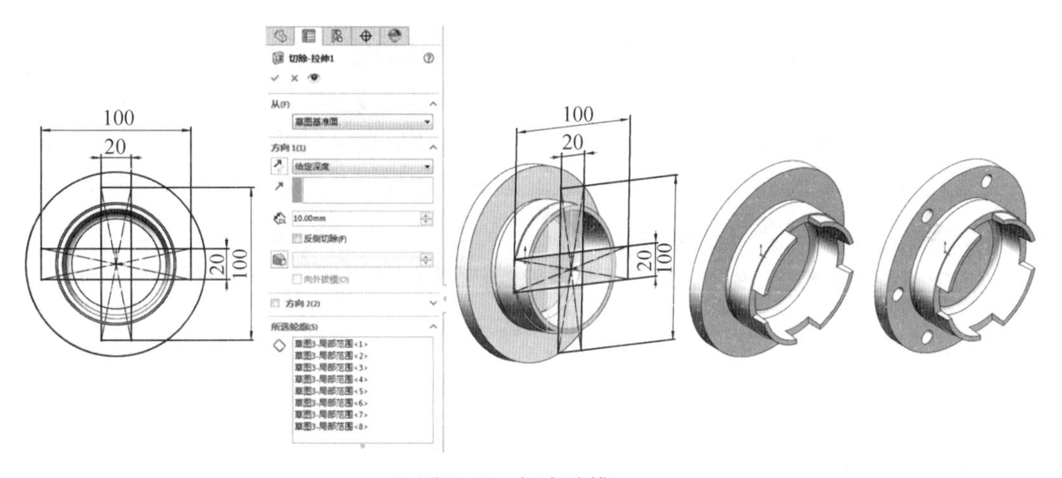

图7.12　切出油槽口

②透盖的设计及绘图。在减速器输入轴和输出轴的伸出端处,均需要安装轴承端盖透盖,此处的透盖既要与轴承座孔保持配合,又要兼顾伸出轴的活动性及密封性能。安装密封件处要根据选用的密封件尺寸规格进行设计,以使用唇形密封圈作为密封件的轴承端盖透盖为例,如图7.13所示,按旋转的界面图形绘制出透盖的草图,绕轴线“旋转凸台”生成透盖的主体特征,并按照盲盖切油槽口的方法切出透盖油槽口。最后按照安装螺钉的规格及密封圈规格,切出螺钉安装孔及密封圈拆卸孔,完成端盖透盖的设计绘图(如图7.14)。

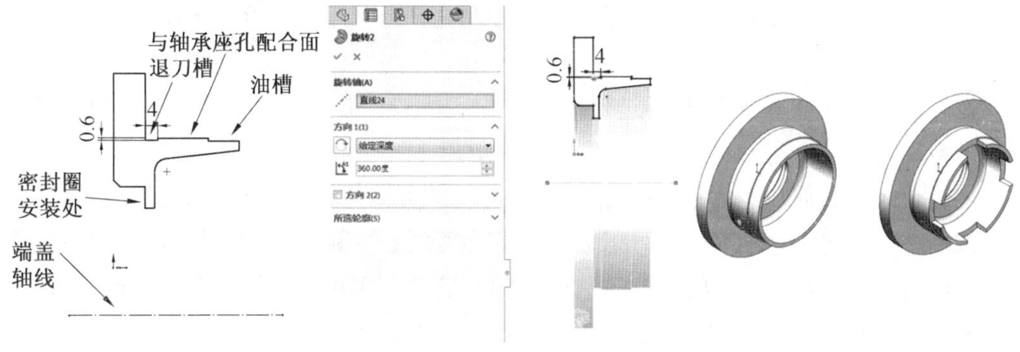

图7.13　透盖的主体特征

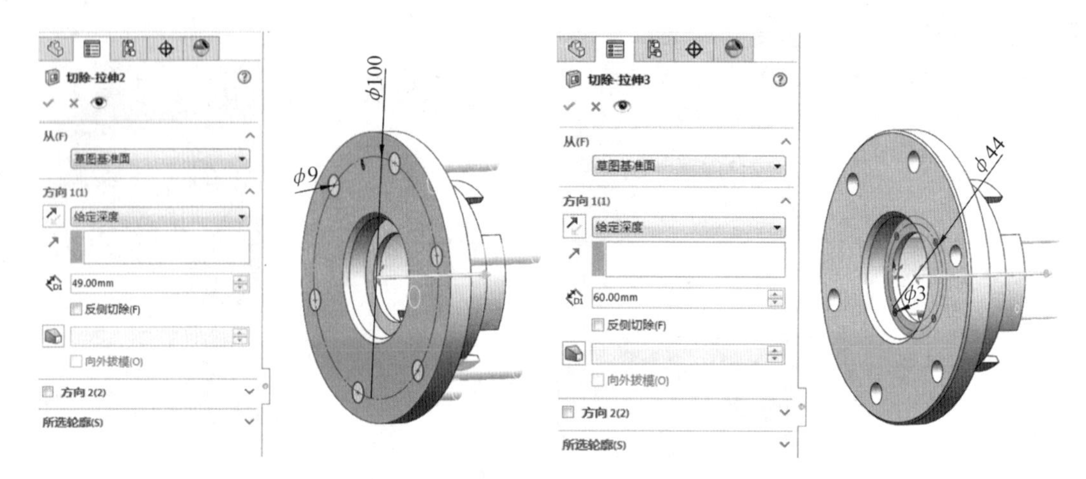

图 7.14 切出安装孔及密封圈拆卸孔

3. 利用设计库中传动件设计工具对齿轮进行设计及编辑

三维设计软件强大的设计库可以使我们在设计工作中减少大量重复的绘图工作,甚至可以通过简单的参数输入,直接生成目标零件。在设计齿轮时,我们可以利用 Solidworks 中的设计库工具箱(Toolbox)中的动力传动模块,对齿轮毛坯进行设计。所有生成的齿轮可以通过“另存为”的方式进行进一步修改。

(1)绘制齿轮毛坯。以一个低速级大齿轮为例,齿轮的主要设计参数如表 7.5 所示。

表 7.5 低速级大齿轮参数

齿数	模数/mm	分度圆直径/mm	齿宽/mm	轮毂孔直径/mm	螺旋方向	螺旋角/(°)
98	2.0	203.84	55	50	右旋	15.94°

如图 7.15 所示,在 Solidworks 右侧点击设计库图标后,右侧会弹出 Toolbox 的各个国家标准库,选择中国国旗 GB 图标,在弹出的设计库列表中选择“动力传动”,进入“齿轮”选项夹。由于本示例是斜齿轮,因此在“螺旋齿轮”选项用右键点击,在弹出的菜单点击“生成零件”。这时会生成一个临时的齿轮毛坯件,我们可以通过左侧的参数列表将齿数、模数等参数依次输入来获得齿轮毛坯实体模型。

如图 7.16 所示,在左侧参数列表中将齿轮的模数选择为“2”,齿数选择为“98”,螺旋方向选择为“右手”,螺旋角度输入“15.94”,压力角选择为“20”,面宽输入为“55”,毂样式对照所设计的结构在类型 A、B、C 中进行选择,本例选择为“类型 A”,键槽对照所设计的结构在矩形 1 和矩形 2 中进行选择,本例选择为 “矩形 1”。电机左上角绿色对号确认生成零件。齿轮毛坯生成后我们将其另存为一个零件后,就可以开始后期的编辑工作了。

按照图 7.17,在齿轮任意一个过轴线的直径截面上绘制草图,按照预留腹板厚度及轮毂厚度旋转切除实体实体,初步构成腹板式结构,最后在腹板上按圆周阵列出圆孔草图,使用拉伸切除工具切除实体,形成孔板式结构。

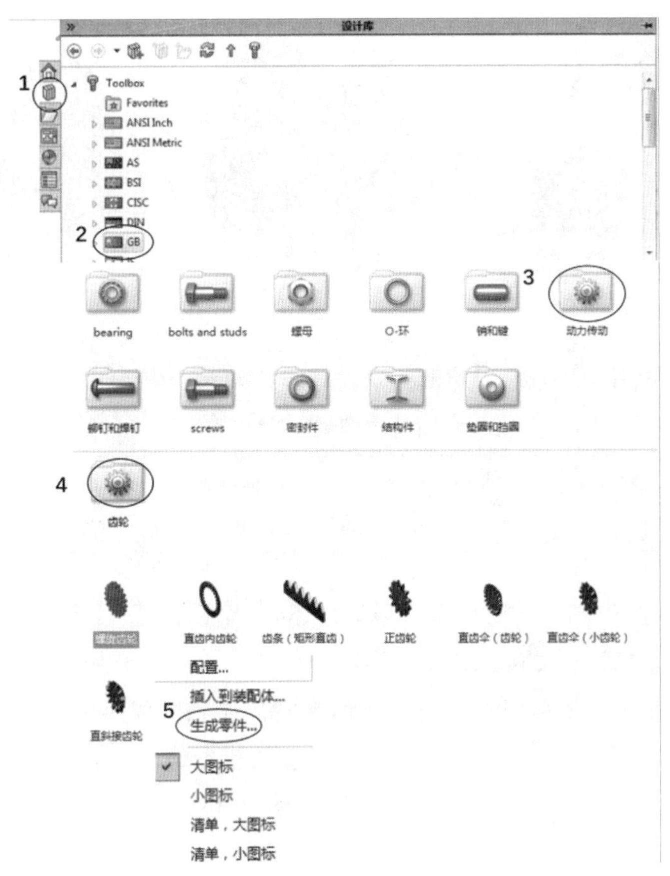

图7.15　设计库中的传动件设计工具

图7.16　齿轮的参数输入

(2)齿轮轴的设计。在课程设计过程中,经常遇到输入轴需要制成齿轮轴的情况。设计齿轮轴也可以借助设计库中齿轮设计工具,先按齿轮参数生成齿轮实体,再对齿轮进行编辑获得齿轮轴零件模型。

图 7.17 齿轮结构的编辑

以一个高速级小齿轮为例，齿轮的主要设计参数如表 7.6 所示。

表 7.6 高速级小齿轮参数

齿数	模数/mm	分度圆直径/mm	齿宽/mm	螺旋方向	螺旋角/(°)
27	1.25	34.36	35	右旋	10.84

在设计库中齿轮生成工具中将以上参数填入，其中“标称轴直径”选择最小值“0.8”，“键槽”选择“无”，生成一个齿轮毛坯。如图 7.18 所示，在过齿轮轴线且垂直于齿轮端面的参考平面下绘制轴结构的旋转草图，通过“旋转凸台”工具生成齿轮轴的基本结构，在旋转实体时勾选“合并结果”，此时旋转获得的旋转体会将齿轮毛坯上的那个小孔填充。将齿轮段与轴段相接部分处理为合理的圆角、轴端倒角、切出键槽，完成齿轮轴的绘制。

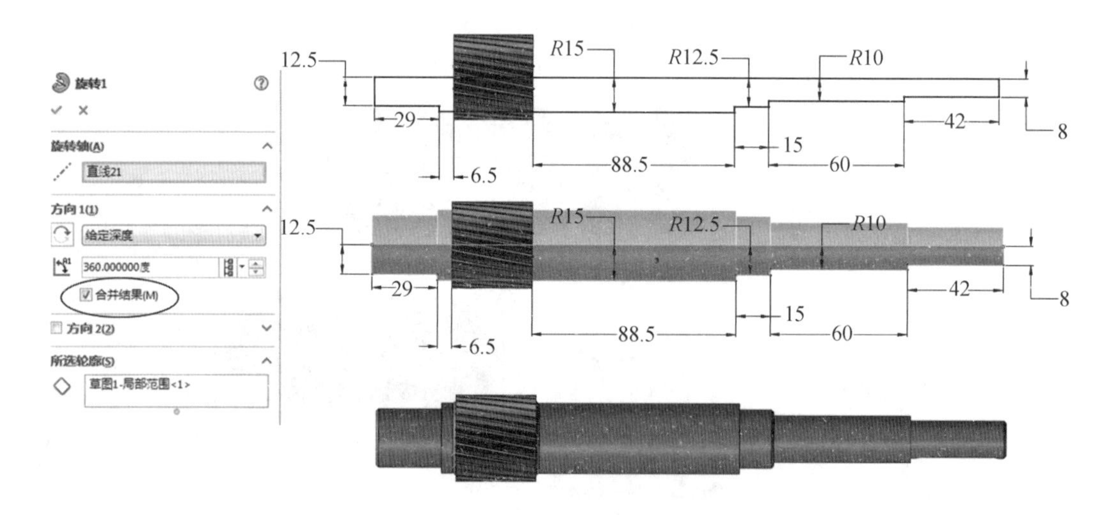

图 7.18 齿轮轴的绘制

二、装配图设计

三维设计软件中提供的装配功能是一种很方便的获得的虚拟装配手段。我们使用三维软件进行机械设计时，经常在全部零件尚未设计完成就开始装配体的安装，因此装配体的设计与零件设计很多时候是在同步进行并不断修改完善的。进行装配体设计时，要充分利用三维软件提供的设计工具和设计库,可以极大减少设计者的工作量,使设计者将更多的精力放到设计问题上而不是绘图问题上。Solidworks 提供了比较完备的标准件库,常用的 GB 标准件均可以利用设计库以参数的形式生成,因此在本设计中的全部标准件无需自行绘制。利用设计库生成的标准件应以“另存为”的方式单独命名并保存为零件进行管理,防止发生装配体引用错误。并且在装配过程中要以实际的装配方法和装配逻辑进行装配,以便发现装配工艺缺陷,及时进行修改。

(1)零部件装配。如图 7.19 所示,选择新建一个装配体文件,点击确认后左侧出现插入零件的操作栏,通过浏览可以向装配体中插入零件或装配体。此时第一插入的零件或装配体默认为固定状态,在装配体中无法移动;从第二个开始插入的零件或装配体为自由状态,在三维空间中具有 6 个自由度。

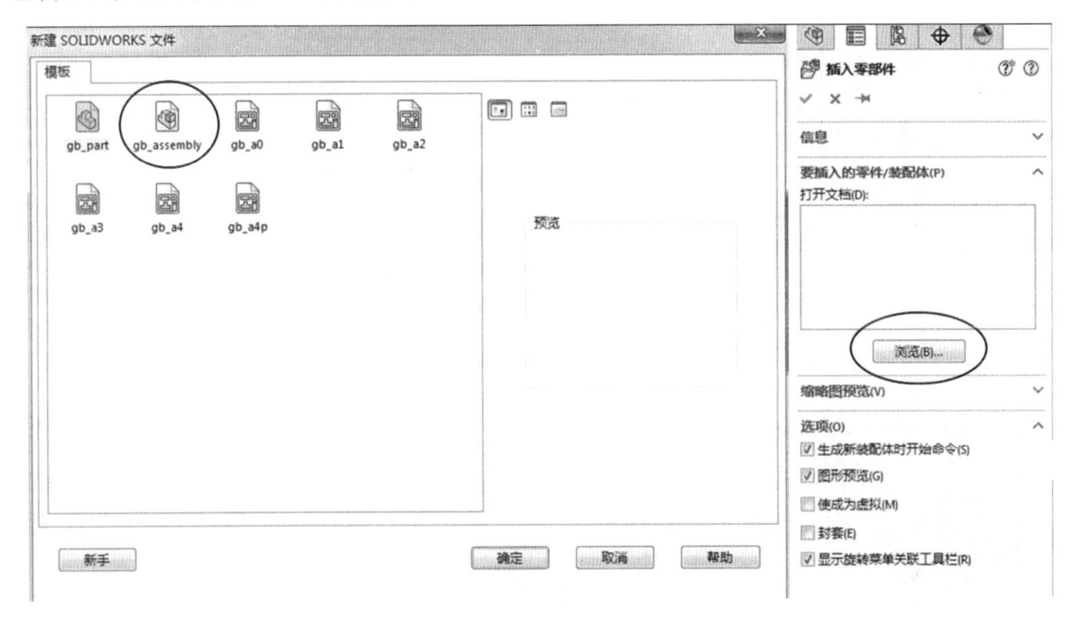

图 7.19　建立装配体文件

这些自由状态的零件通过一些约束关系与其他零件关联在一起,就可以模拟真实状态下的装配关系。点击装配图下“配合”,进入如图 7.20 所示的配合菜单,选择标准配合中的一种,再选择两个零件间需要配合的要素,这两个零件将自动按照指定的配合约束关系移动位置,我们也可以使用“移动/旋转”工具,人工移动装配图中自由度大于 0 的零件及插入的装配体。如果一个结构的零部件数量较多,为了编辑和管理方便,建议将一些部件先行装配后保存,再建立一个总装配体,向总装配体中添加部件装配体及其他零件。

例如图 7.21 中,我们首先将高速轴轴系部件、中间轴轴系部件、低速轴轴系部件分别以单独的装配体按照装配关系装好并保存。在 Solidworks 装配体中插入的装配体默认为“刚性”,即原装配体中的零件自由度不全为零,可以活动,但作为一个部件插入另一个装配体中时其零件自由度全部变为零,不可以活动。大多数时候我们希望插入的装配体仍保持原有的零件自由度，这时需要在总装配体中的零件列表找到该装配体，如图 7.22 所示，用右键点击中间轴系装配体，在弹出的菜单中点击右上角的“零部件属性”，在弹出的“零部件属性”菜单中将“求解为”选择为“柔性”，确定后中间轴系装配体中的零件自由度在总装配体中将保持原有自由度。

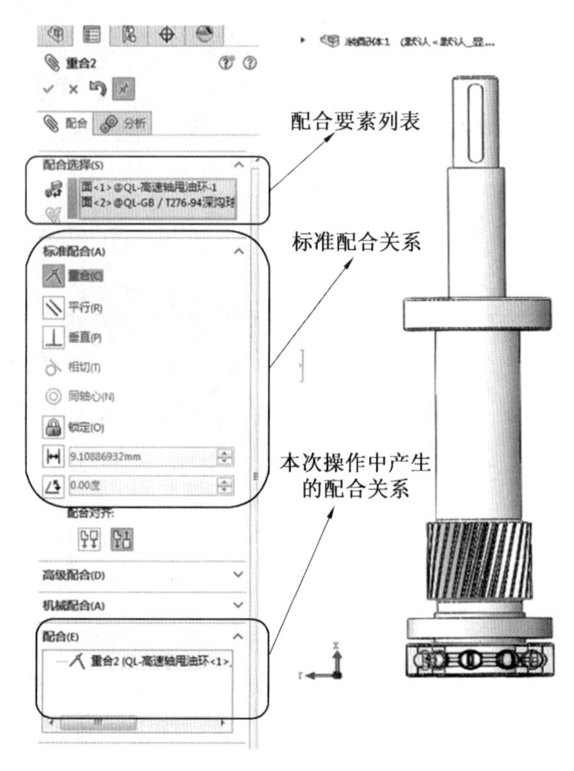

图 7.20　装配体中零件配合菜单

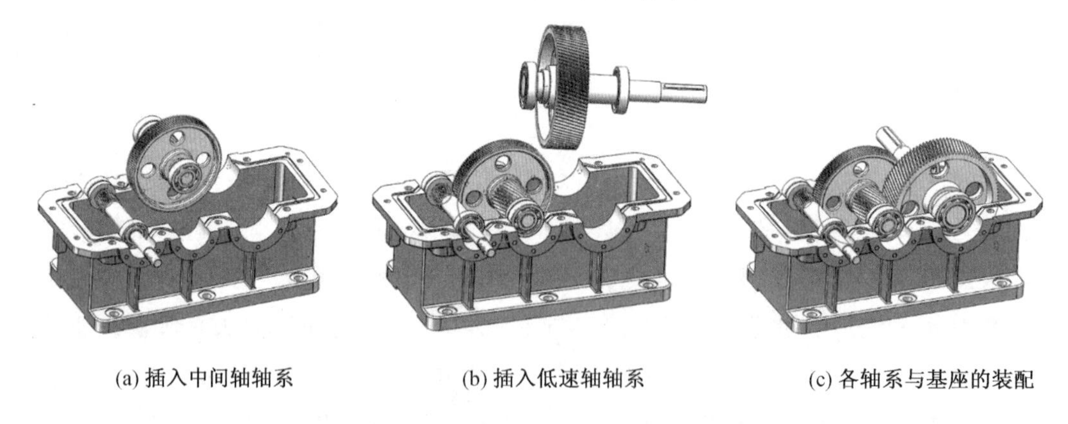

(a) 插入中间轴轴系　　(b) 插入低速轴轴系　　(c) 各轴系与基座的装配

图 7.21　以装配体形式插入轴系部件

在装配体中有大量重复的标准件装配，我们可以利用零件阵列、零件径向等操作快速完成大量具有对称布置的标准件装配。如图 7.23 所示，轴承端盖上的螺钉仅需插入一个，完成配合关系后通过圆周阵列操作可将均布螺钉全部置于装配体中的正确位置。

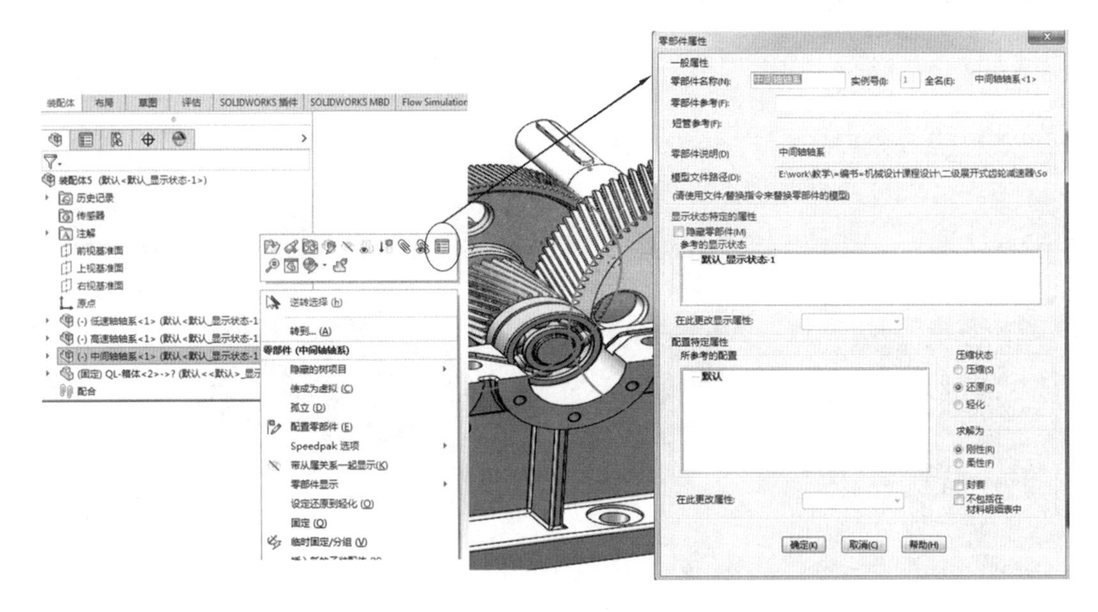

图7.22 插入的子装配体求解为柔性

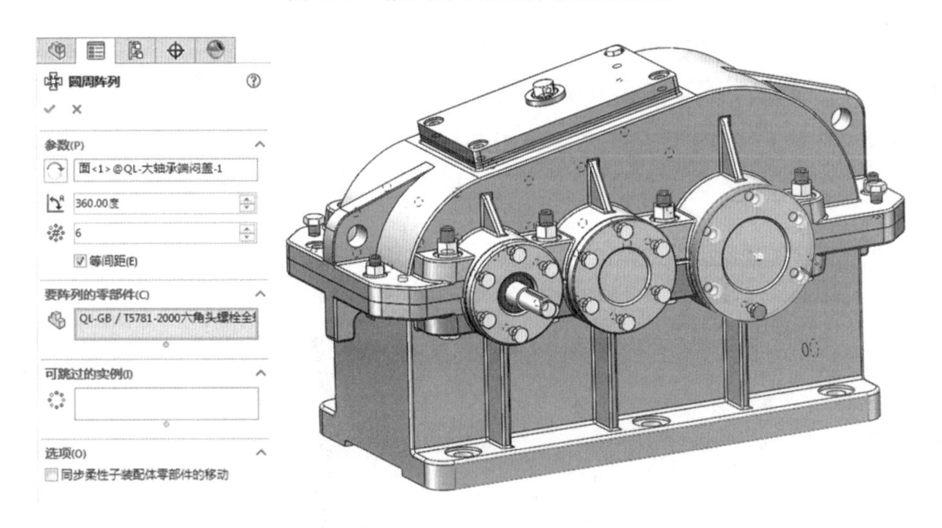

图7.23 轴承端盖的螺钉阵列

在减速器的一侧具有镜向关系的螺钉、螺栓装配完毕后，使用“零件镜向”工具，可以将所选全部零件相对镜向平面在另一侧复制全部零件。如图7.24所示，在减速器中插入垂直于各轴轴心的机盖等分参考平面，选择一侧的轴承端盖连接螺钉、轴承旁螺栓、螺母、弹垫及机盖基座凸缘连接螺栓、螺母、弹垫，以参考平面为镜像面，在减速器另一侧产生复制体。

(2)生成装配体爆炸图。爆炸图是当今的三维CAD、CAM软件中的一项重要功能。通过这个操作功能，工程技术人员可以轻松绘制立体装配示意图，不仅提高了工作效率而且还降低了工作强度。如今这项功能不仅仅应用在工业产品的装配使用说明中，而且还越来越广泛地应用到机械制造中，使加工操作人员可以对装配图一目了然，而不再像以前一样在看清楚一个装配图上花费很长的时间。

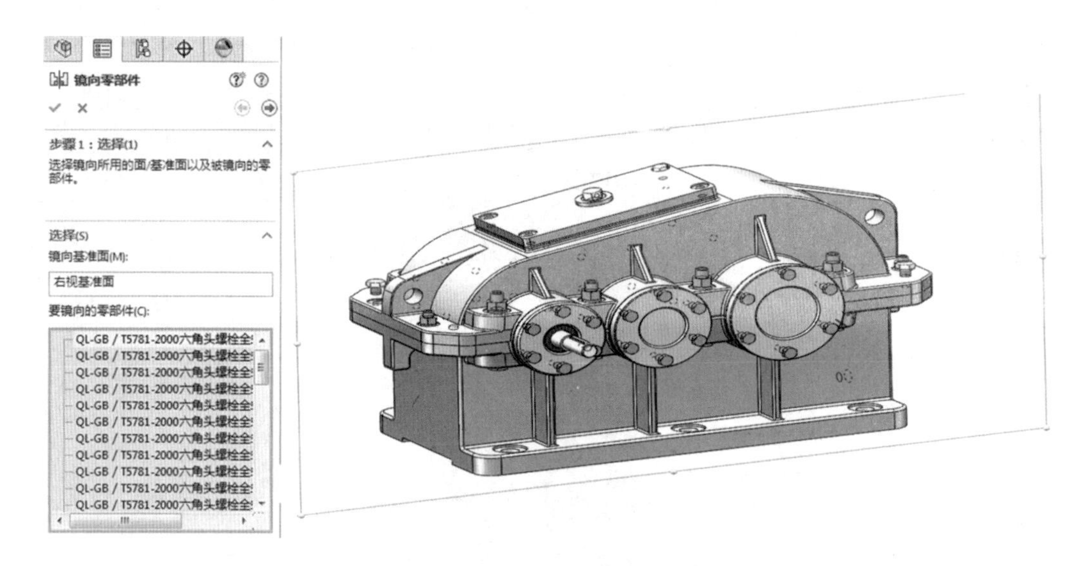

图 7.24　减速器的标准件镜向

如图 7.25 所示，在装配图中点击“爆炸图”工具，进入爆炸图设置界面，选择要移动的零件（可以同时选择多个零件），在已选择的零件区域出现的坐标箭头中选择希望零件移动的方向，在左侧参数栏中的移动距离中或角度中填入期望的数据，点击“应用”生成一个爆炸步骤。将全部零件按期望移动到指定距离和位置后完成全部步骤（图 7.26）。

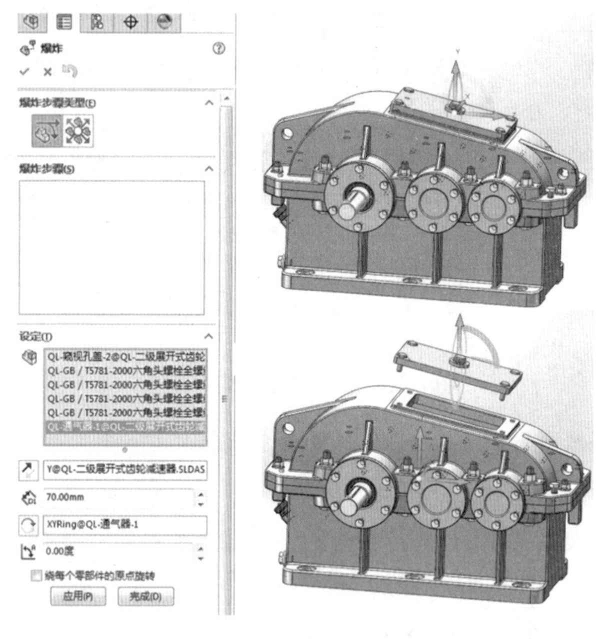

图 7.25　爆炸图步骤

三、工程图设计

默认情况下，Solidworks 系统在工程图和零件或装配体三维模型之间提供全相关的功能，无论什么时候修改零件或装配体的三维模型，所有的相关工程图将自动更新，以反映零件或装配体的形状和尺寸变化。Solidworks 自带的工程图图纸格式通常不符合任何标准，用户可以自定义符合本单位或本国的标准格式。在我国工程图应符合 GB/T 50103—2010 国家标准，设计者可以按照帮助文档及国家标准定义国标图纸格式，这里不再赘述。

图 7.26　减速器的爆炸图

如图 7.27 所示，使用选定的图纸格式建立一张工程图后，单击“标准三视图”，如果需要生成工程图的零件已经在 Solidworks 中打开，就可以在左侧文档列表中显示，直接选择后确定，在图面上将生成该零件的标准三视图，如果图纸大小选择合适，图上将以 1∶1 显示。如果该零件没有预先在 Solidworks 中打开，则需要通过“浏览”零件存储位置打开零件生成三视图。

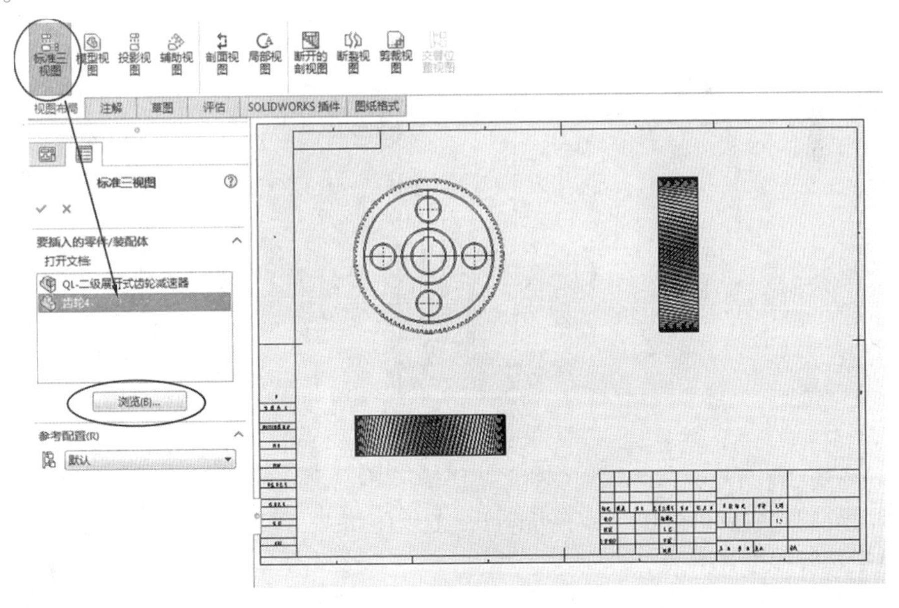

图 7.27　建立标准三视图

点击“注解”选项卡下的“智能尺寸”，就可以对工程图进行尺寸标注了，在工程图中的零件即使被缩放了比例，标注的尺寸也是与原三维零件的真实尺寸一致。每个标注的尺寸均可以根据需要添加公差。当标准的三视图不能完全表达零件结构和尺寸时,可利用“视图布局”选项卡下的剖视辅助视图、局部视图对零件表达进行补充(图 7.28 和图 7.29)。

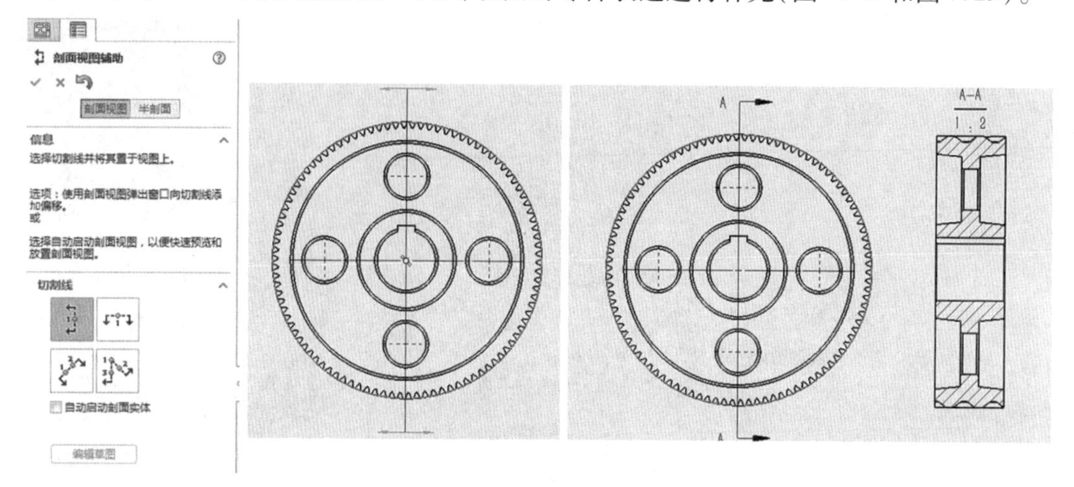

图 7.28　剖视辅助视图

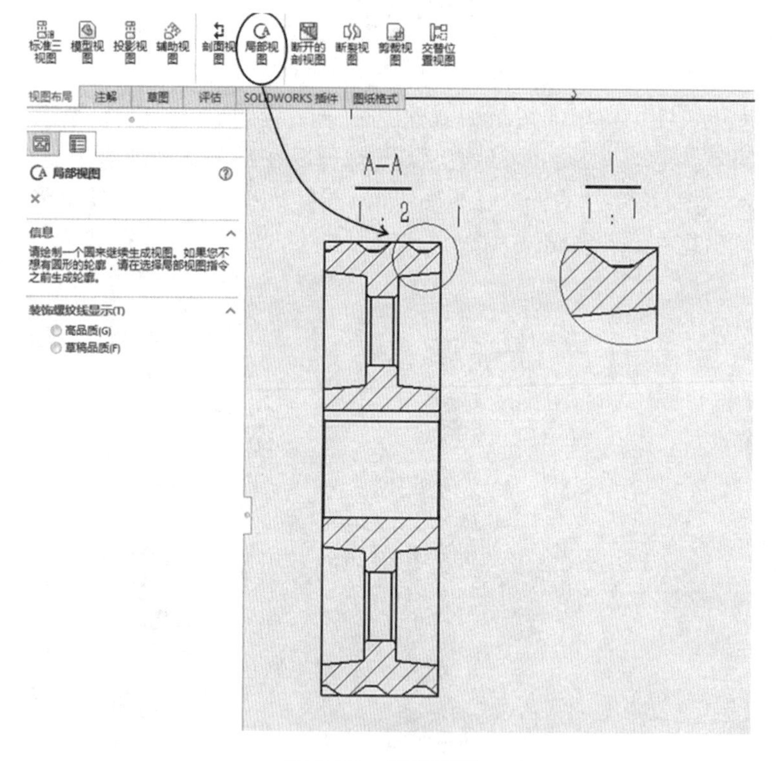

图 7.29　局部视图

工程图绘制完成后可以保存为 Solidworks 工程图格式,也可以另存为 dwg、pdf 等格式,使用其他工具软件打开图纸。

第8章 编写设计计算说明书

设计计算说明书是设计计算的整理和总结,是图纸设计的理论根据,而且是审核设计的技术文件之一。因此编写设计计算说明书是设计工作的重要组成部分。

8.1 设计计算说明书的内容

设计计算说明书的内容依设计任务而定。对于传动装置设计,内容大致包括:

目录(标题及页次);

设计任务书(示例见图8.1);

传动方案的拟定(简要说明,附方案简图);

电动机的选择和传动装置的运动、动力参数计算;

传动零件的设计计算;

轴的校核计算;

滚动轴承的选择和基本额定寿命计算;

键的选择和键连接的强度计算;

联轴器的选择;

啮合件及轴承的润滑方法、润滑剂牌号及装油量;

密封方式的选择;

减速器的附件及其说明;

参考资料(资料的编号、作者、书名、出版单位、出版年月,可参考各类参考文献的撰写规范)。

8.2 对设计计算说明书的要求和注意事项

说明书应用蓝、黑笔书写(不得用铅笔和其他彩色笔)或打印,一般用16开纸并加上统一印制的封面装订成册,封面的参考格式如图8.2所示。要求计算正确,论述清楚,文字精练,插图简明,书写工整。

(1) 计算部分的书写,首先列出用文字符号表达的计算公式,接着将公式中各文字符号的数值代入(不作任何运算和简化),最后写出计算结果(标明单位,注意单位要统一,写法应一致,即全用汉字或全用符号,不要混用)。

(2) 对引用的计算公式和数据应注明来源——参考资料的编号和页次。

(3) 对计算结果应有简短的结论。例如,强度计算中应力计算的结论:“低于许用应力”或“在规定范围之内”等,也可以用不等式表示。如果计算结果与实际所取之值相差较大,例如,轴的计算应力远远小于许用应力,则应加以简要的说明。

(4) 为了清楚说明计算内容,应附有必要的插图。例如,传动方案简图、轴的结构简图、计算简图、受力图、弯矩图、转矩图等,计算简图、受力图、弯矩图和转矩图等要画在同一页纸上,而且位置要相互对应,以便确定危险截面。全部计算中使用的脚注和符号必须前后一致,不要混乱。

(5) 对自成单元的内容都应有大、小标题,使其醒目突出。

(6) 只需写出最后的正确设计结果,不需写出修改过程,结构设计过程也不需赘述。

(校　　名)

机械设计课程设计任务书

设计题目　带式运输机传动装置

设计数据及要求

$F=2\ 000$ N;$d=200$ mm;$v=1.1$ m/s;$n=$　　r/min;

$T=$　　N·m;$B=$　　mm;z=　　;p=　　mm;

机器的年产量:　大批　;机器的工作环境:　清洁　;

机器的载荷特性:　平稳　;机器的最短工作年限:　五年一班　;

其他设计要求:

传动装置简图

本设计采用传动方案　Ⅳ　工作机　①　。

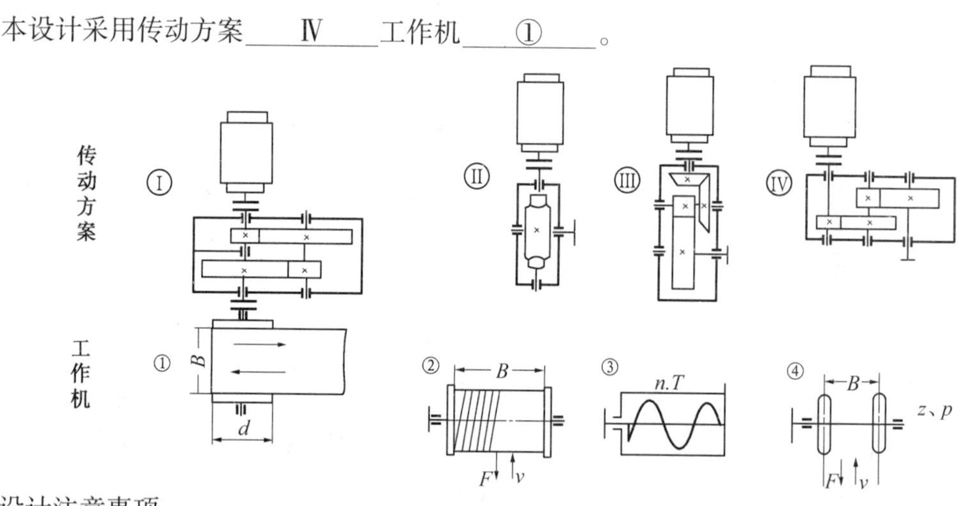

设计注意事项:

1. 设计由相当 A0 图纸 2.5 张及计算说明书 1 份组成。
2. 设计必须按照进度计划(由指导教师拟订)按期完成。
3. 设计图纸及计算说明书必须经指导教师审查签字后,方能参加设计答辩。

完成期限2002 年11 月20 日　答辩日期2002 年11 月21 日

设计指导教师　方明

图 8.1　机械设计课程设计任务书

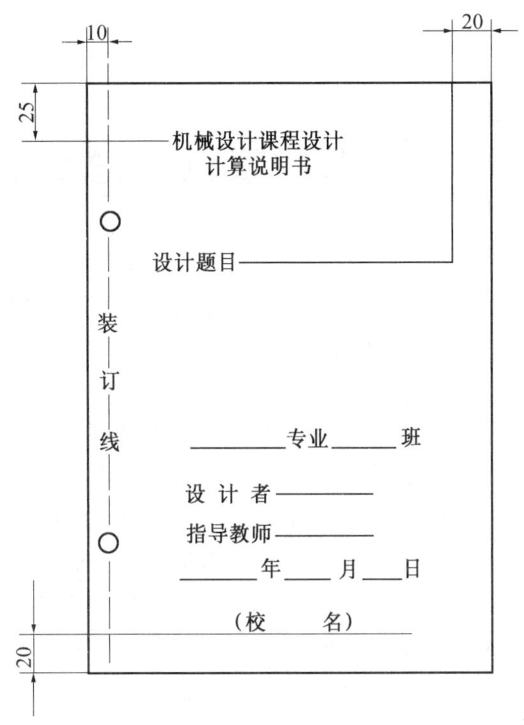

图8.2　机械设计课程设计计算说明书封面格式

8.3　书写格式举例

六、键的选择和键连接的强度计算

1. 选择A型普通平键

键剖面尺寸 $b\times h$ 按轴径 $d=30$ mm 选取为10×8，键长 L 由轮毂长度初选为键10×50，键的材料为45。

2. 键连接的挤压强度计算[5]

查参考文献[1]的表6.1，静连接，轻微冲击，轴、毂及键的材料均为钢，许用挤压应力为

$$[\sigma_p]=100\sim120\ \text{MPa}$$

而

$$\sigma_p=\frac{2T\times10^3}{k\,l\,d}\ \text{MPa}$$

式中

$$T=77.08\ \text{N}\cdot\text{m}$$

$$k=0.4\,h=0.4\times8=3.2\ \text{mm}$$

$$l=L-b=50-10=40\ \text{mm}$$

$$d=30\ \text{mm}$$

所以

$$\sigma_p=\frac{2\times77.08\times10^3}{3.2\times40\times30}=40\ \text{MPa}<[\sigma_p]$$

故键连接的强度足够。

注：[5]是所参考的文献编号。（说明书不写这个注）

第9章 课程设计的总结和答辩

在完成全部图纸的设计和设计计算说明书的编写之后，应对这次课程设计进行系统的总结，并准备参加课程设计的答辩，对设计作一次全面的考核与评价。

总结应从方案分析、强度计算、结构设计和加工工艺等各个方面，分析所做设计的优缺点及应改进的方面。通过总结，进一步掌握机械设计的一般方法和步骤，它是从装配图到零件图的设计过程，计算和绘图交错进行的过程，综合考虑强度、刚度、结构、工艺、标准及规范的过程。通过总结，会大大提高分析与解决工程实际设计问题的能力。

答辩是课程设计中不可缺少的教学环节。答辩中所提的问题主要有设计方法、设计步骤、计算原理、结构设计、制造工艺、数据的处理和查取、视图的表达、机械制图国家标准的执行和应用、尺寸公差配合的选择与标注、材料和热处理规范的选择等方面。

通过个人的系统总结和答辩，可使学生进一步发现设计计算和图纸中存在的问题，进一步搞清尚未弄懂的、不甚理解的或未曾考虑到的问题，从而取得更大的收获，完满地达到课程设计的目的与要求。

答辩之前，所有设计图纸和设计计算说明书必须经指导教师审查和签字。答辩后，应将设计图纸和设计计算说明装入档案袋中，以备归档。档案袋封面参考格式如图9.1所示。

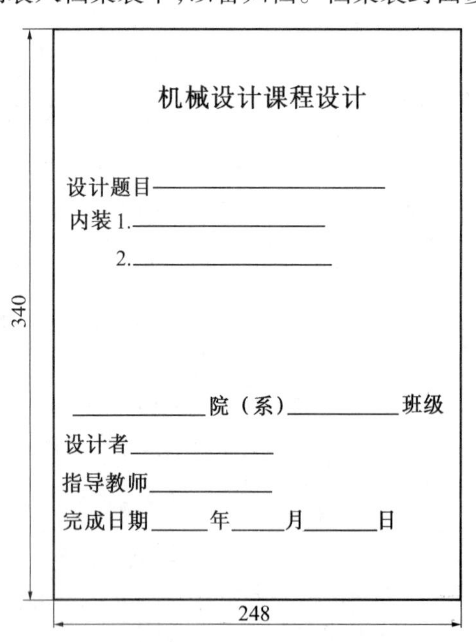

机械设计课程设计

设计题目＿＿＿＿＿＿＿＿

内装 1.＿＿＿＿＿＿＿＿

2.＿＿＿＿＿＿＿＿

＿＿＿＿院（系）＿＿＿＿班级

设计者＿＿＿＿＿＿

指导教师＿＿＿＿＿＿

完成日期＿＿＿年＿＿＿月＿＿＿日

图9.1　档案袋封面

下面给出有关这次课程设计内容的某些思考题，以供同学们总结、复习和准备答辩。

思 考 题

(1) 根据减速器的设计过程,简述一般机械的设计过程。

(2) 试述你在减速器设计中,在哪些方面考虑了设计任务书中给出的“设计数据与要求”。

(3) 试述齿轮传动(或蜗杆传动)的特点。

(4) 你所设计的齿轮减速器的模数 m 和齿数 Z_1 是如何确定的? 为什么低速级齿轮的模数 m_2 大于高速级齿轮的模数 m_1?

(5) 在蜗杆传动设计中如何选择蜗杆的头数 Z_1? 为什么蜗轮的齿数 Z_2 不应小于 Z_{2min},最好不大于80?

(6) 你所设计的传动件哪些参数是标准的? 哪些参数应该圆整? 哪些参数不应该圆整? 为什么?

(7) 试述你所设计的齿轮传动(或蜗杆传动)的主要失效形式及其设计准则。

(8) 在什么情况下做成齿轮轴? 在什么情况下齿轮与轴分开? 你所设计的齿轮轮齿是如何加工的?

(9) 你所设计的齿轮传动中心距是如何圆整的? 还有几种圆整方法?

(10) 试述获得软(或硬)齿面齿轮的热处理方式及软(或硬)齿面闭式齿轮传动的设计准则。

(11) 如何确定轮齿宽度 b? 为什么通常大、小齿轮的宽度不同,且 $b_1>b_2$?

(12) 试述你所设计的蜗杆、蜗轮的材料是如何选择的? 在强度计算中许用接触应力 $[\sigma]_H$ 是如何确定的?

(13) 试述蜗轮的结构形式? 你所设计的蜗轮的轮缘、轮毂和轮辐部分结构尺寸是如何确定的?

(14) 举例说明传动件啮合点受力方向如何确定? 并说明传动件上的力是如何传递到箱体上的?

(15) 在你设计的减速器中传动件是怎样润滑的? 油面如何确定? 轴承是怎样润滑的? 为保证轴承的润滑,在结构设计上要考虑哪些问题?

(16) 你所设计的传动件选用什么材料? 选择依据是什么? 采用哪种热处理方式? 为什么?

(17) 试述尺寸大小、生产批量对选择齿轮(或蜗轮)结构形式的影响,并简述这些结构各自的特点。

(18) 螺栓组连接的典型受力情况有哪几种? 你所设计的减速器地脚螺栓组连接受哪几种力的作用? 你所设计的减速器地脚螺栓的直径是如何确定的? 为什么?

(19) 简述螺栓连接的防松方法。在你的设计中采用了哪些防松方法?

(20) 你设计的大齿轮(或蜗轮)的毛坯是如何加工出来的? 为什么选用这类毛坯?

(21) 在齿轮传动设计时,如何选择齿宽系数 ϕ_d(或 ϕ_a、ϕ_m、ϕ_R)?

(22) 在蜗杆传动设计时如何选择蜗杆的头数 Z_1? 在蜗杆传动中为什么要对应于每个模数 m 规定一定的蜗杆分度圆直径 d_1?

(23) 影响齿轮齿面接触疲劳强度的主要几何参数是什么? 为什么? 影响齿根弯曲疲

劳强度的主要几何参数是什么？为什么？

（24）为什么转轴多设计成阶梯轴？以减速器中输入轴为例，说明各段直径和长度如何确定？

（25）试述转轴的设计步骤与设计特点？

（26）为什么转轴设计通常分为：初算轴的最小直径、结构设计与精确计算三步？你是怎样最后确定输入轴和输出轴的最小直径的？

（27）按照受载情况轴分哪几类？你设计的减速器中各轴属于哪类？举例说明轴工作时某截面上存在哪种应力？

（28）以输出轴为例，说明轴与轴上零件采用什么样的配合？轴上零件是怎样定位与固定的？

（29）单向受载与双向受载，对于减速器的轴和传动件的强度计算有何影响？

（30）以你所设计的减速器中输出轴为例，说明设计轴的结构时要考虑哪些问题？

（31）轴承在轴上如何安装和拆卸？为便于轴承的装拆，在设计轴的结构时要考虑哪些问题？

（32）轴上键槽的长度和位置如何确定？你所设计的轴及轮毂上的键槽是如何加工的？

（33）设计轴时，对轴肩（或轴环）高度及圆角半径有什么要求？为什么？

（34）轴上中心孔的功用是什么？如何选择和标注？

（35）轴、毂连接有哪些类型？你所设计的减速器中的轴与传动件轮毂间采用了哪种连接？

（36）平键的工作面是什么？普通平键连接的主要失效形式是什么？平键的剖面尺寸 $b \times h$ 如何确定？键长 L 如何确定？

（37）轴承部件支承结构形式有哪几种？你在设计中采用了哪种支承结构形式？为什么采用这种支承结构？

（38）在蜗杆轴轴承部件设计中，采用“两端固定式”和“一端固定、一端游动式”支承结构的条件有何不同？在结构设计上有何不同？

（39）你在轴承部件设计中，如何保证轴既不产生轴向窜动，又不因发热而卡死轴承？

（40）为什么在轴承部件设计时要留有轴向游隙？轴向游隙如何确定？你如何保证在装配图中提出的轴向游隙值？

（41）在二级圆柱齿轮减速器中，如其中一级采用斜齿轮，那么它应该放在高速级还是低速级？为什么？如果二级均采用斜齿轮，那么中间轴上两齿轮的轮齿旋向应如何确定？为什么？

（42）你所设计的齿轮选用什么材料？为什么软齿面齿轮的大、小齿轮齿面硬度要有个硬度差？如何保证这个硬度差？

（43）蜗杆传动的正确啮合条件是什么？在设计蜗杆传动时，取哪个截面上的参数和尺寸作为计算基准？

（44）为什么闭式蜗杆传动要进行热平衡计算？若温升过大，则应采取哪些措施使温升降下来？

（45）蜗轮轴上滚动轴承的润滑方式有几种？你所设计的减速器上采用了哪种？蜗杆轴上滚动轴承是怎样润滑的？蜗杆轴上装挡油板的目的是什么？

（46）说明你所选择的轴承类型和型号，其选择依据是什么？

（47）何谓滚动轴承的额定动载荷，当量动载荷？滚动轴承的额定寿命 L_h 如何计算？若 $L_h \geqslant L_{h使用}$ 时该怎么办？

（48）传动件浸油深度如何确定？如何测量？

（49）试述你所设计的蜗杆减速器的机体外形尺寸是如何确定的？

（50）整体式蜗杆减速器有何特点？设计其机体时要注意哪些问题？

（51）设计铸造机体时，如何考虑减少加工面？

（52）你在设计中采取了哪些措施来保证机体的刚度和机体的密封？

（53）如何加强轴承座和机体的刚度？机体上轴承座孔如何加工？

（54）机体上螺栓孔、沉头座孔如何加工？为什么要加工出沉头座孔？

（55）为了保证轴承的润滑与密封，你在减速器结构设计中采取了哪些措施？

（56）你在设计中是如何考虑机体的结构工艺性的？举例说明之。

（57）试述你所设计的减速器外形尺寸是如何确定的？

（58）试述你所设计减速器中高速级小齿轮与机体内壁的径向间距尺寸是如何确定的？

（59）你在设计铸造机体时考虑了哪些问题？若采用焊接机体，应考虑哪些问题？

（60）为什么减速器机体壁厚 δ 的大小与传动中心距 a 有关？为什么铸造机体壁厚 $\delta \geqslant 8$ mm？

（61）在设计机体时如何确定其中心高 H？如何确定剖分面凸缘和机座凸缘的宽度和厚度？为什么？为什么机盖与机座凸缘结合面上不能加垫片？

（62）设计轴承座孔附近的连接螺栓凸台结构时，要考虑哪些问题？

（63）减速器机盖与机座凸缘连接处的定位销的作用是什么？销孔的位置如何确定？如何加工？在何时加工？

（64）密封的作用是什么？伸出轴与透盖之间的密封件有哪几种？各有何特点？你在设计中选择了哪几种密封件？选择的依据是什么？如选用橡胶密封圈，其唇向如何确定？

（65）轴承端盖起什么作用？有哪些形式？各有什么特点？轴承端盖各部分尺寸如何确定？

（66）密封的作用是什么？你设计的减速器哪些部位需要密封？你采取了什么措施来保证密封？

（67）在布置减速器机盖、机座连接螺栓、定位销、油标、吊耳的位置时，应考虑哪些问题？

（68）在你设计的减速器中，轴承内圈与轴、外圈与座孔采用的是什么配合？为什么？如何标注？

（69）试述你所设计减速器的低速轴上零件的拆装顺序，并说明其对轴的结构设计的影响？

（70）在你设计的减速器中哪些部分需调整？如何调整？

（71）为什么蜗杆传动效率比齿轮传动低？蜗杆传动的效率包括几部分？

（72）在装配图的技术要求中，为什么要对传动件提出接触斑点的要求？如何检验？

（73）在装配图的技术要求中，为什么要对传动件提出侧隙要求？齿侧间隙应如何保证？如何检验？

（74）试根据工作机的工作要求，再拟定出两个传动方案，并分析其特点。

（75）调整垫片的作用是什么？它的材料为什么多采用08F？当采用嵌入式轴承端盖时，轴承的轴向游隙如何调整？

（76）你设计的减速器上有哪些附件？它们各自的功用是什么？

（77）试述油标的用途、种类、安装位置的确定及如何测量油面高度？

（78）放油螺塞的作用是什么？放油孔应开在机体的哪个部位？放油孔凸台采用什么形状较好？

（79）通气器的作用是什么？应安装在机体的哪个部位？通气器有哪几种类型？各有什么特点？各适用于什么场合？

（80）启盖螺钉的作用是什么？吊环螺钉（或吊耳）及吊钩的作用是什么？它们的主要几何尺寸如何确定？

第二篇　机械设计常用标准、规范和其他设计资料

第10章　常用数据及一般标准与规范

10.1　机械传动效率概略值和传动比范围

表10.1　机械传动和摩擦副效率概略值

种类		效率 η	种类		效率 η
圆柱齿轮传动	很好跑合的6级精度和7级精度齿轮传动(油润滑)	0.98~0.99	带传动	平带无张紧轮的传动	0.98
	8级精度的一般齿轮传动(油润滑)	0.97		平带有张紧轮的传动	0.97
	9级精度的齿轮传动(油润滑)	0.96		平带交叉传动	0.90
	加工齿的开式齿轮传动(脂润滑)	0.94~0.96		V带传动	0.95
	铸造齿的开式齿轮传动	0.90~0.93		同步带传动	0.96~0.98
圆锥齿轮传动	很好跑合的6级和7级精度的齿轮传动(油润滑)	0.97~0.98	链传动	片式销轴链	0.95
	8级精度的一般齿轮传动(油润滑)	0.94~0.97		滚子链	0.96
	加工齿的开式齿轮传动(脂润滑)	0.92~0.95		齿形链	0.98
	铸造齿的开式齿轮传动	0.88~0.92	滑动轴承	润滑不良	0.94(一对)
蜗杆传动	自锁蜗杆(油润滑)	0.40~0.45		润滑正常	0.97(一对)
	单头蜗杆(油润滑)	0.70~0.75		润滑很好(压力润滑)	0.98(一对)
	双头蜗杆(油润滑)	0.75~0.82		液体摩擦润滑	0.99(一对)
	三头和四头蜗杆(油润滑)	0.80~0.92	滚动轴承	球轴承	0.99(一对)
联轴器	有弹性元件的挠性联轴器	0.99~0.995		滚子轴承	0.98(一对)
	十字滑块联轴器	0.97~0.99	丝杠传动	滑动丝杠	0.30~0.60
	齿轮联轴器	0.99		滚动丝杠	0.85~0.95
	万向联轴器($\alpha>3^{\circ}$)	0.95~0.97		卷筒	0.94~0.97
	万向联轴器($\alpha\leq3^{\circ}$)	0.97~0.98		飞溅润滑和密封摩擦	0.95~0.99

表 10.2 各类机械传动的传动比

传动类型	传动比		传动类型	传动比	
	一般范围	最大值		一般范围	最大值
平带传动	2~3	≤5	锥齿轮传动:	参考下面二种情况	参考下面二种情况
V 带传动	2~4	≤7	1. 开式传动	2~4	≤8
同步带传动		≤10	2. 单级减速器	2~3	≤6
圆柱齿轮传动:	参考下面三种情况	参考下面三种情况	蜗杆传动:	参考下面三种情况	参考下面三种情况
1. 开式传动	3~7	≤15~20	1. 开式传动	15~60	≤120
2. 单级减速器	3~6	≤12.5	2. 单级减速器	10~40	≤80
3. 两级减速器	8~40	≤60	3. 两级减速器	70~800	≤3 600
一级 NGW 行星齿轮减速器	3~9	≤13.7	滚子链传动	2~6	≤8
两级 NGW 行星齿轮减速器	10~60	≤150	摩擦轮传动	2~4	≤8
圆锥-圆柱齿轮减速器	10~25	≤40			

10.2 一般标准

一、优先数系和标准尺寸

表 10.3 优先数系的基本系列(GB/T 321—2005)

基本系列(常用值)				基本系列(常用值)				基本系列(常用值)			
R5	R10	R20	R40	R5	R10	R20	R40	R5	R10	R20	R40
1.00	1.00	1.00	1.00			2.24	2.24		5.00	5.00	5.00
			1.06				2.36				5.30
		1.12	1.12	2.50	2.50	2.50	2.50			5.60	5.60
			1.18				2.65				6.00
	1.25	1.25	1.25			2.80	2.80	6.30	6.30	6.30	6.30
			1.32				3.00				6.70
		1.40	1.40		3.15	3.15	3.15			7.10	7.10
			1.50				3.35				7.50
1.60	1.60	1.60	1.60			3.55	3.55		8.00	8.00	8.00
			1.70				3.75				8.50
		1.80	1.80	4.00	4.00	4.00	4.00			9.00	9.00
			1.90				4.25				9.50
	2.00	2.00	2.00			4.50	4.50	10.00	10.00	10.00	10.00
			2.12				4.75				

表10.4　标准尺寸(GB/T 2822—2005)　　mm

R系列			R_a系列			R系列			R_a系列		
R10	R20	R40	R_a10	R_a20	R_a40	R10	R20	R40	R_a10	R_a20	R_a40
1.00	1.00		1.0	1.0		63.0	63.0	63.0	63	63	63
	1.12			**1.1**			67.0			67	
1.25	1.25		**1.2**	**1.2**			71.0	71.0		71	71
	1.40			1.4				75.0			75
1.60	1.60		1.6	1.6		80.0	80.0	80.0	80	80	80
	1.80			1.8			85.0			85	
2.00	2.00		2.0	2.0			90.0	90.0		90	90
	2.24			**2.2**				95.0			95
2.50	2.50		2.5	2.5		100.0	100.0	100.0	100	100	100
	2.80			2.8				106			**105**
3.15	3.15		**3.0**	**3.0**			112	112		**110**	**110**
	3.55			**3.5**				118			**120**
4.00	4.00		4.0	4.0		125	125	125	125	125	125
	4.50			4.5				132			**130**
5.00	5.00		5.0	5.0			140	140		140	140
6.30	5.60		**6.0**	**5.5**				150			150
	6.30			**6.0**		160	160	160	160	160	160
	7.10			**7.0**				170			170
8.00	8.00		8.0	8.0			180	180		180	180
	9.00			9.0				190			190
10.00	10.00		10.0	10.0		200	200	200	200	200	200
	11.2			**11**				212			210
12.5	12.5	12.5	**12**	**12**	**12**		**224**	**224**		**220**	**220**
		13.2			**13**			23			**240**
	14.0	14.0		14	14	250	250	250	250	250	250
		15.0			15			265			**260**
16.0	16.0	16.0	16	16	16		280	280		280	280
		17.0			17			300			300
	18.0	18.0		18	18	315	315	315	**320**	**320**	320
		19.0			19			335			**340**
20.0	20.0	20.0	20	20	20		355	355		360	**360**
		21.2			**21**			375			**380**
	22.4	22.4		**22**	**22**	400	400	400	400	400	400
		23.6			**24**			425			**420**
25.0	25.0	25.0	25	25	25		450	450		450	450
		26.5			**26**			475			**480**
	28.0	28.0		28	28	500	500	500	500	500	500
		30.0			30			530			530
31.5	31.5	31.5	**32**	**32**	**32**			560	560		560
		33.5			**34**			600			600
	35.5	35.5		**36**	**36**	630	630	630	630	630	630
		37.5			**38**			670			670
40.0	40.0	40.0	40	40	40		710	710		710	710
		42.5			**42**			750			750
	45.0	45.0		45	45	800	800	800	800	800	800
		47.5			**48**			850			850
50.0	50.0	50.0	50	50	50		900	900		900	900
		53.0			53			950			950
	56.0	56.0		56	56	1 000	1 000	1 000	1 000	1 000	1 000
		60.0			60						

注:① R_a系列中的黑体字,为R系列相应各项优先的化整值。

② 选择尺寸时,优先选用R系列,按R10、R20、R40的顺序;如必须将数值圆整,可选择相应的R_a系列,按R_a10、R_a20、R_a40顺序选用。

③ GB/T 2822—2005“标准尺寸”中规定0.01～20 000 mm范围内机械制造业中常用的标准尺寸(直径、长度、高度等)系列,适用于有互换或系列化要求的主要尺寸(如安装、连接尺寸,有公差要求的配合尺寸,决定产品系列的公称尺寸等)。其他结构尺寸也应尽量采用。

二、锥度与锥角系列

表 10.5 锥度与锥角系列(GB/T 157—2001)

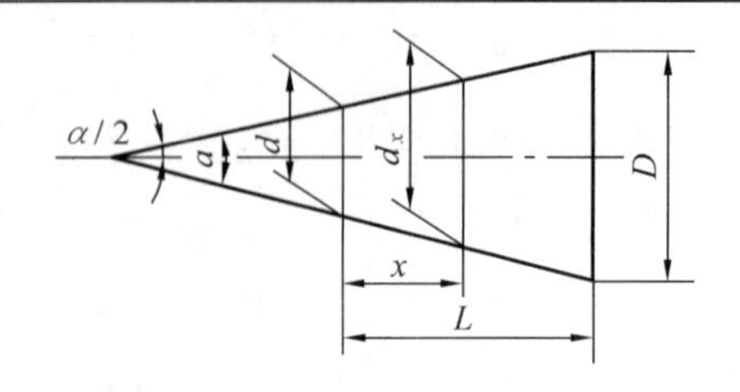

锥度 $C=\frac{D-d}{L}=2\tan\frac{\alpha}{2}$

(锥度一般用比例或分式表示)

一般用途圆锥的锥度与锥角

基本值		推算值			应用举例
系列 1	系列 2	圆锥角 α		锥度 C	
120°		—	—	1 : 0.288 675	螺纹孔的内倒角,填料盒内填料的锥度
90°		—	—	1 : 0.500 000	沉头螺钉头,螺纹倒角,轴的倒角
	75°	—	—	1 : 0.651 613	车床顶尖,中心孔
60°		—	—	1 : 0.866 025	车床顶尖,中心孔
45°		—	—	1 : 1.207 107	轻型螺旋管接口的锥形密合
30°		—	—	1 : 1.866 025	摩擦离合器
1 : 3		18°55′28.7″	18.924 644°	—	有极限扭矩的摩擦圆锥离合器
	1 : 4	14°15′0.1″	14.250 033°	—	
1 : 5		11°25′16.3″	11.421 186°	—	易拆机件的锥形连接,锥形摩擦离合器
	1 : 6	9°31′38.2″	9.522 783°	—	
	1 : 7	8°10′16.4″	8.171 234°	—	重型机床顶尖、旋塞
	1 : 8	7°9′9.6″	7.152 669°	—	联轴器和轴的圆锥面连接

三、中心孔

表 10.6 标准中心孔在图样上标注(摘自 GB/T 4459.5—1999)

说明	标注示例	说明	标注示例
在完工零件上要求保留中心孔	B 2 /6.3 B型 D D_1	轴两端中心孔相同	2-B 2 /6 两端中心孔 B型 D D_1
在完工零件上可以保留中心孔	A4/8.5	需指明中心孔的标准代号	B4 GB/T 145—1999
在完工零件上不允许保留中心孔	A2/4.25	以中心孔轴线为基准	B1 D Ra 0.8

表10.7 中心孔(摘自 GB/T 145—2001)

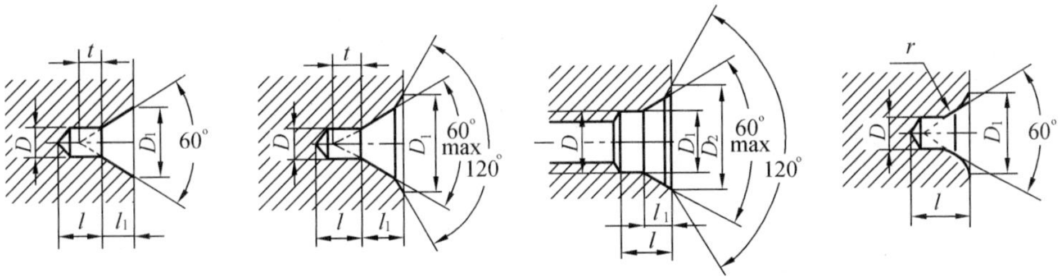

不带护锥
A 型

带护锥
B 型

带螺纹
C 型

R 型

mm

D	A 型	(0.50)	(0.63)	(0.80)	1.00	(1.25)	1.60	2.00	2.50	3.15	4.00	(5.00)	6.30	(8.00)	10.00
	B 型														
	R 型														
	C 型	M3	M4	M5	M6	M8	M10	M12	M16	M20	M24				
D_1	A 型	1.06	1.32	1.70	2.12	2.65	3.35	4.25	5.30	6.70	8.50	10.6	13.20	17.00	21.20
	R 型														
	B 型				3.15	4.00	5.00	6.30	8.00	10.00	12.50	16.00	18.00	22.40	28.00
	C 型	3.2	4.3	5.3	6.4	8.4	10.5	13.0	17.0	21.0	25.0				
l_1(参考)	A 型	0.48	0.60	0.78	0.97	1.21	1.52	1.95	2.42	3.07	3.90	4.85	5.98	7.79	9.70
	B 型				1.27	1.60	1.99	2.54	3.20	4.03	5.05	6.41	7.36	9.36	11.66
	C 型	1.8	2.1	2.4	2.8	3.3	3.8	4.4	5.2	6.4	8.0				
t	A 型	0.5	0.6	0.7	0.9	1.1	1.4	1.8	2.2	2.8	3.5	4.4	5.5	7.0	8.7
	B 型														
D_2	C 型	5.8	7.4	8.8	10.5	13.2	16.3	19.8	25.3	31.3	38.0				
l	C 型	2.6	3.2	4.0	5.0	6.0	7.5	9.5	12.0	15.0	18.0				
l_{min}	R 型				2.3	2.8	3.5	4.4	5.5	7.0	8.9	11.2	14.0	17.9	22.5
r max	R 型				3.15	4.00	5.00	6.30	8.00	10.00	12.50	16.00	20.00	25.00	31.50
r min		min			2.50	3.15	4.00	5.00	6.30	8.00	10.00	12.50	16.00	20.00	25.00
选择中心孔的参考数据	轴状原料最大直径 D_C	—						>10 ~ 18	>18 ~ 30	>30 ~ 50	>50 ~ 80	>80 ~ 120	>120 ~ 180	>180 ~ 200	>200 ~ 220
	原料端部最小直径 D_0	—						8	10	12	15	20	25	30	35
	零件最大质量/kg	—						120	200	500	800	1000	1500	2000	2500

注:① A 型和 B 型中心孔的尺寸 l 取决于中心孔的长度,此值不应小于 t 值。

② 括号内的尺寸尽量不采用。

③ 不要求保留中心孔的零件采用 A 型;要求保留中心孔的零件采用 B 型。

四、零件倒圆与倒角

表 10.8　零件倒圆与倒角(GB/T 6403.4—2008)

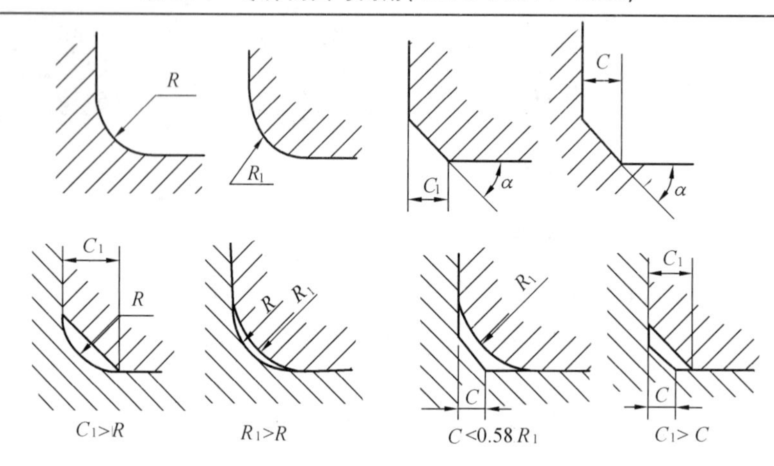

mm

直径 D	大于	6	10	18	30	50	80	120
	至	10	18	30	50	80	120	180
R 及 C		0.5	0.8	1.0	1.6	2.0	2.5	3.0
R_1 或 C_1		0.8	1.2	1.6	2.0	2.5	3	4.0

注:① 与滚动轴承相配合的轴及轴承座孔的圆角半径按轴承安装尺寸 r_g 定。

② α 一般采用45°,也可以采用30°或60°。

③ R_1 及 C_1 数值不属于 GB/T 6403.4—1986,仅供参考。

五、砂轮越程槽,插齿退刀槽及刨削、插削越程槽

表 10.9　砂轮越程槽(摘自 GB/T 6403.5—2008)　mm

磨外圆　磨内圆　磨外端面

磨内端面　磨外圆及端面　磨内圆及端面

磨回转面及端面

b_1	0.6	1.0	1.6	2.0	3.0	4.0	5.0	8.0	10
b_2	2.0	3.0		4.0		5.0		8.0	10
h	0.1	0.2		0.3	0.4		0.6	0.8	1.2
r	0.2	0.5		0.8	1.0		1.6	2.0	3.0
d	≈10			>10 ~50		>50 ~100		>100	

注:① 越程槽内二直线相交处,不允许产生尖角;

② 越程槽深度 h 与圆弧 r,要满足 $r \leqslant 3h$

续表 10.9

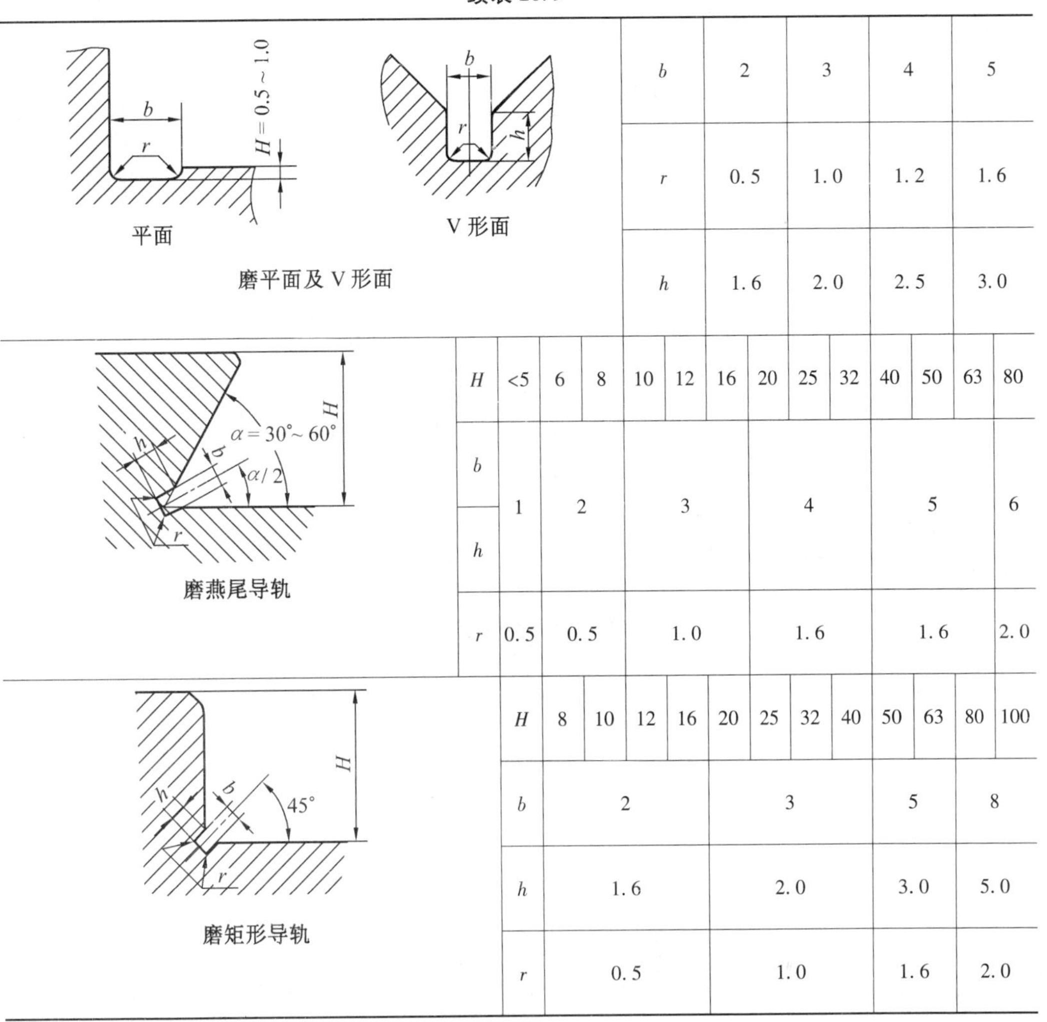

磨平面及 V 形面

b	2	3	4	5
r	0.5	1.0	1.2	1.6
h	1.6	2.0	2.5	3.0

磨燕尾导轨

H	<5	6	8	10	12	16	20	25	32	40	50	63	80
b、h	1	2		3			4			5			6
r	0.5	0.5		1.0			1.6			1.6			2.0

磨矩形导轨

H	8	10	12	16	20	25	32	40	50	63	80	100
b	2				3				5		8	
h	1.6				2.0				3.0		5.0	
r	0.5				1.0				1.6		2.0	

表 10.10 插齿退刀槽(JB/ZQ 4239—1986) mm

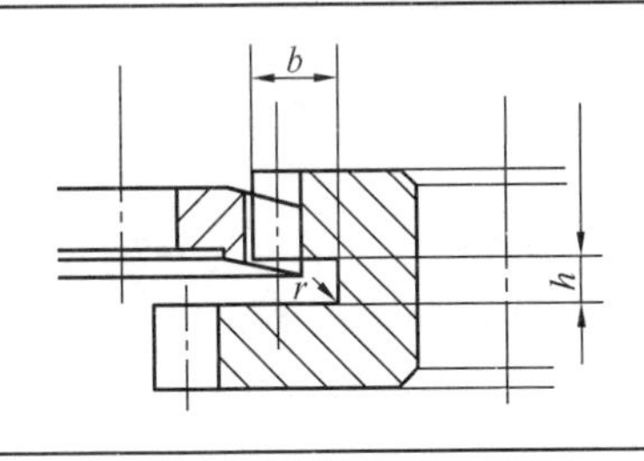

模数	1.5	2	2.25 2.5	3	4	5	6	7	8	9	10	12
h_{min}	5	5	6	6	6	7	7	7	8	8	8	9
b_{min}	4	5	6	7.5	10.5	13	15	16	19	22	24	28
r	0.5		1.0									

表 10.11 刨削、插削越程槽 mm

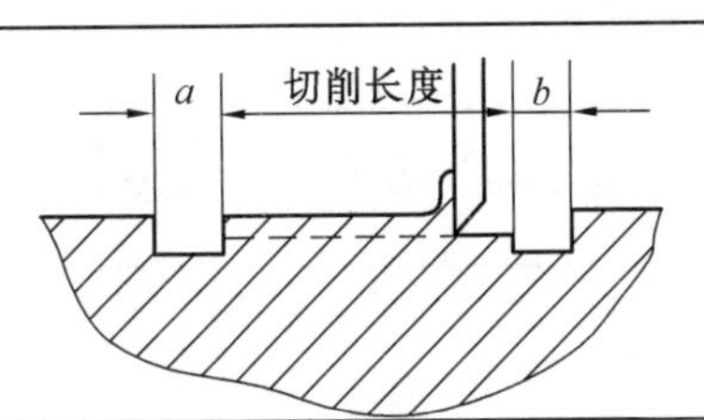

机床名称	刨削越程
龙门刨	$a+b=100\sim200$
牛头刨床,立刨床	$a+b=50\sim75$
大插床	50 ~ 100
小插床	10 ~ 12

六、齿轮滚刀外径尺寸

表 10.12　齿轮滚刀外径尺寸(GB/T 6083—2001)

mm

<table>
<tr><td colspan="2">模　　数</td><td>1</td><td>1.5</td><td>2</td><td>2.5</td><td>3</td><td>4</td><td>5</td><td>6</td><td>7</td><td>8</td><td>9</td><td>10</td></tr>
<tr><td rowspan="2">滚刀
外径</td><td>Ⅰ型</td><td>63</td><td>71</td><td>80</td><td>90</td><td>100</td><td>112</td><td>125</td><td>140</td><td>140</td><td>160</td><td>180</td><td>200</td></tr>
<tr><td>Ⅱ型</td><td>50</td><td>63</td><td>63</td><td>71</td><td>80</td><td>90</td><td>100</td><td>112</td><td>118</td><td>125</td><td>140</td><td>150</td></tr>
</table>

注:Ⅰ型适用于滚刀 7 级齿轮的 AA 级精度的滚刀。

Ⅱ型适用于 AA、A 和 B 级精度的滚刀。

七、弧型键槽铣刀外径尺寸

表 10.13　弧型键槽铣刀外径尺寸

mm

<table>
<tr><td colspan="4">直齿三面刃铣刀(GB/T 1117—1985)</td><td colspan="4">半圆键铣刀(GB/T 1117—1985)</td></tr>
<tr><td>铣刀宽度
B</td><td>铣刀直径
D</td><td>铣刀宽度
B</td><td>铣刀直径
D</td><td>键公称尺寸
B×d</td><td>铣刀直径
D</td><td>键公称尺寸
B×d</td><td>铣刀直径
D</td></tr>
<tr><td>4
5
6</td><td rowspan="5">63</td><td>14</td><td rowspan="2">80</td><td>1×4</td><td>4.25</td><td>5×16</td><td>16.9</td></tr>
<tr><td>7
8</td><td>16
18
20</td><td>1.5×7</td><td rowspan="2">7.4</td><td>4×19</td><td rowspan="2">20.1</td></tr>
<tr><td>10</td><td>6
7
8</td><td rowspan="6">100</td><td>2×7</td><td>5×19</td></tr>
<tr><td>12</td><td>10
12</td><td>2×10</td><td rowspan="2">10.6</td><td>5×22</td><td rowspan="2">23.2</td></tr>
<tr><td>14
16</td><td>14</td><td>2.5×10</td><td>6×22</td></tr>
<tr><td>5
6
7</td><td rowspan="3">80</td><td>16
18</td><td>3×13</td><td>13.8</td><td>6×25</td><td>26.5</td></tr>
<tr><td>8
10</td><td>20
22</td><td>3×16</td><td>16.9</td><td>8×28</td><td>29.7</td></tr>
<tr><td>12</td><td>25</td><td>4×16</td><td></td><td>10×32</td><td>33.9</td></tr>
</table>

10.3 机械制图一般规范

一、图样比例、幅面及格式

表 10.14 图样比例(GB/T 14690—1993)

种 类	比 例			必要时,允许选取的比例				
原值比例	1 : 1							
缩小比例	1 : 2 1 : 2×10^n	1 : 5 1 : 5×10^n	1 : 10 1 : 1×10^n	1 : 1.5 1 : 1.5×10^n	1 : 2.5 1 : 2.5×10^n	1 : 3 1 : 3×10^n	1 : 4 1 : 4×10^n	1 : 6 1 : 6×10^n
放大比例	5 : 1 5×10^n : 1	2 : 1 2×10^n : 1	 1×10^n : 1	4 : 1 4×10^n : 1	2.5 : 1 2.5×10^n : 1			

注:n 为正整数。

表 10.15 图纸幅面(GB/T 14689—2008) mm

幅面代号	$B\times L$	c	a
A0	841×1 189	10	25
A1	594×841		
A2	420×594		
A3	297×420	5	
A4	210×297		
A5	148×210		

注:必要时可以将表中幅面的长边加长。对于 A0、A2、A4 幅面加长量按 A0 幅面长边的 1/8 的倍数增加;对于 A1、A3 幅面加长量按 A0 幅面短边的 1/4 倍数增加。A0 及 A1 允许同时加长两边

GB/T 10609.1—2008 和 GB/T 10609.2—2009 分别对标题栏和明细栏的组成作了一般规定。允许按实际需要增加或减少。考虑教学的实际情况,推荐格式如表 10.16、10.17、10.18 所示。

表 10.16 零件工作图标题栏

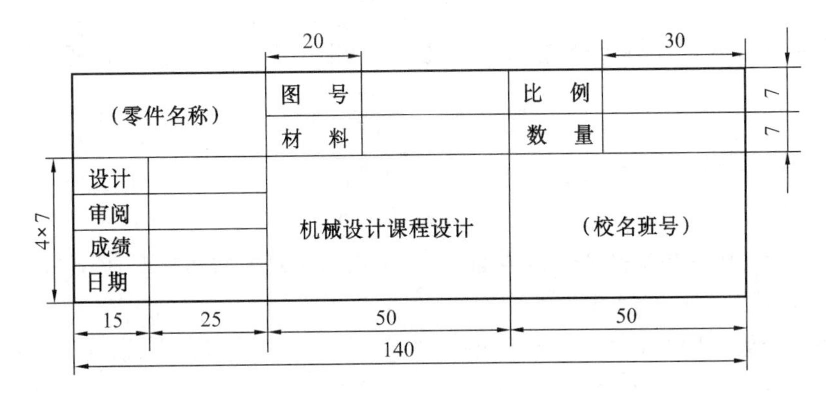

表 10.17 明细栏格式

序号	名　　称	数量	材　料	标　　准	备注
05	螺栓 M24×80	6	8.8 级	GB/T 5782—2000	
04	轴	1	45		
03	大齿轮 $m=5, Z=79$	1	45		
02	机盖	1	HT200		
01	机座	1	HT200		
10	40	10	20	40	20

140；5×7；10

表 10.18 装配图标题栏

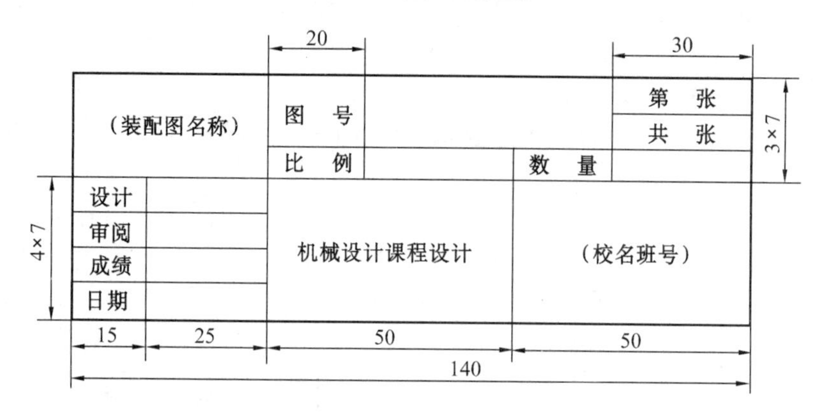

二、装配图中零部件序号及其编排方法(GB/T 4458.2—2003)

1. 序号表示的三种方法

(1) 在指引线的水平线(细实线)上或圆(细实线)内注写序号,序号字高比该装配图中所注尺寸数字高度大一号,即

10　⑩

(2) 在指引线的水平线(细实线)上或圆(细实线)内注写序号,但序号字高比该装配图中所注尺寸数字高度大两号,即

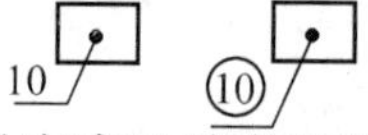

(3) 在指引线附近注写序号,序号字高比该装配图中所注尺寸数字高度大两号,即

10　⑩

注:① 在同一装配图中编注序号的形式应一致;

② 相同零、部件用一个序号,一般只标注一次;

③ 装配图中序号应按水平或垂直方向,顺时针或逆时针方向顺序排列。

2. 指引线的表示

(1) 一组紧固件以及装配关系清楚的零件组,可以采用公共指引线,如下图所示。

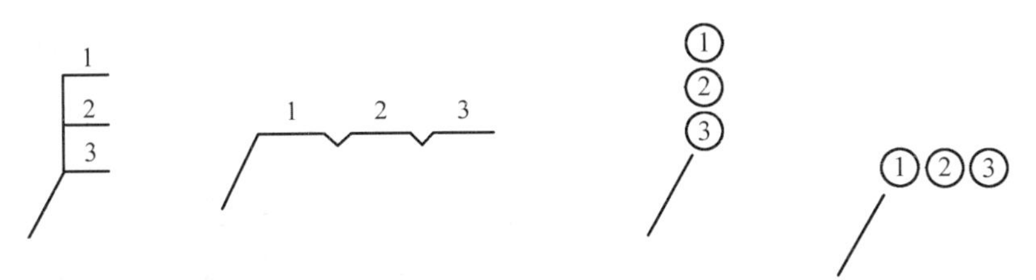

(2) 若指引线所指部分(很薄的零件或涂黑的剖面)内不便画圆点时,可在指引线的末端画箭头,并指向该部分的轮廓,如下图所示。

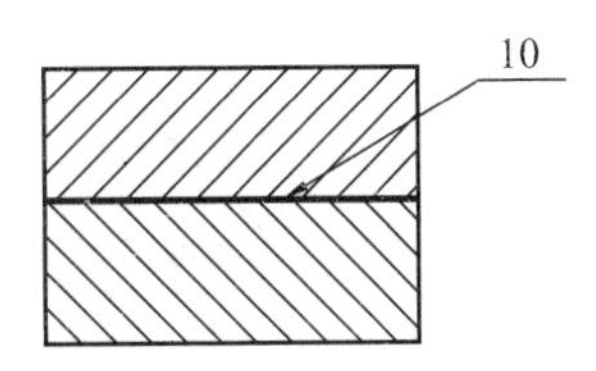

注:① 指引线应自所指部分的可见轮廓内引出,并在末端画一圆点;
② 指引线相互不能相交,当通过有剖面线的区域时,不能与剖面线平行;
③ 指引线可以画成折线,但只可曲折一次。

三、技术制图简化表示法(GB/T 16675—1996)

1. 图样画法

表 10.19

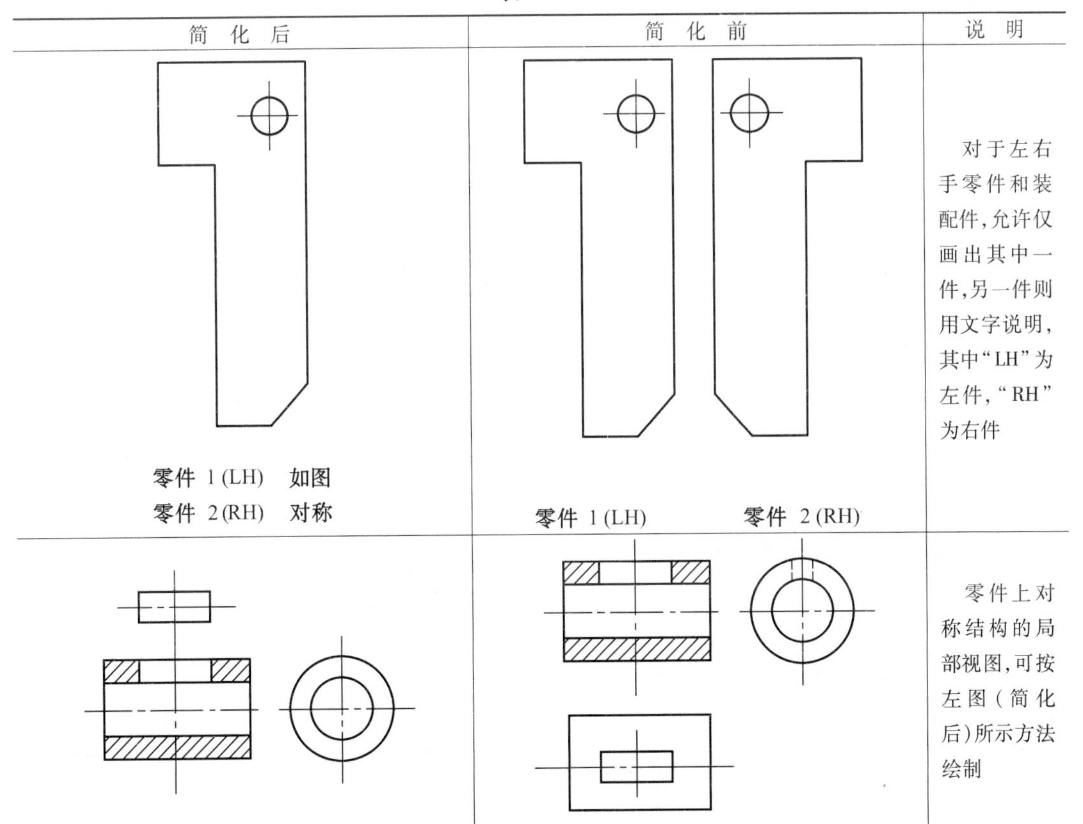

简　化　后	简　化　前	说　明
零件 1(LH)　如图 零件 2(RH)　对称	零件 1(LH)　　零件 2(RH)	对于左右手零件和装配件,允许仅画出其中一件,另一件则用文字说明,其中"LH"为左件,"RH"为右件
		零件上对称结构的局部视图,可按左图(简化后)所示方法绘制

续表 10.19

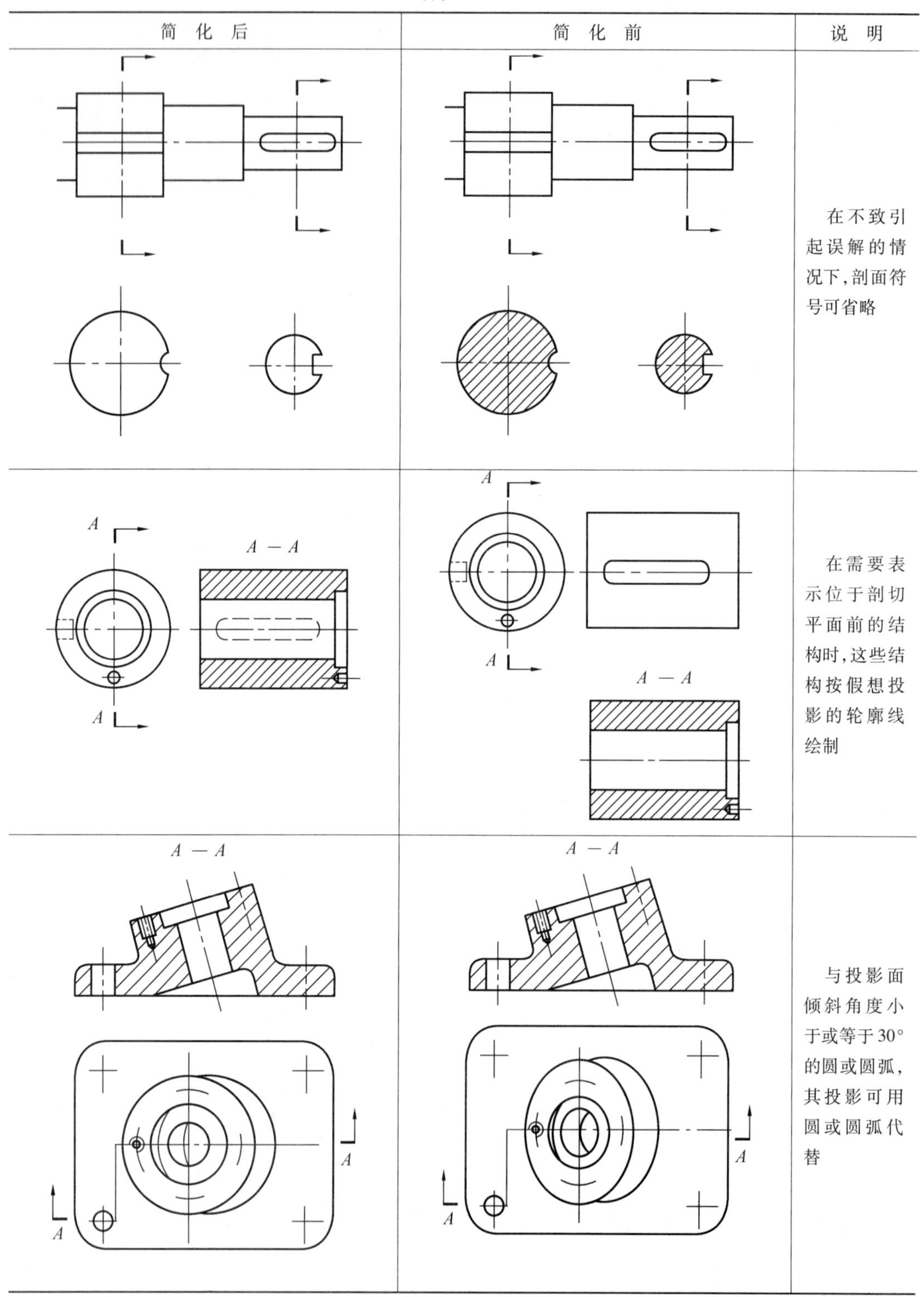

简 化 后	简 化 前	说 明
		在不致引起误解的情况下,剖面符号可省略
		在需要表示位于剖切平面前的结构时,这些结构按假想投影的轮廓线绘制
		与投影面倾斜角度小于或等于30°的圆或圆弧,其投影可用圆或圆弧代替

续表 10.19

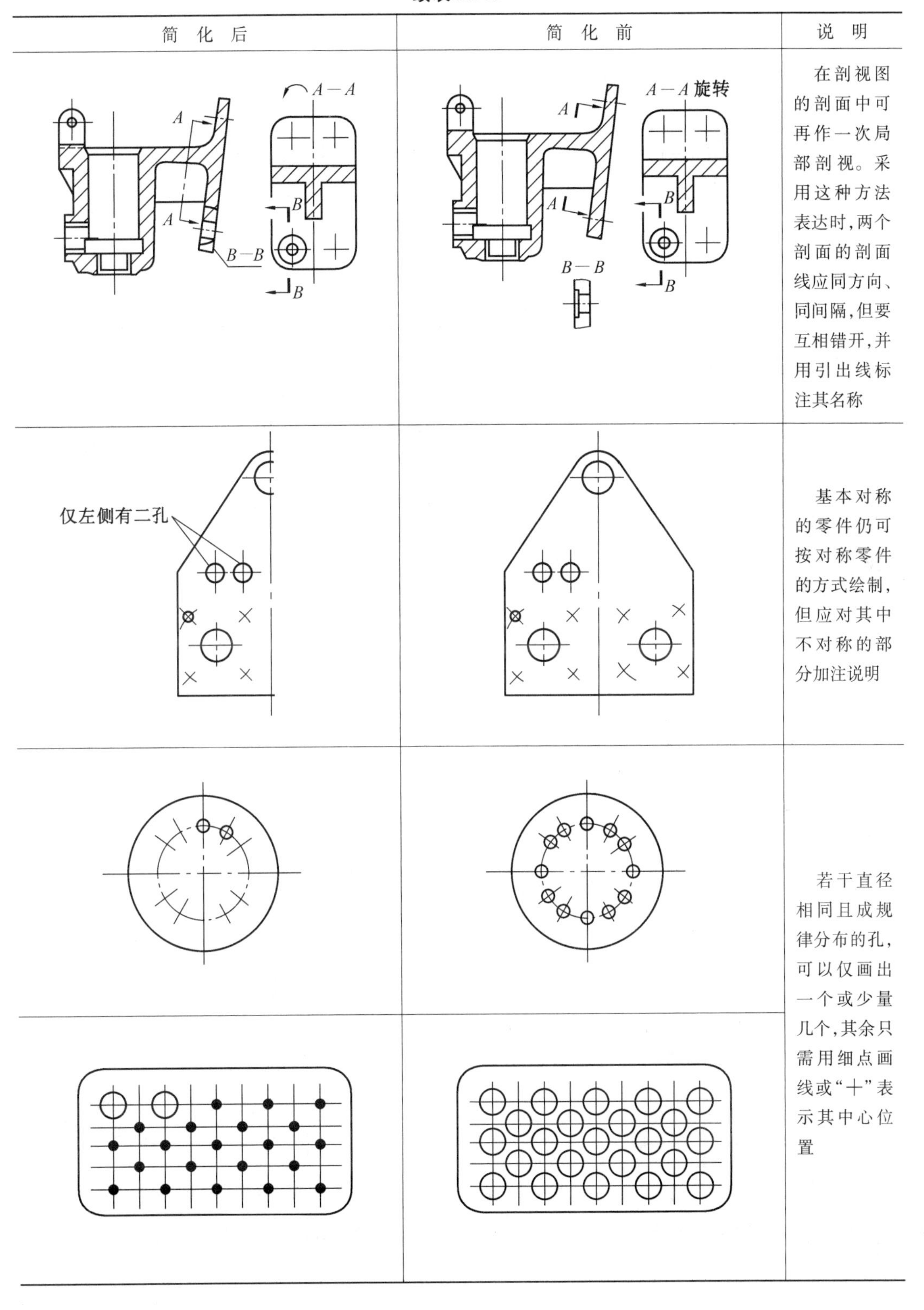

简 化 后	简 化 前	说 明
A—A；A；A；B；B；B—B	A—A 旋转；A；A；B；B；B—B	在剖视图的剖面中可再作一次局部剖视。采用这种方法表达时，两个剖面的剖面线应同方向、同间隔，但要互相错开，并用引出线标注其名称
仅左侧有二孔		基本对称的零件仍可按对称零件的方式绘制，但应对其中不对称的部分加注说明
		若干直径相同且成规律分布的孔，可以仅画出一个或少量几个，其余只需用细点画线或“+”表示其中心位置

续表 10.19

简 化 后	简 化 前	说 明
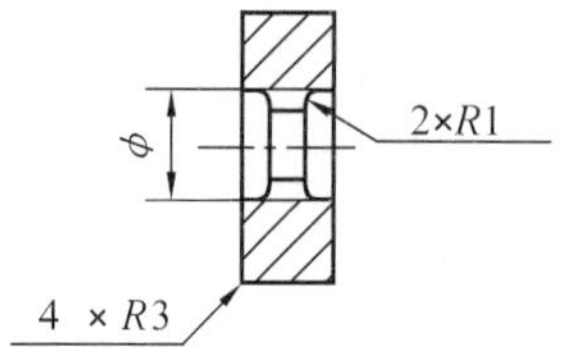 ϕ 2×$R1$ 4 × $R3$	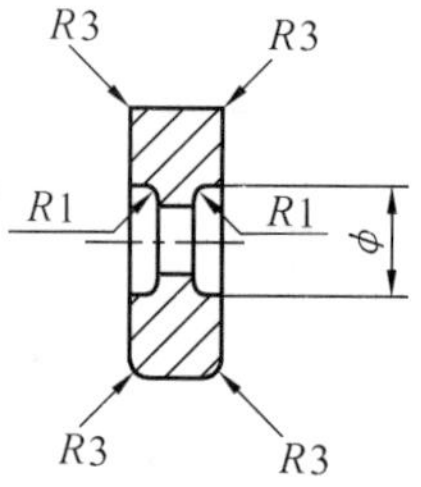 $R3$ $R3$ $R1$ $R1$ ϕ $R3$ $R3$	除确属需要表示的某些结构圆角外,其他圆角在零件图中均可不画,但必须注明尺寸,或在技术要求中加以说明
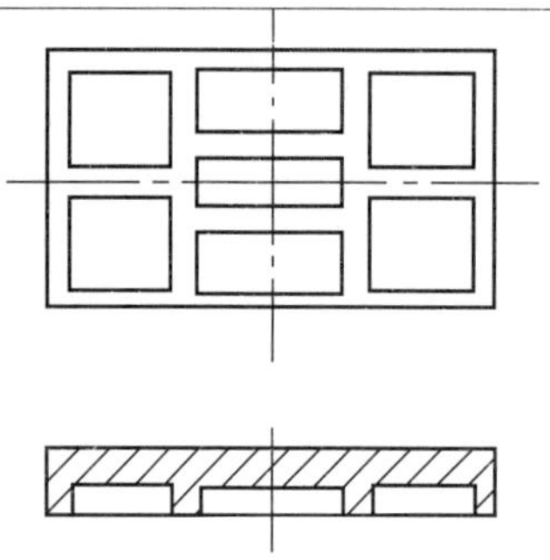 全部铸造圆角 $R5$	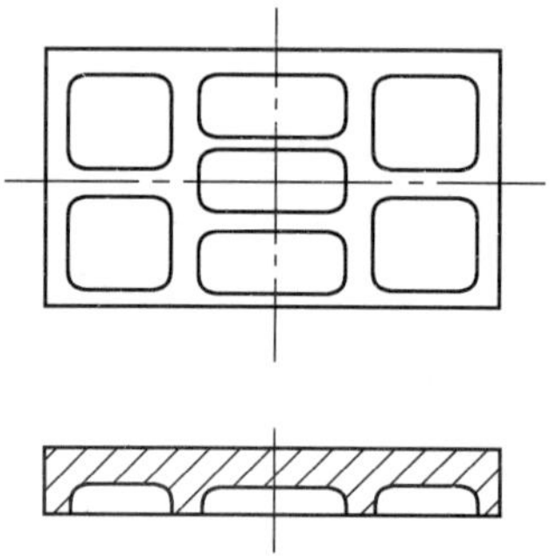 全部铸造圆角 $R5$	
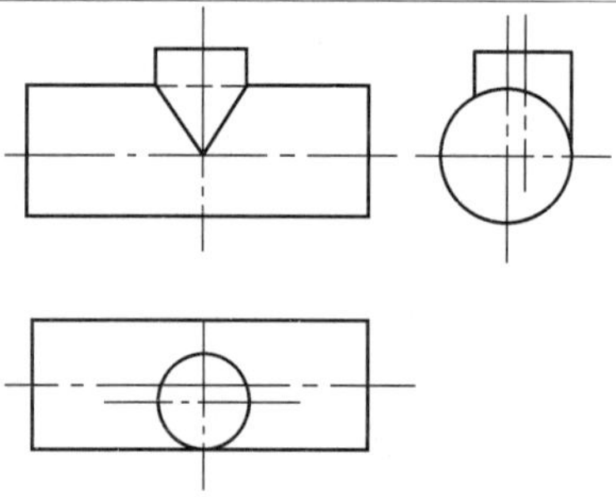	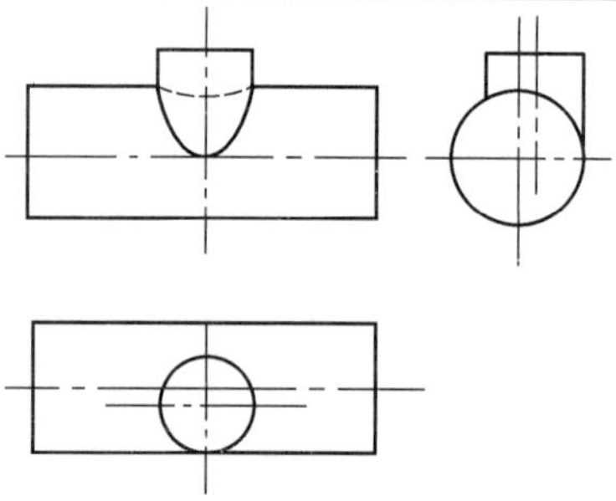	在不致引起误解时,图形中的过渡线、相贯线可以简化,例如用圆弧或直线代替非圆曲线
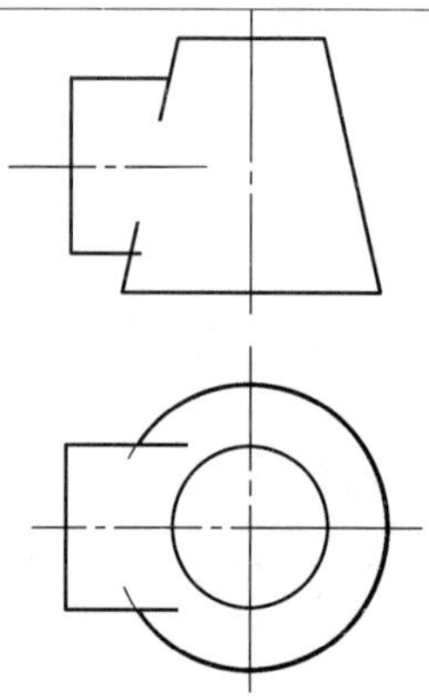	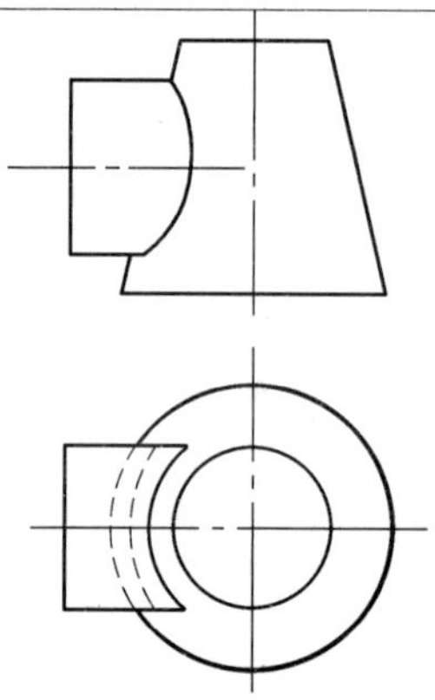	也可采用模糊画法表示相贯线

2. 尺寸注法

标注尺寸时,应尽可能使用符号和缩写词,具体见表 10.20 及表 10.21。

表 10.20　名称与对应的符号

名　称	直径	半径	球直径	球半径	厚度	正方形	45°倒角	深度	沉孔或锪平	埋头孔	均布
符号或缩写词	ϕ	R	$S\phi$	SR	t	□	C	↧	⌴	⌵	EQS

表 10.21　标注简化前后对比

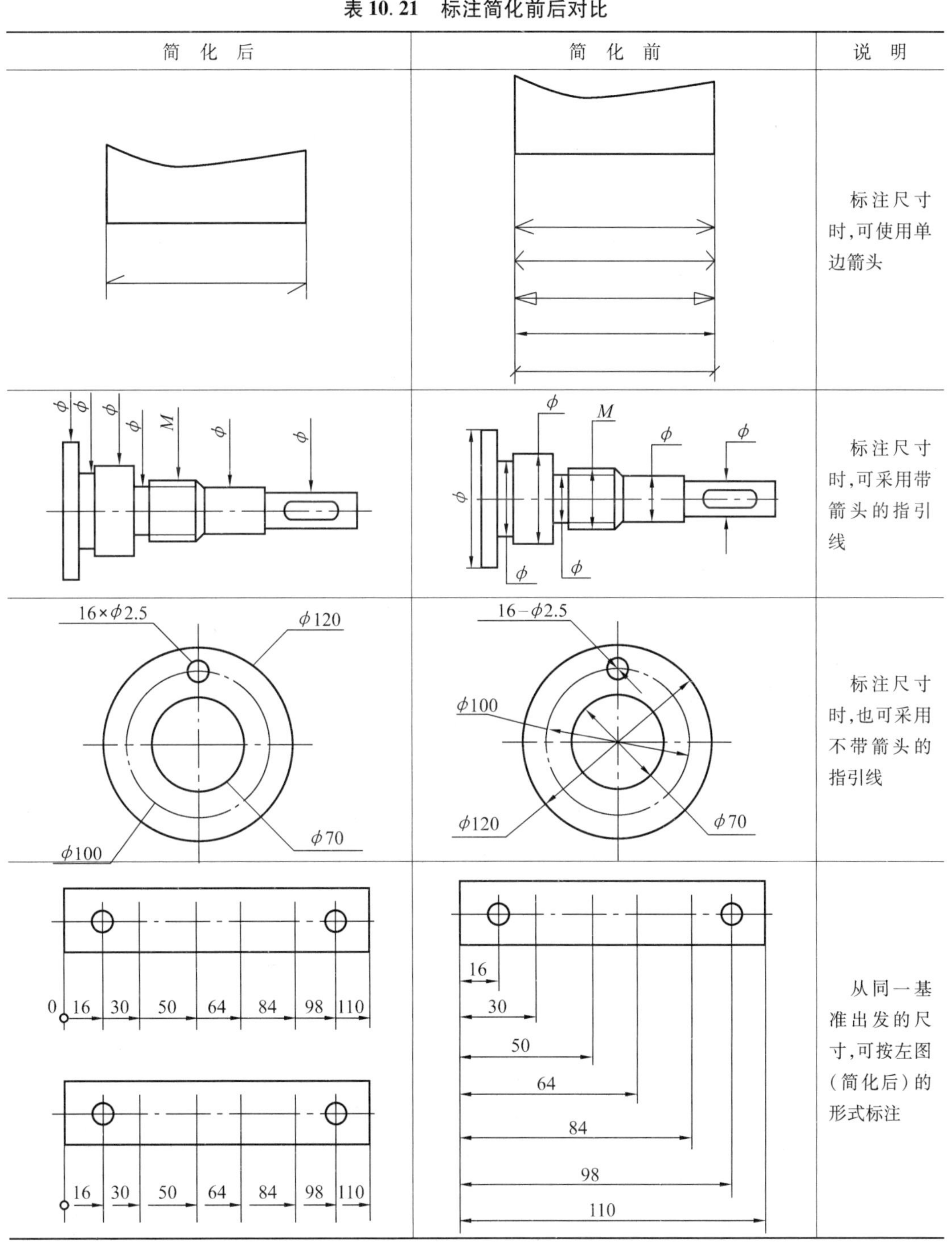

简　化　后	简　化　前	说　明
		标注尺寸时,可使用单边箭头
		标注尺寸时,可采用带箭头的指引线
		标注尺寸时,也可采用不带箭头的指引线
		从同一基准出发的尺寸,可按左图(简化后)的形式标注

续表 10.21

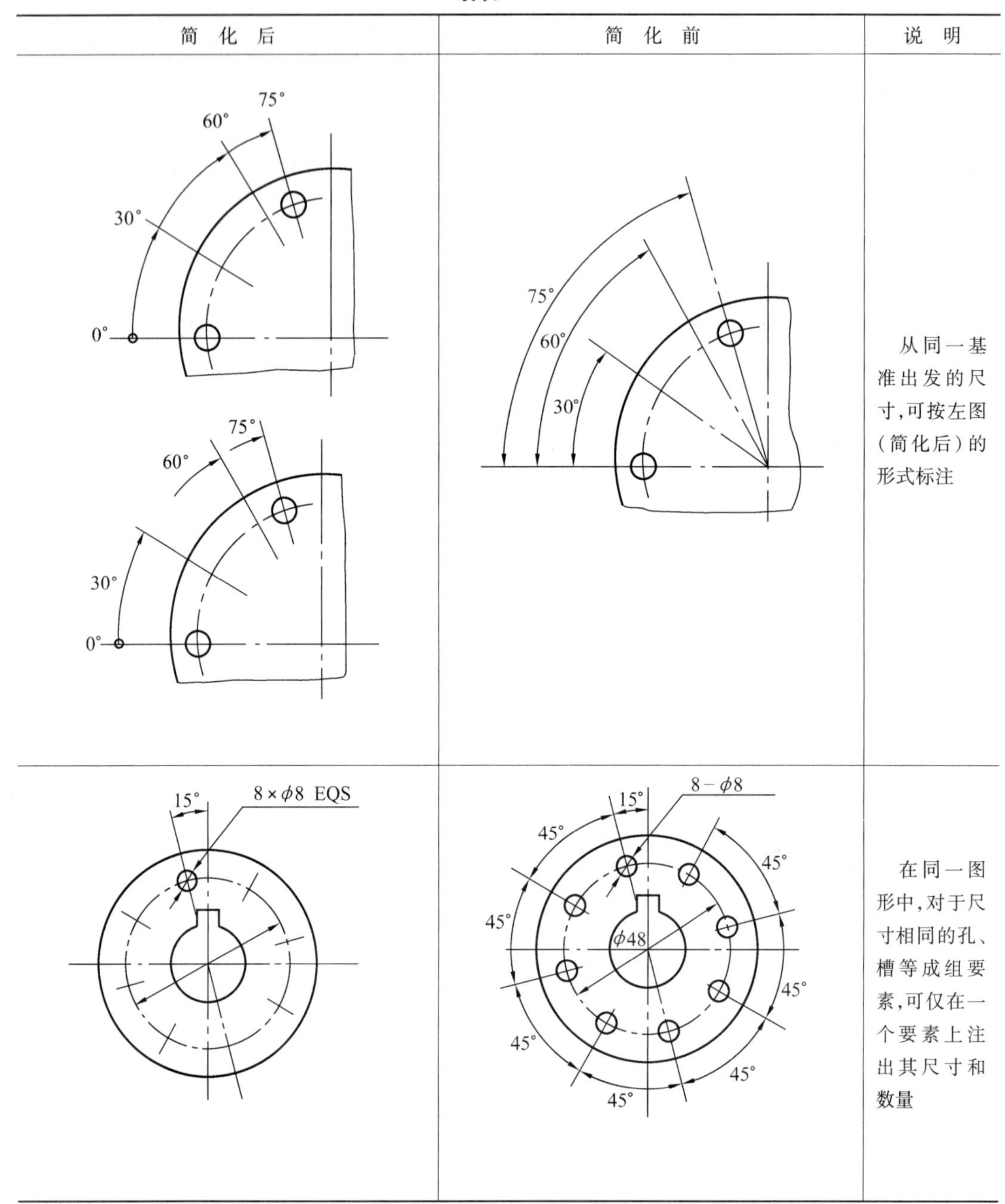

简 化 后	简 化 前	说 明
		从同一基准出发的尺寸,可按左图(简化后)的形式标注
		在同一图形中,对于尺寸相同的孔、槽等成组要素,可仅在一个要素上注出其尺寸和数量

续表 10.21

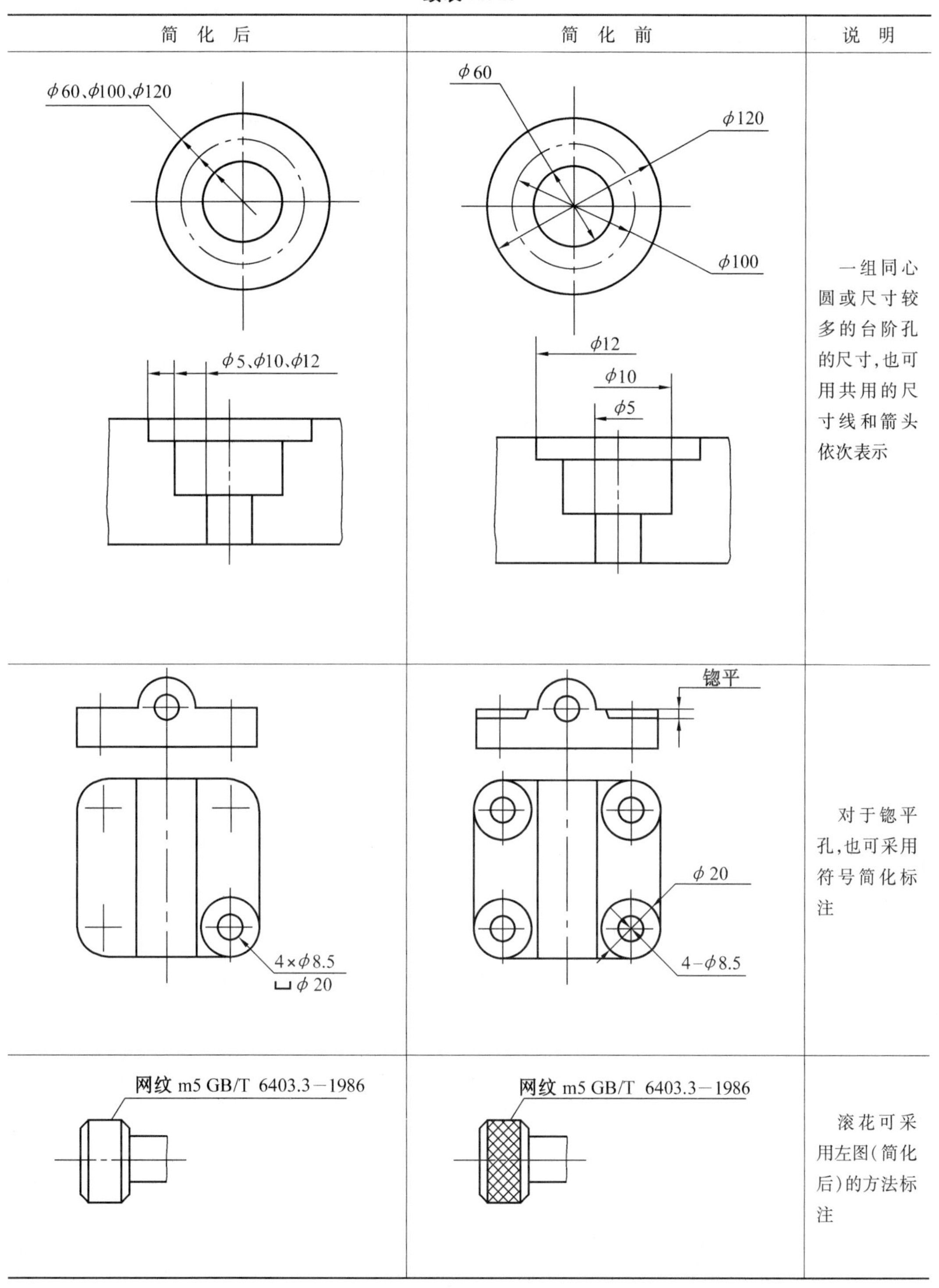

简化后	简化前	说明
		一组同心圆或尺寸较多的台阶孔的尺寸,也可用共用的尺寸线和箭头依次表示
		对于锪平孔,也可采用符号简化标注
		滚花可采用左图(简化后)的方法标注

续表 10.21

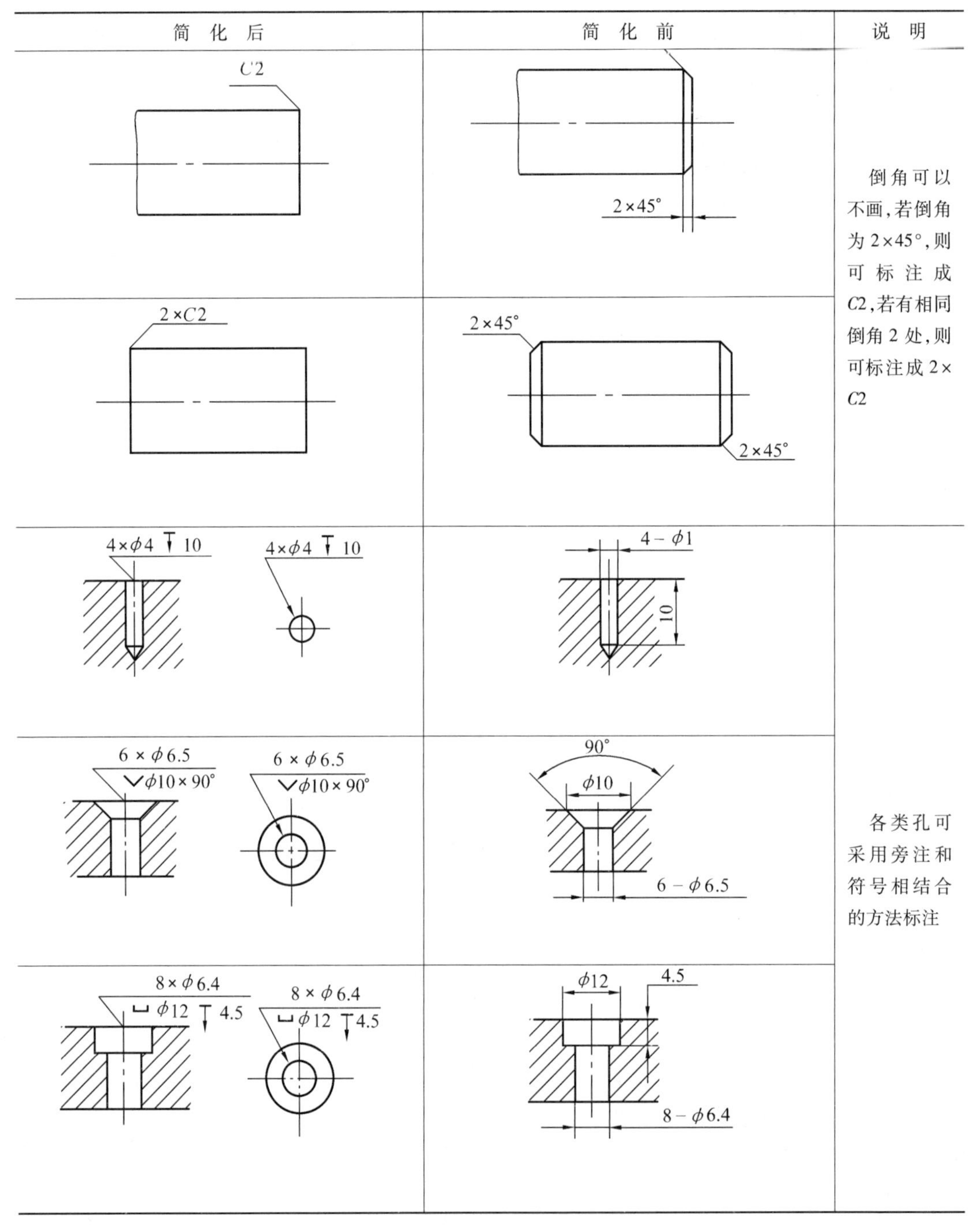

简化后	简化前	说明
		倒角可以不画,若倒角为 2×45°,则可标注成 C2,若有相同倒角 2 处,则可标注成 2×C2
		各类孔可采用旁注和符号相结合的方法标注

10.4 铸件设计一般规范

表 10.22 铸件最小壁厚(不小于) mm

铸造方法	铸件尺寸	铸钢	灰铸铁	球墨铸铁	可锻铸铁	铝合金	铜合金
砂型	~200×200	8	~6	6	5	3	3~5
	>200×200~500×500	>10~12	>6~10	12	8	4	6~8
	>500×500	15~20	15~20			6	

表 10.23 铸造斜度(JB/ZQ 4257—1986)

斜度 $a:h$	角度 β	使用范围
1:5	11°30′	h<25 mm 的钢和铁铸件
1:10	5°30′	h 在 25~500 mm 时的钢和铁铸件
1:20	3°	
1:50	1°	h>500 mm 时的钢和铁铸件
1:100	30′	有色金属铸件

注:当设计不同壁厚的铸件时,在转折点处的斜度最大,还可增大到30°~45°。

表 10.24 铸造过渡尺寸(JB/ZQ 4254—2006) mm

用于减速器、连接管、汽缸及其他连接法兰

铸铁和铸钢件的壁厚 δ 大于	至	x	y	R_0
10	15	3	15	5
15	20	4	20	5
20	25	5	25	5
25	30	6	30	8
30	35	7	35	8
35	40	8	40	10
40	45	9	45	10
45	50	10	50	10

表 10.25 铸造外圆角(JB/ZQ 4256—2006)

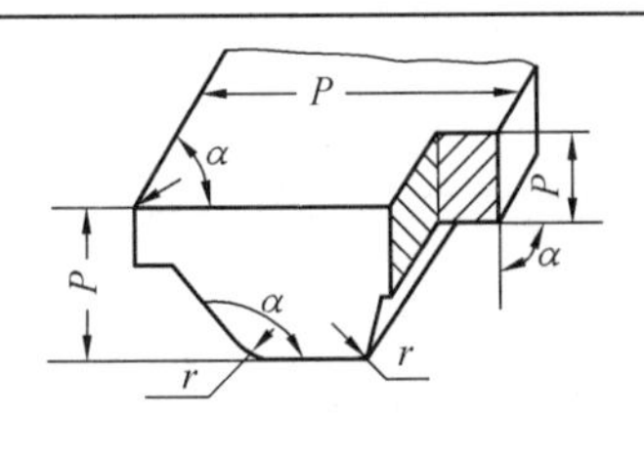

表面的最小边尺寸 p/mm 大于	至	"r"值/mm 外圆角 α <50°	51°~75°	76°~105°	106°~135°	136°~165°	>165°
≤25		2	2	2	4	6	8
25	60	2	4	4	6	10	16
60	160	4	4	6	8	16	25
160	250	4	6	8	12	20	30
250	400	6	8	10	16	25	40
400	600	6	8	12	20	30	50

表 10.26 铸造内圆角(JB/ZQ 4255—2006)

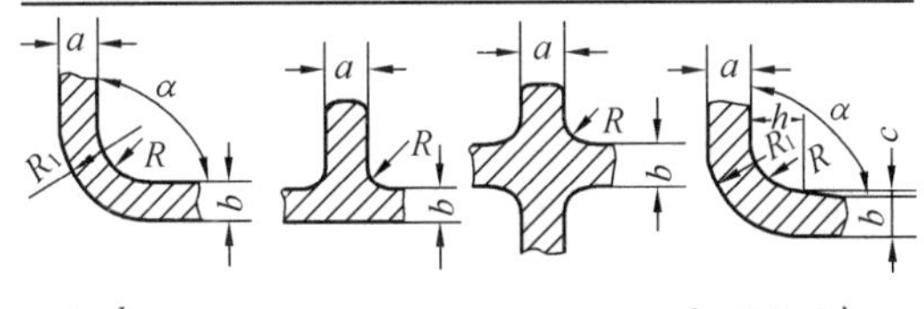

$a \approx b$
$R_1=R+a$

$b<0.8a$ 时
$R_1=R+b+c$

$\frac{a+b}{2}$	"R"值/mm 内圆角 α <50° 钢	<50° 铁	50°~75° 钢	50°~75° 铁	76°~105° 钢	76°~105° 铁	106°~135° 钢	106°~135° 铁	136°~165° 钢	136°~165° 铁	>165° 钢	>165° 铁
≤8	4	4	4	4	6	4	8	6	16	10	20	16
9~12	4	4	4	4	6	6	10	8	16	12	25	20
13~16	4	4	6	4	8	6	12	10	20	16	30	25
17~20	6	4	8	6	10	8	16	12	25	20	40	30
21~27	6	6	10	8	12	10	20	16	30	25	50	40
28~35	8	6	12	10	16	12	25	20	40	30	60	50

"C"和"h"值/mm

b/a		<0.4	0.5~0.65	0.66~0.8	>0.8
$\approx c$		0.7($a-b$)	0.8($a-b$)	$a-b$	—
$\approx h$	钢	$8c$			
	铁	$9c$			

10.5 按铸件设计焊接结构

一、焊接结构的壁厚 t_s

按铸件设计焊接结构时，主要是利用铸件的断面刚度系数值 E_cI_c 或 G_cI_{nc} 作为新结构设计的基础，以保证新的焊接结构具有和铸件同等的刚度或强度。经推导可得出，焊接结构的壁厚 $t_s=(0.5\sim0.7)t_c$，t_c 为铸件壁厚。

二、钢材的焊接结构示例

钢材的焊接结构示例如表 10.27 所示。

表 10.27 钢材的焊接结构示例

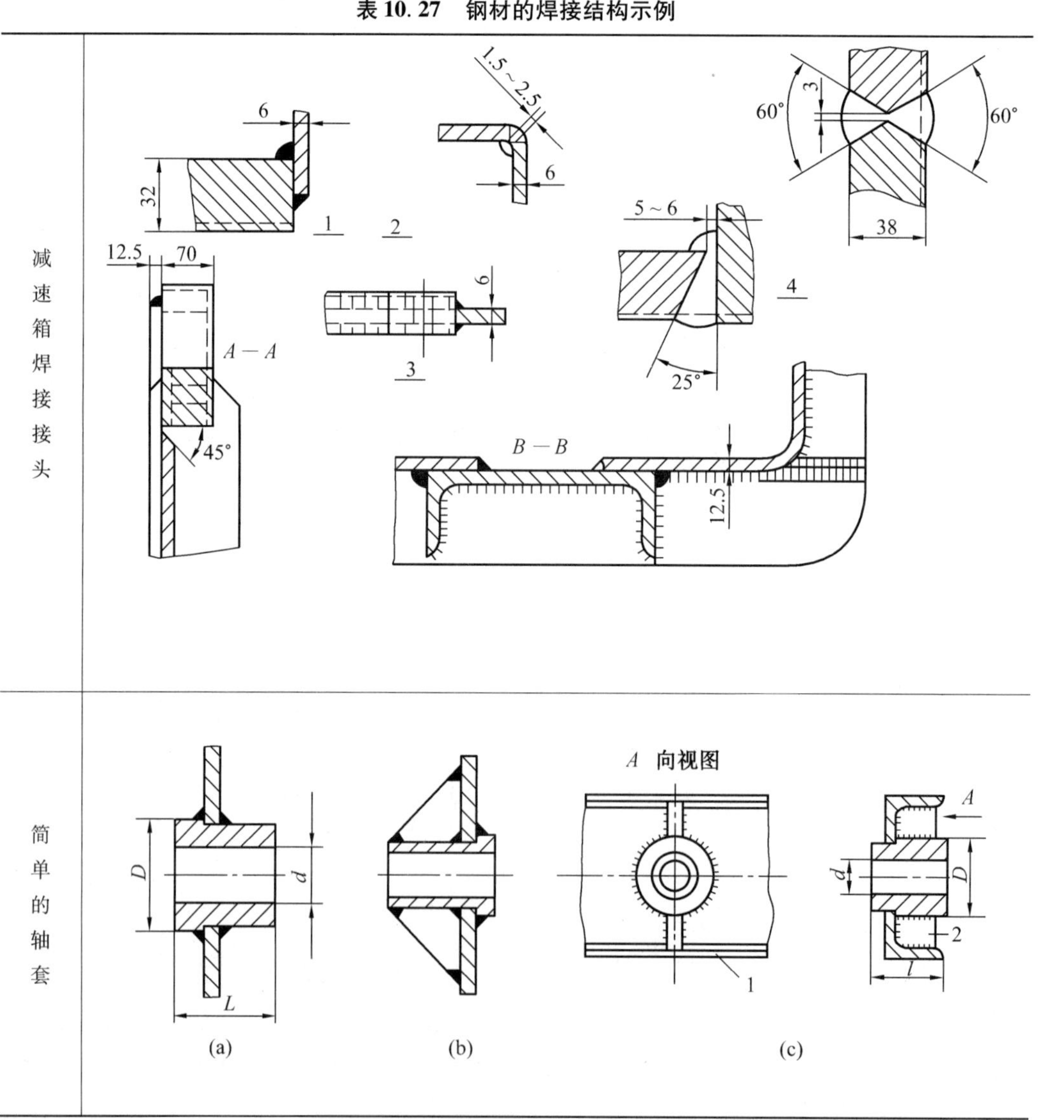

续表 10.27

轴承座支架焊接结构形式	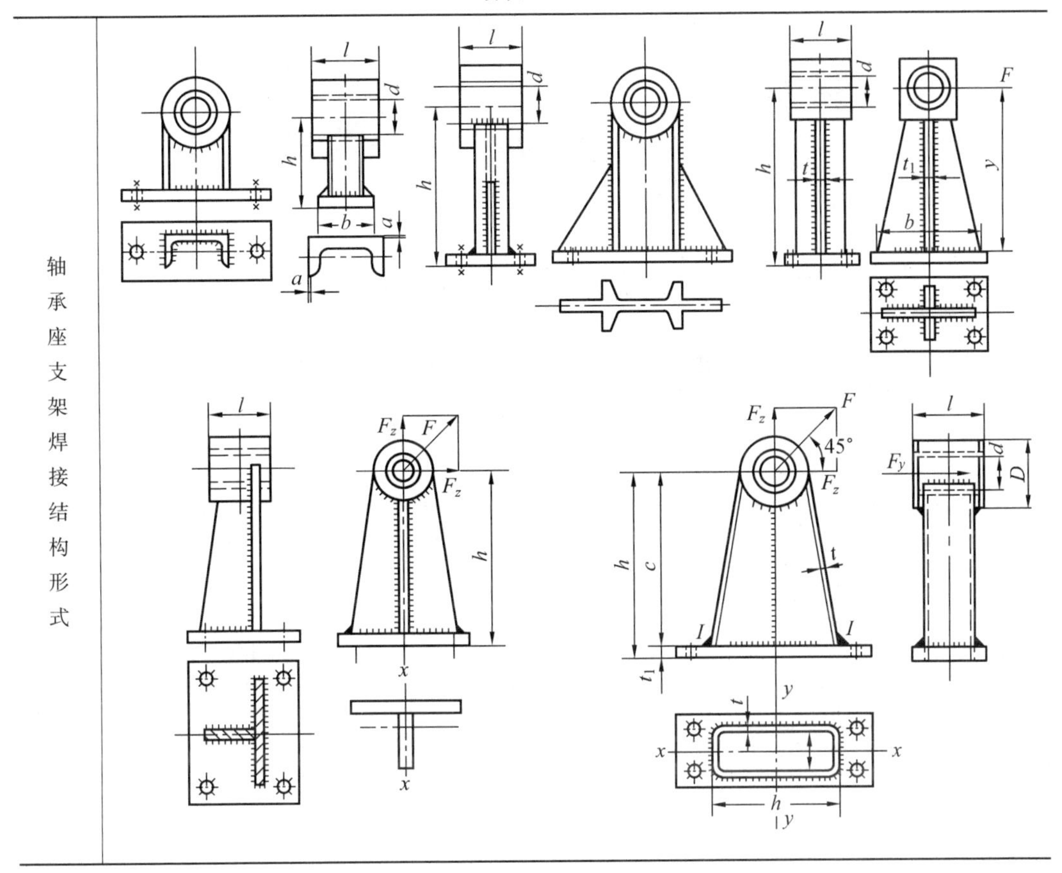

第 11 章 机械设计中常用材料

11.1 黑色金属

表 11.1 碳素结构钢力学性能(摘自 GB/T 700—2006)

牌 号	质量等级	机 械 性 能								应用举例
		屈服极限 σ_s/(N · mm^{-2}) 材料厚度(直径)/mm 大于~至						抗拉强度极限 σ_B/(N · mm^{-2})	伸长率 δ_5/% 不小于	
		≤16	>16~40	>40~60	>60~100	>100~150	>150			
Q195	—	195	185					315~390	33	不重要的钢结构及农机零件等
Q215	A	215	205	195	185	175	165	335~410	31	
	B									
Q235	A	235	225	215	205	195	185	375~460	26	一般轴及零件
	B									
	C									
	D									
Q255	A	255	245	235	225	215	205	410~510	24	
	B									
Q275	—	275	265	255	245	235	225	490~610	20	车轮、钢轨、农机零件

注:① 伸长率为材料厚度(直径)≤16 mm 时的性能,按 σ_5 栏尺寸分段,每一段 δ_5% 值降低 1 个值。

② A 级不做冲击试验;B 级做常温冲击试验;C、D 级重要焊接结构用。

表 11.2 优质碳素结构钢力学性能(摘自 GB/T 699—2015)

牌 号	推荐热处理温度/℃			机 械 性 能					应 用 举 例
				σ_B/(N · mm^{-2})	σ_s/(N · mm^{-2})	δ_5/%	ψ/%	a_k/(kJ · m^{-2})	
	正火	淬火	回火	不 小 于					
08 F	930			295	175	35	60		垫片、垫圈、摩擦片等
20	910			410	245	25	55		拉杆、轴套、吊钩等
30	880	860	600	490	295	21	50	630	销轴、套杯、螺栓等
35	870	850	600	530	315	20	45	550	轴、圆盘、销轴、螺栓

续表 11.2

牌 号	推荐热处理温度/℃			机械性能					应用举例
	正火	淬火	回火	σ_B/(N·mm^{-2})	σ_s/(N·mm^{-2})	δ_5/%	ψ/%	a_k/(kJ·m^{-2})	
				不小于					
40	860	840	600	570	335	19	45	470	轴、齿轮、链轮、键等
45	850	840	600	600	355	16	40	390	
50	830	830	600	630	375	14	40	310	弹簧、凸轮、轴、轧辊
60	810			675	400	12	36		

注:① 表中机械性能是试样毛坯尺寸为 25 mm 的值。

② 热处理保温时间为:正火不小于 30 min;淬火不小于 30 min;回火不小于 1 h。

表 11.3 一般工程用灰铸铁件力学性能(摘自 GB/T 9439—2010)

编 号	预计的铸件力学性能			应用举例
	铸件壁厚 δ/mm		抗拉强度极限 ≥σ_B/MPa	
	大于	至		
HT100	2.5	10	130	承受轻负荷、形状简单、无磨损要求的铸件,如盖、罩、手轮、把手、托盘、重锤、平衡锤、钢锭模等
	10	20	100	
	20	30	90	
	30	50	80	
HT150	2.5	10	175	承受中等负荷,耐磨性要求不高的铸件,如端盖、汽轮泵体、轴承座、阀壳、管子及管路附件、带轮、手轮;一般机床底座、床身及其他复杂零件、滑座、工作台等
	10	20	145	
	20	30	130	
	30	50	120	
HT200	2.5	10	220	气缸、齿轮、底架、机体、飞轮、齿条、衬筒;一般机床铸有导轨的床身及中等压力(7 840 kPa 以下)液压缸、液压泵和阀的壳体等
	10	20	195	
	20	30	170	
	30	50	160	
HT250	4.0	10	270	阀壳、液压缸、气缸、联轴器、机体、齿轮、齿轮箱外壳、飞轮、衬筒、凸轮、轴承座等
	10	20	240	
	20	30	220	
	30	50	200	
HT300	10	20	290	承受大的负荷、高耐磨性、有良好气密性要求的铸件,如齿轮、凸轮、车床卡盘、剪床、压力机的机身;导板、转塔车床、自动车床及其他重负荷机床铸有导轨的床身;高压液压缸、液压泵和滑阀的壳体等
	20	30	250	
	30	50	230	
HT350	10	20	340	
	20	30	290	
	30	50	260	

表 11.4 常用轧制钢板(摘自 GB/T 708—1988 和 GB/T 709—2006)

	钢板公称厚度/mm	钢板宽度/m
冷轧 GB 708—1988	0.20,0.25,0.30,0.35,0.40,0.45,0.55,0.60,0.65,0.70,0.75,0.80,0.90,1.0,1.1,1.2,1.3,1.4,1.5,1.6,1.7,1.8,2.0,2.2,2.5,2.8,3.0,3.2,3.5,3.8,3.9,4.0,4.2,4.5,4.8,5.0	0.6,0.65,0.70,0.75,0.80,0.90,0.95,1.00,1.10,1.20,1.25,1.30,1.40,1.50,1.60,1.70,1.80,1.90,2.00,2.30,2.50,2.70,3.00,3.50,4.00,4.50,6.00
热轧 GB 709—1988	0.50,0.55,0.60,0.65,0.70,0.75,0.80,0.90,1.0,1.2,1.3,1.4,1.5,1.6,1.8,2.0,2.2,2.5,2.8,3.0,3.2,3.5,3.8,3.9,4.0,4.5,5.0,6,7,8,9,10,11,12,13,14,15,16,17,18,19,20,21,22,25,26,28,30,32,34,36,38,40,42,45,48,50,52,44,60,65,70,75,80,85,90,100,105,110,120	0.60,0.65,0.70,0.71,0.75,0.80,0.85,0.90,0.95,1.0,1.1,1.25,1.40,1.42,1.50,1.60,1.70,1.80,1.90,2.00,2.10,2.20,2.30,2.40,2.50,2.60,2.70,2.80,2.90,3.00,3.20,3.40,3.60,3.80

表 11.5 热轧等边角钢(摘自 GB/T 706—2016)

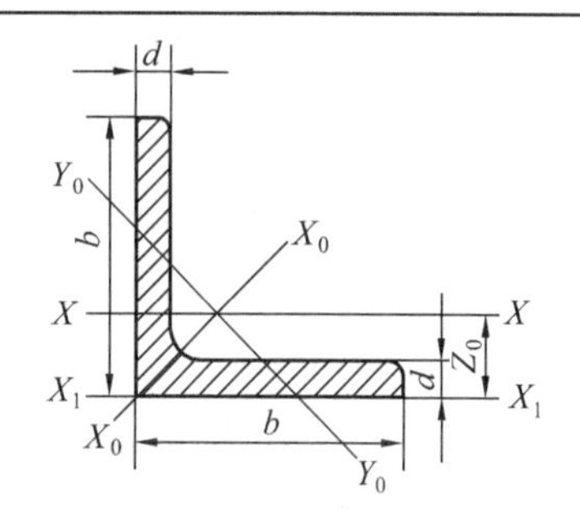

符号意义:
b—边宽;
r—内圆弧半径;
I—惯性矩;
W—截面系数;
d—边厚;
i—惯性半径;
Z_0—质心距离

角钢号数	尺寸/mm			截面面积	X—X			Z_0/cm	长 度
	b	d	r	A/cm^2	I_X/cm^4	i_X/cm	W_X/cm^3		l/m
2	20	3	3.5	1.132	0.40	0.59	0.29	0.60	4~12
		4		1.159	0.50	0.58	0.36	0.64	
2.5	25	3		1.432	0.82	0.76	0.46	0.73	
		4		1.859	1.03	0.74	0.59	0.76	
3.0	30	3	4.5	1.749	1.45	0.91	0.65	0.85	
		4		2.276	1.84	0.90	0.87	0.89	
3.6	36	3		2.109	2.58	1.11	0.99	1.00	
		4		2.756	3.29	1.09	1.28	1.04	
		5		3.382	3.95	1.08	1.56	1.07	
4	40	3	5	2.359	3.59	1.23	1.23	1.09	
		4		3.086	4.60	1.22	1.60	1.13	
		5		3.791	5.53	1.21	1.96	1.17	
4.5	45	3		2.659	5.17	1.40	1.58	1.22	
		4		3.486	6.65	1.38	2.05	1.26	
		5		4.292	8.04	1.37	2.51	1.30	

续表 11.5

角钢号数	尺寸/mm			截面面积	X—X			Z_0/cm	长 度
	b	d	r	A/cm^2	I_X/cm^4	i_X/cm	W_X/cm^3		l/m
5	50	3	5.5	2.971	7.18	1.55	1.96	1.34	4~12
		4		3.897	9.26	1.54	2.56	1.38	
		5		4.803	11.21	1.53	3.13	1.42	
5.6	56	3	6	3.343	10.19	1.75	2.48	1.48	
		4		4.390	13.18	1.73	3.24	1.53	
		5		5.415	16.02	1.72	3.97	1.57	
6.3	63	4	7	4.978	19.03	1.96	4.13	1.70	
		5		6.143	22.17	1.94	5.08	1.74	
		6		7.288	27.12	1.93	6.00	1.78	
7	70	4	8	5.570	26.39	2.18	5.14	1.86	
		5		6.875	32.21	2.16	6.32	1.91	
		6		8.160	37.77	2.15	7.48	1.95	
		7		9.424	43.09	2.14	8.59	1.99	
		8		10.667	48.17	2.12	9.68	2.03	
8	80	5	9	7.912	48.79	2.48	8.34	2.15	
		6		9.397	57.35	2.47	9.87	2.19	
		7		10.860	65.58	2.46	11.37	2.23	
		8		12.303	73.49	2.44	12.83	2.27	

表 11.6 热轧不等边角钢(摘自 GB/T 709—2006)

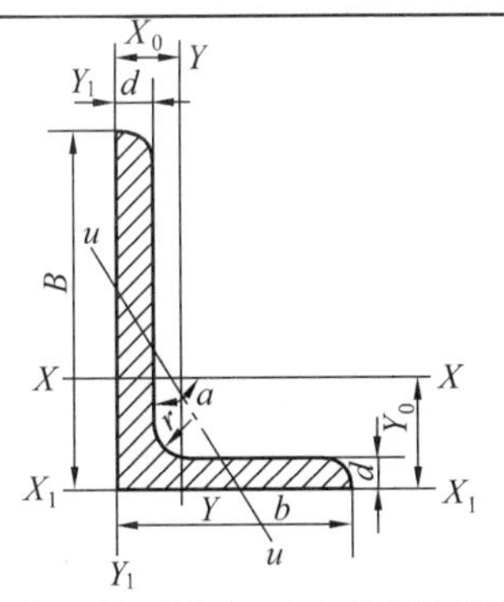

符号意义：

B—长边宽度；　W—截面系数；

d—边厚；　Y_0—质心距离；

r—内圆弧半径；　i—惯性半径；

I—惯性矩；　X_0—质心距离

角钢号数	尺寸/mm				截面面积	X—X			X_0/cm	Y—Y			Y_0/cm	长度
	B	b	d	r	A/cm^2	I_X/cm^4	i_X/cm	W_X/cm^3		I_Y/cm^4	i_Y/cm	W_Y/cm^3		l/m
2.5/1.6	25	16	3	3.5	1.162	0.70	0.73	0.43	0.42	0.22	0.44	0.19	0.86	3~9
			4		1.499	0.88	0.77	0.55	0.46	0.27	0.43	0.24	0.90	
3.2/2	32	20	3		1.492	1.53	1.01	0.72	0.49	0.46	0.55	0.30	1.08	
			4		1.939	1.93	1.00	0.93	0.53	0.57	0.54	0.39	1.12	
4/2.5	40	25	3	4	1.890	3.08	1.28	1.15	0.59	0.93	0.70	0.49	1.32	
			4		2.467	3.93	1.26	1.49	0.63	1.18	0.69	0.63	1.37	
4.5/2.8	45	28	3	5	2.149	4.45	1.44	1.47	0.64	1.34	0.79	0.62	1.47	
			4		2.806	5.69	1.42	1.91	0.68	1.70	0.78	0.80	1.51	
5/3.2	50	32	3	5.5	2.431	6.24	1.60	1.84	0.73	2.02	0.91	0.82	1.60	
			4		3.177	8.02	1.59	2.39	0.77	2.58	0.90	1.06	1.65	
5.6/3.6	56	36	3	6	2.743	8.88	1.80	2.32	0.80	2.92	1.03	1.05	1.78	
			4		3.590	11.45	1.79	3.03	0.85	3.76	1.02	1.37	1.82	
			5		4.415	13.86	1.77	3.71	0.88	4.49	1.01	1.65	1.87	

续表 11.6

角钢号数	尺寸/mm				截面面积	X—X			X_0/cm	Y—Y			Y_0/cm	长度
	B	b	d	r	A/cm^2	I_X/cm^4	i_X/cm	W_X/cm^3		I_Y/cm^4	i_Y/cm	W_Y/cm^3		l/m
6.3/4	63	40	4	7	4.058	16.49	2.02	3.87	0.92	5.23	1.14	1.70	2.04	4 ~ 12
			5		4.993	20.02	2.00	4.74	0.95	6.31	1.12	2.71	2.08	
			6		5.908	23.36	1.93	5.59	0.99	7.29	1.11	2.43	2.12	
			7		6.802	26.53	1.98	6.40	1.03	8.24	1.10	2.78	2.15	
7/4.5	70	45	4	7.5	4.547	23.17	2.26	4.85	1.02	7.55	1.29	2.17	2.24	
			5		5.609	27.95	2.23	5.92	1.06	9.13	1.28	2.65	2.28	
			6		6.647	32.54	2.21	6.95	1.09	10.62	1.26	3.12	2.32	
			7		7.657	37.22	2.20	8.03	1.13	12.01	1.25	3.57	2.36	
8/5	80	50	5	8	6.375	41.96	2.56	7.78	1.14	12.82	1.42	3.32	2.60	
			6		7.560	49.49	2.56	9.25	1.18	14.85	1.41	3.91	2.65	
			7		8.724	56.16	2.54	10.58	1.21	16.96	1.39	4.48	2.69	
			8		9.867	62.83	2.52	11.92	1.25	18.85	1.38	5.03	2.73	
9/5.6	90	56	5	9	7.212	60.45	2.90	9.92	1.25	18.32	1.59	4.21	2.91	
			6		8.557	71.03	2.88	11.74	1.29	21.42	1.58	4.96	2.95	
			7		9.880	81.01	2.86	13.49	1.33	24.36	1.57	5.70	3.00	
			8		11.183	91.03	2.85	15.27	1.36	27.15	1.56	6.41	3.04	
10/6.3	100	63	6	10	9.617	99.06	3.21	14.64	1.43	30.94	1.79	6.35	3.24	4 ~ 19
			7		11.111	113.45	3.20	16.88	1.47	35.26	1.78	7.29	3.28	
			8		12.584	127.37	3.18	19.08	1.50	39.39	1.77	8.21	3.32	
			10		15.467	153.81	3.15	23.32	1.58	47.12	1.74	9.98	3.40	
10/8	100	80	6	10	10.637	107.04	3.17	15.19	1.97	61.24	2.40	10.16	2.95	
			7		12.301	122.73	3.16	17.52	2.01	70.08	2.39	11.71	3.00	
			8		13.944	137.92	3.14	19.81	2.05	78.58	2.37	13.21	3.04	
			10		17.167	166.87	3.12	24.24	2.13	94.65	2.35	16.12	3.12	

表 11.7 热轧普通槽钢(摘自 GB/T 706—2016)

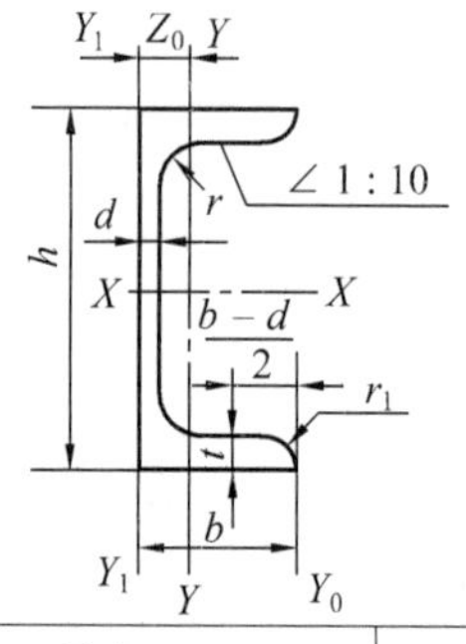

符号意义：

h—高度；　　b—腿宽；

d—腰厚；　　t—平均腿厚；

r—内圆弧半径；　　r_1—腿端圆弧半径；

I—惯性矩；　　i—惯性半径；

W—截面系数；　　Z_0—质心距离

型号	尺寸/mm						截面面积	X—X			Y—Y			Z_0/cm
	h	b	d	t	r	r_1	A/cm^2	W_X/cm^3	I_X/cm^4	i_X/cm	W_Y/cm^3	I_Y/cm^4	i_Y/cm	
6.3	63	40	4.8	7.5	7.5	3.75	8.444	16.123	50.786	2.453	4.50	11.872	1.185	1.36
8	80	43	5	8	8	4	10.24	25.3	101.3	3.15	5.79	16.6	1.27	1.43
10	100	48	5.3	8.5	8.5	4.25	12.74	39.7	198.3	3.95	7.8	25.6	1.41	1.52
12.6	126	53	5.5	9.0	9.0	4.5	15.69	62.137	391.466	4.953	10.242	37.99	1.567	1.59
14a	140	58	6	9.5	9.5	4.75	18.51	80.5	563.7	5.52	13.01	53.2	1.7	1.71
14b	140	60	8	9.5	9.5	4.75	21.31	87.1	609.4	5.35	14.12	61.1	1.69	1.67
16a	160	63	6.5	10	10	5	21.95	108.3	866.2	6.28	16.3	73.3	1.83	1.8
16	160	65	8.5	10	10	5	25.15	116.8	934.5	6.1	17.55	83.4	1.82	1.75
18a	180	68	7	10.5	10.5	5.25	25.69	141.4	1272.7	7.04	20.03	98.6	1.96	1.88
18	180	70	9	10.5	10.5	5.25	29.29	152.2	1369.9	6.84	21.52	111	1.95	1.84

11.2 有色金属

表11.8 铸造铜合金(摘自GB/T 1176—2013)

合金名称与牌号	铸造方法	机械性能				应用举例
		σ_B/(N·mm^{-2})	$\sigma_{0.2}$/(N·mm^{-2})	δ_5 %	硬度 HBW	
5-5-5锡青铜 ZCuSn5Pb5Zn5	GS、GM GZ、GC	200 250	90 100	13 13	590* 635*	用于较高负荷、中等滑动速度下工作的耐磨、耐蚀零件，如轴瓦、衬套、油塞、蜗轮等
10-1锡青铜 ZCuSn10P1	GS GM GZ	220 310 330	130 170 170	3 2 4	785* 885* 885*	用于小于20 MPa和滑动速度小于8 m/s条件下工作的耐磨零件，如齿轮、蜗轮、轴瓦、套等
10-2锡青铜 ZCuSn10Zn2	GS GM GZ、GC	240 245 270	120 140 140	12 6 7	685* 785* 785*	用于中等负荷和小滑动速度下工作的管配件及阀、旋塞、泵体、齿轮、蜗轮、叶轮等
8-13-3-2铝青铜 ZCuA18Mn13Fe3Ni2	GS GM	645 670	280 310	20 18	1570 1665	用于高强度耐蚀重要零件，如船舶螺旋桨、高压阀体、泵体、耐压耐磨的齿轮、蜗轮、法兰、衬套等
9-铝青铜 ZCuA19Mn2	GS GM	390 440		20 20	835 930	用于制造耐磨结构简单的大型铸件，如衬套、蜗轮及增压器内气封等
10-3铝青铜 ZCuAl10Fe3	GS GM GZ、GC	490 540 540	180 200 200	13 15 15	980* 1080* 1080*	制造强度高、耐磨、耐蚀零件，如蜗轮、轴承、衬套、管嘴、耐热管配件
9-4-4-2铝青铜 ZCuAl9Fe4Ni4Mn2	GS	630	250	16	1570	制造高强度重要零件，如船舶螺旋桨，耐磨及400℃以下工作的零件，如轴承、齿轮、蜗轮、螺母、法兰、阀体、导向套管等
25-6-3-3铝黄铜 ZCuZn25Al6Fe3Mn3	GS GM GZ、GC	725 740 740	380 400 400	10 7 7	1570* 1665* 1665*	适于高强度耐磨零件，如桥梁支承板、螺母、螺杆、耐磨板、滑块、蜗轮等
38-2-2锰黄铜 ZCuZn38Mn2Pb2	GS GM	245 345		10 18	685 785	一般用途结构件，如套筒、衬套、轴瓦、滑块等

注:① GS—砂型铸造，GM—金属型铸造，GZ—离心铸造，GC—连续铸造。

② 带*号的数据为参考值。布氏硬度试验，力的单位为牛顿(N)。

11.3 其他材料

表 11.9 工程塑料

品种		机械性能							热性能				应用举例
		抗拉强度 MPa	抗压强度 MPa	抗弯强度 MPa	延伸率 %	冲击值 (kJ·m^{-2})	弹性模量 10^3 MPa	硬度 HRR	熔点 ℃	马丁耐热 ℃	脆化温度 ℃	线胀系数 (10^{-5}℃)	
尼龙 6	干态	55	88.2	98	150	带缺口 3	0.254	114	215 ~223	40 ~ 50	-20 ~ -30	7.9 ~ 8.7	机械强度和耐磨性优良,广泛用做机械、化工及电气零件。如轴承、齿轮、凸轮、蜗轮、螺钉、螺母、垫圈等。尼龙粉喷涂于零件表面,可提高耐磨性和密封性
	含水	72 ~ 76.4	58.2	68.8	250	>53.4	0.813	85					
尼龙 66	干态	46	117	98 ~ 107.8	60	3.8	0.313 ~ 0.323	118	265	50 ~ 60	-25 ~ -30	9.1 ~ 10	
	含水	81.3	88.2		200	13.5	0.137	100					
MC 尼龙(无填充)		90	105	156	20	无缺口 0.520 ~ 0.624	3.6 (拉伸)	HBW 21.3		55		8.3	强度特高。用于制造大型齿轮、蜗轮、轴套、滚动轴承保持架、导轨、大型阀门密封面等
聚甲醛(POM)		69 (屈服)	125	96	15	带缺口 0.0076	2.9 (弯曲)	HBW 17.2		60 ~ 64		8.1 ~ 10.0 (当温度在 0 ~40℃时)	有良好的摩擦、磨损性能,干摩擦性能更优。可制造轴承、齿轮、凸轮、滚轮、辊子、垫圈、垫片等
聚碳酸酯(PC)		65 ~ 69	82 ~ 86	104	100	带缺口 0.064 ~ 0.075	2.2 ~2.5 (拉伸)	HBW 9.7 ~ 10.4	220 ~ 230	110 ~ 130	-100	6 ~7	有高的冲击韧性和优异的尺寸稳定性。可制作齿轮、蜗轮、蜗杆、齿条、凸轮、心轴、轴承、滑轮、铰链、传动链、螺栓、螺母、垫圈、铆钉、泵叶轮等

注:由于尼龙 6 和尼龙 66 吸水性很大,因此其各项性能上下差别很大。

表 11.10 工业用毛毡(摘自 FZ/T 25001—1992)

类型	牌号	断裂强度/MPa	断裂时延伸率(%)≤	应用举例
细毛	T112-26 ~31	2 ~5	90 ~144	用做密封、防漏油、振动缓冲衬垫等
半粗毛	T122-24 ~29	2 ~4	95 ~150	
粗毛	T132-32 ~36	2 ~3	110 ~156	

注:毛毡的厚度公称尺寸为 1.5、2、3、4、5、6、8、10、12、14、16、18、20、25 mm;宽度尺寸为 0.5 ~1.9 m。

表 11.11 软钢纸板(摘自 QB 365—1963) mm

厚度		长×宽		备注
公称尺寸	偏差	公称尺寸	偏差	
0.5 ~0.8	±0.12	920×650	±10	① 软钢纸板经甘油、蓖麻油处理,适用于制作密封连接处的垫片 ② 有关的物理和机械性能及试验方法参见标准 QB 365—1963
0.9 ~1.0	±0.15	650×490		
1.1 ~2.0	±0.15	650×400		
2.1 ~3.0	±0.20	400×300		

第12章 连　　接

12.1　螺纹及螺纹连接

一、螺　　纹

表12.1　普通螺纹基本牙型和基本尺寸(GB/T 192—2003、GB/T 196—2003)　　mm

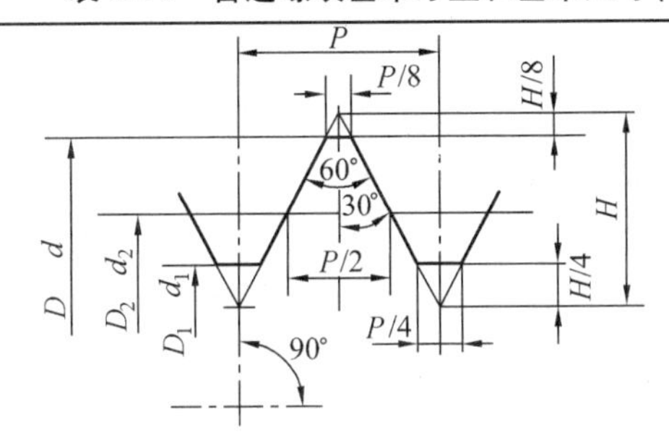

$H=0.886P$;

$d_2=d-0.6495P$;

$d_1=d-1.0825P$;

D、d—内、外螺纹大径;

D_2、d_2—内、外螺纹中径;

D_1、d_1—内、外螺纹小径;

P—螺距

螺纹标记:

公称直径为10 mm,螺纹为右旋、中径及顶径公差带代号均为6 g,螺纹旋合长度为N的粗牙普通螺纹:M10-6 g

公称直径为10 mm,螺距为1 mm,螺纹为右旋、中径及顶径公差带代号均为6H,螺纹旋合长度为N的细牙普通内螺纹:M10×1-6H

公称直径为20 mm、螺距为2 mm、螺纹为左旋、中径及顶径公差带代号分别为5 g、6 g及螺纹旋合长度为S的细牙普通螺纹:M20×2LH-5 g6 g-S

公称直径为20 mm、螺距为2 mm、螺纹为右旋、内螺纹中径及顶径公差带代号均为6H、外螺纹中径及顶径公差带代号均为6 g、螺纹旋合长度为N的细牙普通螺纹的螺纹副:M20×2-6H/6 g

公称直径 D、d		螺距 P	中径 D_2 或 d_2	小径 D_1 或 d_1	公称直径 D、d		螺距 P	中径 D_2 或 d_2	小径 D_1 或 d_1	公称直径 D、d		螺距 P	中径 D_2 或 d_2	小径 D_1 或 d_1
第一系列	第二系列				第一系列	第二系列				第一系列	第二系列			
												1.5	9.026	8.376
							1.25	7.188	6.647			1.25	9.188	8.647
6		1	5.350	4.917	8		1	7.350	6.917	10		1	9.350	8.917
		0.75	5.513	5.188			0.75	7.513	7.188			0.75	9.513	9.188

续表 12.1

公称直径 D、d		螺距 P	中径 D_2 或 d_2	小径 D_1 或 d_1	公称直径 D、d		螺距 P	中径 D_2 或 d_2	小径 D_1 或 d_1	公称直径 D、d		螺距 P	中径 D_2 或 d_2	小径 D_1 或 d_1
第一系列	第二系列				第一系列	第二系列				第一系列	第二系列			
12		1.75 1.5 1.25 1	10.863 11.026 11.188 11.350	10.106 10.376 10.674 10.917	24		3 2 1.5 1	22.051 22.701 23.026 23.350	20.752 21.835 22.376 22.917	42		4.5 (4) 3 2 1.5	39.077 39.402 40.051 40.701 41.026	37.129 37.670 38.752 39.835 40.376
	14	2 1.5 (1.25) 1	12.701 13.026 13.188 13.350	11.835 12.376 12.647 12.917		27	3 2 1.5 1	25.051 25.701 26.026 26.350	23.752 24.835 25.376 25.917		45	4.5 (4) 3 2 1.5	42.077 42.402 43.051 43.701 44.026	40.129 40.670 41.752 42.835 43.376
16		2 1.5 1	14.701 15.026 15.360	13.835 14.376 14.917	30		3.5 (3) 2 1.5 1	27.727 28.051 28.701 29.026 29.350	26.211 26.752 27.835 28.376 28.917	48		5 (4) 3 2 1.5	44.752 45.402 46.051 46.701 47.026	42.587 43.670 44.752 45.835 46.376
	18	2.5 2 1.5 1	16.376 16.701 17.026 17.350	15.294 15.835 16.376 16.917		33	3.5 (3) 2 1.5	30.727 31.051 31.701 32.026	29.211 29.752 30.835 31.376		52	5 (4) 3 2 1.5	48.752 49.402 50.051 50.701 51.026	46.587 47.670 48.752 49.835 50.376
20		2.5 2 1.5 1	18.376 18.701 19.026 19.350	17.294 17.835 18.376 18.917	36		4 3 2 1.5	33.402 34.051 34.701 35.026	31.670 32.752 33.835 34.376	56		5.5 4 3 2 1.5	52.428 53.402 54.051 54.701 55.026	50.046 51.670 52.752 53.835 54.376
	22	2.5 2 1.5 1	20.376 20.701 21.026 21.350	19.294 19.835 20.376 20.917		39	4 3 2 1.5	36.402 37.051 37.701 38.026	34.670 35.752 36.835 37.376		60	(5.5) 4 3 2 1.5	56.428 57.402 58.051 58.071 59.026	54.046 55.670 56.752 57.835 58.376

注:① 直径 $d \leqslant 68$ mm 时,P 项中第一个数字为粗牙螺距,其余为细牙螺距。

② 优先选用第一系列,其次是第二系列。

③ 括号内的尺寸尽可能不用。

表 12.2 普通螺纹公差与配合(摘自 GB/T 197—2003) mm

精度 \ 旋合长度 \ 公差带位置	G			H		
	S	*N*	*L*	*S*	*N*	*L*
精　密				4H	4H5H	5H6H
中　等	(5G)	(6G)	(7G)	*5H	*6H	*7H
粗　糙		(7G)			7H	

精度 \ 旋合长度 \ 公差带位置	*e*			*f*			*g*			*h*		
	S	*N*	*L*	*S*	*N*	*L*	*S*	*N*	*L*	*S*	*N*	*L*
精　密										(3h4h)	*4h	(5h4h)
中　等		*6e			*6f		(5g6g)	*6g	(7g6g)	(5h6h)	*6h	(7h6h)
粗　糙								8g			(8h)	

注:① G、H 为内螺纹的基本偏差,而 h、g、f 和 e 为外螺纹的基本偏差,如下图所示。

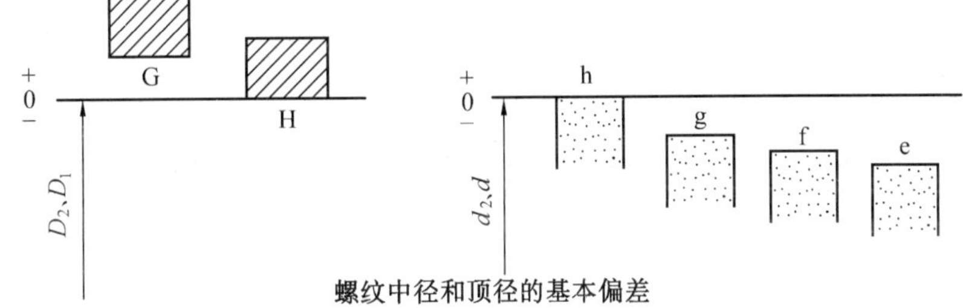

螺纹中径和顶径的基本偏差

② 内外螺纹选用的公差带可以任意组合,为保证足够的接触高度,最优组合为 H/g、H/h 或 G/h 的配合。

③ 大量生产的精制紧固件螺纹,优先推荐选用带方框的公差带,一般情况优先选用带“*”的公差带,不带“*”的公差带次之,括号内的公差带尽量不采用。

④ *S*—短旋合长度;*N*—中等旋合长度;*L*—长旋合长度。

表 12.3 螺纹旋合长度(GB/T 197—2003) mm

公称直径 *D*、*d*	螺距 *P*	旋合长度 *S*	*N* 大于	*N* 至	*L*
5.6~11.2	0.75	≤2.4	2.4	7.1	7.1
	1	≤3	3	9	9
	1.25	≤4	4	12	12
	1.5	≤5	5	15	15
11.2~22.4	0.75	≤2.7	2.7	8.1	8.1
	1	≤3.8	3.8	11	11
	1.25	≤4.5	4.5	13	13
	1.5	≤5.6	5.6	16	16
	1.75	≤6	6	18	18
	2	≤8	8	24	24
	2.5	≤10	10	30	30
22.4~45	1	≤4	4	12	12
	1.5	≤6.3	6.3	19	19
	2	≤8.5	8.5	8.5	25
	3	≤12	12	36	36

表 12.4　梯形螺纹牙型（GB/T 5796.1—2005） mm

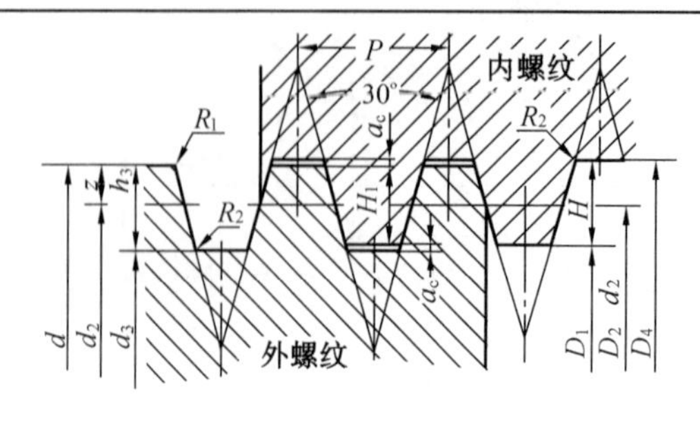

$H_1=0.5P$

$h_3=H_4=H_1+a_c=0.5P+a_c$

$Z=0.25P=H_{1/2}$

$d_2=D_2=d-2z=d-0.5P$

$d_3=d-2h_3=d-2(0.5P+a_c)$

$D_1=d-2H_1=d-P$

$D_4=d+2a_c$

标记示例

公称直径为 40 mm、螺距为 7 mm、螺纹为右旋、中径公差带代号为 7 H、螺纹旋合长度为 N 的梯形内螺纹：Tr40×7-7 H

公称直径为 40 mm、螺距为 7 mm、螺纹为右旋、中径公差带代号为 7e、螺纹旋合长度为 N 的梯形外螺纹：Tr40×7-7e

公称直径为 40 mm、螺距为 7 mm、导程为 14 mm、螺纹为左旋、中径公差带代号为 8 e、螺纹旋合长度为 L 的梯形多线外螺纹：Tr40×14（P7）LH-8e-L

公称直径为 40 mm、螺距为 7 mm、螺纹为右旋、中径公差带代号为 7e、螺纹旋合长度为 140 mm 的梯形外螺纹：Tr40×7-7e-140

公称直径为 40 mm、螺距为 7 mm、螺纹为右旋、内螺纹中径公差带代号为 7H、外螺纹中径公差带代号为 7e、螺纹旋合长度为 N 的梯形螺旋副：Tr40×7-7H/7e

螺距 P	H_1 $0.5P$	牙顶间隙 a_c	$H_4=h_3$	R_1 max	R_2 max	螺距 P	H_1 $0.5P$	牙顶间隙 a_c	$H_4=h_3$	R_1 max	R_2 max
2 3 4 5	1 1.5 2 2.5	0.25	1.25 1.75 2.25 2.75	0.125	0.25	8 9 10 12	4 4.5 5 6	0.5	4.5 5 5.5 6.5	0.25	0.5
6 7	3 3.5	0.5	3.5 4	0.25	0.5	14	7	1	8	0.5	1

表 12.5 梯形螺纹基本尺寸、公差及极限尺寸(GB/T 5796.3—2005、GB/T 5796.4—2005、GB/T 12359—1990)

mm

公称直径 d、D		螺距 P	大径		中径							小径						
第一系列	第二系列		$D_4=D_{4min}$	$d=d_{max}$ 下偏差/μm	$d_2=D_2=D_{2min}$	D_2 上偏差/μm 公差带 7H	8H	d_2 偏差/μm 公差带 7h	7e	8e	8c	$D_1=D_{1min}$	D_1 上偏差/μm	$d_3=d_{3max}$	d_3 下偏差/μm 中径公差带 7h	7e	8e	8c
	18	4	18.5	-300	16	355	450	0 -265	-95 -360	-95 -430	-190 -525	14	375	13.5	-331	-426	-514	-609
		2	18.5	-180	17	265	335	0 -200	-71 -271	-71 -321	-150 -400	16	236	15.5	-250	-321	-383	-462
20		4	20.5	-300	18	355	450	0 -265	-95 -360	-95 -430	-190 -525	16	375	15.5	-331	-426	-514	-609
		2	20.5	-180	19	265	335	0 -200	-71 -271	-71 -321	-150 -400	18	236	17.5	-250	-321	-393	-462
	22	5	22.5	-335	19.5	375	475	0 -280	-106 -386	-106 -461	-212 -567	17	450	16.5	-350	-450	-550	-656
		3	22.5	-236	20.5	300	375	0 -224	-85 -309	-85 -365	-170 -450	19	315	18.5	-280	-365	-435	-520
		8	23	-450	18	475	600	0 -355	-132 -487	-132 -582	-265 -715	14	630	13	-444	-576	-695	-828
24		5	24.5	-355	21.5	400	500	0 -300	-106 -406	-106 -481	-212 -587	19	450	18.5	-375	-481	-575	-681
		3	24.5	-236	22.5	335	425	0 -250	-85 -335	-85 -400	-170 -485	21	315	20.5	-312	-397	-479	-564
		8	25	-450	20	500	630	0 -375	-132 -507	-132 -607	-265 -740	16	630	15	-469	-601	-726	-959
	26	5	26.5	-335	23.5	400	500	0 -300	-106 -406	-106 -481	-212 -587	21	450	20.5	-375	-481	-575	-681
		3	26.5	-236	24.5	335	425	0 -250	-85 -335	-85 -400	-170 -485	23	315	22.5	-312	-397	-479	-564
		8	27	-450	22	500	630	0 -375	-132 -507	-132 -607	-265 -740	18	630	17	-469	-601	-726	-859
28		5	28.5	-335	25.5	400	500	0 -300	-106 -406	-106 -481	-212 -287	23	450	22.5	-375	-481	-575	-681
		3	28.5	-236	26.5	335	425	0 -250	-85 -330	-85 -400	-170 -485	25	315	24.5	-312	-397	-479	-564
		8	29	-450	24	500	630	0 -375	-132 -507	-132 -607	-265 -740	20	630	19	-469	-601	-726	-859
	30	6	31	-375	27	450	560	0 -335	-118 -453	-118 -543	-236 -661	24	500	23	-419	-537	-649	-767
		3	30.5	-236	28.5	335	425	0 -250	-85 -335	-85 -400	-170 -485	27	315	26.5	-312	-397	-479	-564
		10	31	-530	25	530	670	0 -400	-150 -550	-150 -650	-300 -800	20	710	19	-500	-650	-775	-925

续表 12.5

公称直径 d、D		螺距 P	大径		中径							小径						
第一系列	第二系列		$D_4=D_{4min}$	$d=d_{max}$ 下偏差/μm	$d_2=D_2=D_{2min}$	D_2 上偏差/μm 公差带 7H	8H	d_2 偏差/μm 公差带 7h	7e	8e	8c	$D_1=D_{1min}$	D_1 上偏差/μm	$d_3=d_{3max}$	d_3 下偏差/μm 中径公差带 7h	7e	8e	8c
32		6	33	-375	29	450	560	0 -335	-118 -453	-118 -543	-236 -661	26	500	25	-419	-537	-649	-767
		3	32.5	-236	30.5	335	425	0 -250	-85 -335	-85 -400	-170 -485	29	315	28.5	-312	-397	-479	-564
		10	33	-530	27	530	670	0 -400	-150 -550	-150 -650	-300 -800	22	710	21	-500	-650	-775	-925
	34	6	35	-375	31	450	560	0 -335	-118 -453	-118 -543	-236 -661	28	500	27	-419	-537	-649	-767
		3	34.5	-236	32.5	335	425	0 -250	-85 -335	-85 -400	-170 -485	31	315	30.5	-312	-397	-479	-564
		10	35	-530	29	530	670	0 -400	-150 -550	-150 -650	-300 -800	24	710	23	-500	-650	-775	-925
36		6	37	-375	33	450	560	0 -335	-118 -453	-118 -543	-236 -661	30	500	29	-419	-537	-649	-767
		3	36.5	-236	34.5	335	425	0 -250	-85 -335	-85 -400	-170 -485	33	315	32.5	-312	-397	-479	-564
		10	37	-630	31	530	670	0 -400	-150 -550	-150 -650	-300 -800	26	710	25	-500	-650	-775	925
	38	7	39	-425	34.5	475	600	0 -355	-125 -480	-125 -575	-250 -700	31	560	30	-444	-569	-688	-813
		3	38.5	-236	36.5	335	425	0 -250	-85 -335	-85 -400	-170 -485	35	315	34.5	-312	-397	-479	-564
		10	39	-530	33	530	670	0 -400	-150 -550	-150 -650	-300 -800	28	710	27	-500	-650	-775	-925
40		7	41	-425	36.5	475	600	0 -355	-125 -480	-125 -575	-250 -700	33	560	32	-444	-569	-688	-813
		3	40.5	-236	38.5	335	425	0 -250	-85 -335	-85 -400	-170 -485	37	315	36.5	-312	-397	-479	-564
		10	41	-530	35	530	670	0 -400	-150 -550	-150 -650	-300 -800	30	710	29	-500	-650	-775	-925
	42	7	43	-425	38.5	475	600	0 -355	-125 -480	-125 -575	-250 -700	35	560	34	-444	-569	-688	-813
		3	42.5	-236	40.5	335	425	0 -250	-85 -335	-85 -400	-170 -485	39	315	38.5	-312	-397	-479	-564
		10	43	-530	37	530	670	0 -400	-150 -550	-150 -650	-300 -800	32	710	31	-500	-650	-775	-925
44		7	45	-425	40.5	475	600	0 -355	-125 -480	-125 -575	-250 -700	37	560	36	-444	-569	-688	-813
		3	44.5	-236	42.5	335	425	0 -250	-85 -335	-85 -400	-170 -485	41	315	40.5	-312	-397	-479	-654
		12	45	-600	38	560	710	0 -425	-160 -585	-160 -610	-335 -865	32	800	31	-531	-691	-823	-998

续表 12.5

公称直径 d、D		螺距 P	大径		中径							小径						
			$D_4=D_{4min}$	$d=d_{max}$ 下偏差/μm	$d_2=D_2=D_{2min}$	D_2 上偏差/μm		d_2 偏差/μm				$D_1=D_{1min}$	D_1 上偏差/μm	$d_3=d_{3max}$	d_3 下偏差/μm			
						公差带		公差带							中径公差带			
第一系列	第二系列					7H	8H	7h	7e	8e	8c				7h	7e	8e	8c
	46	8	47	-450	42	530	670	0 -400	-132 -532	-132 -632	-265 -765	38	630	37	-500	-632	-757	-890
		3	46.5	-236	44.5	355	450	0 -265	-85 -350	-85 -420	-170 -505	43	315	42.5	-331	-416	-504	-589
		12	47	-600	40	630	800	0 -475	-160 -635	-160 -760	-335 -935	34	800	33	-594	-754	-916	-1085
48		8	49	-450	44	530	670	0 -400	-132 -532	-132 -632	-265 -765	40	630	39	-500	-632	-757	-895
		3	48.5	-236	46.5	355	450	0 -265	-85 -350	-85 -420	-170 -505	45	315	44.5	-331	-416	-504	-589
		12	49	-600	42	630	800	0 475	-160 -635	-160 -760	-335 -935	36	800	35	-594	-754	-916	-1085
	50	8	51	-450	46	530	670	0 -400	-132 -532	-132 -632	-265 -765	42	630	41	-500	-632	-757	-890
		3	50.5	-236	48.5	355	450	0 -265	-85 -350	-85 -420	-170 -505	47	315	46.5	-331	-416	-504	-589
		12	51	-600	44	630	800	0 -475	-160 -635	-160 -760	-335 -935	38	800	37	-594	-754	-916	-1085
52		8	53	-450	48	530	670	0 -400	-132 -532	-132 -632	-265 -765	44	630	43	-500	-632	-757	-890
		3	52.5	-236	50.5	355	450	0 -265	-85 -350	-85 -420	-170 -505	49	315	37.5	-331	-416	-504	-589
		12	53	-600	46	630	800	0 -475	-160 -635	-160 -760	-335 -935	40	800	39	-594	-754	-916	-1085
	55	9	56	-500	50.5	560	710	0 -425	-140 -565	-140 -670	-280 -810	46	670	45	-531	-671	-803	-943
		3	55.5	-236	53.5	355	450	0 -265	-85 -350	-85 -420	-170 -505	52	315	51.5	-331	-416	-504	-589
		14	57	-670	48	670	850	0 -500	-180 -680	-180 -810	-355 -985	41	900	39	-625	-805	-967	-1142
60		9	61	-500	55.5	560	710	0 -425	-140 -565	-140 -670	-280 -810	51	670	50	-531	-671	-803	943
		3	60.5	-236	58.5	355	450	0 -265	-85 -350	-85 -420	-170 -505	57	315	56.5	-331	-416	-504	-589
		14	62	-670	53	670	850	0 -500	-180 -680	-180 -810	-355 -985	46	900	44	-625	-805	-967	-1142

注：尺寸段中第一行为优先选择螺距。

表 12.6 梯形内、外螺纹中径选用公差带（GB/T 5796.4—2005）

精度	内螺纹		外螺纹	
	N	*L*	*N*	*L*
中等	7H	8H	7h 7e	8e
粗糙	8H	9H	8e 8c	9c

注：① 精度的选用原则为：一般用途选“中等”；精度要求不高时选“粗糙”。

② 内、外螺纹中径公差等级为 7、8、9。

③ 外螺纹大径 d 公差带为 4 h；内螺纹小径 D_1 公差带为 4H。

表 12.7 梯形螺纹旋合长度(GB/T 5796.4—2005) mm

公称直径 d	螺距 P	旋合长度组 N	旋合长度组 L	公称直径	螺距 P	旋合长度组 N	旋合长度组 L
≥11.2~22.4	2	≥8~24	>24	≥22.45~45	7	≥30~85	>85
	3	≥11~32	>32		8	≥34~100	>100
	4	≥15~43	>43		10	≥42~125	>125
	5	≥18~53	>53		12	≥50~150	>150
	8	≥30~85	>85				
≥22.4~45	3	≥12~36	>36	≥45~60	3	≥15~45	>45
	5	≥21~63	>63		8	≥38~118	>118
	6	≥25~75	>75		9	≥43~132	>132
					12	≥60~170	>170
					14	≥67~200	>200

表 12.8 单头梯形外螺纹与内螺纹的退刀槽 mm

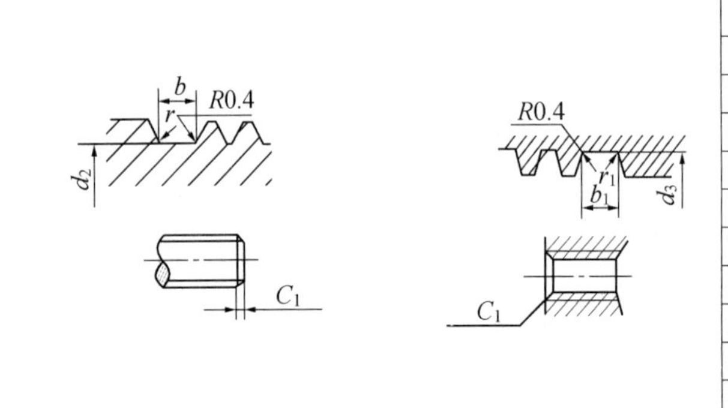

P	$b=b_1$	d_2	d_3	$r=r_1$	$C=C_1$
2	2.5	$d-3$	$d+1$	1	1.5
3	4	$d-4$			2
4	5	$d-5.1$	$d+1.1$	1.5	2.5
5	6.5	$d-6.6$	$d+1.6$		3
6	7.5	$d-7.8$	$d+1.8$	2	3.5
8	10	$d-9.8$		2.5	4.5
10	12.5	$d-12$	$d+2$	3	5.5
12	15	$d-14$			6.5
16	20	$d-19.2$	$d+3.2$	4	9
20	24	$d-23.5$	$d+3.5$	5	11

表 12.9 矩形螺纹 mm

名　称	公　式
计算小径 d_1	由强度确定
大径 d(公称)	$d=\frac{5}{4}d_1$ (取整)
螺距 P	$P=\frac{1}{4}d_1$ (取整)
实际牙型高度 h_1	$h_1=0.5p+(0.1\sim0.2)$
小径 d_1	$d_1=d-2h_1$
牙底宽 W	$W=0.5p+(0.03\sim0.05)$
牙顶宽 f	$f=p-W$

注:矩形螺纹没有标准化,对于公制矩形螺纹的直径与螺距,可按梯形螺纹直径与螺距选择。

二、螺纹连接件

1. 螺栓

表 12.10 六角头螺栓-A 和 B 级(GB/T 5782—2016)、六角头螺栓-全螺纹-A 和 B 级(GB/T 5783—2016)

mm

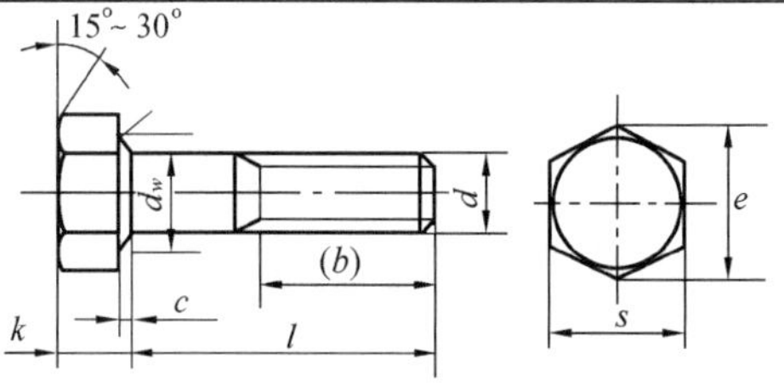

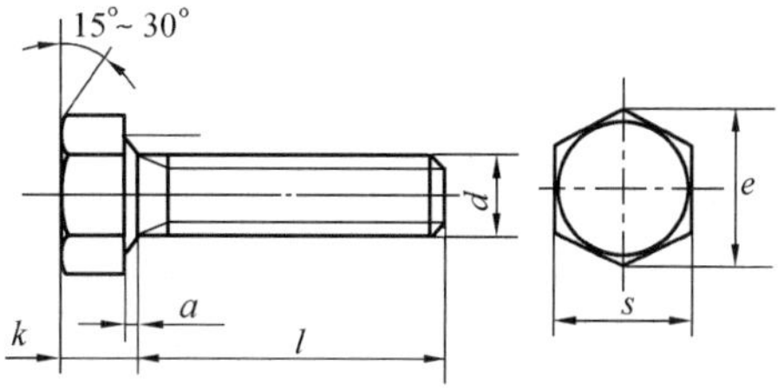

标记示例：

螺纹规格 d=M12，公称长度 l=80 mm、性能等级为 9.8 级、表面氧化，A 级的六角头螺栓：

螺栓 GB/T 5782 M12×80

标记示例：

螺纹规格 d=M12、公称长度 l=80 mm、性能等级为 9.8 级、表面氧化、全螺纹、A 级的六角头螺栓：

螺栓 GB/T 5783 M12×80

螺纹规格 d			M3	M4	M5	M6	M8	M10	M12	(M14)	M16	(M18)	M20	(M22)	M24	(M27)	M30
b 参考	l≤125		12	14	16	18	22	26	30	34	38	42	46	50	54	60	66
	125<l≤200		—	—	—	—	28	32	36	40	44	48	52	56	60	66	72
	l>200		—	—	—	—	—	—	—	53	57	61	65	69	73	79	85
a	max		1.5	2.1	2.4	3	3.75	4.5	5.25	6	6	7.5	7.5	7.5	9	9	10.5
c	max		0.4	0.4	0.5	0.5	0.6	0.6	0.6	0.6	0.8	0.8	0.8	0.8	0.8	0.8	0.8
d_w	min	A	4.57	5.88	6.88	8.88	11.63	14.63	16.63	19.64	22.49	25.34	28.19	31.17	33.61	—	—
		B	—	—	6.74	8.74	11.47	16.47	19.47	22	24.85	27.7	31.35	33.25	38	42.75	
e	min	A	6.01	7.66	8.79	11.05	14.38	17.77	20.03	23.36	26.75	30.14	33.53	37.72	39.98	—	—
		B	5.88	7.50	8.63	10.89	14.20	17.59	19.85	22.78	26.17	29.56	32.95	37.29	39.55	45.2	50.85
K	公称		2	2.8	3.5	4	5.3	6.4	7.5	8.8	10	11.5	12.5	14	15	17	18.7
r	min		0.1	0.2	0.2	0.25	0.4	0.4	0.6	0.6	0.6	0.6	0.8	1	0.8	1	1
s	公称		5.5	7	8	10	13	16	18	21	24	27	30	34	36	41	46
l 范围(GB/T 5782—2000)			20~30	25~40	25~50	30~60	35~80	40~100	45~120	60~140	55~160	60~180	65~200	70~220	80~240	90~260	90~300
l 范围(全螺纹)(GB/T 5783—2000A 型)			6~30	8~40	10~50	12~60	16~80	20~100	25~100	30~140	35~100	35~200	40~200	45~200	40~100	55~200	60~200
l 系列			6,8,10,12,16,20~70(5 进位),80~160(10 进位),180~360(20 进位)														

技术条件	材料	力学性能等级	螺纹公差	公差产品等级	表面处理
	钢	5.6,8.8,9.8,10.9	6g	A 级用于 d≤24 和 l≤10d 或 l≤150 B 级用于 d>24 和 l>10d 或 l>150	氧化或电镀、协议简单处理
	不锈钢	A2-70、A4-70			
	有色金属	Cu2、Cu3、A14 等			

注：① A、B 为产品等级，C 级产品螺纹公差为 8 g，规格为 M5 ~ M64，性能级为 3.6、4.6 和 4.8 级，详见 GB/T 5780—2000、GB/T 5781—2000。

② 括号内第二系列螺纹直径规格，尽量不采用。

表 12.11 六角头加强杆螺栓 A 级和 B 级(GB/T 27—2013)

mm

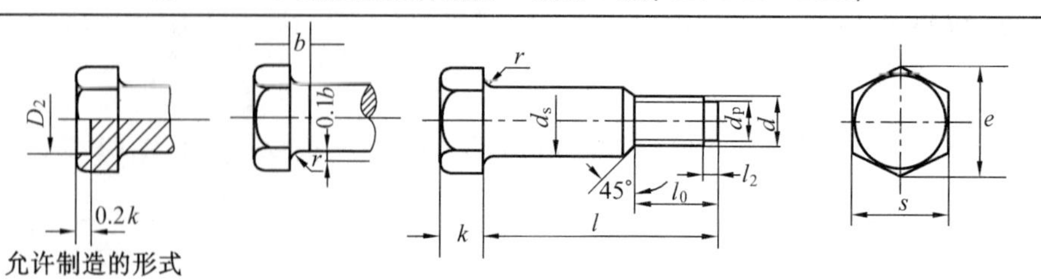

允许制造的形式

标记示例:

螺纹规格 d=M12、d_s 尺寸按表规定,公称长度 l=80 mm、性能等级为 8.8 级、表面氧化处理、A 级的六角头铰制孔用螺栓:

螺栓 GB/T 27—2013 M12×80

d_s 按 m6 制造时,应加标记 m6:

螺栓 GB/T 27—2013 M12×m6×80

d		M6	M8	M10	M12	M16	M20
d_s(h9) max		7	9	11	13	17	21
s max		10	13	16	18	24	30
k 公称		4	5	6	8	9	11
r min		0.25	0.4		0.6		0.8
d_p		4	5.5	7	8.5	12	15
l_2		1.5		2		3	4
e min	A	11.05	14.38	17.77	20.03	26.75	33.53
	B	10.89	14.2	17.59	19.85	26.17	32.95
b		2.5				3.5	
l 范围		22~65	25~80	30~120	35~180	45~200	55~200
l 系列		25、30、35、40、45、50、60、70、80、85、90、100~260(10 进位)、280、300					
l_0		12	15	18	22	28	32

注:① 根据使用要求,螺杆上无螺纹部分直径(d_s)允许按 m6、u8 制造。按 m6 制造的杆径,其表面粗糙度为 1.6 μm。

② 螺杆上无螺纹部分(d_s)末端倒角 45°,根据制造工艺要求,允许制成大于 45°、小于 1.5P(粗牙螺纹螺距)的颈部。

2. 螺柱

表 12.12 双头螺柱 $b_m=1\ d$(GB/T 897—1988)、$b_m=1.25\ d$(GB/T 898—1988)、$b_m=1.5\ d$(GB/T 899—1988)

mm

$x \leqslant 1.5P$;P—粗牙螺纹螺距;$d_s \approx$ 螺纹中径(B 型)

标记示例:

两端均为粗牙普通螺纹,$d=10$ mm、$l=50$ mm、性能等级为 4.8 级、不经表面处理、B 型 $b_m=1\ d$ 的双头螺柱:

螺柱 GB/T 897—1988 M10×50

旋入机体一端为粗牙普通螺纹,旋螺母一端为螺距 $P=1$ mm 的细牙普通螺纹,$d=10$ mm、$l=50$ mm、性能等级为 4.8 级、不经表面处理、A 型、$b_m=1.25d$ 的双头螺柱:

螺柱 GB/T 898—1988 AM10-M10×1×50

旋入机体一端为过渡配合螺纹的第一种配合,旋螺母一端为粗牙普通螺纹,$d=10$ mm、$l=50$ mm、性能等级为 8.8 级、镀锌钝化、B 型、$b_m=1.25d$ 的双头螺柱:

螺柱 GB/T 898—1988 GM10-M10×50-8.8-Zn · D

螺纹规格 d		M5	M6	M8	M10	M12	M16	M20
b_m 公称	GB 897	5	6	8	10	12	16	20
	GB 898	6	8	10	12	15	20	25
	GB 899	8	10	12	15	18	24	30
d_s	max							
	min	4.7	5.7	7.64	9.64	11.57	15.57	19.48
$\frac{l}{b}$		$\frac{16\sim22}{10}$ $\frac{25\sim50}{16}$	$\frac{20\sim22}{10}$ $\frac{25\sim30}{14}$ $\frac{32\sim75}{18}$	$\frac{20\sim22}{12}$ $\frac{25\sim30}{16}$ $\frac{32\sim90}{22}$	$\frac{25\sim38}{14}$ $\frac{30\sim38}{16}$ $\frac{40\sim120}{26}$ $\frac{130}{32}$	$\frac{25\sim30}{16}$ $\frac{32\sim40}{20}$ $\frac{45\sim120}{30}$ $\frac{130\sim180}{36}$	$\frac{30\sim38}{20}$ $\frac{40\sim55}{30}$ $\frac{60\sim120}{38}$ $\frac{130\sim200}{44}$	$\frac{35\sim40}{25}$ $\frac{45\sim65}{35}$ $\frac{70\sim120}{46}$ $\frac{130\sim200}{52}$
范围		16~50	20~75	20~90	25~130	25~180	30~200	35~200
l 系列		16,20,25,30,35,40~100(5 进位),110~260(10 进位),280,300						

注:① 旋入机体一端过渡配合螺纹代号为 GM、G_2M,A 型螺纹代号为 AM,B 型不写。

② GB/T 898 $d=5\sim20$ mm 为商品规格,其余均为通用规格。

③ 末端按 GB 2—1985 的规定。

④ $b_m=1\ d$ 一般用于钢对钢,$b_m=(1.25\sim1.5)d$ 一般用于钢对铸铁。

表 12.13　等长双头螺柱-B 级(GB/T 901—1988)

mm

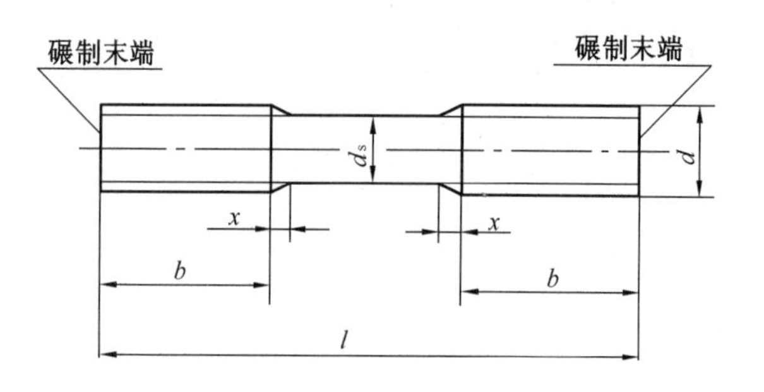

标记示例:

螺纹规格 $d=12$ mm、长度 $l=100$ mm、机械性能为 4.8 级、不经表面处理的等长双头螺柱:

螺柱　GB/T 901—1988 M12×100

$x \leqslant 0.5P$;

P—螺距;

$d_s \approx$ 螺纹中径

螺纹规格 d	6	8	10	12	16	20
b	18	28	32	36	44	52
l 的范围	25 ~ 300	32 ~ 300	40 ~ 300	50 ~ 300	60 ~ 300	70 ~ 300
l 系列	12,16,20,25,30,35,40 ~ 90(5 进位),100 ~ 260(10 进位),280,300,320,350,380,400,420,450,480,500					

注:当 $l \leqslant 50$ mm 或 $l \leqslant 2b$ 时,允许螺栓上全部制出螺纹。但当 $l \leqslant 2b$ 时,亦允许制出长度不大于 $4P$(粗牙螺纹螺距)的无螺纹部分。

3. 螺钉

表 12.14 内六角圆柱头螺钉(GB/T 70.1—2008) mm

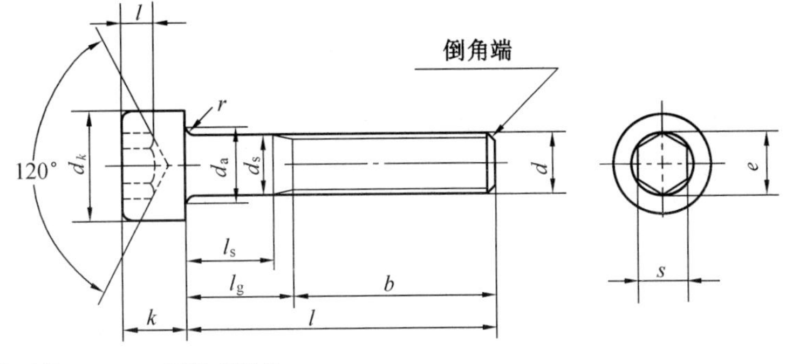

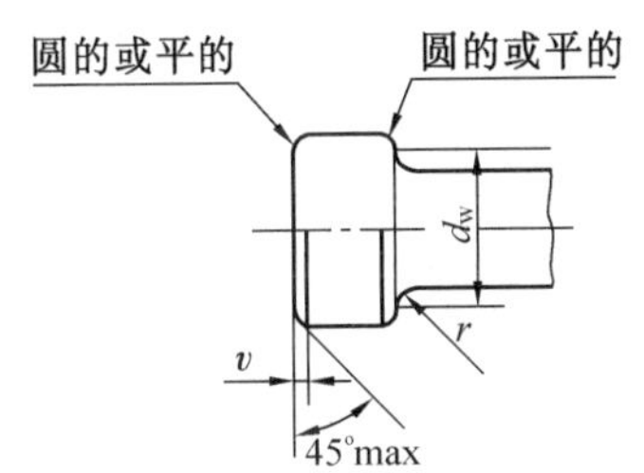

标记示例:

螺纹规格 d=M8、公称长度 l=20 mm、性能等级为 8.8 级、表面氧化的内六角圆柱螺钉

螺钉 GB70.1-2008 M8×20

螺纹规格 d		M6	M8	M10	M12	M16	M20
P		1	1.25	1.5	1.75	2	2.5
b 参 考		24	28	32	36	44	52
d_k	max *	10	13	16	18	24	30
	max * *	10.22	13.27	16.27	18.27	24.33	30.33
d_a	max	6.8	9.2	11.2	13.7	17.7	22.4
d_s	max	6	8	10	12	16	20
e	min	5.72	6.68	9.15	11.43	16	19.44
r	min	0.25	0.4	0.4	0.6	0.6	0.8
k	max	6	8	10	12	16	20
s	公差	5	6	8	10	14	17
t	min	3	4	5	6	8	10
v	max	0.6	0.8	1	1.2	1.6	2
d_w	min	9.35	12.33	15.33	17.23	23.17	28.87
l 范围	公称	10~60	12~80	16~100	20~120	25~160	30~200
制成全螺纹时 $l \leq$		30	35	40	45	55	65

注:① M24、M30 为通用规格,其余为商品规格。

② $l_{gmin}=l$ 公称$-b$ 参考,$l_{s\,min}=l_{g\,max}-5P$,P 为螺距。

* 光滑头部;* * 滚花头部。

表 12.15　吊环螺钉(GB/T 825—1988)

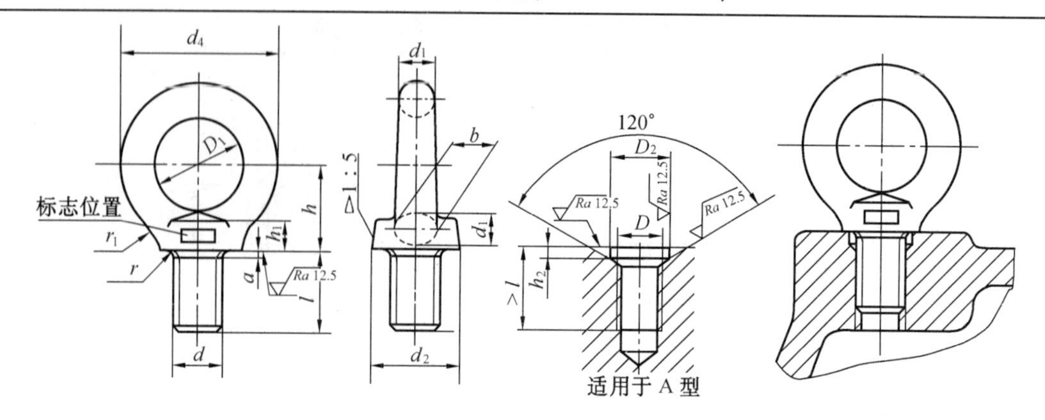

B 型

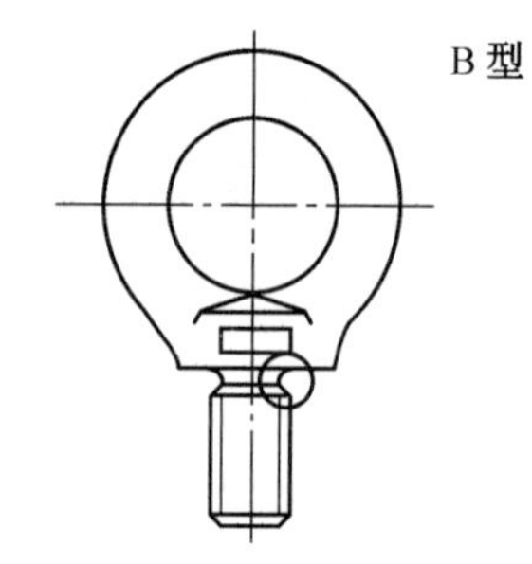

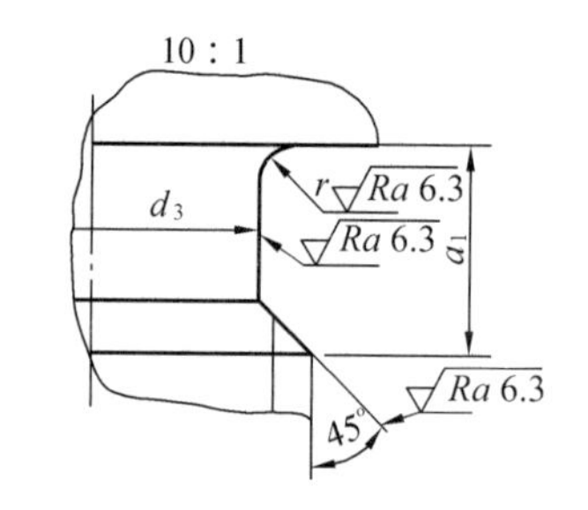

A 型无螺纹部分杆径≈螺纹中径或≈螺纹大径

标记示例:

规格为 20 mm、材料为 20 钢、经正火处理、不经表面处理的 A 型吊环螺钉:

螺钉　GB/T 825—1988　M20

螺纹规格　d	M8	M10	M12	M16	M20	
d_1　max	9.1	11.1	13.1	15.2	17.4	
D_1　公差	20	24	28	34	40	
d_2　max	21.1	25.1	29.1	35.2	41.4	
h_1　max	7	9	11	13	15.1	
h	18	22	26	31	36	
d_4　参考	36	44	52	62	72	
r_1	4	4	6	6	8	
r　min	1					
l　公称	16	20	22	28	35	
a_1　max	3.75	4.5	5.25	6	7.5	
a　max	2.5	3	3.5	4	5	
b　max	10	12	14	16	19	
d_3　公称(max)	6	7.7	9.4	13	16.4	
D_2　公称(min)	13	15	17	22	28	
h_2　公称(min)	2.5	3	3.5	4.5	5	

续表 12.15

螺纹规格 d			M8	M10	M12	M16	M20
最大起重量 W/t	单螺钉起吊		0.16	0.25	0.4	0.63	1
	双螺钉起吊	45°max	0.08	0.125	0.2	0.32	0.5

注:①减速器质量 W(t)与中心距参考关系为软齿面减速器。

一级圆柱齿轮减速器						二级圆柱齿轮减速器					
a	100	160	200	250	315	a	100×140	140×200	180×280	200×280	250×355
W/t	0.026	0.105	0.21	0.40	0.80	W/t	0.10	0.26	0.48	0.68	1.25

② 螺钉采用20或25钢制造,螺纹公差为8g。

③ 表中螺纹规格 d 均为商品规格。

表 12.16 开槽沉头螺钉(GB/T 68—2016)

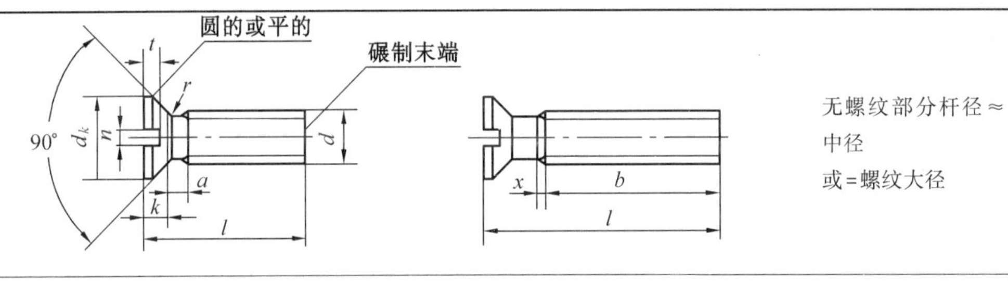

螺纹规格 d=M5、公称长度 l=20 mm、性能等级为4.8级、不经表面处理的开槽沉头螺钉的标记示例:

螺钉 GB/T 68—2016 M5×20

螺纹规格 d	螺距 P	a	b	d_k 实际值		k	n	r	t		x	公称长度 l 的范围
		max	min	max	min	max	公称	max	max	mix	max	
M1.6	0.35	0.7	25	3	2.7	1	0.4	0.4	0.5	0.32	0.9	2.5~16
M2	0.4	0.8	25	3.8	3.5	1.2	0.5	0.5	0.6	0.4	1	3~20
M2.5	0.45	0.9	25	4.7	4.4	1.5	0.6	0.6	0.75	0.5	1.1	4~25
M3	0.5	1	25	5.5	5.2	1.65	0.8	0.8	0.85	0.6	1.25	5~30
M4	0.7	1.4	38	8.4	8	2.7	1.2	1	1.3	1	1.75	6~40
M5	0.8	1.6	38	9.3	8.9	2.7	1.2	1.3	1.4	1.1	2	8~50
M6	1	2	38	11.3	10.9	3.3	1.6	1.5	1.6	1.2	2.5	8~60
M8	1.25	2.5	38	15.8	15.4	4.65	2	2	2.3	1.8	3.2	10~80
M10	1.5	3	38	18.3	17.8	5	2.5	2.5	2.6	2	3.8	12~80
公称长度 l 的系列		2.5,3,4,5,6,8,10,12,(14),16,20~80(5进位)										

注:① 公称长度 l 中的(14),(55),(65),(75)等级规格尽可能不采用。

② d≤M3、l≤30 mm 或 d≥M4、l≤45 mm 时,制出全螺纹[$b=l-(k+a)$]。

③ 公称长度 l 的范围为商品规格。

表 12.17 十字槽沉头螺钉(GB/T 819.1—2016)、十字槽盘头螺钉(GB/T 818—2016) mm

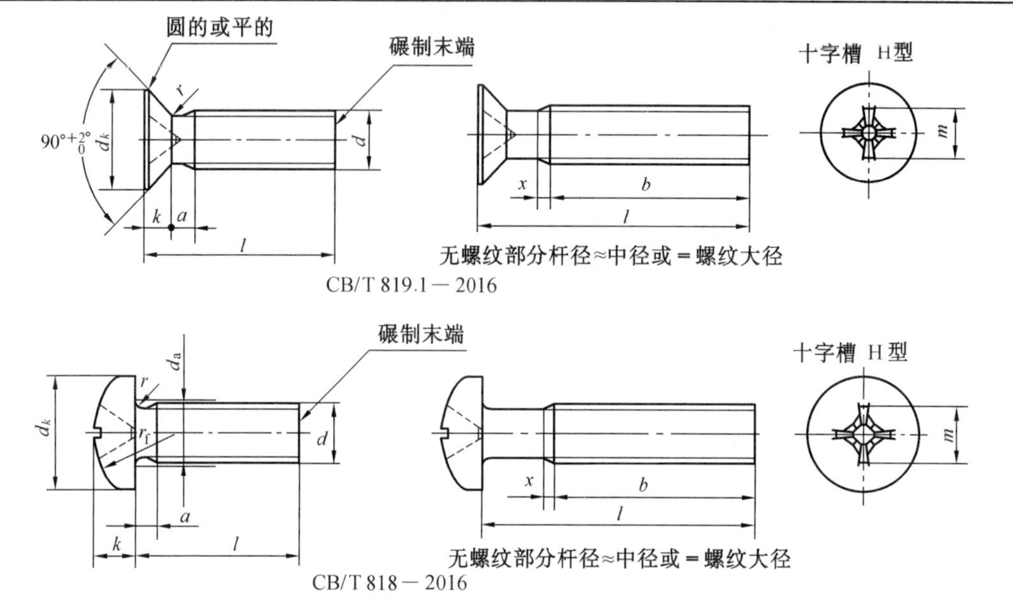

标记示例:

螺纹规格 d=M5、公称长度 l=20 mm、性能等级为 4.8 级、不经表面处理的 H 型十字槽沉头螺钉:

螺钉 GB/T 819.1—2016 M5×20

螺纹规格 d=M5、公称长度 l=20 mm、性能等级为 4.8 级、不经表面处理的 H 型十字槽盘头螺钉:

螺钉 GB/T 818—2016 M5×20

螺纹规格 d	螺距 P	a	b	x	GB/T 819.1—2016					GB/T 818—2016							l 商品规格范围	l 系列
					d_k	k	r	十字槽 H型插入深度		d_k	k	r	r_f	d_a	十字槽 H型插入深度			
		max	max		max	max	max	m 参考	max	max	max	max	≈	max	m 参考	max		
M4	0.7	1.4	38	1.75	8.4	2.7	1	4.6	2.6	8	3.1	0.2	6.5	4.7	4.4	2.4	5~40	5、6、8、10、12、16、20、25、30、35、40、45、50、60
M5	0.8	1.6	38	2	9.3	2.7	1.3	5.2	3.2	9.5	3.7	0.2	8	5.7	4.9	2.9	GB 818—2016 6~45 GB 819.1—2016 6~50	
M6	1	2	38	2.5	11.3	3.3	1.5	6.8	3.5	12	4.6	0.25	10	6.8	6.9	3.6	8~60	
M8	1.25	2.5	38	3.2	15.8	4.65	2	8.9	4.6	16	6	0.4	13	9.2	9	4.6	10~60	
M10	1.5	3	38	3.8	18.3	5	2.5	10	5.7	20	7.5	0.4	16	11.2	10.1	5.8	12~60	

注:l≤45 mm,制出全螺纹。

表 12.18 开槽锥端紧定螺钉(GB/T 71—1985)、开槽平端紧定螺钉(GB/T 73—1985)、开槽长圆柱端紧定螺钉(GB/T 75—1985)

mm

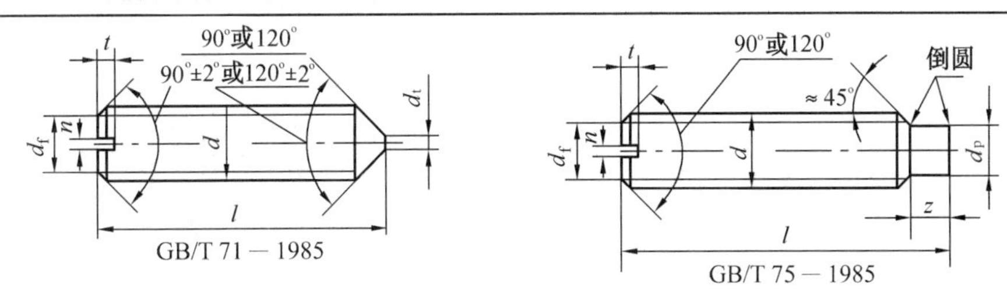

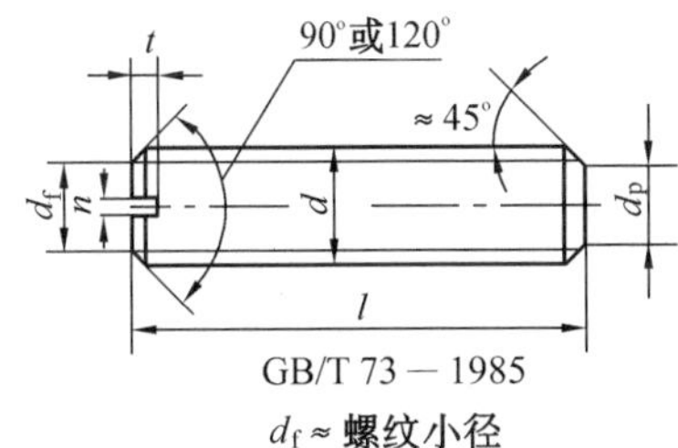

d_f≈螺纹小径

标记示例:

螺纹规格 d=M5、公称长度 l=12 mm、性能等级为 14H 级、表面氧化的开槽锥端紧定螺钉:

螺钉 GB/T 71—1985 M5×12

螺纹规格 d=M5、公称长度 l=12 mm、性能等级为 14H 级、表面氧化的开槽平端紧定螺钉:

螺钉 GB/T 73—1985 M5×12

螺纹规格 d=5M、公称长度 l=12 mm、性能等级为 4H 级、表面氧化的开槽长圆柱端紧定螺钉:

螺钉 GB/T 75—1985 M5×12

螺纹规格 d		M4	M5	M6	M8	M10	M12
P(螺距)		0.7	0.8	1	1.25	1.5	1.75
d_p max		2.5	3.5	4	5.5	7	8.5
n 公称		0.6	0.8	1	1.2	1.6	2
t max		1.42	1.63	2	2.5	3	3.6
d_f max		0.4	0.5	1.5	2	2.5	3
z max		2.25	2.75	3.25	4.3	5.3	6.3
l 规格范围	GB/T 73—1985	4~20	5~25	6~30	8~40	10~50	12~60
	GB/T 71—1985 GB/T 75—1985	6~20	8~25	8~30	10~40	12~50	14~60
制成 120°的短螺钉 l=	GB/T 75—1985	6	8	≤10	≤14	≤16	≤20
	GB/T 73—1985	4	5	6	—	—	—
l 系列 公称		4,5,6,8,10,12,(14),16,20,25,30,35,40,45,50,(55),60					

4. 螺母

表 12.19　I 型六角螺母-A 和 B 级(摘自 GB/T 6170—2015)　mm

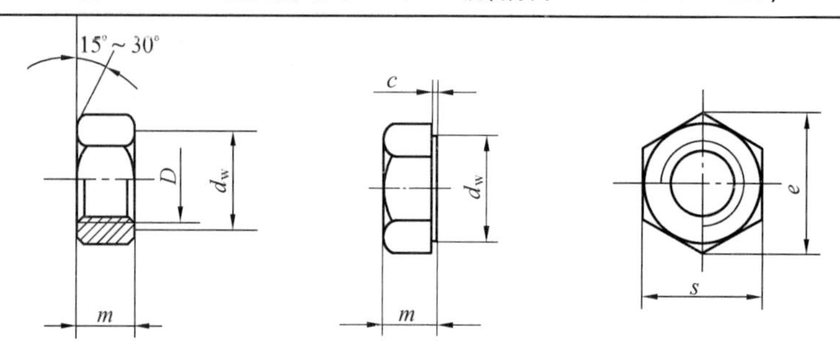

标记示例:

螺纹规格 D=M12、性能等级为 10 级、不经表面处理、产品等级为 A 的 1 型六角螺母的标记:螺母 GB/T 6170—2015 M12

螺纹规格 D		M1.6	M2	M2.5	M3	M4	M5	M6	M8	M10	M12	M16	M20	M24	M30	M36	M42	M48	M56	M64
P 螺距		0.35	0.4	0.45	0.7	0.8	1	1.25	1.5	1.75	2	2.5	3	3.5	4	4.5	5	5.5	6	
c max		0.2	0.2	0.3	0.4	0.4	0.5	0.5	0.6	0.6	0.6	0.8	0.8	0.8	0.8	0.8	1.0	1.0	1.0	
d_w min		2.4	3.1	4.1	4.6	5.9	6.9	8.9	11.6	14.6	16.6	22.5	27.7	33.3	42.8	51.1	60.0	69.5	78.7	88.2
e min		3.41	4.32	5.45	6.01	7.66	8.97	11.05	14.38	17.77	20.03	26.75	32.95	39.55	50.85	60.79	71.3	82.6	93.56	104.86
m	max	1.3	1.6	2	2.4	3.2	4.7	5.2	6.8	8.4	10.8	14.8	18	21.5	25.6	31	34	38	45	51
	min	1.05	1.35	1.75	2.15	2.9	4.4	4.9	6.44	8.04	10.37	14.1	16.9	20.2	24.3	29.4	32.4	36.4	43.4	49.1
s	max	3.2	4.0	5.0	5.5	7.0	8.0	10.0	13.0	16.0	18.0	24.0	30.0	36.0	46.0	55.0	65.0	75.0	85.0	95.0
	min	3.02	3.82	4.82	5.32	6.78	7.78	9.78	12.73	15.73	17.73	23.67	29.16	35	45	53.8	63.1	73.1	82.8	92.8
技术条件		材　料			钢					不　锈　钢					有色金属					
		机械性能			$D<\mathrm{M3}$:按协议 $\mathrm{M3}\leqslant D\leqslant \mathrm{M39}$:6、8、10 $D>\mathrm{M39}$:按协议					$D\leqslant \mathrm{M24}$:A2-70、A4-70 $\mathrm{M24}<D\leqslant \mathrm{M39}$:A2-50、A4-50 $D>\mathrm{M39}$:按协议					CU2、CU3、AL4					
		表面处理			不经处理					简单处理					简处理					
		螺纹公差			6H															
		产品等级			$D\leqslant 16$ mm:A;$D>16$ mm:B															

注:1. 表中未列入非优选螺纹规格是:M3.5×0.6、M14×2、M18×2.5、M22×2.5、M27×3、M33×3.5、M39×4、M45×4.5、M52×5、M60×5.5。

2. 用有色金属制造的螺母,其机械性能详见 GB/T 3098.10—1993。

表 12.20 圆螺母(GB/T 812—1988)

mm

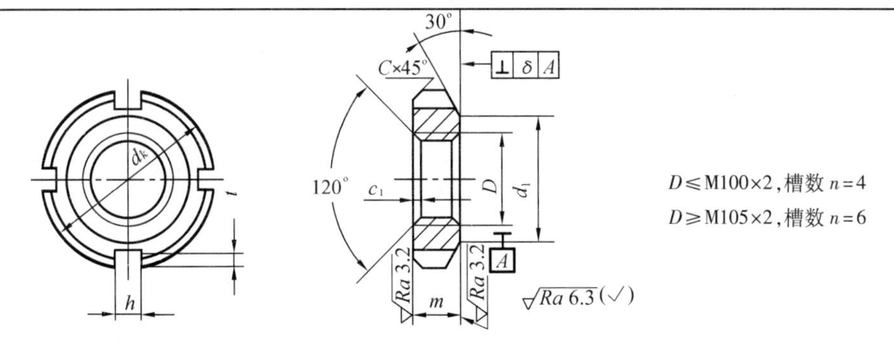

标记示例:

螺纹规格 $D\times P$=M16×1.5,材料为 45 钢、槽或全部热处理后,硬度为 35～45HRC,表面氧化的圆螺母的标记:

螺母 GB/T 812—2000 M16×1.5

<table>
<tr><th>螺纹规格
$D\times P$</th><th>d_k</th><th>d_1</th><th>m</th><th>h
min</th><th>t
min</th><th>c</th><th>c_1</th><th>螺纹规格
$D\times P$</th><th>d_k</th><th>d_1</th><th>m</th><th>h
min</th><th>t
min</th><th>c</th><th>c_1</th></tr>
<tr><td>M10×1</td><td>22</td><td>16</td><td rowspan="6">8</td><td rowspan="3">4</td><td rowspan="3">2</td><td rowspan="7">0.5</td><td rowspan="12">0.5</td><td>M35×1.5*</td><td>52</td><td>43</td><td rowspan="6">10</td><td rowspan="6">6</td><td rowspan="6">3</td><td rowspan="2">1</td><td rowspan="10">0.5</td></tr>
<tr><td>M12×1.25</td><td>25</td><td>19</td><td>M36×1.5</td><td>55</td><td>46</td></tr>
<tr><td>M14×1.5</td><td>28</td><td>20</td><td>M39×1.5</td><td>58</td><td>49</td><td rowspan="10">1.5</td></tr>
<tr><td>M16×1.5</td><td>30</td><td>22</td><td rowspan="8">5</td><td rowspan="8">2.5</td><td>M40×1.5*</td><td>58</td><td>49</td></tr>
<tr><td>M18×1.5</td><td>32</td><td>24</td><td>M42×1.5</td><td>62</td><td>53</td></tr>
<tr><td>M20×1.5</td><td>35</td><td>27</td><td>M45×1.5</td><td>68</td><td>59</td></tr>
<tr><td>M22×1.5</td><td>38</td><td>30</td><td rowspan="6">10</td><td>M48×1.5</td><td>72</td><td>61</td><td rowspan="6">12</td><td rowspan="6">8</td><td rowspan="6">3.5</td></tr>
<tr><td>M24×1.5</td><td>42</td><td>34</td><td rowspan="5">1</td><td>M50×1.5*</td><td>72</td><td>61</td></tr>
<tr><td>M25×1.5</td><td>42</td><td>34</td><td>M52×1.5</td><td>78</td><td>67</td></tr>
<tr><td>M27×1.5</td><td>45</td><td>37</td><td>M55×2*</td><td>78</td><td>67</td></tr>
<tr><td>M30×1.5</td><td>48</td><td>40</td><td>M56×2</td><td>85</td><td>74</td><td rowspan="2">1</td></tr>
<tr><td>M33×1.5</td><td>52</td><td>43</td><td>6</td><td>3</td><td>M60×2</td><td>90</td><td>79</td></tr>
</table>

* 仅用于滚动轴承锁紧装置。

5. 垫圈

表 12.21 标准型弹簧垫圈(GB/T 93—1987) mm

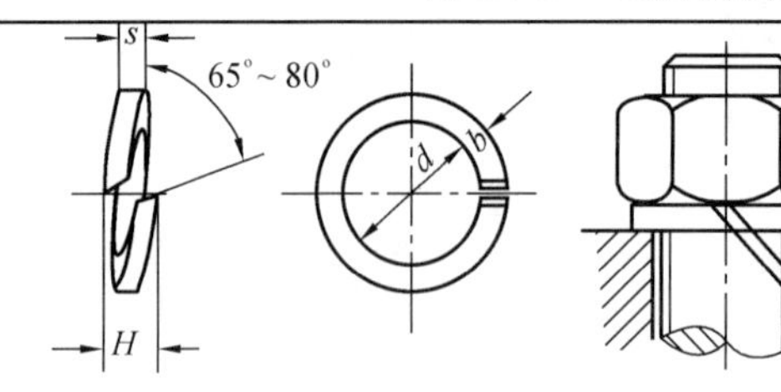

标记示例：

规格 16 mm、材料为 65Mn、表面氧化的标准型弹簧垫圈：

垫圈 GB/T 93—1987 16

规格(螺纹大径)		5	6	8	10	12	(14)	16	(18)	20
d	min	5.1	6.1	8.1	10.2	12.2	14.2	16.2	18.2	20.2
	max	5.4	6.68	8.68	10.9	12.9	14.9	16.9	19.04	21.04
S (b)	公称	1.3	1.6	2.1	2.6	3.1	3.6	4.1	4.5	5
	min	1.2	1.5	2	2.45	2.95	3.4	3.9	4.3	4.8
	max	1.4	1.7	2.2	2.75	3.25	3.8	4.3	4.7	5.2
H	min	2.6	3.2	4.2	5.2	6.2	7.2	8.2	9	10
	max	3.25	4	5.25	6.5	7.75	9	10.25	11.25	12.5
m ≤		0.65	0.8	1.05	1.3	1.55	1.8	2.05	2.25	2.5

注：① 括号内的尺寸尽可能不采用。

② 材料：65Mn，60Si2Mn，淬火并回火，硬度为 42～50HRC。

表 12.22 圆螺母用止动垫圈(GB/T 858—1988) mm

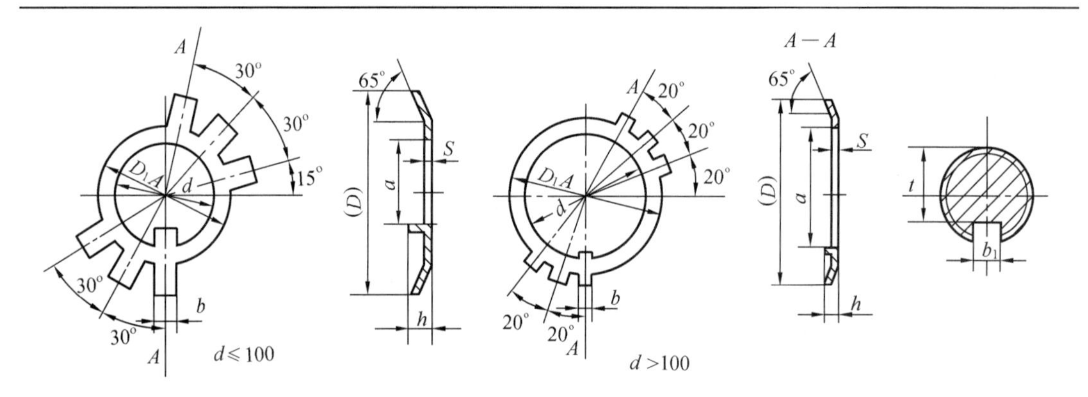

标记示例：

规格为 16 mm、材料为 Q235-A、经退火、表面氧化的圆螺母用止动垫圈：

垫圈 GB/T 858—1988 16

<table>
<tr><th rowspan="2">螺纹直径＼规格</th><th rowspan="2">d</th><th rowspan="2">(D)</th><th rowspan="2">D₁</th><th rowspan="2">S</th><th rowspan="2">b</th><th rowspan="2">a</th><th rowspan="2">h</th><th colspan="2">轴端</th><th rowspan="2">螺纹直径＼规格</th><th rowspan="2">d</th><th rowspan="2">(D)</th><th rowspan="2">D₁</th><th rowspan="2">S</th><th rowspan="2">b</th><th rowspan="2">a</th><th rowspan="2">h</th><th colspan="2">轴端</th></tr>
<tr><th>b₁</th><th>t</th><th>b₁</th><th>t</th></tr>
<tr><td>10</td><td>10.5</td><td>25</td><td>16</td><td rowspan="11">1</td><td rowspan="3">3.8</td><td>8</td><td rowspan="4">3</td><td rowspan="3">4</td><td>7</td><td>35*</td><td>35.5</td><td>56</td><td>43</td><td rowspan="12">1.5</td><td rowspan="6">5.7</td><td>32</td><td rowspan="8">5</td><td rowspan="6">6</td><td>—</td></tr>
<tr><td>12</td><td>12.5</td><td>28</td><td>19</td><td>9</td><td>8</td><td>36</td><td>36.5</td><td>60</td><td>46</td><td>33</td><td>32</td></tr>
<tr><td>14</td><td>14.5</td><td>32</td><td>20</td><td>11</td><td>10</td><td>39</td><td>39.5</td><td>62</td><td>49</td><td>36</td><td>35</td></tr>
<tr><td>16</td><td>16.5</td><td>34</td><td>22</td><td rowspan="8">4.8</td><td>13</td><td rowspan="8">5</td><td>12</td><td>40*</td><td>40.5</td><td>62</td><td>49</td><td>37</td><td>—</td></tr>
<tr><td>18</td><td>18.5</td><td>35</td><td>24</td><td>15</td><td rowspan="4">4</td><td>14</td><td>42</td><td>42.5</td><td>66</td><td>53</td><td>39</td><td>38</td></tr>
<tr><td>20</td><td>20.5</td><td>38</td><td>27</td><td>17</td><td>16</td><td>45</td><td>45.5</td><td>72</td><td>59</td><td>42</td><td>41</td></tr>
<tr><td>22</td><td>22.5</td><td>42</td><td>30</td><td>19</td><td>18</td><td>48</td><td>48.5</td><td>76</td><td>61</td><td rowspan="6">7.7</td><td>45</td><td rowspan="6">8</td><td>44</td></tr>
<tr><td>24</td><td>24.5</td><td>45</td><td>34</td><td>21</td><td>20</td><td>50*</td><td>50.5</td><td>76</td><td>61</td><td>47</td><td>—</td></tr>
<tr><td>25*</td><td>25.5</td><td>45</td><td>34</td><td>22</td><td rowspan="4">5</td><td>—</td><td>52</td><td>52.5</td><td>82</td><td>67</td><td>49</td><td rowspan="4">6</td><td>48</td></tr>
<tr><td>27</td><td>27.5</td><td>48</td><td>37</td><td>24</td><td>23</td><td>55*</td><td>56</td><td>82</td><td>67</td><td>52</td><td>—</td></tr>
<tr><td>30</td><td>30.5</td><td>52</td><td>40</td><td>27</td><td>26</td><td>56</td><td>57</td><td>90</td><td>74</td><td>53</td><td>52</td></tr>
<tr><td>33</td><td>33.5</td><td>56</td><td>43</td><td>1.5</td><td>5.7</td><td>30</td><td>6</td><td>29</td><td>60</td><td>61</td><td>94</td><td>79</td><td>57</td><td>56</td></tr>
</table>

* 仅用于滚动轴承锁紧装置。

6. 挡圈

表 12.23 螺钉紧固轴端挡圈(GB/T 891—1986)和螺栓紧固轴端挡圈(GB/T 892—1986) mm

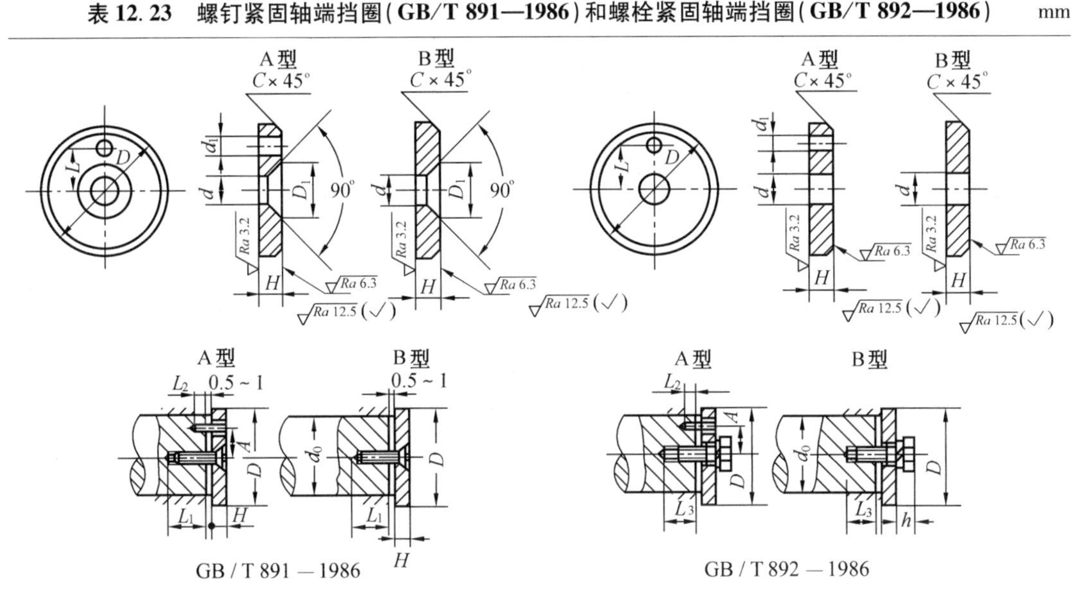

标记示例：
公称直径 D=45 mm、材料为 Q235A、不经表面处理的 A 型螺栓紧固轴端挡圈：
挡圈 GB/T 892—1986 45
按 B 型制造时，应加标记 B：
挡圈 GB/T 892—1986 B45

轴径 d_0 ≤	公称直径 D	H		L		d	d_1	D_1	c	螺栓 GB/T 5781—2000（推荐）	螺钉 GB/T 819.1—2000（推荐）	圆柱销 GB/T 119—2000（推荐）	垫圈 GB/T 93—1987（推荐）	安装尺寸			
		基本尺寸	极限偏差	基本尺寸	极限偏差									L_1	L_2	L_3	h
20	28	4	0 -0.30	7.5	±0.11	5.5	2.1	11	0.5	M5×16	M5×12	A2×10	5	14	6	16	5.1
22	30	4		7.5													
25	32	5		10		6.6	3.2	13	1	M6×20	M6×16	A3×12	6	18	7	20	6
28	35	5		10													
30	38	5		10													
32	40	5		12	±0.135												
35	45	5		12													
40	50	5		12		9	4.2	17	1.5	M8×25	M8×20	A4×14	8	22	8	24	8
45	55	6		16													
50	60	6		16													
55	65	6		16	±0.165												
60	70	6		20													
65	75	6		20													
70	80	6		20													
75	90	8	0 -0.36	25		1.3	5.2	25	2	M12×30	M12×25	A5×6	12	26	10	28	1.5
85	100	8		25													

注：① 当挡圈安装在带螺纹孔的轴端时，紧固用螺栓允许加长。

② GB/T 891—1986 的标记同 GB/T 892—1986。

③ 材料为 Q235A、35 和 45。

表 12.24 孔用弹性挡圈-A 型(GB/T 893.1—1986)

mm

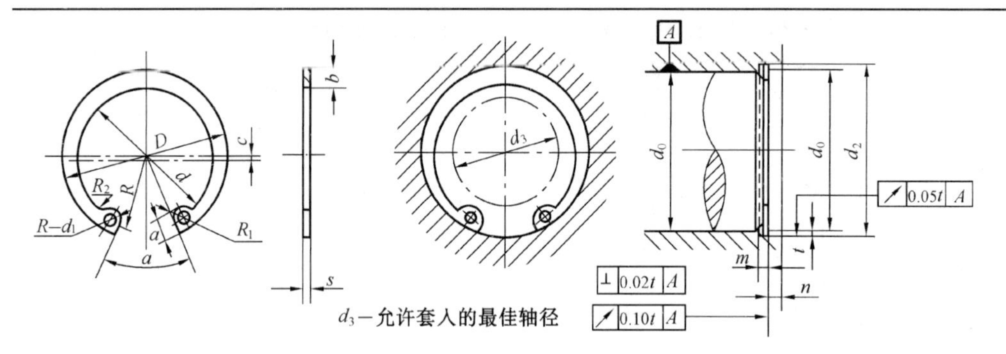

d_3—允许套入的最佳轴径

标记示例:

孔径 d_0=50 mm、材料 65Mn、热处理硬度 44～51HRC、经表面氧化处理的 A 型孔用弹性挡圈:

挡圈 GB/T 893.1—1986 50

孔径 d_0	挡圈											沟槽(推荐)					轴 d_3 ≤
	D	d	a max	R	s	b ≈	c	d_1	R_1	R_2	α	d_2 基本尺寸	d_2 极限偏差	m 基本尺寸	m 极限偏差	n ≥	
50	54.2	47.5	7.35	23.3	2	4.7	1.2	3	3	1.5	45°	53	+0.30 0	2.2	+0.14 0	4.5	36
52	56.2	49.5		24.3								55					38
55	59.2	52.2		25.8								58					40
56	60.2	52.4		26.3		5.2	1.3					59					41
58	62.2	54.4		27.3							36°	61					43
60	64.2	56.4		28.3								63					44
62	66.2	58.4		29.3								65					45
63	67.2	59.4		29.8								66					46
65	69.2	61.4	8.75	30.4	2.5				4	2		68		2.7			48
68	72.5	63.9	8.8	32		5.7	1.4					71					50
70	74.5	65.9		33								73					53
72	76.5	67.9		34								75					55
75	79.5	70.1	9	35.3		6.3	1.6					78					56
78	82.5	73.1	9.4	36.5								81	+0.35 0				60
80	85.5	75.3	9.7	37.7		6.8	1.7					83.5				5.3	63
82	87.5	77.3		38.7								85.5					65
85	90.5	80.3		40.2							30°	88.5					68
88	93.5	82.6		41.7		7.3	1.8					91.5					70
90	95.5	84.5		42.7								93.5					72
92	97.5	86		43.7		7.7	1.9					95.5					73
95	100.5	88.9		45.2								98.5					75
98	103.5	92	10.7	46.7					5	2.5		101.5					78
100	105.5	93.9		47.7								103.5					80
102	108	95.9	10.75	48.9	3	8.1	2	4				106	+0.54 0	3.2	+0.18 0	6	82
105	112	99.6	11.25	50.4								109					83
108	115	101.8		51.9		8.8	2.2					112					86
110	117	103.8		52.9								114					88
112	119	105.1		53.9		9.3	2.3					116					89
115	122	108	11.35	55.5								119					90
120	127	113	11.45	57.8								124	+0.63 0				95
125	132	117		60.3		10	2.5					129					100
130	137	121		62.8		10.7	2.7					134					105
135	142	126		65.3								139					110
140	147	131		67.8								144					115
145	152	135.7	12.45	70.3		10.9	2.75		6	3		149					118
150	158	141.2	12.95	72.8			2.8					155					121

注:① 材料:65Mn、60Si2MnA。

② 热处理(淬火并回火):d_0≤48 mm、硬度为 47～54HRC;d_0>48 mm、硬度为 44～51HRC。

表 12.25 轴用弹性挡圈–A 型(GB/T 894.1—1986)

mm

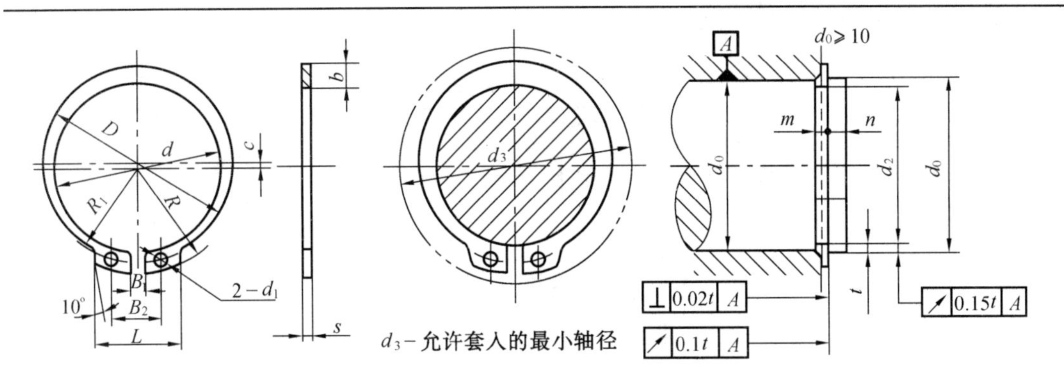

d_3–允许套入的最小轴径

标记示例:

轴径 d_0 = 50 mm、材料 65Mn、热处理 44 ~ 51HRC、经表面氧化的 A 型轴用弹性挡圈:

挡圈 GB/T 94.1—1986 50

轴径 d_0	挡圈											沟槽(推荐)					孔 d_3 ≥
	d	s	b	d_1	D	R	R_1	B_1	B_2	L	c	d_2		m		n	
	基本尺寸	基本尺寸	≈								基本尺寸	基本尺寸	极限偏差	基本尺寸	极限偏差	≥	
20	18.5	1	2.68	2	22.5	13.3	11.2	2.5	8.5	14.5	0.67	19	0 −0.13	1.1	+0.14 0	1.5	29
21	19.5				23.5	13.9	11.8					20					31
22	20.5				24.5	14.5	12.4					21					32
24	22.2	1.2	3.32		27.2	15.5	13.3				0.83	22.9	0 −0.21	1.3		1.7	34
25	23.2				28.2	16	13.8					23.9					35
26	24.2				29.2	16.6	14.4					24.9					36
28	25.9		3.6		31.3	17.7	15.3	3	11	19	0.9	26.6				2.1	38.4
29	26.9		3.72		32.5	18.3	15.9				0.93	27.6					39.8
30	27.9				33.5	18.9	16.5					28.6					42
32	29.6		3.92	2.5	35.5	20	17.4				0.98	30.3	0 −0.25			2.6	44
34	31.5	1.5	4.32		38	21.2	18.5				1.08	32.3		1.7			46
35	32.2		4.52		39	21.7	18.9				1.13	33				3	48
36	33.2				40	22.2	19.4					34					49
37	34.2				41	22.7	19.9					35					50
38	35.2		5.0		42.7	23.4	20.5				1.25	36				3.8	51
40	36.5				44	24.3	21.3					37.5					53
42	38.5			3	46	25.8	22.5					39.5					56
45	41.5				49	27.5	24.1					42.5					59.4
48	44.5				52	29.5	25.7					45.5					62.8
50	45.8	2	5.48		54	29.8	26.4	4	12	20	1.37	47		2.2		4.5	64.8
52	47.8				56	30.9	27.4					49					67
55	50.8				59	32.6	29					52	0 −0.30				70.4
56	51.8		6.12		61	33.2	29.6				1.53	53					71.7
58	53.8				63	34.2	30.6					55					73.6
60	55.8				65	35.3	31.6					57					75.8
62	57.8				67	36.4	32.7					69					79
63	58.8	2.5			68	37	33.2					60		2.7			79.6
65	60.8				70	38.2	34.3				1.58	62					81.6
68	63.5		6.32		73	39.8	35.8					65					85
70	65.5				75	41.4	37.3					67					87.2
72	67.5				77	41.95	37.9					69					89.4
75	70.5				80	43.7	39.5					72					92.8
78	73.5				83	45.4	41.1					75					96.2
80	74.5		7.0		85	45.9	41.6					76.5					98.2

注:① 材料:65Mn、60Si2MnA。

② 热处理 d_0 ≤48 mm、硬度为 47 ~ 54HRC;d_0 >48 mm、硬度为 44 ~ 51HRC。

三、螺纹零件的结构要素

表 12.26 螺纹收尾、肩距、退刀槽、倒角(GB/T 3—1997) mm

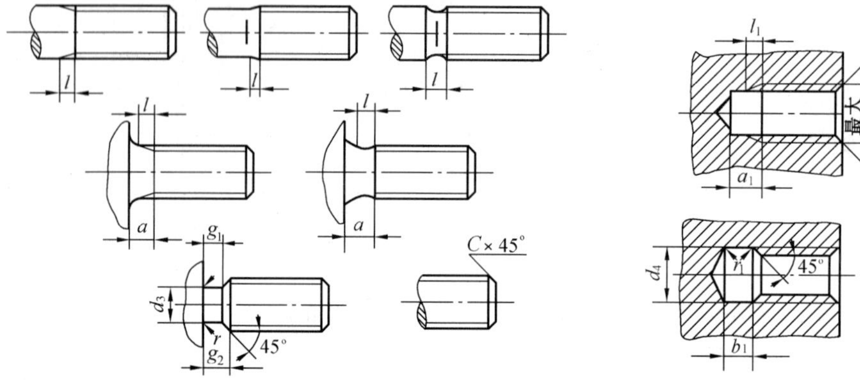

普通螺纹

螺距 P	粗牙螺纹大径 d	外螺纹 螺纹收尾 l(不大于)		肩距 a(不大于)			退刀槽				倒角 C	内螺纹 螺纹收尾 l_1(不大于)		肩距 a_1(不小于)		退刀槽			
		一般	短的	一般	长的	短的	g_2 max	g_1 min	r	d_3		短的	一般	一般	长的	b_1 一般	b_1 窄的	r_1	d_4
0.75	4.5	1.9	1	2.25	3	1.5	2.25	1.2	0.4	$d-1.2$	0.6	0.5	3	3.8	6	3	1.5	0.4	$d+0.3$
0.8	5	2	1	2.4	3.2	1.6	2.4	1.3	0.4	$d-1.3$	0.8	1.6	3.2	4	6.4	3.2	1.6	0.4	
1	6;7	2.5	1.25	3	4	2	3	1.6	0.6	$d-1.6$	1	2	4	5	9	4	2	0.5	
1.25	8	3.2	1.6	4	5	2.5	3.75	2	0.6	$d-2$	1.2	2.5	5	6	10	5	2.5	0.6	
1.5	10	3.8	1.9	4.5	6	3	4.5	2.5	0.8	$d-1.2.3$	1.5	3	6	7	12	6	3	0.8	
1.75	12	4.3	2.2	5.3	7	3.5	5.25	3	1	$d-1.2.6$	2	3.5	7	9	14	7	3.5	0.9	
2	14;16	5	2.5	6	8	4	6	3.4	1	$d-3$		4	8	10	16	8	4	1	$d+0.5$
2.5	18;20;22	6.3	3.2	7.5	10	5	7.5	4.4	1.2	$d-3.6$	2.5	5	10	12	18	10	5	1.2	
3	24;27	7.5	3.8	9	12	6	9	5.2	1.6	$d-4.4$		6	12	14	22	12	6	1.5	
3.5	30;33	9	4.5	10.5	14	7	10.5	6.2	1.6	$d-4.4$	3	7	14	16	24	14	7	1.8	
4	36;39	10	5	12	16	8	12	7	2	$d-5.7$		8	16	18	26	16	8	2	
4.5	42;45	11	5.5	13.5	18	9	13.5	8	2.5	$d-6.4$	4	9	18	21	29	18	9	2.2	
5	48;52	12.5	6.3	15	20	10	15	9	2.5	$d-7$		10	20	23	32	20	10	2.5	
5.5	56;60	14	7	16.5	22	11	17.5	11	3.2	$d-7.7$	5	11	22	25	35	22	11	2.8	

单线梯形外螺纹与内螺纹

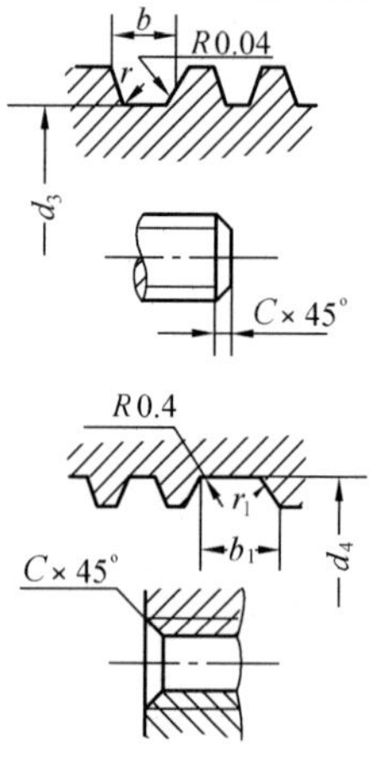

P	$b=b_1$	d_3	d_4	$r=r_1$	$c=c_1$
2	2.5	$d-3$	$d+1$	1	1.5
3	4	$d-4$			2
4	5	$d-5.1$	$d+1.1$	1.5	2.5
5	6.5	$d-6.6$	$d+1.6$		3
6	7.5	$d-7.8$	$d+1.8$	2	3.5
8	10	$d-9.8$		2.5	4.5
10	12.5	$d-12$	$d+2$	3	5.5
12	15	$d-14$			6.35
16	20	$d-19.2$	$d+3.2$	4	9
20	24	$d-23.5$	$d+3.5$	5	11

注:① 优先选用“一般”长度的收尾和肩距;容屑需要较大空间时,用“长”肩距,结构限制时,用“短”收尾。

② “短”退刀槽用于结构受限制时。

表12.27 粗牙螺栓、螺钉的拧入深度、攻螺纹深度和钻孔深度

mm

公称直径 d	钢和青铜				铸 铁				铝			
	通孔	盲 孔			通孔	盲 孔			通孔	盲 孔		
	拧入深度 h	拧入深度 H	攻螺纹深度 H_1	钻孔深度 H_2	拧入深度 h	拧入深度 H	攻螺纹深度 H_1	钻孔深度 H_2	拧入深度 h	拧入深度 H	攻螺纹深度 H_1	钻孔深度 H_2
3	4	3	4	7	6	5	6	9	8	6	7	10
4	5.5	4	5.5	9	8	6	7.5	11	10	8	10	14
5	7	5	7	11	10	8	10	14	12	10	12	16
6	8	6	8	13	12	10	12	17	15	12	15	20
8	10	8	10	16	15	12	14	20	20	16	18	24
10	12	10	13	20	18	15	18	25	24	20	23	30
12	15	12	15	24	22	18	21	30	28	24	27	36
16	20	16	20	30	28	24	28	33	36	32	36	46
20	25	20	24	36	35	30	35	47	45	40	45	57
24	30	24	30	44	42	35	42	55	55	48	54	68
30	36	30	36	52	50	45	52	68	70	60	67	84
36	45	36	44	62	65	55	64	82	80	72	80	98
42	50	42	50	72	75	65	74	95	95	85	94	115
48	60	48	58	82	85	75	85	108	105	95	105	128

表12.28 紧固件通孔及沉孔尺寸(GB/T 152.2~4—1988)

mm

六角头螺栓和六角头螺母用沉孔

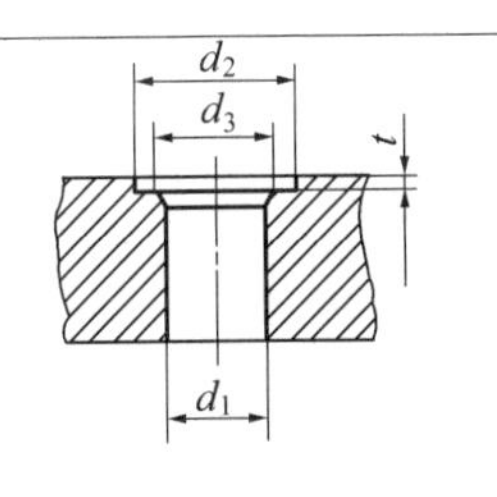

螺纹规格	M1.6	M2	M2.5	M3	M4	M5	M6	M8	M10	M12	M14	M16	M18	M20
d_2(H15)	5	6	8	9	10	11	13	18	22	26	30	33	36	40
d_3	—	—	—	—	—	—	—	—	—	16	18	20	22	24
d_1(H13)	1.8	2.4	2.9	3.4	4.5	5.5	6.6	9.0	11.0	13.5	15.5	17.5	20.0	22.0
螺纹规格	M22	M24	M27	M30	M33	M36	M39	M42	M45	M48	M52	M56	M60	M64
d_2(H15)	43	48	53	61	66	71	76	82	89	98	107	112	118	125
d_3	26	28	33	36	39	42	45	48	51	56	60	68	72	76
d_1(H13)	24	26	30	33	36	39	42	45	48	52	56	62	66	70

内六角圆柱头螺钉用沉孔尺寸

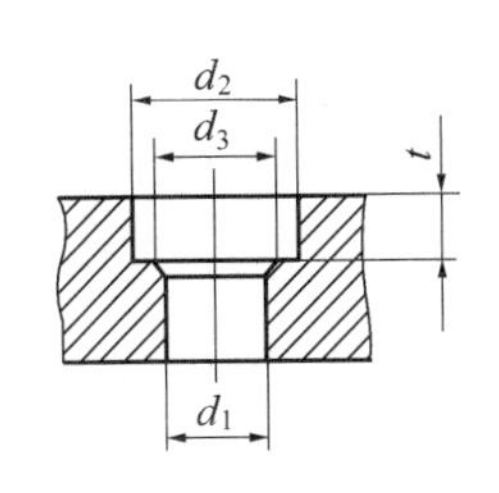

螺纹规格	M1.6	M2	M2.5	M3	M4	M5	M6	M8
d_2(H13)	3.3	4.3	5.0	6.0	8.0	10.0	11.0	15.0
t(H13)	1.8	2.3	2.9	3.4	4.6	5.7	6.8	9.0
d_3	—	—	—	—	—	—	—	—
d_1(H13)	1.8	2.4	2.9	3.4	4.5	5.5	6.6	9.0
螺纹规格	M10	M12	M14	M16	M20	M24	M30	M36
d_2(H13)	18.0	20.0	24.0	26.0	33.0	40.0	48.0	57.0
t(H13)	11.0	13.0	15.0	17.5	21.5	25.5	32.0	38.0
d_3	—	16	18	20	24	28	36	42
d_1(H13)	11.0	13.5	15.5	17.5	22.0	26.0	33.0	39.0

沉头螺钉、半沉头螺钉沉孔尺寸

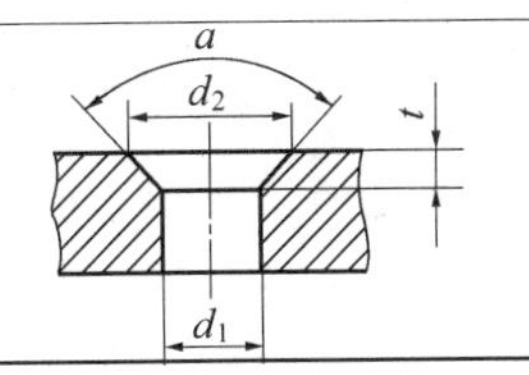

螺纹规格	M1.6	M2	M2.5	M3	M3.5	M4	M5	M6	M8	M10	M12	M14	M16	M20
d_2(H13)	3.7	4.5	5.6	6.4	8.4	9.6	10.6	12.8	17.6	20.3	24.4	28.4	32.4	40.4
$t\approx$	1	1.2	1.5	1.6	2.4	2.7	2.7	3.3	4.6	5.0	6.0	7.0	8.0	10.0
d_1(H13)	1.8	2.4	2.9	3.4	3.9	4.5	5.5	6.6	9	11	13.5	15.5	17.5	22
α	$90^{\circ}{}^{-2^{\circ}}_{-4^{\circ}}$													

12.2 键 连 接

表 12.29 普通平键连接(GB/T 1095—2003、GB/T 1096—2003) mm

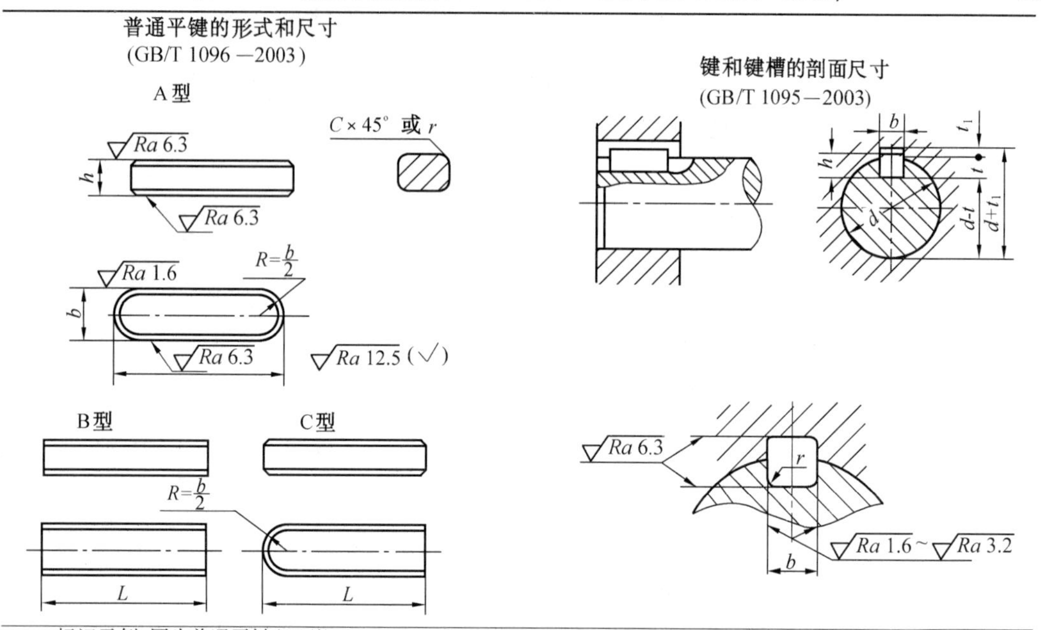

标记示例:圆头普通平键(A 型),$b=10$ mm,$h=8$ mm,$L=25$
键 10×25 GB/T 1096—2003
对于同一尺寸的平头普通平键(B 型)或单圆头普通平键(C 型),标记为
键 B10×25 GB/T 1096—2003
键 C10×25 GB/T 1096—2003

轴径 d	键的公称尺寸				每100 mm质量/kg	键槽尺寸						
	b(h8)	h(h11)	c或r	L(h14)		轴槽深t		毂槽深t_1		b	圆角半径r	
						基本尺寸	公差	基本尺寸	公差		min	max
自6~8	2	2	0.16~0.25	6~20	0.003	1.2	+0.1 0	1	+0.1 0	公称尺寸同键,公差见表12.30	0.08	0.16
>8~10	3	3		6~36	0.007	1.8		1.4				
>10~12	4	4		8~45	0.013	2.5		1.8				
>12~17	5	5	0.25~0.4	10~56	0.02	3.0		2.3			0.16	0.25
>17~22	6	6		14~70	0.028	3.5	+0.2 0	2.8	+0.2 0			
>22~30	8	7		18~90	0.044	4.0		3.3				
>30~38	10	8	0.4~0.6	22~110	0.063	5.0		3.3			0.25	0.4
>38~44	12	8		28~140	0.075	5.0		3.3				
>44~50	14	9		36~160	0.099	5.5		3.8				
>50~58	16	10		45~180	0.126	6.0		4.3				
>58~65	18	11		50~200	0.155	7.0		4.4				
>65~75	20	12	0.6~0.8	56~220	0.188	7.5		4.9			0.4	0.6
>75~85	22	14		63~250	0.242	9.0		5.4				
>85~95	25	14		70~280	0.275	9.0		5.4				
>95~110	28	16		80~320	0.352	10.0		6.4				
>110~130	32	18		90~360	0.452	11		7.4				
>130~150	36	20	1~1.2	100~400	0.565	12	+0.3 0	8.4	+0.3 0		0.7	1.0
>150~170	40	22		100~400	0.691	13		9.4				
>170~200	45	25		110~450	0.883	15		10.4				
>200~230	50	28		125~500	1.1	17		11.4				
>230~260	56	32	1.6~2.0	140~500	1.407	20		12.4			1.2	1.6
>260~290	63	32		160~500	1.583	20		12.4				
>290~330	70	36		180~500	1.978	22		14.4				
>330~380	80	40	2.5~3	200~500	2.512	25		15.4			2	2.5
>380~440	90	45		220~500	3.179	28		17.4				
>440~500	100	50		250~500	3.925	31		19.5				
L系列	6,8,10,12,14,16,18,20,22,25,28,32,36,40,45,50,56,63,70,80,90,100,110,125,140,160,180,200,220,250,280,320,360,400,450,500											

注:① 在工作图中,轴槽深用 $d-t$ 或 t 标注,毂槽深用 $d+t_1$ 标注。$(d-t)$ 和 $(d+t_1)$ 尺寸偏差按相应的 t 和 t_1 的偏差选取,但 $(d-t)$ 偏差负号(-)。

② 当键长大于 500 mm 时,其长度应按 GB/T 321—1980 优先数和优先数系的 R20 系列选取。

③ 表中每 100 mm 长的质量系指 B 型键。

④ 键高偏差对 B 型键应为 h9。

表 12.30　键和键槽尺寸公差带　μm

键的公称尺寸/mm	键的公差带				键槽尺寸公差带					
	b	h	L	d_1	槽宽 b					槽长 L
	h9	h11	h14	h12	较松连接		一般连接		较紧连接	H14
					轴 H9	毂 D10	轴 N9	毂 J_s9	轴与毂 P9	
≤3	0 -25	2 (0) -60 (-25)		0 -100	+25 0	+60 +20	-4 -29	±12.5	-6 -31	+250 0
>3~6	0 -30	0 (0) -75 (-30)		0 -120	+30 0	+78 +30	0 -30	±15	-12 -42	+300 0
>6~10	0 -36	0 -90	0 -360	0 -150	+36 0	+98 +40	0 -36	±18	-15 -51	+360 0
>10~18	0 -43	0 -110	0 -430	0 -180	+43 0	+120 +50	0 -43	±21	-18 -61	+430 0
>18~30	0 -52	0 -130	0 -520	0 -210	+52 0	+149 +65	0 -52	±26	-22 -74	+52 0
>30~50	0 -62	0 -160	0 -620	0 -250	+62 0	+180 +80	0 -62	±31	-26 -88	+620 0
>50~80	0 -74	0 -190	0 -740	0 -300	+74 0	+220 +100	0 -74	±37	-32 -106	+740 0
>80~120	0 -87	0 -220	0 -870	0 -350	+87 0	+260 +120	0 -87	±43	-37 -124	+870 0
>120~180	0 -100	0 -250	0 -1 000	0 -400	+100 0	+305 +145	0 -100	±50	-43 -143	+1 000 0
>180~250	0 115	0 -290	0 -1 150	0 -460	+115 0	+355 +170	0 -115	±57	-50 -165	+1 150 0

注:① 括号内值为 h9 值,适用于 B 型普通平键。

② 半圆键无较松连接形式。

③ 楔键槽宽轴和毂都取 $D10$。

12.3 销连接

表 12.31 圆柱销(GB/T 119.1～2—2000)

mm

末端形状由制造者确定

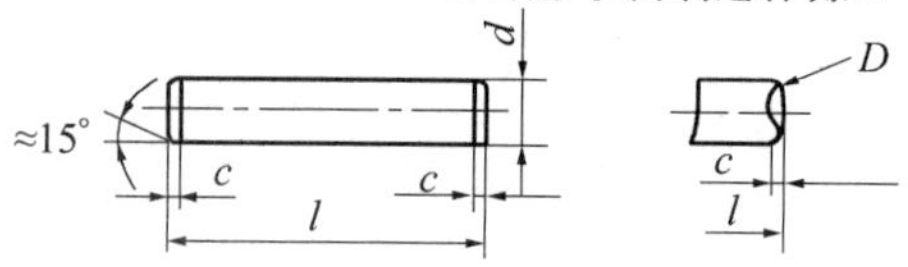

≈15°　d　c　c　l　D　c　l

允许倒圆或凹穴

标记示例:

公称直径 d=8 mm、公差为 m6、公称长度 l=30、材料为钢、不经淬火、不经表面处理的圆柱销的标记:

销 GB/T 119.1　8m6×30

尺寸公差同上,材料为钢、普通淬火(A 型)、表面氧化处理的圆柱销的标记:

销 GB/T 119.2　8×30

尺寸公差同上,材料为 C1 组马氏体不锈钢表面氧化处理的圆柱销的标记:

销 GB/T 119.2　6×30-Cl

GB/T 119.1

d	0.6	0.8	1	1.2	1.5	2	2.5	3	4	5	6	8	10	12	16	20	25	30	40	50
c	0.12	0.16	0.2	0.25	0.3	0.35	0.4	0.5	0.63	0.8	1.2	1.6	2	2.5	3	3.5	4	5	6.3	8
l	2～6	2～8	4～10	4～12	4～16	6～20	6～24	8～30	8～40	10～50	12～60	14～80	18～95	22～140	26～180	35～200	50～200	60～200	80～200	95～200

① 钢硬度 125～245 HV_{30},奥氏体不锈钢 Al 硬度 210～280HV_{30}

② 表面结构的粗糙度公差 m6;$Ra \leqslant 0.8$ μm,公差 h8:$Ra \leqslant 1.6$ μm

GB/T 119.2

d	1	1.5	2	2.5	3	4	5	6	8	10	12	16	20
c	0.2	0.3	0.35	0.4	0.5	0.63	0.8	1.2	1.6	2	2.5	3	3.5
l	3～10	4～16	5～20	6～24	8～30	10～40	12～50	14～60	18～80	22～100	26～100	40～100	50～100

① 钢 A 型、普通淬火,硬度 550～650 HV_{30},B 型表面淬火,表面硬度 600～700 HV_1,渗碳深度 0.25～0.4 mm,550 HV_1。马氏体不锈钢 C1,淬火并回火,硬度 460～560 HV_{30}

② 表面结构的粗糙度 $Ra \leqslant 0.8$ μm

注:l 系列(公称尺寸,单位 mm):2,3,4,5,6,8,10,12,14,16,18,20,22,24,26,28,30,32,35,40,45,50,55,60,65,70,75,80,85,90,100,公称尺寸大于 100 mm,按 20 mm 递增。

表 12.32 圆锥销(GB/T 117—2000)

mm

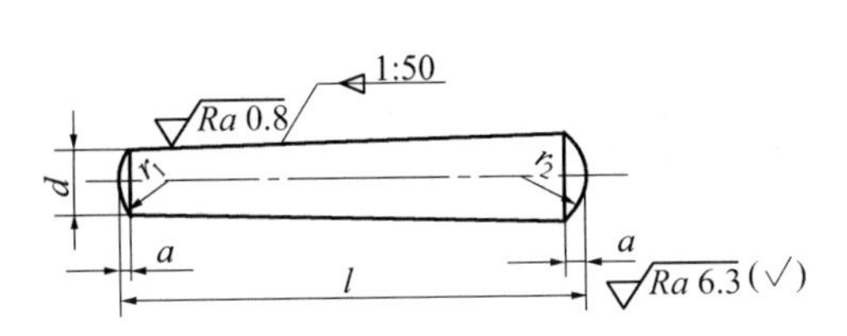

$r_1 \approx d$

$r_2 \approx \frac{a}{2}+d+\frac{(0.021)^2}{8a}$

标记示例:

公称直径 d=10 mm,长度 l=60 mm,材料 35 钢,热处理硬度 28~38HRC,表面氧化处理的 A 型圆锥销:

销 GB/T 117 10×60

mm

d(公称)h10	0.6	0.8	1	1.2	1.5	2	2.5	3	4	5
$a\approx$	0.08	0.1	0.12	0.16	0.2	0.25	0.3	0.4	0.5	0.63
l(商品规格范围)	4~8	5~12	6~16	6~20	8~24	10~35	10~35	12~45	14~55	18~60
d(公称)h10	6	8	10	12	16	20	25	30	40	50
$a\approx$	0.8	1	1.2	1.6	2	2.5	3	4	5	6.3
l(商品规格范围)	22~90	22~120	26~160	32~180	40~200	45~200	50~200	55~200	60~200	65~200

① A 型(磨削):锥面表面结构中的粗糙度 Ra=0.8 μm

B 型(切削或冷镦):锥面表面结构中的粗糙度 Ra=3.2 μm

② 材料:易切钢(Y12、Y15),碳素钢[35,28~38 HRC、45,38~46 HRC],合金钢[30CrMnSiA,35~41 HRC],不锈钢(1Cr13、2Cr13、Cr17Ni2、0Cr18Ni9Ti)

注:l 系列(公称尺寸,单位 mm):2,3,4,5,6,8,10,12,14,16,18,20,22,24,26,28,30,32,35,40,45,50,55,60,65,70,75,80,85,90,100,公称长度大于 100 mm,按 20 mm 递增。

第13章 滚动轴承

13.1 滚动轴承

表13.1 深沟球轴承(GB/T 276—2013)

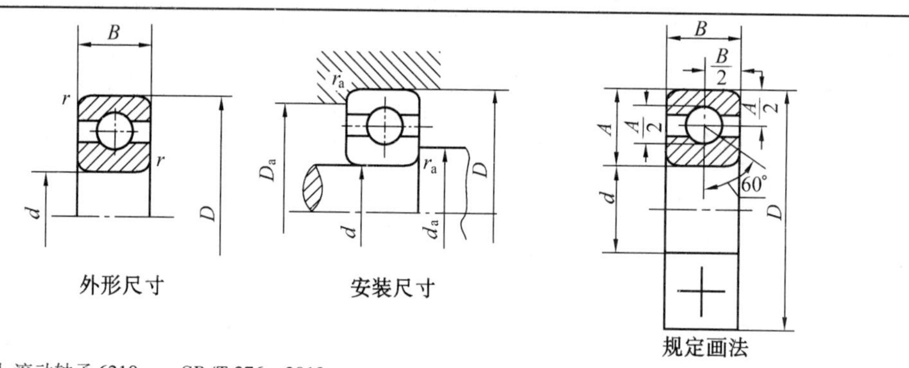

标记示例:滚动轴承6210 GB/T 276—2013

$\frac{A}{C_{or}}$	基本组游隙					$A/R\leqslant0.8$		$A/R>0.8$	
	e	$A/R\leqslant e$		$A/R>e$					
		X	Y	X	Y	X_0	Y_0	X_0	Y_0
0.014	0.19	1	0	0.56	2.3	1	0	0.6	0.5
0.028	0.22	1	0	0.56	1.99				
0.056	0.26	1	0	0.56	1.71				
0.084	0.28	1	0	0.56	1.55				
0.11	0.3	1	0	0.56	1.45				
0.17	0.34	1	0	0.56	1.31				
0.28	0.38	1	0	0.56	1.15				
0.42	0.42	1	0	0.56	1.04				
0.56	0.44	1	0	0.56	1.06				

轴承代号	尺寸/mm				安装尺寸/mm			基本额定负荷/kN		极限转速/($r\cdot min^{-1}$)	
	d	D	B	r min	d_a min	D_a max	r_a max	C_r(动)	C_{or}(静)	脂润滑	油润滑
(0)2尺寸系列											
6204	20	47	14	1	26	41	1	12.8	6.65	14 000	18 000
6205	25	52	15	1	31	46	1	14.0	7.88	13 000	17 000
6206	30	62	16	1	36	56	1	19.5	11.3	9 500	13 000
6207	35	72	17	1.1	42	65	1	25.7	15.3	8 500	11 000
6208	40	80	18	1.1	47	73	1	29.5	18.1	8 000	10 000
6209	45	85	19	1.1	52	78	1	31.7	20.7	7 000	9 000
6210	50	90	20	1.1	57	83	1	35.1	23.2	6 700	8 500
6211	55	100	21	1.5	64	91	1.5	43.4	29.2	6 000	7 500
6212	60	110	22	1.5	69	101	1.5	47.8	32.9	5 600	7 000
6213	65	120	23	1.5	74	111	1.5	57.2	40.0	5 000	6 300

续表 13.1

轴承代号	尺寸/mm				安装尺寸/mm			基本额定负荷/kN		极限转速/($r \cdot min^{-1}$)	
	d	D	B	r min	d_a min	D_a max	r_a max	C_r(动)	C_{or}(静)	脂润滑	油润滑
(0)3 尺寸系列											
6304	20	52	15	1.1	27	45	1	15.9	7.88	13 000	17 000
6305	25	62	17	1.1	32	55	1	22.4	11.5	10 000	14 000
6306	30	72	19	1.1	37	65	1	27.0	15.2	9 000	12 000
6307	35	80	21	1.5	44	71	1.5	33.4	19.2	8 000	10 000
6308	40	90	23	1.5	48	81	1.5	40.8	24.0	7 000	9 000
6309	45	100	25	1.5	54	91	1.5	52.9	31.8	6 300	8 000
6310	50	110	27	2	60	100	2	61.9	37.9	6 000	7 500
6311	55	120	29	2	65	110	2	71.6	44.8	5 800	6 700
6312	60	130	31	2.1	72	118	2.1	81.8	51.9	5 600	6 300
6313	65	140	33	2.1	77	128	2.1	93.9	60.4	4 500	5 600

表 13.2 角接触球轴承(GB/T 292—2007)

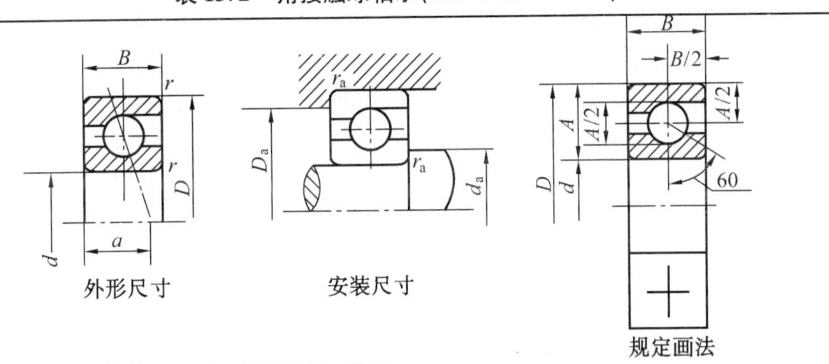

标记示例:滚动轴承 7216AC GB/T 292—2007

C型($\alpha=15°$)								AC型($\alpha=25°$)						
$\frac{A}{C_{or}}$	e	$A/R\leq e$		$A/R>e$		X_0	Y_0	e	$A/R\leq e$		$A/R>e$		X_0	Y_0
		X	Y	X	Y				X	Y	X	Y		
0.015	0.38	1	0	0.44	1.47	0.5	0.46	0.68	1	0	0.41	0.87	0.5	0.33
0.029	0.40				1.40									
0.058	0.43				1.30									
0.087	0.46				1.23									
0.12	0.47				1.19									
0.17	0.50				1.12									
0.29	0.55				1.02									
0.44	0.56				1.00									
0.58	0.56				1.00									

续表 13.2

轴承代号		尺寸/mm							安装尺寸/mm			基本额定负荷/kN				极限转速/(r·min⁻¹)	
		d	D	B	r min	r_1 min	a C型	a AC型	d_a min	D_a max	r_a max	C_r(动) C型	C_r(动) AC型	C_{or}(静) C型	C_{or}(静) AC型	脂润滑	油润滑
(0)2 尺寸系列																	
7204C	7204AC	20	47	14	1.0	0.3	11.5	14.9	26	41	1	11.2	10.8	7.46	7.00	13 000	18 000
7205C	7205AC	25	52	15	1.0	0.3	12.7	16.4	31	46	1	12.8	12.2	8.95	7.38	11 000	16 000
7206C	7206AC	30	62	16	1.0	0.3	14.2	18.7	36	56	1	17.8	16.8	12.8	12.2	9 000	13 000
7207C	7207AC	35	72	17	1.1	0.6	15.7	21.0	42	65	1	23.5	22.5	17.5	16.5	8 000	11 000
7208C	7208AC	40	80	18	1.1	0.6	17.0	23.0	47	73	1	26.8	25.8	20.5	19.2	7 500	10 000
7209C	7209AC	45	85	19	1.1	0.6	18.2	24.7	52	77	1	29.8	28.2	23.8	22.5	6 700	9 000
7210C	7210AC	50	90	20	1.1	0.6	19.4	26.3	57	83	1	32.8	31.5	26.8	25.2	6 300	8 500
7211C	7211AC	55	100	21	1.5	0.6	20.9	28.6	64	91	1.5	40.8	38.8	33.8	31.8	5 600	7 500
7212C	7212AC	60	110	22	1.5	0.6	22.4	30.8	69	101	1.5	44.8	42.8	37.8	35.5	5 300	7 000
7213C	7213AC	65	120	23	1.5	0.6	24.2	33.5	74	111	1.5	53.8	51.2	46.0	43.2	4 800	6 300
(0)3 尺寸系列																	
7304C	7304AC	20	52	15	1.1	0.6	11.3	16.3	27	45	1	14.2	13.8	9.68	9.0	12 000	17 000
7305C	7305AC	25	62	17	1.1	0.6	13.1	19.1	32	55	1	21.5	20.8	15.8	14.8	9 500	14 000
7306C	7306AC	30	72	19	1.5	0.6	15.0	22.2	37	65	1	26.2	25.2	19.8	18.5	8 500	12 000
7307C	7307AC	35	80	21	1.5	0.6	16.6	24.5	44	71	1.5	34.2	32.8	26.8	24.8	7 500	10 000
7308C	7308AC	40	90	23	1.5	0.6	18.5	27.5	49	81	1.5	40.2	38.5	32.8	30.5	6 700	9 000
7309C	7309AC	45	100	25	1.5	0.6	20.2	30.2	54	91	1.5	49.2	47.5	39.8	37.2	6 000	8 000
7310C	7310AC	50	110	27	2	1.0	22.0	33.0	60	99	2	55.5	53.5	47.2	44.5	5 600	7 500
7311C	7311AC	55	120	29	2	1.0	23.8	35.8	65	110	2	70.5	67.2	60.5	56.8	5 000	6 700
7312C	7312AC	60	130	31	2.1	1.1	25.6	38.7	72	118	2.1	80.5	77.8	70.2	65.8	4 800	6 300
7313C	7313AC	65	140	33	2.1	1.1	27.4	41.5	77	128	2.1	91.5	89.8	80.5	70.5	4 300	5 600

表 13.3 单列圆柱滚子轴承(GB/T 283—2007)

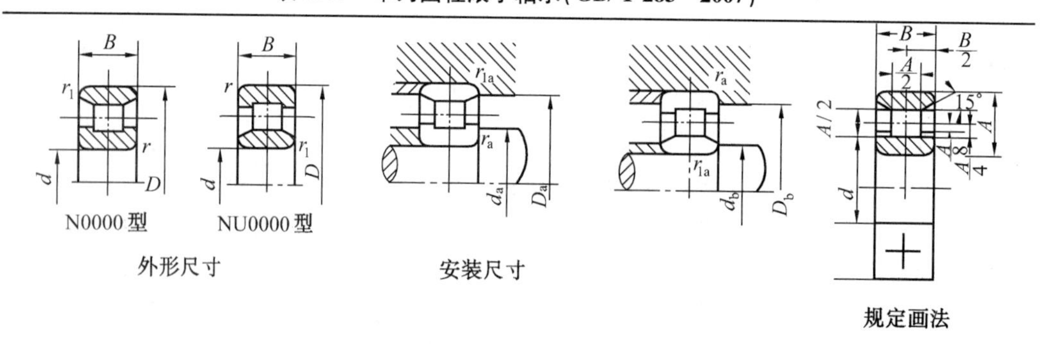

外形尺寸 安装尺寸 规定画法

标记示例:滚动轴承 N308 GB/T 283—2007

续表 13.3

轴承代号		尺寸/mm					安装尺寸/mm						基本额定负荷/kN		极限转速/($r \cdot min^{-1}$)	
		d	D	B	r min	r_1 min	d_a mix	D_a max	d_b min	D_b min	r_a max	r_{1a} max	C_r(动)	C_{or}(静)	脂润滑	油润滑
(0)2 尺 寸 系 列																
N204E	NU204E	20	47	14	1	0.6	25	42	29	42	1	0.6	26.9	15.8	13 000	16 000
N205E	NU205E	25	52	15	1	0.6	30	47	34	47	1	0.6	28.8	17.5	12 000	15 000
N206E	NU206E	30	62	16	1	0.6	36	56	40	57	1	0.6	37.7	22.8	9 500	12 000
N207E	NU207E	35	72	17	1.1	0.6	42	64	46	65.5	1	0.6	47.8	31.5	8 000	9 900
N208E	NU208E	40	80	18	1.1	1.1	47	72	52	73.5	1	1	53.9	33.2	7 200	8 800
N209E	NU209E	45	85	19	1.1	1.1	52	77	57	78.5	1	1	61.3	39.2	6 600	8 200
N210E	NU210E	50	90	20	1.1	1.1	57	83	62	83.5	1	1	64.1	41.8	6 100	7 600
N211E	NU211E	55	100	21	1.5	1.1	63.5	91	68	92	1.5	1	84.0	57.2	5 500	6 800
N212E	NU212E	60	110	22	1.5	1.5	59	100	75	102	1.5	1.5	94.0	61.8	5 100	6 200
N213E	NU213E	65	120	23	1.5	1.5	74	108	82	112	1.5	1.5	107	71.5	4 600	5 700
(0)3 尺 寸 系 列																
N304E	NU304E	20	52	15	1.1	0.6	26.5	47	30	45.5	1	0.6	30.4	17.5	13 000	16 000
N305E	NU305E	25	62	17	1.1	1.1	31.5	55	37	55.5	1	1	40.3	23.8	9 900	12 000
N306E	NU306E	30	72	19	1.1	1.1	37	64	44	65.5	1	1	51.7	31.5	8 400	10 000
N307E	NU307E	35	80	21	1.5	1.1	44	71	48	72	1	1	65.0	40.5	7 500	9 200
N308E	NU308E	40	90	23	1.5	1.5	49	80	55	82	1.5	1.5	80.4	50.0	6 600	8 200
N309E	NU309E	45	100	25	1.5	1.5	45	89	60	92	1.5	1.5	97.4	62.2	5 900	7 300
N310E	NU310E	50	110	27	2	2	60	98	67	101	2	2	110	71	5 400	6 600
N311E	NU311E	55	120	29	2	2	65	107	72	111	2	2	135	89	4 900	6 100
N312E	NU312E	60	130	31	2.1	2.1	72	116	79	119	2.1	2.1	150	99.2	4 500	5 600
N313E	NU313E	65	140	33	2.1	2.1	77	125	85	129	2.1	2.1	179	120	4 200	5 200

注:E 表示轴承内部结构设计改进、增大轴承承载能力的加强型。

表 13.4　单列圆锥滚子轴承(GB/T 297—1994)

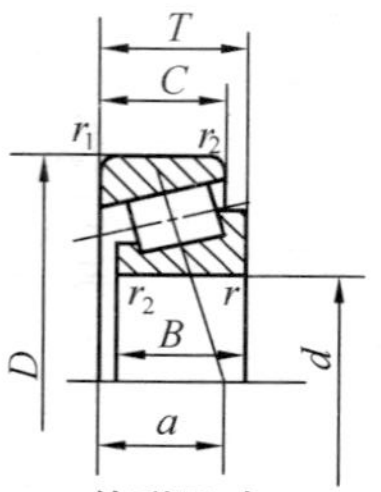

外形尺寸

30000型

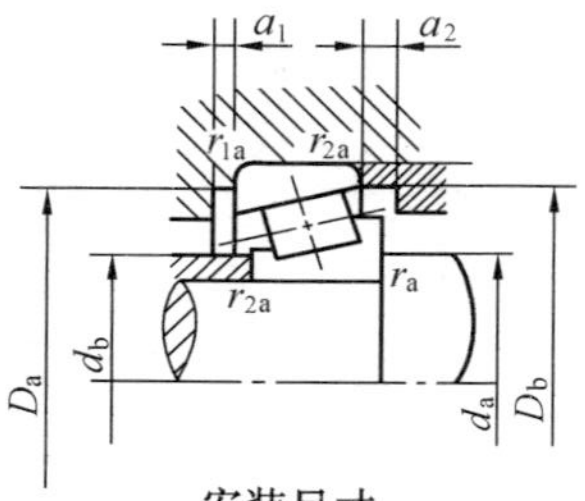

安装尺寸

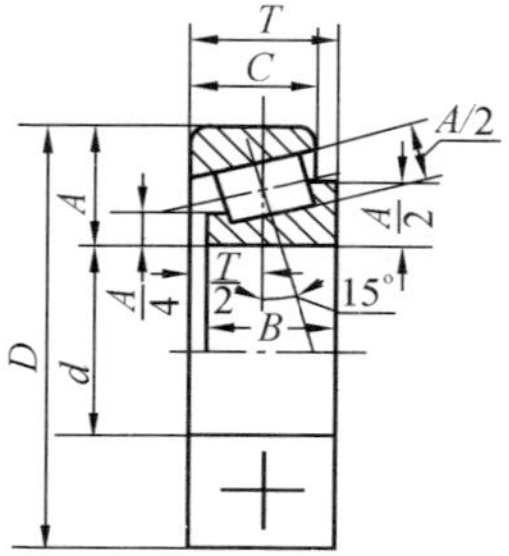

规定画法

e	见本表	
A/R	≤e	>e
X	1	0.4
Y	0	见本表
X_0	1	0.5
Y_0	0	见本表

当 $P_0<R$ 时，取 $P_0=R$

标记示例：滚动轴承 30211 GB/T 297—1994

轴承代号	尺寸/mm									安装尺寸/mm								基本额定负荷/kN		极限转速/(r·min^{-1})		计算系数		
	d	D	T	B	C	a ≈	r min	r_1 min	r_2 min	d_a min	d_b max	D_a max	D_b min	a_1 min	a_2 min	r_a max	r_{1a} max	C_r (动)	C_{or} (静)	脂润滑	油润滑	e	Y	Y_0
02 尺寸系列																								
30204	20	47	15.25	14	12	11.2	1	1	0.5	26	27	41	43	2	3.5	1	1	28.2	30.6	8 000	1 000	0.35	1.7	1
30205	25	52	16.25	15	13	12.6	1	1	0.5	31	31	46	48	2	3.5	1	1	32.2	37	7 000	9 000	0.37	1.6	0.9
30206	30	62	17.25	16	14	13.8	1	1	0.5	36	37	56	58	2	3.5	1	1	43.3	50.5	6 000	7 500	0.37	1.6	0.9
30207	35	72	18.25	17	15	15.3	1.5	1.5	0.8	42	44	65	67	3	3.5	1.5	1.5	54.2	63.5	5 300	6 700	0.37	1.6	0.9
30208	40	80	19.75	18	16	16.9	1.5	1.5	0.8	47	49	73	75	3	4	1.5	1.5	63.0	74.0	5 000	6 300	0.37	1.6	0.9
30209	45	85	20.75	19	16	18.6	1.5	1.5	0.8	52	53	78	80	3	5	1.5	1.5	67.9	83.6	4 500	5 600	0.4	1.5	0.8
30210	50	90	21.75	20	17	20	1.5	1.5	0.8	57	58	83	86	3	5	1.5	1.5	73.3	92.1	4 300	5 300	0.42	1.4	0.8
30211	55	100	22.75	21	18	21	2	1.5	0.8	64	64	91	95	4	5	1	1.5	90.8	114	3 800	4 800	0.4	1.5	0.8
30212	60	110	23.75	22	19	22.4	2	1.5	0.8	69	69	101	103	4	5	2	1.5	103	130	3 600	4 500	0.4	1.5	0.8
30213	65	120	24.75	23	20	24	2	1.5	0.8	74	77	111	114	4	5	2	1.5	121	153	3 200	4 000	0.4	1.5	0.8

续表 13.4

轴承代号	尺寸/mm									安装尺寸/mm								基本额定负荷/kN		极限转速/(r·min^{-1})		计算系数		
	d	D	T	B	C	a ≈	r min	r_1 min	r_2 min	d_a min	d_b max	D_a max	D_b min	a_1 min	a_2 min	r_a max	r_{1a} max	C_r (动)	C_{or} (静)	脂润滑	油润滑	e	Y	Y_0
03 尺寸系列																								
30304	20	52	16.25	15	13	11	1.5	1.5	0.8	27	28	45	48	3	3.5	1.5	1.5	33.1	33.2	7 500	9 500	0.3	2	1.1
30305	25	62	18.25	17	15	13	1.5	1.5	0.8	32	34	55	58	3	3.5	1.5	1.5	46.9	48.1	6 300	8 000	0.3	2	1.1
30306	30	72	20.75	19	16	15	1.5	1.5	0.8	37	40	65	66	3	5	1.5	1.5	59.0	63.1	5 600	7 000	0.31	1.9	1
30307	35	80	22.75	21	18	17	2	1.5	0.8	44	45	71	74	3	5	2	1.5	75.3	82.6	5 000	6 300	0.31	1.9	1
30308	40	90	25.25	23	20	19.5	2	1.5	0.8	49	52	81	84	3	5.5	2	1.5	90.9	108	4 500	5 600	0.35	1.7	1
30309	45	100	27.75	25	22	21.5	2	1.5	0.8	54	59	91	94	3	5.5	2	1.5	109	130	4 000	5 000	0.35	1.7	1
30310	50	110	29.25	27	23	23	2.5	2	1	60	65	100	103	4	6.5	2.1	2	130	157	3 800	4 800	0.35	1.7	1
30311	55	120	31.5	29	25	25	2.5	2	1	65	70	110	112	4	6.5	2.1	2	153	188	3 400	4 500	0.35	1.7	1
30312	60	130	33.5	31	26	26.5	3	2.5	1.2	72	76	118	121	5	7.5	2.5	2.1	171	210	3 200	4 000	0.35	1.7	1
30313	65	140	36	33	28	29	3	2.5	1.2	77	83	128	131	5	8	2.5	2.1	196	242	2 800	3 600	0.35	1.7	1
22 尺寸系列																								
32206	30	62	21.25	20	17	15.4	1	1	0.5	36	36	56	58	3	4.5	1	1	57.8	63.7	6 000	7 500	0.37	1.6	0.9
32207	35	72	24.25	23	19	17.6	1.5	1.5	0.8	42	42	65	68	3	5.5	1.5	1.5	70.6	89.5	5 300	6 700	0.37	1.6	1.9
32208	40	80	24.75	23	19	19	1.5	1.5	0.8	47	48	73	75	3	6	1.5	1.5	77.9	97.2	5 000	7 300	0.37	1.6	0.9
32209	45	85	24.75	23	19	20	1.5	1.5	0.8	52	53	78	81	3	6	1.5	1.5	80.7	104	4 500	5 600	0.4	1.5	0.8
32210	50	90	24.75	23	19	21	1.5	1.5	0.8	57	57	83	86	3	6	1.5	1.5	82.8	108	4 300	5 300	0.42	1.4	0.8
32211	55	100	26.75	25	21	22.5	2	1.5	0.8	64	62	91	96	4	6	2	1.5	108	142	3 800	4 800	0.4	1.5	0.8
32212	60	110	29.75	28	24	24.9	2	1.5	0.8	69	68	101	105	4	6	2	15	133	180	3 600	4 500	0.4	1.5	0.8
32213	65	120	32.75	31	27	27.2	2	1.5	0.8	74	75	111	115	4	6	2	1.5	161	222	3 200	4 000	0.4	1.5	0.8

续表 13.4

轴承代号	尺寸/mm									安装尺寸/mm								基本额定负荷/kN		极限转速/($r \cdot min^{-1}$)		计算系数		
	d	D	T	B	C	a ≈	r min	r_1 min	r_2 min	d_a min	d_b max	D_a max	D_b min	a_1 min	a_2 min	r_a max	r_{1a} max	C_r (动)	C_{or} (静)	脂润滑	油润滑	e	Y	Y_0
23 尺寸系列																								
32304	20	52	22.25	21	18	13.4	1.5	1.5	0.8	27	28	45	48	3	4.5	1.5	1.5	42.7	46.3	7 500	9 500	0.3	2	1
32305	25	62	25.25	24	20	15.5	1.5	1.5	0.8	32	32	55	58	3	5.5	1.5	1.5	61.6	68.8	6 300	8 000	0.3	2	1.1
32306	30	72	23.75	27	23	18.8	1.5	1.5	0.8	37	38	65	66	4	6	1.5	1.5	81.6	96.4	5 600	7 000	0.31	1.9	1
32307	35	80	32.75	31	25	20.5	2	1.5	0.8	44	43	71	74	4	8	2	1.5	99.0	118	5 000	6 300	0.31	1.9	1
32308	40	90	35.25	33	27	23.4	2	1.5	0.8	49	49	81	83	4	8.5	2	1.5	115.7	148	4 500	5 600	0.35	1.7	1
32309	45	100	38.25	36	30	25.6	2	1.5	0.8	54	56	91	93	4	8.5	2	1.5	145	189	4 000	5 000	0.35	1.7	1
32310	50	110	42.25	40	33	28	2.5	2	1	60	61	100	102	5	9.5	2.1	2	178	236	3 800	4 800	0.35	1.7	1
32311	55	120	45.5	43	35	30.6	2.5	2	1	65	66	110	111	5	10.5	2.1	2	203	271	3 400	4 300	0.35	1.7	1
32312	60	130	48.5	46	37	32	3	2.5	1.2	72	72	118	122	6	11.5	2.5	2.1	227	303	3 200	4 000	0.35	1.7	1
32313	65	140	51	48	39	34	3	2.5	1.2	77	79	128	131	6	12	2.5	2.1	260	350	2 800	3 600	0.35	1.7	1

表13.5 角接触轴承的轴向游隙

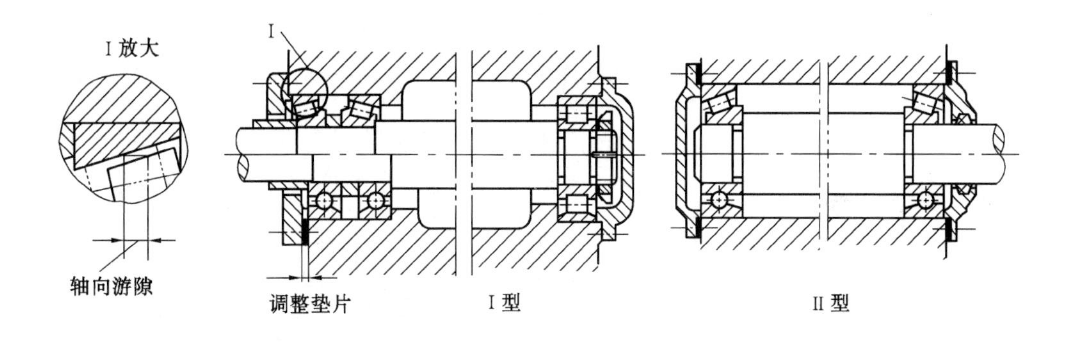

<table>
<tr><th colspan="2" rowspan="3">轴承公称内径 d/mm</th><th colspan="6">允许轴向游隙的范围/μm</th><th rowspan="4">Ⅱ型轴承间允许的距离（大概值）</th></tr>
<tr><th colspan="4">接触角 α=15°</th><th colspan="2">α=25°及 α=40°</th></tr>
<tr><th colspan="2">Ⅰ型</th><th colspan="2">Ⅱ型</th><th colspan="2">Ⅰ型</th></tr>
<tr><th>大于</th><th>至</th><th>最小</th><th>最大</th><th>最小</th><th>最大</th><th>最小</th><th>最大</th></tr>
<tr><td colspan="2">≤30</td><td>20</td><td>40</td><td>30</td><td>50</td><td>10</td><td>20</td><td>8d</td></tr>
<tr><td>30</td><td>50</td><td>30</td><td>50</td><td>40</td><td>70</td><td>15</td><td>30</td><td>7d</td></tr>
<tr><td>50</td><td>80</td><td>40</td><td>70</td><td>50</td><td>100</td><td>20</td><td>40</td><td>6d</td></tr>
<tr><td>80</td><td>120</td><td>50</td><td>100</td><td>60</td><td>150</td><td>30</td><td>50</td><td>5d</td></tr>
</table>

圆锥滚子轴承轴向游隙

<table>
<tr><th colspan="2" rowspan="3">轴承公称内径 d/mm</th><th colspan="6">允许轴向游隙的范围/μm</th><th rowspan="4">Ⅱ型轴承间允许的距离（大概值）</th></tr>
<tr><th colspan="4">接触角 α=10°~16°</th><th colspan="2">α=25°~29°</th></tr>
<tr><th colspan="2">Ⅰ型</th><th colspan="2">Ⅱ型</th><th colspan="2">Ⅰ型</th></tr>
<tr><th>大于</th><th>至</th><th>最小</th><th>最大</th><th>最小</th><th>最大</th><th>最小</th><th>最大</th></tr>
<tr><td colspan="2">≤30</td><td>20</td><td>40</td><td>40</td><td>70</td><td>—</td><td>—</td><td>14d</td></tr>
<tr><td>30</td><td>50</td><td>40</td><td>70</td><td>50</td><td>100</td><td>20</td><td>40</td><td>12d</td></tr>
<tr><td>50</td><td>80</td><td>50</td><td>100</td><td>80</td><td>150</td><td>30</td><td>50</td><td>11d</td></tr>
<tr><td>80</td><td>120</td><td>80</td><td>150</td><td>120</td><td>200</td><td>40</td><td>70</td><td>10d</td></tr>
</table>

13.2 滚动轴承座

表 13.6 剖分式立式滚动轴承座(GB/T 7813—2008) mm

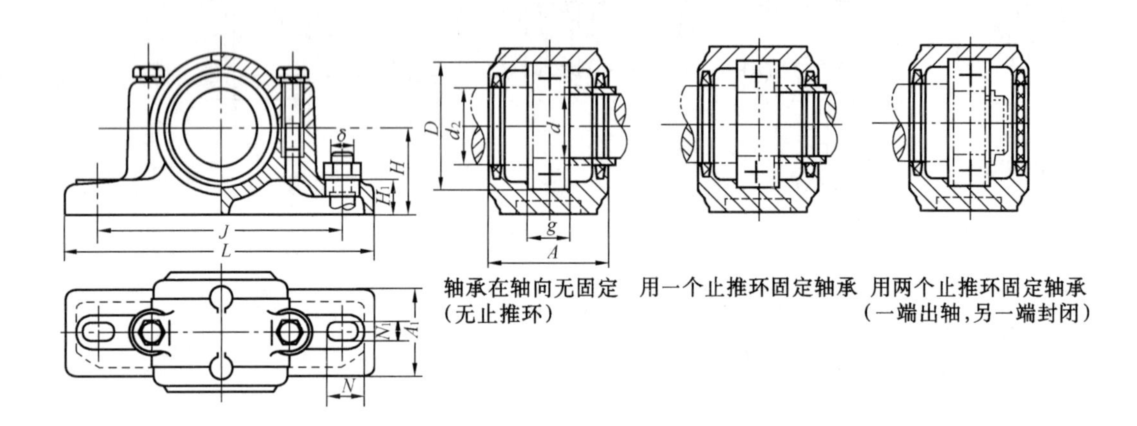

轴承在轴向无固定（无止推环） 用一个止推环固定轴承 用两个止推环固定轴承（一端出轴，另一端封闭）

标记示例：轴承内径 d=40 mm（代号 08）轻系列剖分立式滚动轴承座的标记为：轴承座 SN208 GB/T 7813—2008

<table>
<tr><th>型　号</th><th>d</th><th>d_2</th><th>D</th><th>g</th><th>A
max</th><th>A_1</th><th>H</th><th>H_1
max</th><th>L</th><th>J</th><th>S
(螺栓)</th><th>N_1</th><th>N</th><th>质量/
kg</th></tr>
<tr><td colspan="15">轻（2）系列</td></tr>
<tr><td>SN205</td><td>25</td><td>30</td><td>52</td><td>25</td><td>72</td><td>46</td><td>40</td><td rowspan="3">22</td><td>165</td><td>130</td><td rowspan="6">M12</td><td rowspan="6">15</td><td rowspan="6">20</td><td>1.3</td></tr>
<tr><td>SN206</td><td>30</td><td>35</td><td>62</td><td>30</td><td>82</td><td rowspan="2">52</td><td rowspan="2">50</td><td rowspan="2">185</td><td rowspan="2">150</td><td>1.8</td></tr>
<tr><td>SN207</td><td>35</td><td>40</td><td>72</td><td rowspan="5">33</td><td>85</td><td>2.1</td></tr>
<tr><td>SN208</td><td>40</td><td>50</td><td>80</td><td rowspan="2">92</td><td rowspan="3">60</td><td rowspan="3">60</td><td rowspan="3">25</td><td rowspan="3">205</td><td rowspan="3">170</td><td>2.6</td></tr>
<tr><td>SN209</td><td>45</td><td>55</td><td>85</td><td>2.8</td></tr>
<tr><td>SN210</td><td>50</td><td>60</td><td>90</td><td>100</td><td>3.1</td></tr>
<tr><td>SN211</td><td>55</td><td>65</td><td>100</td><td>105</td><td rowspan="2">70</td><td rowspan="2">70</td><td>28</td><td rowspan="2">255</td><td rowspan="2">210</td><td rowspan="3">M16</td><td rowspan="3">18</td><td rowspan="3">23</td><td>4.3</td></tr>
<tr><td>SN212</td><td>60</td><td>70</td><td>110</td><td>38</td><td>115</td><td rowspan="2">30</td><td>5.0</td></tr>
<tr><td>SN213</td><td>65</td><td>75</td><td>120</td><td>43</td><td>120</td><td>80</td><td>80</td><td>275</td><td>230</td><td>5.3</td></tr>
</table>

第 14 章

联　轴　器

14.1　有弹性元件的挠性联轴器

表 14.1　LX 型弹性柱销联轴器(GB/T 5014—2017)

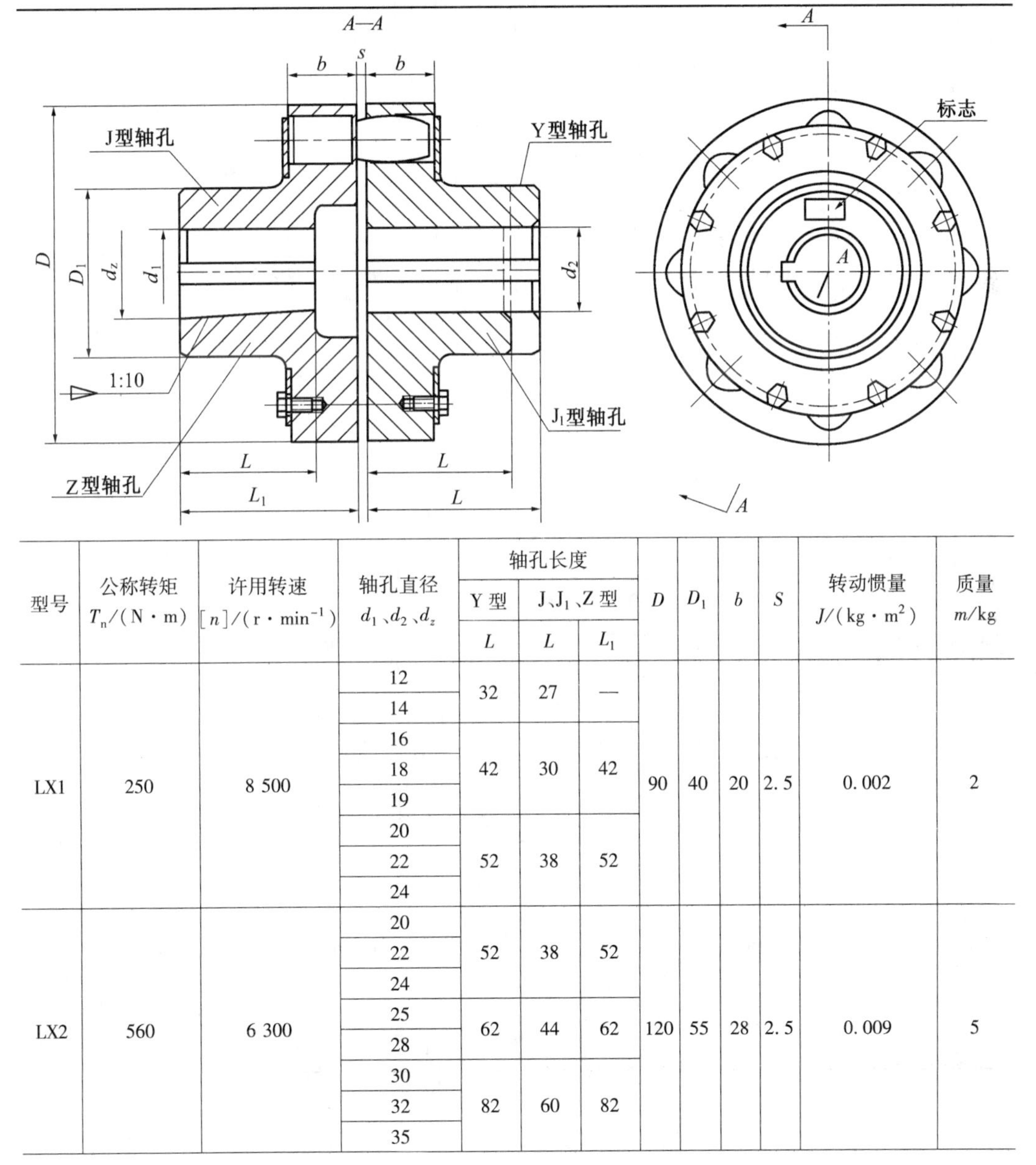

型号	公称转矩 T_n/(N·m)	许用转速 [n]/(r·min^{-1})	轴孔直径 d_1、d_2、d_z	轴孔长度 Y 型	J、J_1、Z 型		D	D_1	b	S	转动惯量 J/(kg·m^2)	质量 m/kg
				L	L	L_1						
LX1	250	8 500	12	32	27	—	90	40	20	2.5	0.002	2
			14									
			16	42	30	42						
			18									
			19									
			20	52	38	52						
			22									
			24									
LX2	560	6 300	20	52	38	52	120	55	28	2.5	0.009	5
			22									
			24									
			25	62	44	62						
			28									
			30	82	60	82						
			32									
			35									

续表 14.1

型号	公称转矩 T_n/(N·m)	许用转速 [n]/(r·min^{-1})	轴孔直径 d_1、d_2、d_z	轴孔长度 Y型	轴孔长度 J、J_1、Z型		D	D_1	b	S	转动惯量 J/(kg·m^2)	质量 m/kg
				L	L	L_1						
LX3	1 250	4 750	30	82	60	82	160	75	36	2.5	0.026	8
			32									
			35									
			38									
			40	112	84	112						
			42									
			45									
			48									
LX4	2 500	3 870	40	112	84	112	195	100	45	3	0.109	22
			42									
			45									
			48									
			50									
			55									
			56									
			60	142	107	142						
			63									
LX5	3 150	3 450	50	112	84	112	220	120	45	3	0.191	30
			55									
			56									
			60	142	107	142						
			63									
			65									
			70									
			71									
			75									
LX6	6 300	2 720	60	142	107	142	280	140	56	4	0.543	53
			63									
			65									
			70									
			71									
			75									

表 14.2 LT 型弹性套柱销联轴器(GB/T 4323—2017)

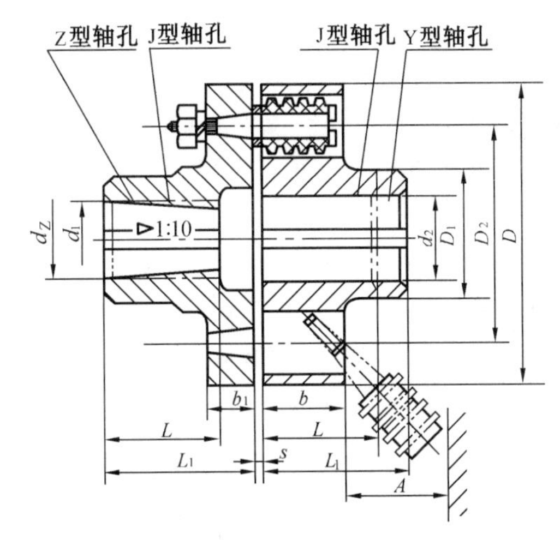

标记示例:

例 1 LT6 联轴器 40×112 GB/T 4323—2017

主动端 $d_1=40$ mm,Y 型轴孔 $L_1=112$ mm A 型键槽

从动端 $d_2=40$ mm,Y 型轴孔 $L_1=112$ mm A 型键槽

例 2 LT3 联轴器$\frac{\text{ZC }16\times30}{\text{JB }18\times30}$GB/T 4323—2017

主动端 $d_z=16$ mm,Z 型轴孔 $L=30$ mm C 型键槽

从动端 $d_2=18$ mm,J 型轴孔 $L=30$ mm B 型键槽

型号	公称转矩 T_n	许用转速 [n]		轴孔直径 d_1、d_2、d_z		轴孔长度 Y 型	J、J_1、Z 型		$L_{推荐}$	D	A	质量	转动惯量	许用安装补偿	
		铁	钢	铁	钢	L	L_1	L						ΔY	$\Delta\alpha$
	(N·m)	(r·min^{-1})		mm								kg	(kg·m^2)	mm	
LT1	6.3	6 600	8 800	9		20	14	—	25	71	18	0.82	0.000 5	0.1	45′
				10、11		25	17								
				12	12、14	32	20								
LT2	16	5 500	7 600	12、14					35	80		1.20	0.000 8		
				16	16、18、19	42	30	42							
LT3	31.5	4 700	6 300	16、18、19					38	95	35	2.20	0.002 3		
				20	20、22	52	38	52							
LT4	63	4 200	5 700	20、22、24					40	106		2.84	0.003 7		
				—	25、28	62	44	62							
LT5	125	3 600	4 600	25、28		62	44	62	50	130	45	6.05	0.012	0.15	45′
				30、32	30、32、35	82	60	82							
LT6	250	3 300	3 800	32、35、38					55	160		9.75	0.028		30′
				40	40、42	112	84	112							
LT7	500	2 800	3 600	40、42、45	40、42、45、48				65	190		14.01	0.055		
LT8	710	2 400	3 000	45、48、50、55					70	224	65	23.12	0.340	0.2	
				—	56										
				—	60、63	142	107	142							
LT9	1 000	2 100	2 850	50、55、56		112	84		80	250		30.69	0.213		
				60、63		142	107	142							
				—	65、70、71										

注:① 优先选用 $L_{推荐}$ 轴孔长度。

② 质量、转动惯量按材料为钢、最大轴孔、$L_{推荐}$ 的近似值。

③ 联轴器许用运转补偿量为安装补偿量的 1 倍。

④ 联轴器短时过载不得超过公称转矩的 2 倍。

表 14.3 LM 型梅花形弹性联轴器(GB/T 5272—2017)

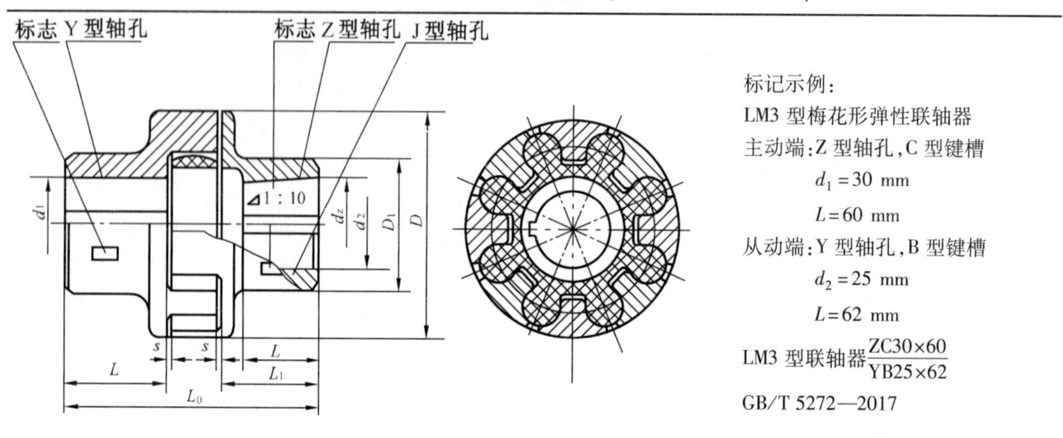

型号	公称转矩 T_n/(N·m) 弹性件硬度 a/H_A 80±5	公称转矩 T_n/(N·m) 弹性件硬度 b/H_D 90±5	许用转速 [n] LM (r/min)	许用转速 [n] LMD、LMS (r/min)	轴孔直径 d_1、d_2、d_z (mm)	轴孔长度 Y型 L	轴孔长度 J、Z型 L	轴孔长度 $L_{推荐}$	$L_{0推荐}$ LM	$L_{0推荐}$ LMD	$L_{0推荐}$ LMS	D	D_1 LM	D_1 LMD、LMS	弹性件型号	质量 LM (kg)	转动惯量 LM (kg·m²)	许用安装误差 径向 ΔY (mm)	许用安装误差 轴向 ΔX (mm)	许用安装误差 角向 $\Delta\alpha$ (°)
LM1	25	45	15 300	8 500	12、14	32	27	35	86	92	98	50	30	90	$MT1^{-a}_{-b}$	0.66	0.000 2	0.2	1.2	1
					16、18、19	42	30													
					20、22、24	52	38													
					25	62	44													
LM2	50	100	12 000	7 600	16、18、19	42	30	38	95	101.5	108	60	44	100	$MT2^{-a}_{-b}$	0.93	0.000 4	0.3	1.3	
					20、22、24	52	38													
					25、28	62	44													
					30	82	60													
LM3	100	200	10 900	6 900	20、22、24	52	38	40	103	110	117	70	48	110	$MT3^{-a}_{-b}$	1.41	0.000 9	0.4	1.5	
					25、27	62	44													
					30、32	82	60													
LM4	140	280	9 000	6 200	32、24	52	38	45	114	122	130	85	60	125	$MT4^{-a}_{-b}$	2.18	0.002		2	
					25、28	62	44													
					30、32、35、38	82	60													
					40	112	84													
LM5	350	400	7 300	5 000	25、28	62	44	50	127	138.5	150	105	72	150	$MT5^{-a}_{-b}$	3.60	0.005		2.5	
					30、32、35、38	82	60													
					40、42、45	112	84													

续表 14.3

型号	公称转矩 T_n/(N·m)		许用转速 [n]		轴孔直径 d_1、d_2、d_z	轴孔长度			$L_{0推荐}$			D	D_1		弹性件型号	质量	转动惯量	许用安装误差		
	弹性件硬度		LM	LMD、LMS		Y型	J、Z型	$L_{推荐}$	LM	LMD	LMS		LM	LMD、LMS		LM	LM	径向 ΔY	轴向 ΔX	角向 $\Delta\alpha$
	a/H_A	b/H_D				L														
	80±5	90±5	r/min		mm											kg	(kg·m²)	mm		(°)
LM6	400	710	6 100	4 100	30、32、35、38	82	60	55	143	155	167	125	90	185	$MT6^{-a}_{-b}$	6.07	0.011 4	0.5	3	0.7
					40、42、45、48	112	84													
LM7	630	1 120	5 300	3 700	35*、38*	82	60	60	159	172	185	145	104	205	$MT7^{-a}_{-b}$	9.09	0.023 2			
					40*、42*、45、48、50、55	112	84													
LM8	1 120	2 240	4 500	3 100	45*、48*、50、55、56			70	181	195	209	170	130	240	$MT8^{-a}_{-b}$	13.56	0.046 8		3.5	
					60、63、65	142	107													
LM9	1 800	3 550	3 800	2 800	50*、55*、56*	112	84	80	208	224	240	200	156	270	$MT9^{-a}_{-b}$	21.40	0.104 1	0.7	4	
					60、63、65、70、71、75	142	107													
					80	172	132													
LM10	2 800	5 600	3 300	2 500	60*、63*、65*、70、71、75	142	107	90	230	248	268	230	180	305	$MT10^{-a}_{-b}$	32.03	0.210 5		4.5	0.5
					80、89、90、95	172	132													
					100	212	167													

14.2 刚性联轴器

表14.4 凸缘联轴器(GB/T 5843—2003)

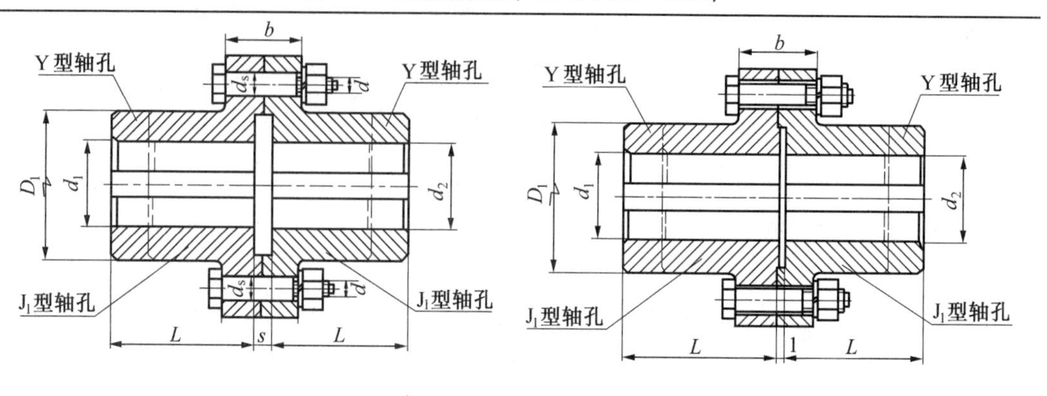

GY型凸缘联轴器　　　　GYS型有对中榫凸缘联轴器

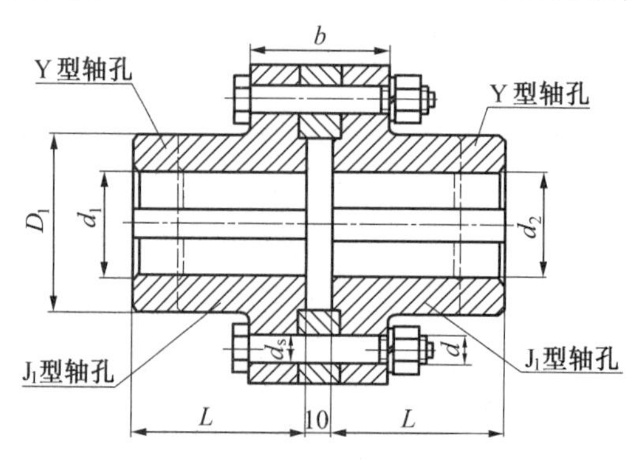

GYH型有对中环凸缘联轴器

型号	公称转矩 $T/(N \cdot m)$	许用转速 $[n]/(r \cdot min^{-1})$	轴孔直径 d_1、d_3	轴孔长度 L		D	D_1	b	b_1	S	转动惯量/$(kg \cdot m^2)$	质量 m/kg
				Y型	J_1型							
CY1 CYS1 GYH1	25	12 000	12	32	27	80	30	26	42	6	0.000 8	1.16
			14									
			16	42	30							
			18									
			19									
GY2 GYS2 GYH2	63	10 000	16	42	30	90	40	28	44	6	0.001 5	1.72
			18									
			19									
			20	52	38							
			22									
			24									
			25	62	44							

续表 14.4

型号	公称转矩 $T/(\mathrm{N \cdot m})$	许用转速 $[n]/(\mathrm{r \cdot min^{-1}})$	轴孔直径 d_1、d_3	轴孔长度 L		D	D_1	b	b_1	S	转动惯量/ $(\mathrm{kg \cdot m^2})$	质量 m/kg
				Y 型	J_1 型							
GY3 GYS3 GYH3	112	9 500	20	52	38	100	45	30	46	6	0.002 5	0.38
			22									
			24									
			25	62	44							
			28									
GY4 GYS4 GYH4	224	9 000	25	62	44	105	55	32	48	6	0.003	3.15
			28									
			30	82	60							
			32									
			35									
GY5 GYS5 GYH5	500	8 000	30	82	60	120	68	36	52	8	0.007	5.43
			32									
			35									
			38									
			40	112	84							
			42									
GY6 GYS6 GYH6	900	6 800	38	82	60	140	80	40	56	8	0.015	7.59
			40	112	84							
			42									
			45									
			48									
			50									
GY7 GYS7 GYH7	1 600	6 000	48	112	84	160	100	40	56	8	0.031	13.1
			50									
			55									
			56									
			60	142	107							
			63									
GY8 GYS8 GYH8	3 150	4 800	60	142	107	200	130	50	68	10	0.103	27.5
			63									
			65									
			70									
			71									
			75									
			80	172	132							

续表 14.4

型号	公称转矩 $T/(\mathrm{N\cdot m})$	许用转速 $[n]/(\mathrm{r\cdot min^{-1}})$	轴孔直径 d_1、d_3	轴孔长度 L		D	D_1	b	b_1	S	转动惯量/ $(\mathrm{kg\cdot m^2})$	质量 m/kg
				Y 型	J_1 型							
GY9 GYS9 GYH9	6 300	3 600	75	142	107	260	160	66	84	10	0.319	47.8
			80	172	132							
			85									
			90									
			95									
			100	212	167							
GY10 GYS10 GYH10	10 000	3 200	90	172	132	300	200	72	90	10	0.720	82.0
			95									
			100	212	167							
			110									
			120									
			125									
GY11 GYS11 GYH11	25 000	2 500	120	212	167	380	260	80	98	10	2.278	162.2
			125									
			130	252	202							
			140									
			150									
			160	302	242							
GY12 GYS12 GYH12	50 000	2 000	150	252	202	460	320	92	112	12	5.923	285.6
			160	302	242							
			170									
			180									
			190	353	282							
			200									

14.3 无弹性元件的挠性联轴器

表 14.5 金属滑块联轴器(JB/ZQ 4384—2006)

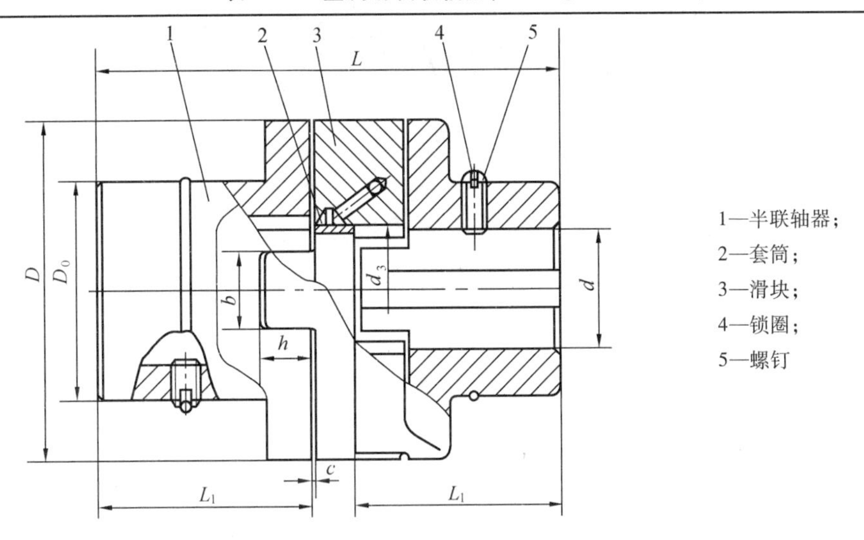

d	许用转矩 $[T]$/(N·m)	许用转速 $[n]$/(r·min^{-1})	D_0	D	L	L_1	h	d_3	c	转动惯量/(kg·m^2)	质量/kg
			mm								
20	250	250	45	90	115	50	12	25	$0.5_0^{+0.3}$	0.002	2.68
25								30			2.5
30								34			2.60
36	500		60	110	160	70	16	40		0.006 5	5.57
40								45			5.21
45	800		80	130	200	90	20	50		0.017 5	10.00
50								55			9.46
55	1 250		95	150	240	110	25	60		0.035	15.40
60								65			14.46
65	2 000		105	170	275	125	30	70		0.063	22.41
70								75			21.29
75	3 200		115	190	310	140	34	80		0.125	31.50
80								85			29.80
85	5 000		130	210	355	160	38	90	$1.0_0^{+0.5}$	0.225	44.77
90								95			42.46
95	8 000		140	240	395	180	42	100		0.40	59.44
100								105			57.02

注:半联轴器和十字滑块材料一般为 45 或 ZG310-570,表面淬火 46 ~ 60 HRC。套筒用 Q235A。

表 14.6 夹布胶木滑块联轴器

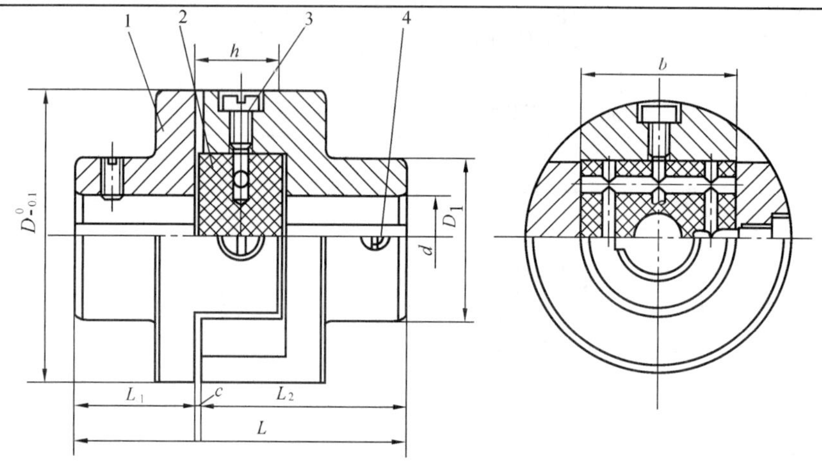

1—半联轴器；
2—滑块
3,4—螺钉

d	许用转矩 [T]/(N·m)	许用转速 [n]/(r·min^{-1})	$D^{0}_{-0.1}$	D_1	L	L_1	L_2	b	h	c	转动惯量/(kg·m^2)	质量/kg
			mm									
20	40	7 000	80	50	104	40	62	45	20	2	0.001 8	2.3
22	50											
25	80	5 700	100	60	124	50	72	53		2	0.003 8	4.1
28	110											3.9
30	130	4 700	120	75	149	60	87	65	25	2	0.012	7.4
32	160											7.2
35	210											7
40	320	3 800	150	90	180	75	107	75	30	2	0.035	13.3
45	450											12.9
50	500	3 200	180	110	224	90	132	90	40	2	0.09	22.7
55	665											22.5
60	865	2 600	220	130	254	100	152	110	50	2	0.243	38.2
65	1 100											37.2
70	1 370	2 200	250	150	274	110	162	130		2	0.41	57
75	1 690											56
80	2 040	1 800	290	170	304	120	182	150	60	2	0.875	83
85	2 450											82
90	2 910	1 700	330	190	344	140	202	170		2	1.50	115
95	3 430											109

注：表中转矩系用一个键时的值，两个键时采用 H7/r6、H7/n6 配合，许用转矩可较表值大 1.3 ~ 1.8 倍。

表 14.7 尼龙滑块联轴器(JB/ZQ 4384—1986)

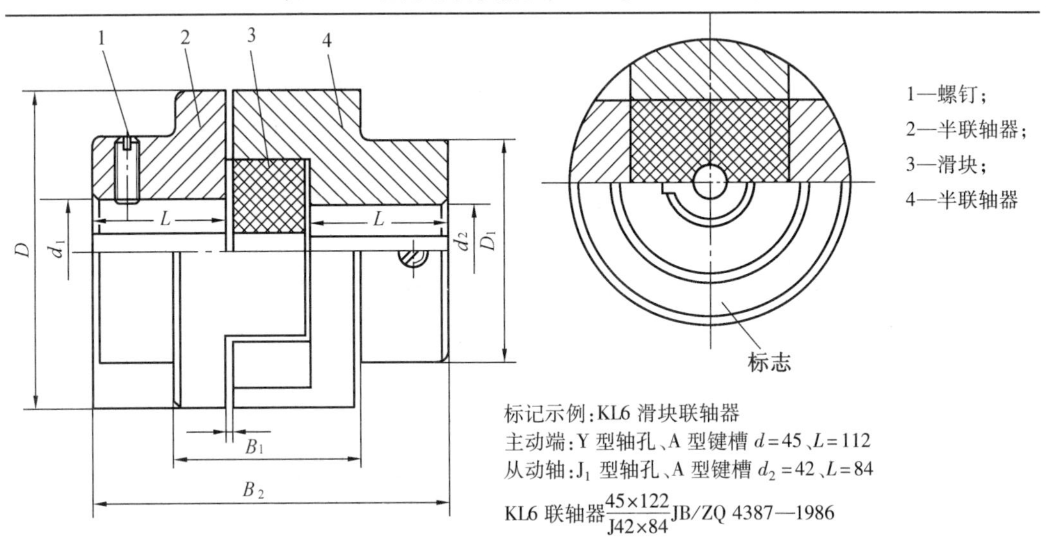

型号	许用转矩 $[T]$/(N·m)	许用转速 $[n]$/($r\cdot min^{-1}$)	轴孔直径 d_1、d_2	轴孔长度 Y	轴孔长度 J_1	D	D_1	B_1	B_2	转动惯量/($kg\cdot m^2$)	质量/kg
				L							
			mm								
KL1	16	10 000	10,11 12,14	25 32	22 27	40	30	52	67 81	0.000 7	0.6
KL2	31.5	8 200	12,14 16,(17),18	32 42	27 30	50	32	56	86 106	0.003 8	1.5
KL3	63	7 000	(17),18,19 20,22	42 52	30 38	70	40	60	106 126	0.006 3	1.8
KL4	160	5 700	20,22,24 25,28	52 62	38 44	80	50	64	126 146	0.013	2.5
KL5	280	4 700	25,28 30,32,35	62 82	44 60	100	70	75	151 191	0.045	5.8
KL6	500	3 800	30,32,35,38 40,42,45	82 112	60 84	120	80	90	201 261	0.12	9.5
KL7	900	3 200	40,42,45,48 50,55	112	84	150	100	120	266	0.43	25
KL8	1 800	2 400	50,55 60,63,65,70	112 142	84 107	190	120	150	276 336	1.98	55
KL9	3 550	1 800	65,70,75 80,85	142 172	107 132	250	150	180	346 406	4.9	55
KL10	5 000	1 500	80,85,90,95 100	172 212	132 167	330	190	180	406 486	7.5	120

注:① 适用于控制器和油泵装置或其他传递转矩较小的场合。
② 表中联轴器质量和转动惯量是按最小轴孔直径和最大长度计算的近似值。
③ 括号内的数值尽量不选用。
④ 装配时两轴的许用补偿量为:轴向 $\Delta x=1\sim2$ mm;径向 $\Delta y<0.2$ mm;角向 $\Delta\alpha<0°40'$。
⑤ 联轴器的工作温度为-20 ℃ ~ +70 ℃。
⑥ 半联轴器材料:$d\leqslant45$ mm 采用 Q235A;$d>45$ mm 采用 HT150。

第 15 章

润滑装置、密封件和减速器附件

15.1 润滑装置

表 15.1 直通式和接头式压注油杯型式与尺寸(JB/T 7940.1—1995、JB/T 7940.2—1995)

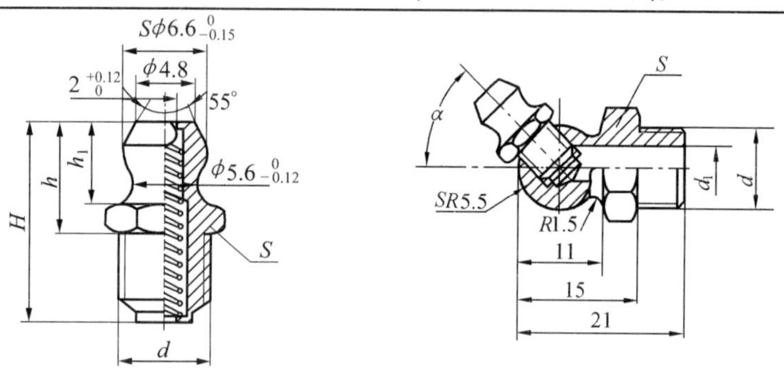

mm

d	直通式						接头式				
	H	h	h_1	S 基本尺寸	S 极限偏差	钢球 GB/T 308—2002	d_1	α	S 基本尺寸	S 极限偏差	直通式压注油杯 JB/T 7940.1
M6	13	8	6	8	0 -0.22	3	3	45° 90°	11	0 -0.22	M6
M8×1	16	9	6.5	10			4				
M10×1	18	10	7	11			5				

注:标记 连接螺纹 M10×1,直通式(45°接头式)压注油杯标记为:油杯 M10×1(45°M10×1)JB/T 7940.1—1995(JB/T 7940.2—1995)。

表 15.2 旋盖式油杯(GB/T 7940.3—1995)

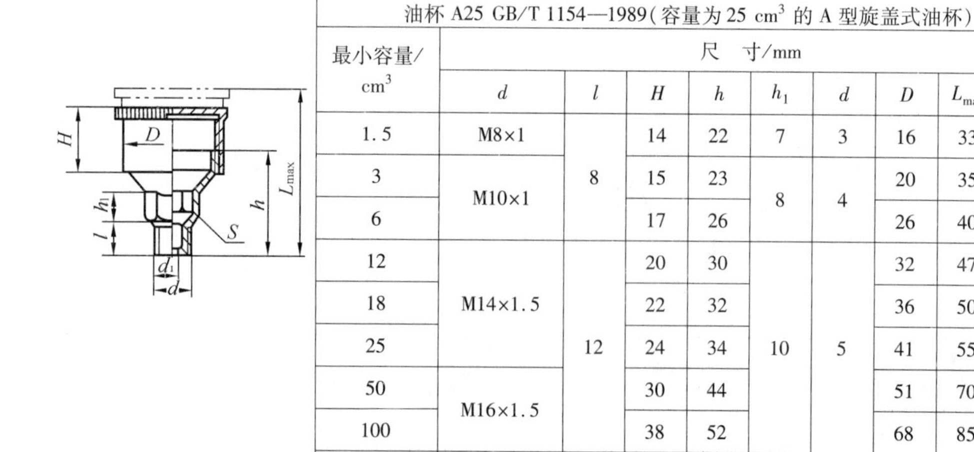

标记示例

油杯 A25 GB/T 1154—1989(容量为 25 cm³ 的 A 型旋盖式油杯)

最小容量/cm³	尺寸/mm d	l	H	h	h_1	d	D	L_{max}	S
1.5	M8×1	8	14	22	7	3	16	33	10
3	M10×1		15	23	8	4	20	35	13
6			17	26			26	40	
12	M14×1.5	12	20	30	10	5	32	47	18
18			22	32			36	50	
25			24	34			41	55	
50	M16×1.5		30	44			51	70	21
100			38	52			68	85	
200	M24×1.5	16	48	64	16	6	9	105	30

表 15.3 压配式压注油杯(JB/T 7904.4—1995) mm

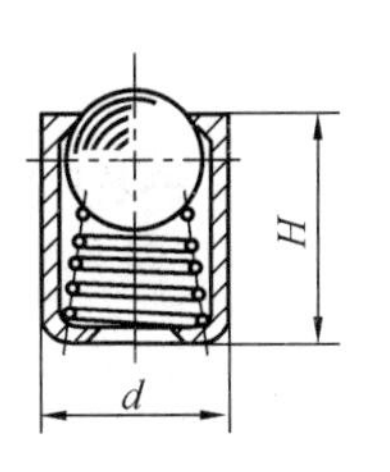

标记示例

油杯 6 JB/T 7904.4—1995 (d=6 mm 压配式压注油杯)

d(x7)	6	8	10	16	25
H	6	10	12	20	30
钢球(按 GB 308)	4	5	6	11	13

15.2 密 封 件

表 15.4 毡圈油封及槽尺寸(FZ/T 92010—1991) mm

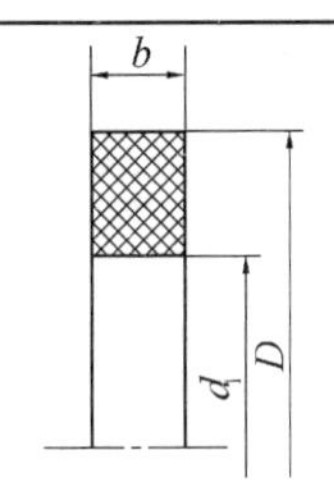

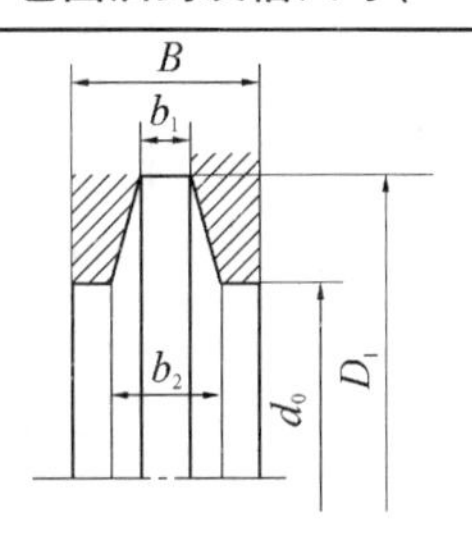

标记示例:

d=28 mm 毡圈封油

毡圈 28 FZ/T 92010—1991

轴径 d	毡圈			沟槽						毡圈结合处接头线的倾斜尺寸	
	d_1	D	b	D_1	d_0	b_1	b_2	B_{min}		d	c
								用于钢	用于铸铁		
16	15	26	3.5	27	17	3	4.3	10	12		
18	17	28		29	19					≥15~20	17
20	19	30		31	21						
22	21	32		33	23					≥20~45	21
25	24	37	5	38	26	4	5.5				
28	27	40		41	29						
30	29	42		43	31					≥45~65	27
32	31	44		45	33			12	15		
35	34	47		48	36						
38	37	50		51	39					≥65~85	32
40	39	52		53	41						
42	41	54		55	43					≥85~95	36
45	44	57		58	46						
48	47	60		61	49						
50	49	66	7	67	51	5	7.1			≥95~120	40
55	54	71		72	56						
60	59	76		77	61						
65	64	81		82	66					≥120~135	58
70	69	88		89	71	6	8.3				
75	74	93		94	76					≥135~240	60
80	79	98		99	81						

表 15.5 内包骨架旋转轴唇形密封圈(GB/T 13871.1—2007) mm

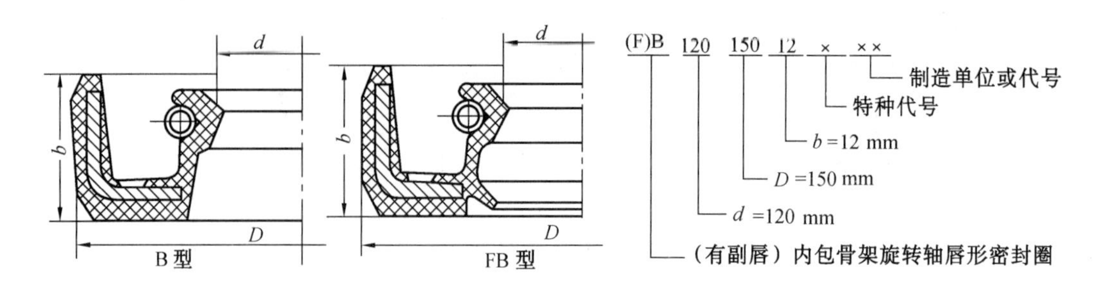

d 轴基本尺寸	*D* 基本外径				*D* 极限偏差	*b* 基本宽度及极限偏差	*d* 轴基本尺寸	*D* 基本外径				*D* 极限偏差	*b* 基本宽度及极限偏差
10	22	25			$^{+0.30}_{+0.15}$	7±0.3	38	55	58	62		$^{+0.35}_{+0.20}$	8±0.3
12	24	25	30				40	55	(60)	62			
15	26	30	35				42	55	62	(65)			
16	(28)	30	(35)				45	62	65	70			
18	38	35	(40)				50	68	(70)	72			
20	35	40	(45)				52	72	75	78			
22	35	40	47				55	72	(75)	80			
25	40	47	52*				60	80	85	(90)			
28	40	47	52				65	85	90	(95)			10±0.3
30	42	47	(50)	52*			70	90	95	(100)			
32	45	47	52*			8±0.3	75	95	100				
35	50	52*	55*				80	100	(105)	110			

注:有“*”号的基本外径的极限偏差为$^{+0.35}_{+0.20}$

内包骨架旋转轴唇形密封圈槽的尺寸及安装示例

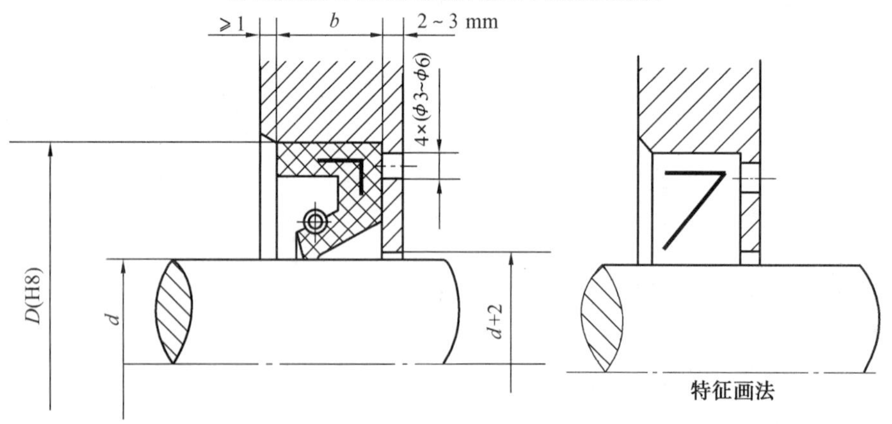

表 15.6　液压气动用 O 形橡胶密封圈(GB/T 3452.1—2005)　mm

d_2　d_1

标记示例:
O 形圈 5×1.8
GB 3452.1—2005

d_1 内径	d_1 极限偏差	d_2 1.80±0.08	d_2 2.65±0.09	d_2 3.55±0.10	d_2 5.30±0.13	d_2 7.00±0.15
17.0	±0.17	·	·			
18.0		·	·	·		
19.0	±0.22	·	·	·		
20.0		·	·	·		
21.2		·	·	·		
22.4		·	·	·		
23.6		·	·	·		
25.0		·	·	·		
25.8		·	·	·		
26.5		·	·	·		
28.0		·	·	·		
30.0		·	·	·		
31.5	±0.30	·	·	·		
32.5		·	·	·		
33.5		·	·	·		
34.5		·	·	·		
35.5		·	·	·		
36.5		·	·	·		
37.5		·	·	·		
38.7		·	·	·		
40.0		·	·	·	·	

d_1 内径	d_1 极限偏差	d_2 1.80±0.08	d_2 2.65±0.09	d_2 3.55±0.10	d_2 5.30±0.13	d_2 7.00±0.15
41.2	±0.36	·	·	·	·	
42.5		·	·	·	·	
43.7		·	·	·	·	
45.0		·	·	·	·	
46.2		·	·	·	·	
47.5		·	·	·	·	
48.7		·	·	·	·	
50.0		·	·	·	·	
51.5	±0.45		·	·	·	
53.5			·	·	·	
54.5			·	·	·	
56.0			·	·	·	
58.0			·	·	·	
60.0			·	·	·	
61.5			·	·	·	
63.0			·	·	·	
65.0	±0.53		·	·	·	
67.0			·	·	·	
69.0			·	·	·	
71.0			·	·	·	
73.0			·	·	·	

d_1 内径	d_1 极限偏差	d_2 1.80±0.08	d_2 2.65±0.09	d_2 3.55±0.10	d_2 5.30±0.13	d_2 7.00±0.15
75.0	±0.53		·	·	·	
77.5				·	·	
80.0			·	·	·	
82.5	±0.65			·	·	
85.0			·	·	·	
87.5				·	·	
90.0			·	·	·	
92.5				·	·	
95.0			·	·	·	
97.5				·	·	
100			·	·	·	
103				·	·	
108			·	·	·	
109				·	·	·
112			·	·	·	·
115				·	·	·
118			·	·	·	·
122	±0.90			·	·	·
125			·	·	·	·
128				·	·	·
132			·	·	·	·

15.3　减速器附件

表 15.7　窥视孔及盖板

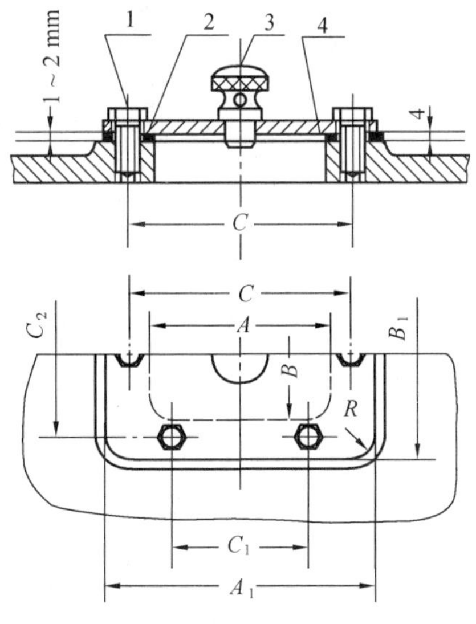

窥视孔及盖板
1—固定窥视孔盖板的螺钉;2—纸封油垫片;
3—透气装置(手柄);4—窥视孔盖板

续表 15.7

mm

A	B	A_1	B_1	C	C_1	C_2	R	螺钉尺寸	螺钉数目
60	40	90	70	75	50	55	5	M6×15	6
90	60	120	90	105	70	75	5	M6×15	6
110	90	140	120	125	80	105	5	M6×15	6
140	100	180	140	160	100	120	5	M6×15	6

表 15.8 简易通气器

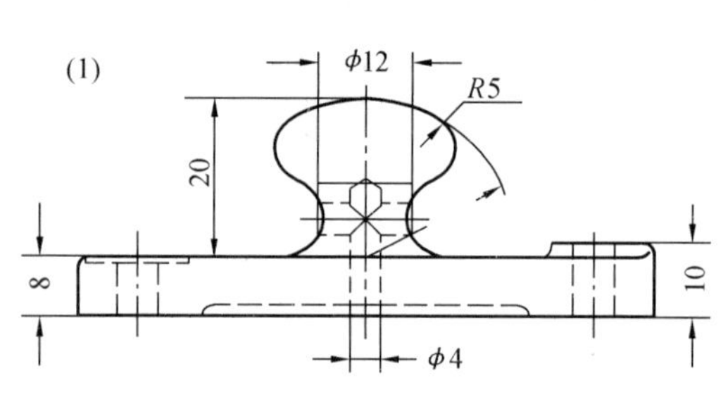

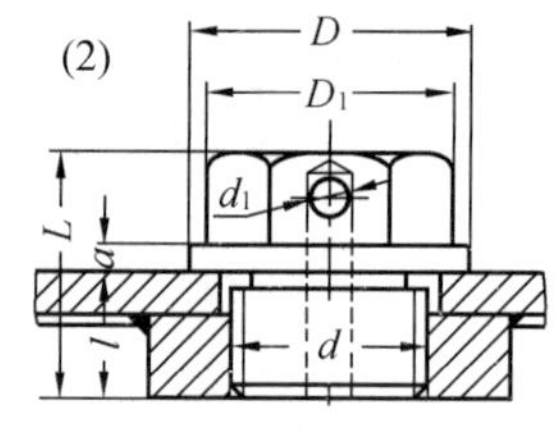

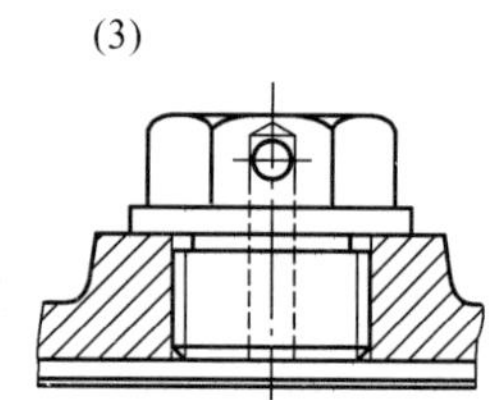

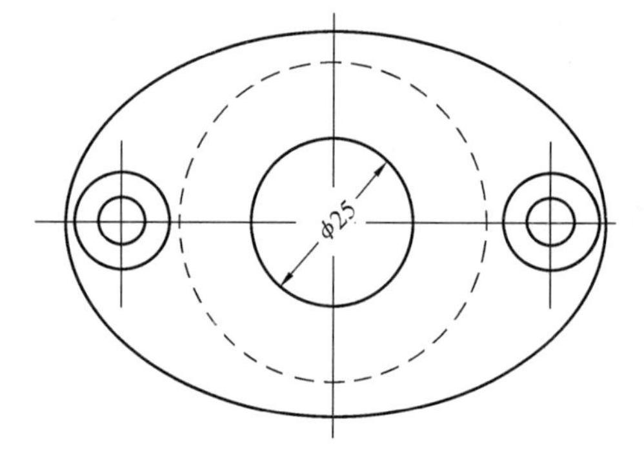

mm

d	D	D_1	S	L	l	a	d_1
M10×1	13	11.5	10	16	8	2	3
M12×1.25	16	16.5	14	19	10	2	4
M16×1.5	22	19.6	17	23	12	2	5
M20×1.5	30	25.4	22	28	15	4	6
M22×1.5	32	25.4	22	29	15	4	7
M27×1.5	38	31.2	27	34	18	4	8
M30×2	42	36.9	32	36	18	4	8
M33×2	45	36.9	32	38	20	4	8
M36×3	50	41.6	36	46	25	5	8

(4)

φ35

φ25

φ12

φ20

表 15.9 带过滤网的通气器

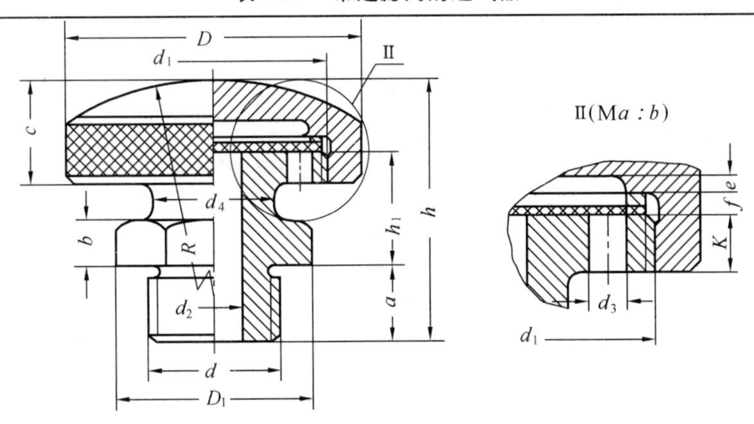

mm

d	d_1	d_2	d_3	d_4	D	h	a	b	c	h_1	R	D_1	S	K	e	f
M18	M32×1.5	10	5	16	40	36	10	6	14	17	40	26.9	19	5	2	2
M24	M48×1.5	12	5	22	55	52	15	8	20	25	85	41.6	36	8	2	2
M36	M64×2	20	8	30	75	64	20	12	24	30	180	57.7	50	10	2	2

注：表中符号 S 为螺母扳手宽度。

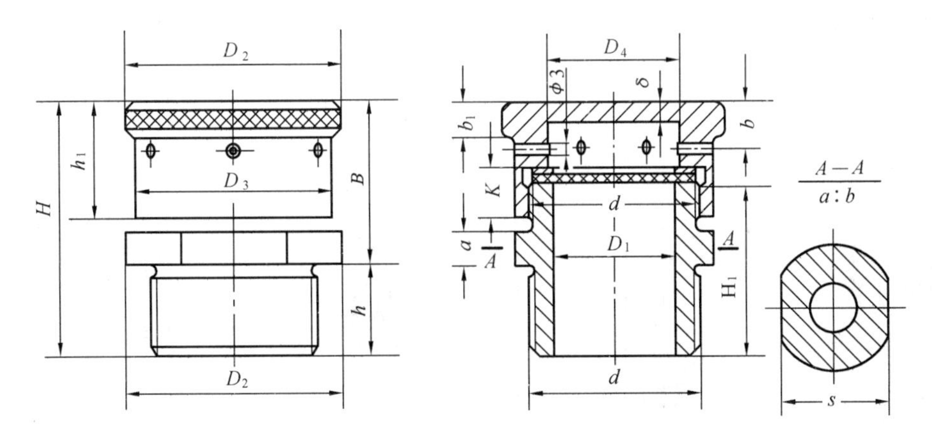

mm

d	D_1	B	h	H	D_2	H_1	a	δ	K	b	h_1	b_1	D_3	D_4	s	孔数
M27×1.5	15	≈30	15	≈45	36	32	6	4	10	8	22	6	32	18	30	6
M36×2	20	≈40	20	≈60	48	42	8	4	12	11	29	8	42	24	41	6
M48×3	30	≈45	25	≈70	62	52	10	5	15	13	32	10	56	36	50	8

表 15.10　压配式圆形油标(JB/T 7941.1—1995)

mm

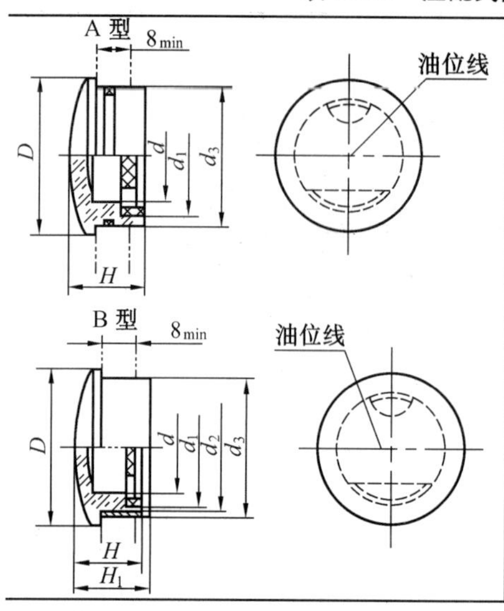

标　记　示　例

油标 A32JB/T 7941.1—1995(视孔 $d=32$A 型压配式圆形油标)

d	D	$d_1(d11)$	$d_2(d11)$	$d_3(d11)$	H	H_1	O 形橡胶密封圈(按 GB 3452.1)
12	22	12	17	20	14	16	15×2.65
16	27	18	22	25			20×2.65
20	34	22	28	32	16	18	25×3.55
25	40	28	34	38			31.5×3.55
32	48	35	41	45	18	20	38.7×3.55
40	58	45	51	55			48.7×3.55
50	70	55	61	65	22	24	–
63	85	70	76	80			

注:① 与 d_1 相配合的孔极限偏差按 H11。

② A 型用 O 形橡胶密封圈,沟槽尺寸按 GB 3452.3,B 型用密封圈由制造厂设计选用。

表 15.11　长形油标(JB/T 7941.3—1995)

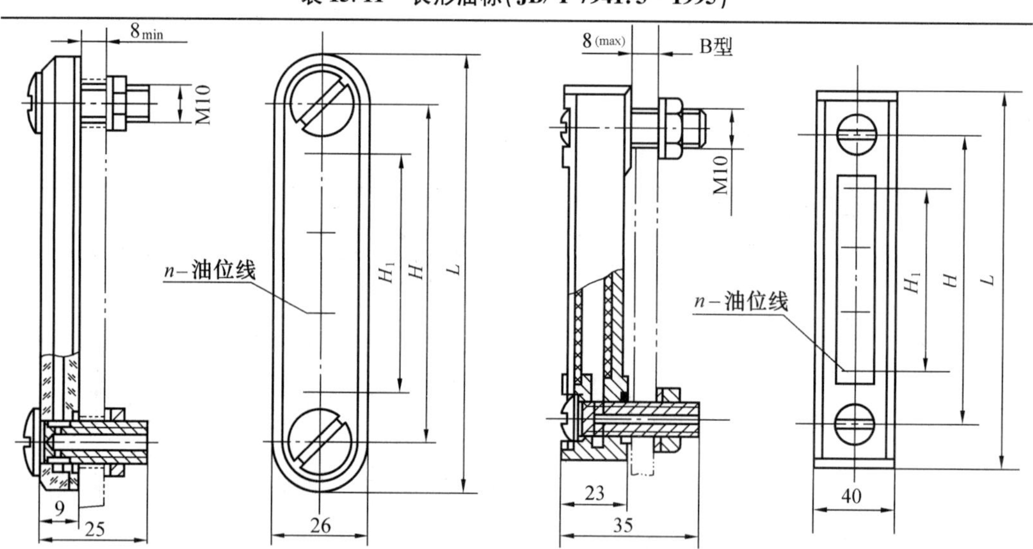

标记示例　油标 A80JB/T 7941.3—1995

mm

H 基本尺寸 A 型	H 基本尺寸 B 型	H 极限偏差	H_1 A 型	H_1 B 型	L A 型	L B 型	n(条数) A 型	n(条数) B 型	O 形橡胶密封圈(按 GB 3452.1)	六角薄螺母(按 GB/T 6172)	弹性垫圈(按 GB 861
80		±0.17	40		110		2		10×2.65	M10	10
100	—		60	—	130	—	3	—			
125	—	±0.20	80	—	155	—	4	—			
160			120		190		6				

表 15.12 管状油标(JB/T 7941.4—1995)

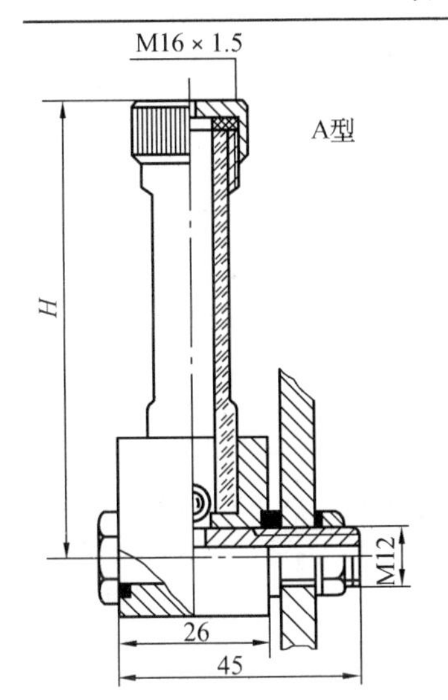

标记示例:油标 A80JB/T 7941.4—1995

mm

H	O 形橡胶密封圈(按 GB 3452.1)	六角薄螺母(按 GB 6172)	弹性垫圈(按 GB 861)
80,100,125,160,200	11.8×2.65	M12	12

表 15.13 杆式油标

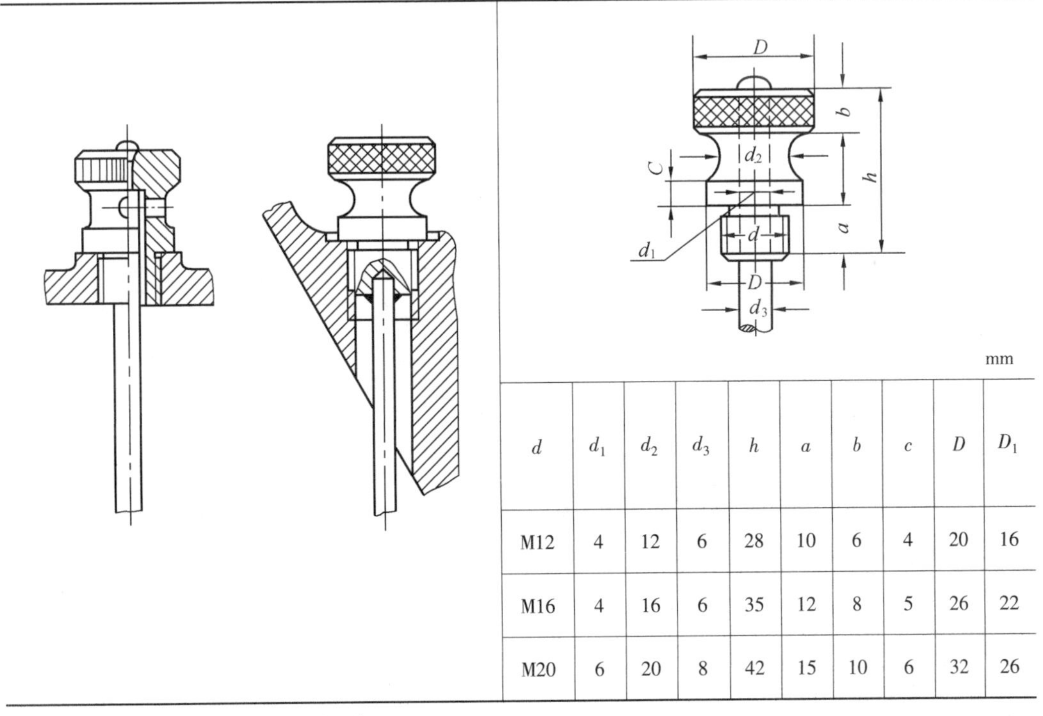

mm

d	d_1	d_2	d_3	h	a	b	c	D	D_1
M12	4	12	6	28	10	6	4	20	16
M16	4	16	6	35	12	8	5	26	22
M20	6	20	8	42	15	10	6	32	26

注:表中左图为具有通气孔的杆式油标。

表 15.14 六角螺塞(JB/ZQ 4450—1986)、皮封油圈(ZB 70—1962)、纸封油圈(ZB 71—1962)

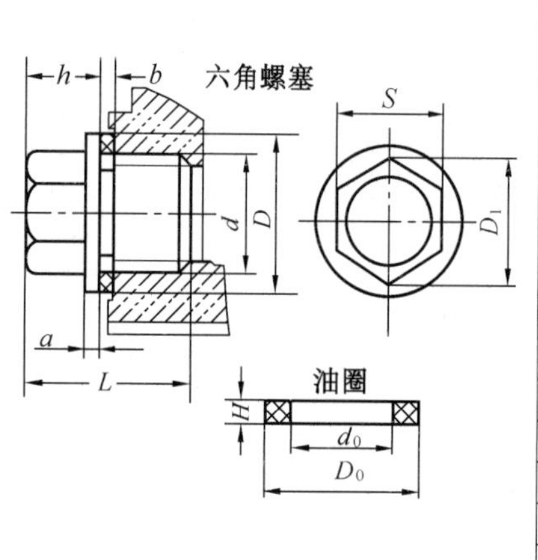

标记示例:六角螺塞 M20(JB/ZQ 4450—1986)

油圈 30×20 ZB 70—1962(D_0 - 30,d_0 = 20 的皮封油圈)

油圈 30×20 ZB 71—1962(D_0 = 30,d_0 = 20 的纸封油圈)

螺纹 d	尺寸/mm										材料
	D	D_1	S	L	h	a	b	D_0	H		
									纸圈	皮圈	
M10×1	18	12.7	11	20	10	3	2	18	2	2	螺塞-Q235 皮封油圈-工业用革 纸封油圈-石棉橡胶纸
M12×1.25	22	15	13	24	12	3	2	22			
M14×1.5	23	20.8	18	25	12	3	3	22			
M18×1.5	28	24.2	21	27	15	3	3	25			
M20×1.5	30	24.2	21	30	15	4	3	30			
M22×1.5	32	27.7	24	30	15	4	3	32	3	2.5	
M24×2	34	31.2	27	32	16	4	4	35			
M27×2	38	34.6	30	35	17	4	4	40			
M30×2	42	39.3	34	38	18	4	4	45			

第 16 章 电 动 机

16.1 Y 系列三相异步电动机技术数据

表 16.1 Y 系列三相异步电动机的型号及相关数据

电动机型号	额定功率/kW	满载转速/($r \cdot min^{-1}$)	$\frac{启动转矩}{额定转矩}$	$\frac{最大转矩}{额定转矩}$
同步转速 3 000 r/min				
Y801-2	0.75	2 825	2.2	2.2
Y802-2	1.1	2 825	2.2	2.2
Y90S-2	1.5	2 840	2.2	2.2
Y90L-2	2.2	2 840	2.2	2.2
Y100L-2	3	2 880	2.2	2.2
Y112M-2	4	2 890	2.2	2.2
Y132S1-2	5.5	2 900	2.0	2.2
Y132S2-2	7.5	2 900	2.0	2.2
Y160M1-2	11	2 930	2.0	2.2
Y160M2-2	15	2 930	2.0	2.2
Y160L-2	18.5	2 930	2.0	2.2
Y180M-2	22	2 940	2.0	2.2
Y200L1-2	30	2 950	2.0	2.2
Y200L2-2	37	2 950	2.0	2.2
Y225M-2	45	2 970	2.0	2.2
同步转速 1 000 r/min				
Y90S-6	0.75	910	2.0	2.0
Y90L-6	1.1	910	2.0	2.0
Y100L-6	1.5	940	2.0	2.0
Y112M-6	2.2	940	2.0	2.0
Y132S-6	3	960	2.0	2.0
Y132M1-6	4	960	2.0	2.0
Y132M2-6	5.5	960	2.0	2.0
Y160M-6	7.5	970	2.0	2.0
Y160L-6	11	970	2.0	2.0
Y180L-6	15	970	1.8	2.0
Y200L1-6	18.5	970	1.8	2.0
Y200L2-6	22	970	1.8	2.0
Y225M-6	30	980	1.7	2.0
Y250M-6	37	980	1.8	2.0
Y280S-6	45	980	1.8	2.0
同步转速 1 500 r/min				
Y801-4	0.55	1 390	2.2	2.2
Y801-4	0.55	1 390	2.2	2.2
Y90S-4	1.1	1 400	2.2	2.2
Y90L-4	1.5	1 400	2.2	2.2
Y100L1-4	2.2	1 420	2.2	2.2
Y100L2-4	3	1 420	2.2	2.2
Y112M-4	4	1 440	2.2	2.2
Y132S-4	5.5	1 440	2.2	2.2
Y132M-4	7.5	1 440	2.2	2.2
Y160M-4	11	1 460	2.2	2.2
Y160L-4	15	1 460	2.2	2.2
Y180M-4	18.5	1 470	2.0	2.2
Y180L-4	22	1 470	2.0	2.2
Y200L-4	30	1 470	2.0	2.2
Y225S-4	73	1 480	1.9	2.2
Y225M-4	45	1 480	1.9	2.2
Y250M-4	55	1 480	2.0	2.2
同步转速 750 r/min				
Y132S-8	2.2	710	2.0	2.0
Y132M-8	3	710	2.0	2.0
Y160M1-8	4	720	2.0	2.0
Y160M2-8	5.5	720	2.0	2.0
Y160L-8	7.5	720	2.0	2.0
Y180L-8	11	730	1.7	2.0
Y200L-8	15	730	1.8	2.0
Y225S-8	18.5	730	1.7	2.0
Y225M-8	22	730	1.8	2.0
Y250M-8	30	730	1.8	2.0
Y280S-8	37	740	1.8	2.0
Y280M-8	45	740	1.8	2.0

注:Y 系列电动机的型号由四部分组成:第一部分汉语拼音字母 Y 表示异步电动机;第二部分数字表示机座中心高(机座不带底脚时,与机座带底脚时相同);第三部分英文字母为机座长度代号(S—短机座,M—中机座,L—长机座),字母后的数字为铁心长度代号,第四部分横线后的数字为电动机的极数。例如,电动机型号 Y132S2-2 表示异步电动机,机座中心高为 132 mm,短机座,极数为 2。

16.2 Y 系列三相异步电动机的外形及安装尺寸

表 16.2 B_3 型、机座带底脚和端盖无凸缘 Y 系列三相异步电动机的外形及安装尺寸

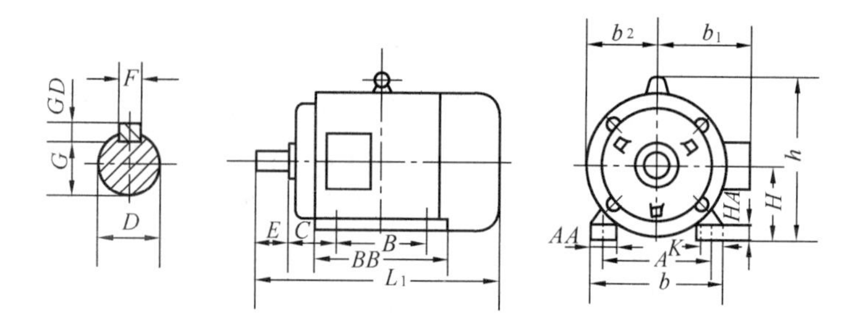

型号	尺寸/mm																					
	H	A	B	C	D		E		F×GD		G		K	b	b_1	b_2	h	AA	BB	HA	L_1	
					2 极	4,6,8,10 极	2 极	4,6,8,10 极	2 极	4,6,8,10 极	2 极	4,6,8,10 极									2 极	4,6,8,10 极
Y80	80	125	100	50	19		40		6×6		15.5		10	160	150	85	170	34	130	10	285	
Y90S	90	140	100	56	24		50		8×7		20		10	180	155	90	190	36	130	12	310	
Y90L	90	140	125	56	24		50		8×7		20		10	180	155	90	190	36	155	12	335	
Y100L	100	160	140	63	28		60		8×7		24		12	205	180	105	245	40	176	14	380	
Y112M	112	190	140	70	28		60		8×7		24		12	245	190	115	265	50	180	15	400	
Y132S	132	216	140	89	38		80		10×8		33		12	280	210	135	315	60	200	18	475	
Y132M	132	216	178	89	38		80		10×8		33		12	280	210	135	315	60	238	18	515	
Y160M	160	254	210	108	42		110		12×8		37		15	325	255	165	385	70	270	20	600	
Y160L	160	254	254	108	42		110		12×8		37		15	325	255	165	385	70	314	20	645	
Y180M	180	279	241	121	48		110		14×9		42.5		15	355	285	180	430	70	311	22	670	
Y180L	180	279	279	121	48		110		14×9		42.5		15	355	285	180	430	70	349	22	710	
Y200L	200	318	305	133	55		110		16×10		49		19	395	310	200	475	70	379	25	775	
Y225S	225	356	286	149	55	60	110	140	16×10	18×11	49	53	19	435	345	225	530	75	368	28		820
Y225M	225	356	311	149	55	60	110	140	16×10	18×11	49	53	19	435	345	225	530	75	393	28	815	845
Y250M	250	406	349	168	60	65	140		18×11		53	58	24	490	385	250	575	80	455	30	930	
Y280S	280	457	368	190	65	75	140		18×11	20×12	58	67.5	24	545	410	280	640	85	530	35	1 000	
Y280M	280	475	419	190	65	75	140		18×11	20×12	58	67.5	24	545	410	280	640	85	581	35	1 050	

第 17 章

极限与配合、几何公差、表面结构及传动件的精度

17.1 极限与配合

表 17.1 基本偏差系列及配合种类代号(摘自 GB/T 1800.1—2009)

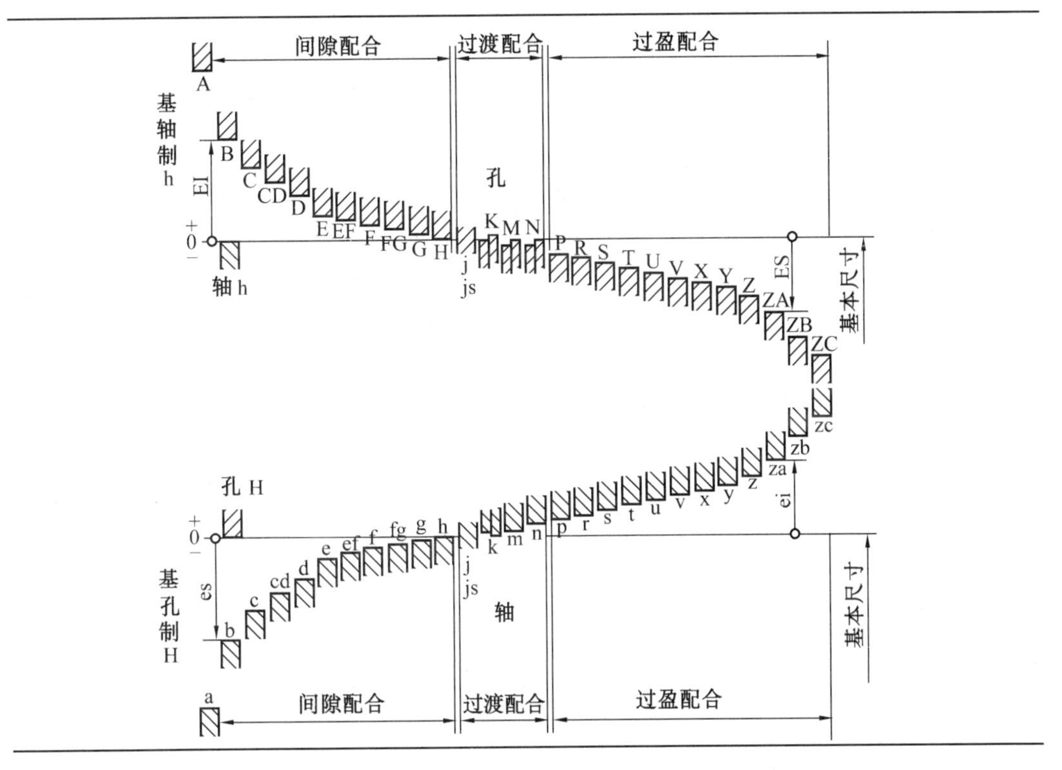

表 17.2 标准公差值(摘自 GB/T 1800.1—2009) μm

基本尺寸/mm		公差等级											
大于	至	IT4	IT5	IT6	IT7	IT8	IT9	IT10	IT11	IT12	IT13	IT14	IT15
3	6	4	5	8	12	18	30	48	75	120	180	300	480
6	10	4	6	9	15	22	36	58	90	150	220	360	580
10	18	5	8	11	18	27	43	70	110	180	270	430	700
18	30	6	9	13	21	33	52	84	130	210	330	520	840
30	50	7	11	16	25	39	62	100	160	250	390	620	1 000
50	80	8	13	19	30	46	74	120	190	300	460	740	1 200
80	120	10	15	22	35	54	87	140	220	350	540	870	1 400
120	180	12	18	25	40	63	100	160	250	400	630	1 000	1 600
180	250	14	20	29	46	72	115	185	290	460	720	1 150	1 850
250	315	16	23	32	52	81	130	210	320	520	810	1 300	2 100
315	400	18	25	36	57	89	140	230	360	570	890	1 400	2 300
400	500	20	27	40	63	97	155	250	400	630	970	1 500	2 500

注:标准公差分为 20 个等级,即 IT01,IT0,IT1,…,IT18。表 17.2 中列出了常用标准公差值。

表 17.3 轴的基本偏差(摘自 GB/T 1800.1—2009)

μm

公差带	等 级	基 本 尺 寸/mm							
		大于~至							
		10~18	18~30	30~50	50~80	80~120	120~180	180~250	250~315
d	7	-50 -68	-65 -86	-80 -105	-100 -130	-120 -155	-145 -185	-170 -216	-190 -242
	8	-50 -77	-65 -98	-80 -119	-100 -146	-120 -174	-145 -208	-170 -242	-190 -271
	▼9	-50 -93	-65 -117	-80 -142	-100 -174	-120 -207	-145 -245	-170 -285	-190 -320
	10	-50 -120	-65 -149	-80 -180	-100 -220	-120 -260	-145 -305	-170 -355	-190 -400
e	6	-32 -43	-40 -53	-50 -66	-60 -79	-72 -94	-85 -110	-100 -129	-110 -142
	7	-32 -50	-40 -61	-50 -75	-60 -90	-72 -107	-85 -125	-100 -146	-110 -162
	8	-32 -59	-40 -73	-50 -89	-60 106	-72 -126	-85 -148	-100 -172	-110 -191
	9	-32 -75	-40 -92	-50 -112	-60 -134	-72 -159	-85 -185	-100 -215	-110 -240
f	6	-16 -27	-20 -33	-25 -41	-30 -49	-36 -58	-43 -68	-50 -79	-56 -88
	▼7	-16 -34	-20 -41	-25 -50	-30 -60	-36 -71	-43 -83	-50 -96	-56 -108
	8	-16 -43	-20 -53	-25 -64	-30 -76	-36 -90	-43 -106	-50 -122	-56 -137
	9	-16 -59	-20 -72	-25 -87	-30 -104	-36 -123	-43 -143	-50 -165	-56 -186
g	5	-6 -14	-7 -16	-9 -20	-10 -23	-12 -27	-14 -32	-15 -35	-17 -40
	▼6	-6 -17	-7 -20	-9 -25	-10 -29	-12 -34	-14 -39	-15 -44	-17 -49
	7	-6 -24	-7 -28	-9 -34	-10 -40	-12 -47	-14 -54	-15 -61	-17 -69
	8	-6 -33	-7 -40	-9 -48	-10 -56	-12 -66	-14 -77	-15 -87	-17 -98
h	5	0 -8	0 -9	0 -11	0 -13	0 -15	0 -18	0 -20	0 -23
	▼6	0 -11	0 -13	0 -16	0 -19	0 -22	0 -25	0 -29	0 -32
	▼7	0 -18	0 -21	0 -25	0 -30	0 -35	0 -40	0 -46	0 -52
	8	0 -27	0 -33	0 -39	0 -46	0 -54	0 -63	0 -72	0 -81
	▼9	0 -43	0 -52	0 -62	0 -74	0 -87	0 -100	0 -115	0 -130
	10	0 -70	0 -84	0 -100	0 -120	0 -140	0 -160	0 -185	0 -210

续表 17.3

公差带	等级	基本尺寸/mm 大于~至 10~18	18~30	30~50	50~65	65~80	80~100	100~120	120~140	140~160	160~180	180~200	200~225	225~250	250~280	280~315
j	5	+5 -3	+5 -4	+6 -5	+6 -7		+6 -9		+7 -11			+7 -13			+7 -16	
	6	+8 -3	+9 -4	+11 -5	+12 -7		+13 -9		+14 -11			+16 -13			—	
	7	+12 -6	+13 -8	+15 +10	+18 -12		+20 -15		+22 -18			+25 -21			—	
js	5	±4	±4.5	±5.5	±6.5		±7.5		±9			±10			±11.5	
	6	±5.5	±6.5	±8	±9.5		±11		±12.5			±14.5			±16	
	7	±9	±10	±12	±15		±17		±20			±23			±26	
k	5	+9 +1	+11 +2	+13 +2	+15 +2		+18 +3		+21 +3			+24 +4			+27 +4	
	▼6	+12 +1	+15 +2	+18 +2	+21 +2		+25 +3		+28 +3			+33 +4			+36 +4	
	7	+19 +1	+23 +2	+27 +2	+32 +2		+38 +3		+43 +3			+50 +4			+56 +4	
m	5	+15 +7	+17 +8	+20 +9	+24 +11		+28 +13		+33 +15			+37 +17			+43 +20	
	6	+18 +7	+21 +8	+25 +9	+30 +11		+35 +13		+40 +15			+46 +17			+52 +20	
	7	+25 +7	+29 +8	+34 +9	+41 +11		+48 +13		+55 +15			+63 +17			+72 +20	
n	5	+20 +12	+24 +15	+28 +17	+33 +20		+38 +23		+45 +27			+51 +31			+57 +34	
	▼6	+23 +12	+28 15	+33 +17	+39 +20		+45 +23		+52 +27			+60 +31			+66 +34	
	7	+30 +12	+36 +15	+42 +17	+50 +20		+58 +23		+67 +27			+77 +31			+86 +34	
p	5	+26 +18	+31 +22	+37 +26	+45 +32		+52 +37		+61 +43			+70 +50			+79 +56	
	▼6	+29 +18	+35 +22	+42 +26	+51 +32		+59 +37		+68 +43			+79 +50			+88 +56	
	7	+36 +18	+43 +22	+51 +26	+62 +32		+72 +37		+83 +43			+96 +50			+108 +56	
r	5	+31 +23	+37 +28	+45 +34	+54 +41	+56 +43	+66 +51	+39 +54	+81 +63	+83 +65	+86 +68	+97 +77	+100 +80	+104 +84	+117 +94	+121 +98
	6	+34 +23	+41 +28	+50 +34	+60 +41	+62 +43	+73 +51	+76 +54	+88 +63	+90 +65	+93 +68	+106 +77	+109 +80	+133 +84	+126 +94	+130 +98
	7	+41 +23	+49 +28	+59 +34	+71 +41	+73 +43	+86 +51	+89 +54	+103 +63	+105 +65	+108 +68	+123 +77	+126 +80	+130 +84	+146 +94	+150 +98

注：标注▼者为优先公差等级，应优先选用。

表 17.4　孔的基本偏差(摘自 GB/T 1800.1—2009)

μm

公差带	等级	基本尺寸/mm 大于～至							
		10～18	18～30	30～50	50～80	80～120	120～180	180～250	250～315
D	8	+77 +50	+98 +65	+119 +80	+146 +100	+174 +120	+208 +145	+242 +170	+271 +190
	▼9	+93 +50	+117 +65	+142 +80	+174 +100	+207 +120	+245 +145	+285 +170	+320 +190
	10	+120 +50	+149 +65	+180 +80	+220 +100	+260 +120	+305 +145	+355 +170	+400 +190
	11	+160 +50	+195 +65	+240 +80	+290 +100	+340 +120	+395 +145	+460 +170	+510 +190
E	7	+50 +32	+61 +40	+75 +50	+90 +60	+107 +72	+125 +85	+146 +100	+162 +110
	8	+59 +32	+73 +40	+89 +50	+106 +60	+126 +72	+145 +85	+172 +100	+191 +110
	9	+75 +32	+92 +40	+112 +50	+134 +60	+159 +72	+185 +85	+215 +100	+240 +110
	10	+102 +32	+124 +40	+150 +50	+180 +60	+212 +72	+245 +85	+285 +100	+320 +110
F	6	+27 +16	+33 +20	+41 +25	+49 +30	+58 +36	+68 +43	+79 +50	+88 +56
	7	+34 +16	+41 +20	+50 +25	+60 +30	+71 +36	+83 +43	+96 +50	+108 +56
	▼8	+43 +16	+53 +20	+64 +25	+76 +30	+90 +36	+106 +43	+122 +50	+137 +56
	9	+59 +16	+72 +20	+87 +25	+104 +30	+123 +36	+143 +43	+165 +50	+186 +56
G	6	+17 +6	+20 +7	+25 +9	+29 +10	+34 +12	+39 +14	+44 +15	+49 +17
	▼7	+24 +6	+28 +7	+34 +9	+40 +10	+47 +12	+54 +14	+61 +15	+19 +17
	8	+33 +6	+40 +7	+48 +9	+56 +10	+66 +12	+77 +14	+87 +15	+98 +17
H	6	+11 0	+13 0	+16 0	+19 0	+22 0	+25 0	+29 0	+32 0
	▼7	+18 0	+21 0	+25 0	+30 0	+35 0	+40 0	+46 0	+52 0
	▼8	+27 0	+33 0	+39 0	+46 0	+54 0	+63 0	+72 0	+81 0
	▼9	+43 0	+52 0	+62 0	+74 0	+87 0	+100 0	+115 0	+130 0
	10	+70 0	+84 0	+100 0	+120 0	+140 0	+160 0	+185 0	+210 0
	▼11	+110 0	+130 0	+160 0	+190 0	+220 0	+250 0	+290 0	+320 0
J	7	+10 −8	+12 −9	+14 −11	+18 −12	+22 −13	+26 −14	+30 −16	+36 −16
	8	+15 −12	+20 −13	+24 −15	+28 −18	+34 −20	+41 −22	+47 −25	+55 −26

续表 17.4

公差带	等级	基本尺寸/mm							
		大于~至							
		10~18	18~30	30~50	50~80	80~120	120~180	180~250	250~315
Js	6	±5.5	±6.5	±8	±9.5	±11	±12.5	±14.5	±16
	7	±9	±10	±12	±15	±17	±20	±23	±26
	8	±13	±16	±19	±23	±27	±31	±36	±40
K	6	+2 -9	+2 -11	+3 -13	+4 -15	+4 -18	+4 -21	+5 -24	+5 -27
	▼7	+6 -12	+6 -15	+7 -18	+9 -21	+10 -25	+12 -28	+13 -33	+16 -36
	8	+8 -19	+10 -23	+12 -27	+14 -32	+16 -38	+20 -43	+22 -50	+25 -56
N	6	-9 -20	-11 -24	-12 -28	-14 -33	-16 -38	-20 -45	-22 -51	-25 -57
	▼7	-5 -23	-7 -28	-8 -33	-9 -39	-10 -45	-12 -52	-14 -60	-14 -66
	8	-3 -30	-3 -36	-3 -42	-4 -50	-4 -58	-4 -67	-5 -77	-5 -86
P	6	-15 -26	-18 -31	-21 -37	-26 -45	-30 -52	-36 -61	-41 -70	-47 -79
	▼7	-11 -29	-14 -35	-17 -42	-21 -51	-24 -59	-28 -68	-33 -79	-36 -88

注:标注▼者为优先公差等级,应优先选用。

表 17.5 基孔制优先、常用配合(摘自 GB/T 1801—1999)

基准孔	轴																				
	a	b	c	d	e	f	g	h	js	k	m	n	p	r	s	t	u	v	x	y	z
	间隙配合								过渡配合			过盈配合									
H6						$\frac{H6}{f5}$	$\frac{H6}{g5}$	$\frac{H6}{h5}$	$\frac{H6}{js5}$	$\frac{H6}{k5}$	$\frac{H6}{m5}$	$\frac{H6}{n5}$	$\frac{H6}{p5}$	$\frac{H6}{r5}$	$\frac{H6}{s5}$	$\frac{H6}{t5}$					
H7						$\frac{H7}{f6}$	◤$\frac{H7}{g6}$	◤$\frac{H7}{h6}$	$\frac{H7}{js6}$	◤$\frac{H7}{k6}$	$\frac{H7}{m6}$	◤$\frac{H7}{n6}$	◤$\frac{H7}{p6}$	$\frac{H7}{r6}$	◤$\frac{H7}{s6}$	◤$\frac{H7}{t6}$	$\frac{H7}{u6}$	$\frac{H7}{v6}$	$\frac{H7}{x6}$	$\frac{H7}{y6}$	$\frac{H7}{z6}$
H8					$\frac{H8}{e7}$	◤$\frac{H8}{f7}$	$\frac{H8}{g7}$	$\frac{H8}{h7}$	$\frac{H8}{js7}$	$\frac{H8}{k7}$	$\frac{H8}{m7}$	$\frac{H8}{n7}$	$\frac{H8}{p7}$	$\frac{H8}{r7}$	$\frac{H8}{s7}$	$\frac{H8}{t7}$	$\frac{H8}{u7}$				
				$\frac{H8}{d8}$	$\frac{H8}{e8}$	$\frac{H8}{f8}$		$\frac{H8}{h8}$													
H9			$\frac{H9}{c9}$	◤$\frac{H9}{d9}$	$\frac{H9}{e9}$	$\frac{H9}{f9}$		◤$\frac{H9}{h9}$													
H10			$\frac{H10}{c10}$	$\frac{H10}{d10}$				$\frac{H10}{h10}$													
H11	$\frac{H11}{a11}$	$\frac{H11}{b11}$	◤$\frac{H11}{c11}$	$\frac{H11}{d11}$				◤$\frac{H11}{h11}$													
H12		$\frac{H12}{b12}$						$\frac{H12}{h12}$													

注:① $\frac{H6}{n5}$、$\frac{H7}{p6}$在基本尺寸小于或等于 3 mm 和$\frac{H8}{r7}$在基本尺寸小于或等于 100 mm 时,为过渡配合。

② 标注◤的配合为优先配合。

表 17.6 基轴制优先、常用配合(摘自 GB/T 1801—1999)

基准孔	孔																				
	A	B	C	D	E	F	G	H	JS	K	M	N	P	R	S	T	U	V	X	Y	Z
	间隙配合								过渡配合			过盈配合									
h5						F6/h5	G6/h5	H6/h5	JS6/h5	K6/h5	M6/h5	N6/h5	P6/h5	R6/h5	S6/h5	T6/h5					
h6						F7/h6	◤G7/h6	◤H7/h6	JS7/h6	◤K7/h6	M7/h6	◤N7/h6	◤P7/h6	R7/h6	◤S7/h6	T7/h6	◤U7/h6				
h7					E8/h7	◤F8/h7		◤H8/h7	JS8/h7	K8/h7	M8/h7	N8/h7									
h8				D8/h9	E8/h8	F8/h8		H8/h8													
h9				◤D9/h9	E9/h9	F9/h9		◤H9/h9													
h10				D10/h10				H10/h10													
h11	A11/h11	B11/h11	◤C11/h11	D11/h11				◤H11/h11													
h12		B12/h12						H12/h12													

注:标注◤的配合为优先配合 。

17.2 几何公差

选择几何公差特征项目的依据是零件的工作性能要求、零件在加工过程中产生几何误差的可能性,以及检验是否方便等。

例如,机床导轨的直线度或平面度公差要求,是为了保证工作台运动时平稳和较高的运动精度。与滚动轴承内孔相配合的轴颈,规定圆柱度公差和轴肩的端面圆跳动公差,是为了保证滚动轴承的装配精度和旋转精度,同理,对轴承座也有这两项形位公差要求。对齿轮箱体上的轴承孔规定同轴度公差,是为了控制在对箱体镗孔加工时容易出现的孔的同轴度误差和位置度误差。对轴类零件规定径向圆跳动或全跳动公差,既可以控制零件的圆度或圆柱度误差,又可以控制同轴度误差,这是从检测方便考虑的。端面圆跳动公差在忽略平面度误差时,它可以代替端面对轴线垂直度的要求。

几何公差值的确定,不仅要综合考虑零件的功能要求、结构特征、工艺上的可能性等因素,而且还要考虑下列情况:

① 在同一要素上给出的形状公差值应小于方向、位置及跳动的公差值;

② 圆柱形零件的形状公差值(轴线的直线度除外)一般情况下应小于其尺寸公差值;

③ 平行度公差值应小于其相应的距离公差值;

④ 考虑到加工的困难程度和除主参数外其他参数的影响,在满足零件功能的要求下,可适当降低到 1 至 2 级选用。

表 17.7 几何公差的分类和符号(摘自 GB/T 1182—2008)

特征项目	形状公差				形状公差或位置公差		
	直线度	平面度	圆度	圆柱度	平行度	垂直度	倾斜度
符号	⏤	▱	○	⌭	∥	⊥	∠
特征项目	形状公差或位置公差				位置公差		
	位置度	同轴(同心)度	对称度	圆跳动	全跳动	线轮廓度	面轮廓度
符号	⌖	◎	⌯	↗	⌰	⌒	⌓

说明		符号	说明	符号
被测要素的标注	直接		理论正确尺寸	50
			包容要求	Ⓔ
	用字母	A	最大实体要求	Ⓜ
			最小实体要求	Ⓛ
基准要素的标注		A	可逆要求	Ⓡ
			延伸公差带	Ⓟ
基准目标的标注		φ2 / A1	自由状态(非刚性零件)条件	Ⓕ
			全周(轮廓)	

表 17.8 平行度、垂直度和倾斜度公差(摘自 GB/T 1184—1996) μm

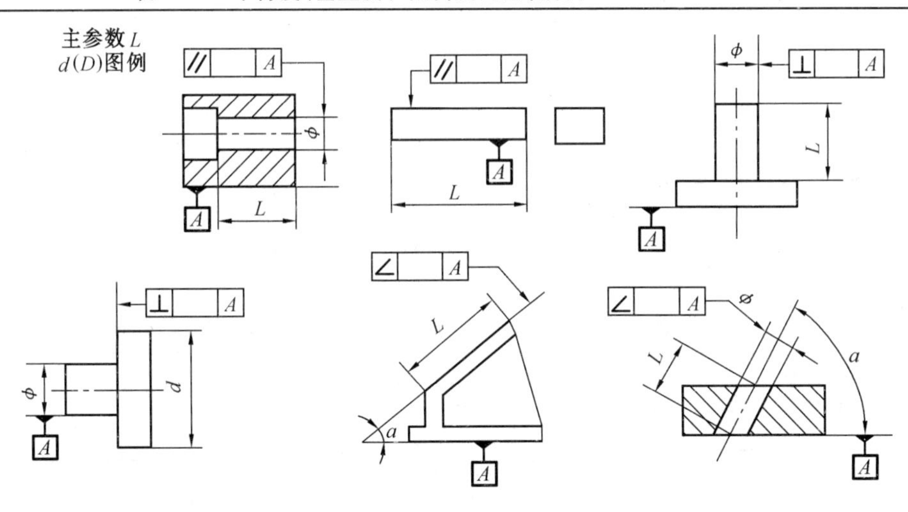

公差等级	主参数 L、d(D)/mm										应用举例	
	大于~至											
	≤10	10~16	16~25	25~40	40~63	63~100	100~160	160~250	250~400	400~630	平行度	垂直度和倾斜度
5	5	6	8	10	12	15	20	25	30	40	用于重要轴承孔对基准面的要求,一般减速器箱体孔的中心线等	用于装 C、D 级轴承的箱体的凸肩,发动机轴和离合器的凸缘

续表 17.8

6	8	10	12	15	20	25	30	40	50	60	用于一般机械中箱体孔中心线间的要求,如减速器箱体的轴承孔、7~10级精度齿轮传动箱体孔的中心线	用于装F、G级轴承的箱体孔的中心线,低精度机床主要基准面和工作面
7	12	15	20	25	30	40	50	60	80	100		
8	20	25	30	40	50	60	80	100	120	150	用于重型机械轴承盖的端面,手动传动装置中的传动轴	用于一般导轨,普通传动箱体中的轴肩
9	30	40	50	60	80	100	120	150	200	250	用于低精度零件、重型机械滚动轴承端盖	用于花键轴肩端面,减速器箱体平面等
10	50	60	80	100	120	150	200	250	300	400		

注:① 主参数 L、$d(D)$ 是被测要素的长度或直径;② 应用举例栏仅供参考。

表 17.9 直线度和平面度公差(摘自 GB/T 1184—1996) μm

主参数 L 图例

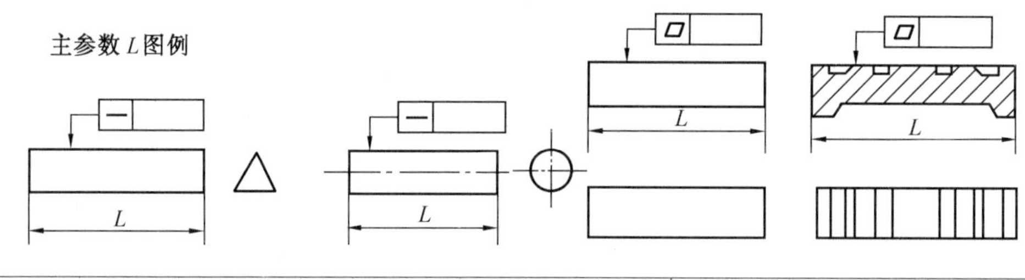

公差等级	主参数 L/mm										应用举例
	大于~至										
	16~25	25~40	40~63	63~100	100~160	160~250	250~400	400~630	630~1000	1000~1600	
5	3	4	5	6	8	10	12	15	20	25	用于1级平面,普通机床导轨面,柴油机进、排气门导杆,机体结合面
6	5	6	8	10	12	15	20	25	30	40	
7	8	10	12	15	20	25	30	40	50	60	用于2级平面,机床传动箱体的结合面,减速器箱体的结合面
8	12	15	20	25	30	40	50	60	80	100	
9	20	25	30	40	50	60	80	100	120	150	用于3级平面,法兰的连接面,辅助机构及手动机械的支承面
10	30	40	50	60	80	100	120	150	200	250	

注:① 主参数 L 指被测要素的长度;② 应用举例栏仅供参考。

表 17.10 同轴度、对称度、圆跳动和全跳动公差(摘自 GB/T 1184—1996) μm

主参数 $d(D)$
B,L 图例

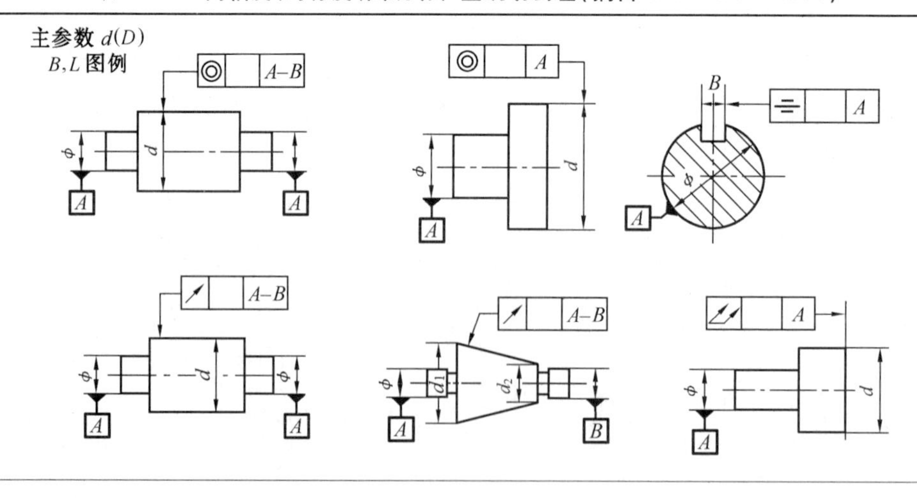

续表 17.10

公差等级	主 参 数 d(D)、B、L/mm								应 用 举 例
	大于~至								
	3 ~6	6 ~10	10 ~18	18 ~30	30 ~50	50 ~120	120 ~250	250 ~500	
5	3	4	5	6	8	10	12	15	用于机床轴颈、高精度滚动轴承外圈、一般精度轴承内圈、6~7级精度齿轮轴的配合面
6	5	6	8	10	12	15	20	25	
7	8	10	12	15	20	25	30	40	用于齿轮轴、凸轮轴、水泵轴轴颈、G级精度滚动轴承内圈、8~9级精度齿轮轴的配合面
8	12	15	20	25	30	40	50	60	
9	25	30	40	50	60	80	100	120	用于9级精度以下齿轮轴、自行车中轴、摩托车活塞的配合面
10	50	60	80	100	120	150	200	250	

注:① 主参数 d(D)、B、L 为被测要素的直径、宽度及间距;② 应用举例栏仅供参考。

表 17.11 圆度和圆柱度公差(摘自 GB/T 1184—1996) μm

主参数 d(D)图例

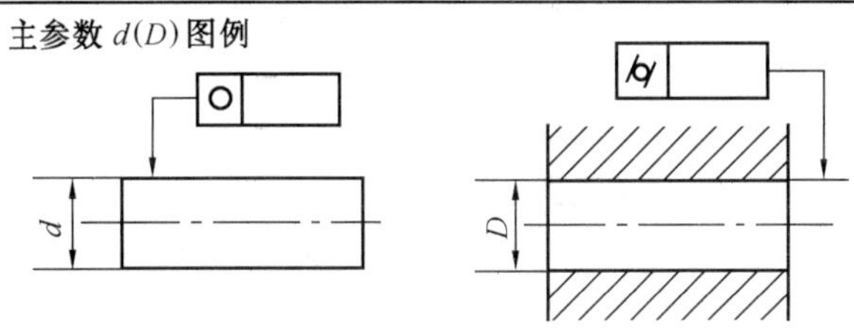

公差等级	主 参 数 d(D)/mm										应 用 举 例
	大于~至										
	6 ~10	10 ~18	18 ~30	30 ~50	50 ~80	80 ~120	120 ~180	180 ~250	250 ~315	315 ~400	
5	1.5	2	2.5	2.5	3	4	5	7	8	9	用于装E、G级精度滚动轴承的配合面,通用减速器轴颈,一般机床主轴及箱孔
6	2.5	3	4	4	5	6	8	10	12	13	
7	4	5	6	7	8	10	12	14	16	18	用于千斤顶或压力油缸活塞、水泵及一般减速器轴颈,液压传动系统的分配机构
8	6	8	9	11	13	15	18	20	23	25	
9	9	11	13	16	19	22	25	29	32	36	用于通用机械杠杆与拉杆同套筒销子,吊车、起重机的滑动轴承轴颈
10	15	18	21	25	30	35	40	46	52	57	

注:① 主参数 d(D)为被测轴(孔)的直径;② 应用举例栏仅供参考。

表 17.12 轴和外壳的几何公差(摘自 GB/T 275—1993)

基本尺寸/mm		圆 柱 度 t				端 面 圆 跳 动 t_1			
		轴 颈		外 壳 孔		轴 肩		外 壳 孔 肩	
		轴承公差等级							
		0	6(6X)	0	6(6X)	0	6(6X)	0	6(6X)
大于	至	公 差 值/μm							
	6	2.5	1.5	4	2.5	5	3	8	5
6	10	2.5	1.5	4	2.5	6	4	10	6
10	18	3.0	2.0	5	3.0	8	5	12	8
18	30	4.0	2.5	6	4.0	10	6	15	10
30	50	4.0	2.5	7	4.0	12	8	20	12
50	80	5.0	3.0	8	5.0	15	10	25	15
80	120	6.0	4.0	10	6.0	15	10	25	15
120	180	8.0	5.0	12	8.0	20	12	30	20
180	250	10.0	7.0	14	10.0	20	12	30	20

17.3 表面结构

一、概述

表面结构(摘自 GB/T 131—2006/ISO 1302—2002)曾称表面光滑度、表面粗糙度,是机件在机械加工过程中,出于刀痕、材料的塑性变形、工艺系统的高频振动、刀具与被加工表面的摩擦等原因引起的微观几何形状特性。它对机件的配合性能、耐磨性、抗腐蚀性、接触刚度、抗疲劳强度、密封性和外观等都有影响。

1. 表面结构的粗糙度基本参数及代号、数值

(1)轮廓算术平均偏差 *Ra*。它是在取样长度内轮廓偏距绝对值的算术平均值,如图17.1 所示,用 *Ra* 表示能客观地反映表面微观几何形状。

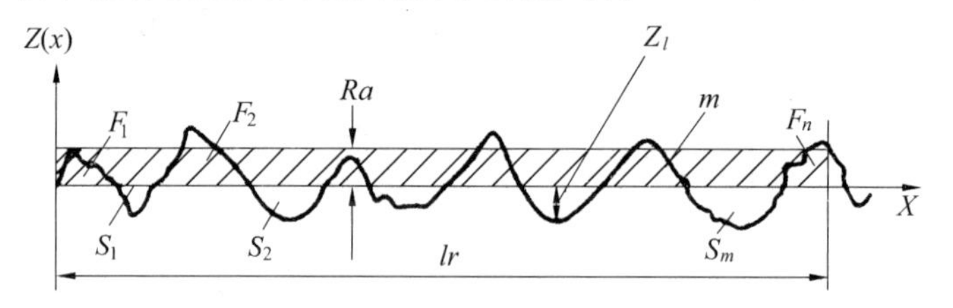

图 17.1 轮廓算术平均偏差 *Ra* 的评定

(2)轮廓最大高度 *Rz*。它是在一个取样长度内最大轮廓高峰和最大轮廓谷深之和的高度,如图 17.2 所示,用 *Rz* 表示。

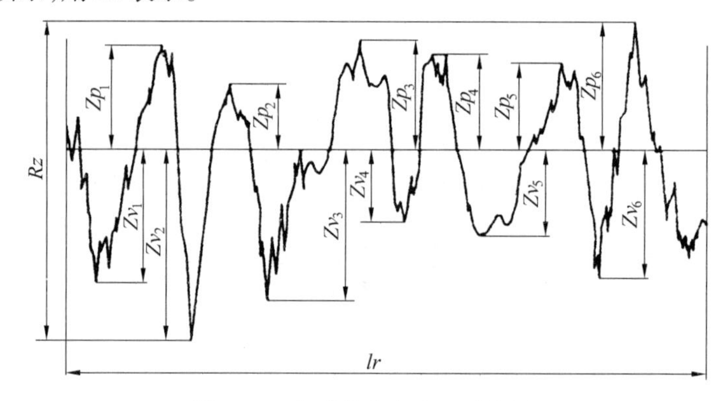

图 17.2 轮廓最大高度 *Rz* 的评定

(3)*Ra*、*Rz* 的数值如表 17.13 所示。

表 17.13 *Ra*、*Rz* 的数值及补充系列值 μm

Ra、*Rz* 的数值系列										
Ra	0.012	0.2	3.2	50	*Rz*	0.025	0.4	6.3	100	1 600
	0.025	0.4	6.3	100		0.05	0.8	12.5	200	—
	0.05	0.8	12.5	—		0.1	1.6	25	400	—
	0.1	1.6	25	—		0.2	3.2	50	800	—

续表 17.13

Ra、Rz 的补充系列值										
Ra	0.008	0.125	2.0	32	*Rz*	0.032	0.50	8.0	125	—
	0.010	0.160	2.5	40		0.040	0.63	10.0	160	—
	0.016	0.25	4.0	63		0.063	1.00	16.0	250	—
	0.020	0.32	5.0	80		0.080	1.25	20	320	—
	0.032	0.50	8.0	—		0.125	2.0	32	500	—
	0.040	0.63	10.0	—		0.160	2.5	40	630	—
	0.063	1.00	16.0	—		0.25	4.0	63	1 000	—
	0.080	1.25	20	—		0.32	5.0	80	1 250	—

2. 标注表面结构的图形符号

标注表面结构的图形符号有基本图形符号、扩展图形符号和完整图形符号，如表17.14所示。

表 17.14 表面结构的图形符号

图形名称	图 形 符 号	说 明
基本图形符号		对表面结构有要求的图形符号，简称基本符号。基本图形符号由两条不等长的与标注表面成60°夹角的直线构成 基本图形符号仅用于简化代号标注，没有补充说明时不能单独使用
扩展图形符号		对表面结构有指定要求（去除材料或不去除材料）的图形符号，简称扩展符号 扩展图形符号有两种： 要求去除材料的图形符号——在基本图形符号上加一短横，表示指定表面是用去除材料的方法获得 不允许去除材料的图表符号——在基本图形符号上加一个圆圈，表示指定表面是用不去除材料的方法获得
完整图形符号		对基本图形符号或扩展图形符号扩充后的图形符号，简称完整符号 用于对表面结构有补充要求的标注，此时应在基本图形符号或扩展图形符号的长边上加一横线

表面结构的图形符号尺寸如下图。

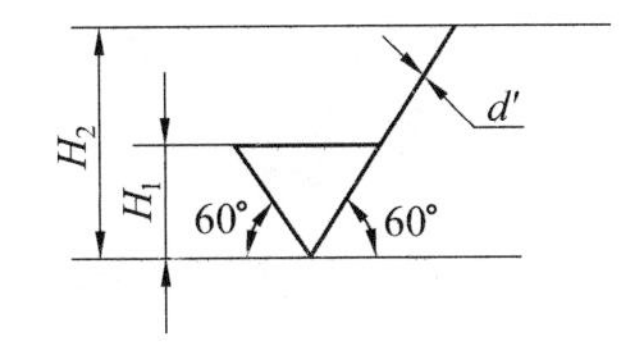

- d'、H_1、H_2 均与数字和字母高度 h 有关,见下表。
- 水平线长度取决于其上下所标注内容的长度。

数字和字母高度 h(见 GB/T 14690)	2.5	3.5	5	7	10
符号线宽 d'	0.25	0.35	0.5	0.7	1
高度 H_1	3.5	5	7	10	14
高度 H_2 *	7.5	10.5	15	21	30

* H_2 或取决于标注内容所占的高度。

二、表面结构要求在图样中的注法

1. 表面结构要求

对每一表面一般只标注一次,并尽可能注在相应的尺寸及其公差的同一视图上。除非另有说明,所标注的表面结构要求是对完工零件表面的要求。

2. 表面结构符号、代号的标注位置与方向

(1) 总的原则是根据 GB/T 4458.4 规定,使表面结构的注写和读取方向与尺寸的注写和读取方向一致(图 17.3)。

(2) 标注在轮廓线上或指引线上。表面结构要求可标注在轮廓线上,其符号应从材料外指向并接触表面。必要时,表面结构符号也可用带箭头或黑点的指引线引出标注,如图 17.4、17.5 所示。

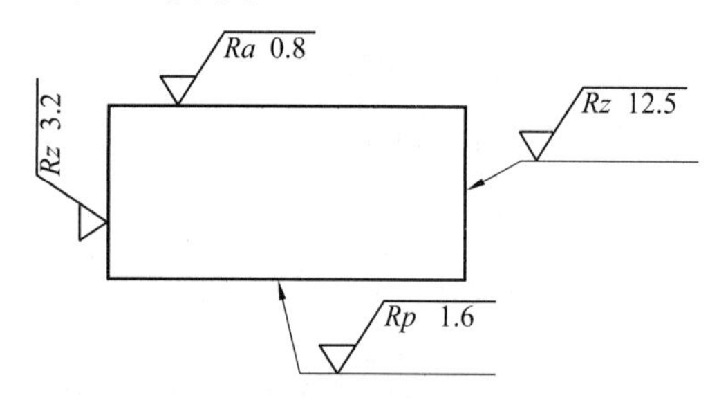

图 17.3 表面结构要求的注写方向

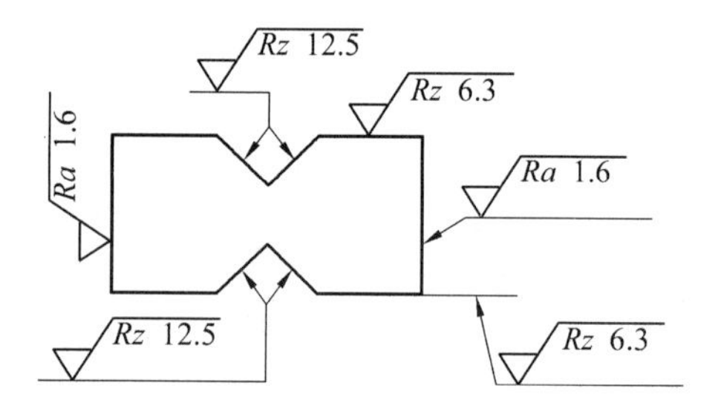

图 17.4 表面结构要求在轮廓线上的标注

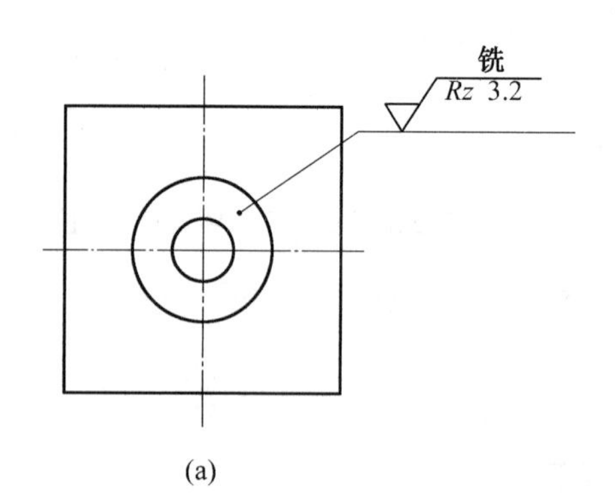

(a)

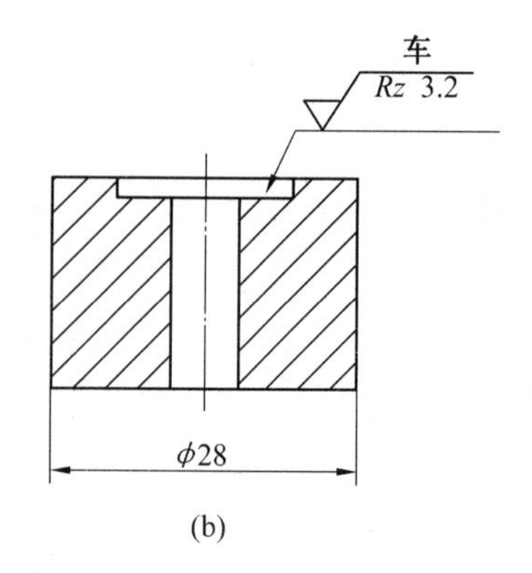

(b)

图 17.5 用指引线引出标注表面结构要求

(3) 标注在特征尺寸的尺寸线上。在不致引起误解时，表面结构要求可以标注在给定的尺寸线上，如图 17.6 所示。

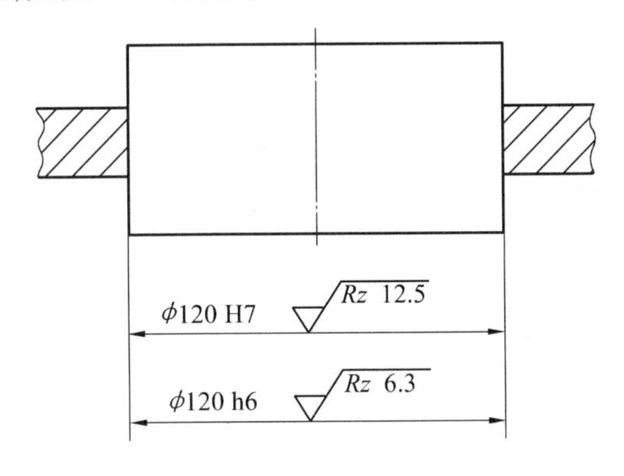

图 17.6　表面结构要求标注在尺寸线上

(4) 标注在几何公差的框格上。表面结构要求可标注在几何公差框格的上方，如图 17.7(a)、(b)所示。

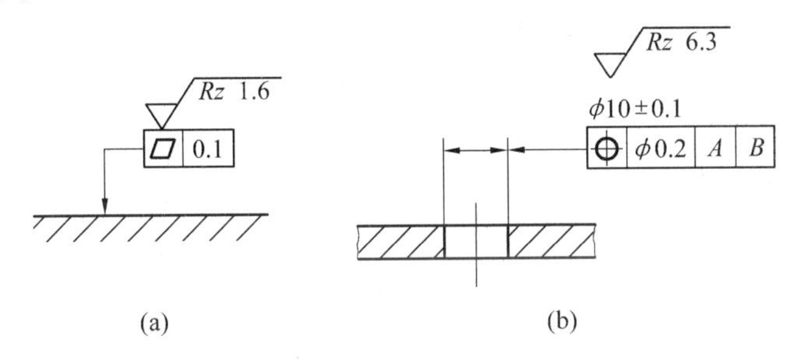

图 17.7　表面结构要求标注在几何公差框格的方向

(5) 标注在延长线上。表面结构要求可以直接标注在延长线上，或用带箭头的指引出标注，如图 17.4、17.8 所示。

(6) 标注在圆柱和棱柱表面上。圆柱和棱柱表面的表面结构要求只标注一次，如图 17.8所示。如果每个棱柱表面有不同的表面结构要求，则应分别单独标注，如图 17.9 所示。

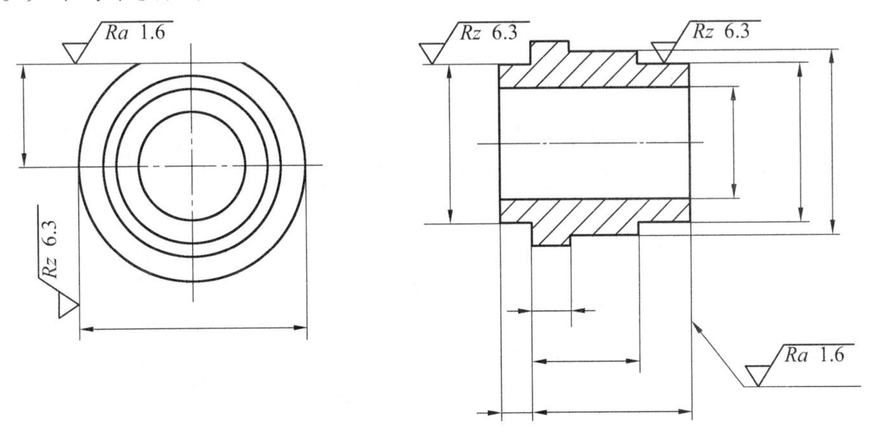

图 17.8　表面结构要求标注在圆柱特征的延长线上

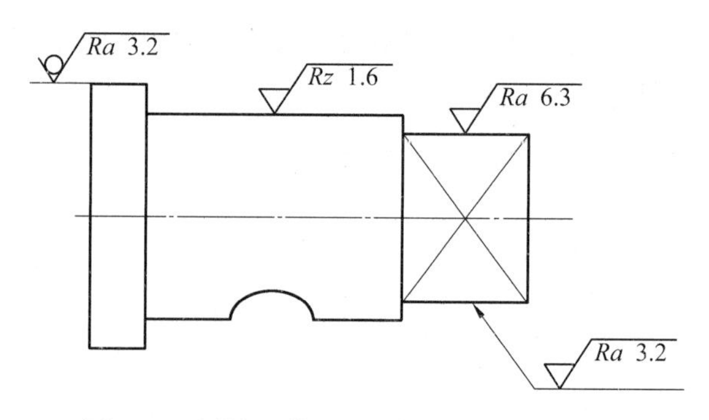

图 17.9 圆柱和棱柱的表面结构要求的注法

3. 表面结构要求的简化注法

（1）有相同表面结构要求的简化注法。如果在工件的多数(包括全部)表面有相同的表面结构要求,则其表面结构要求可统一标注在图样的标题栏附近。此时(除全部表面有相同要求的情况外),表面结构要求的符号后面应有:

① 在圆括号内给出无任何其他标注的基本符号,如图 17.10 所示。

② 在圆括号内给出不同的表面结构要求,如图 17.11 所示。

不同的表面结构要求直接标注在图形中,如图 17.10、17.11 所示。

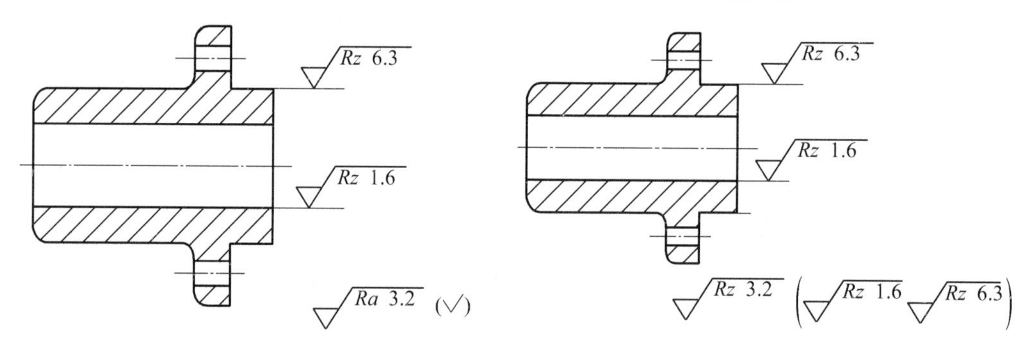

图 17.10 大多数表面有相同表面结构要求的简化注法(一)

图 17.11 大多数表面有相同表面结构要求的简化注法(二)

（2）多个表面有共同要求的注法。

① 当多个表面具有相同的表面结构要求或图纸空间有限时,可以采用简化注法。

② 用带字母的完整符号的简化注法。可用带字母的完整符号,以等式的形式在图形或标题栏附近,对有相同表面结构要求的表面进行简化标注,如图 17.12 所示。

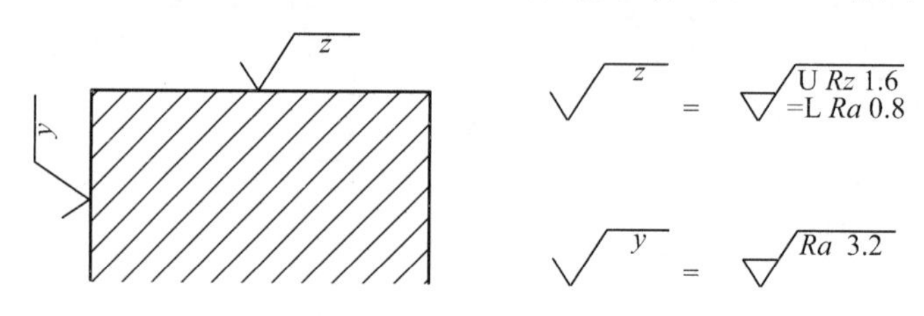

图 17.12 在图纸空间有限时的简化注法

③ 只用表面结构符号的简化注法。可用表17.14中的表面结构符号，以等式的形式给出对多个表面共同的表面结构要求，如图17.13、17.15所示。

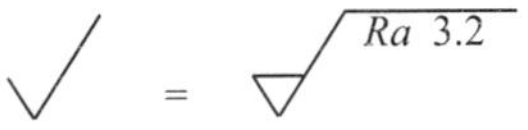

= *Ra* 3.2

图17.13　未指定工艺方法的多个表面结构要求的简化标注

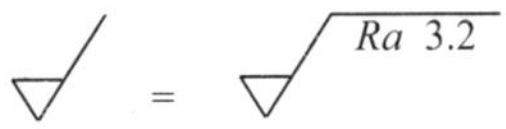

= *Ra* 3.2

图17.14　要求去除材料的多个表面结构要求的简化注法

= *Ra* 3.2

图17.15　不允许去除材料的多个表面结构要求的简化注法

三、表面结构要求图样标注的演变

表17.15　表面结构要求图样标注的演变

	GB/T 131的版本			
	1983(第一版)[a]	1983(第二版)[b]	2006(第三版)[c]	说明主要问题的示例
a	1.6	1.6　1.6	*Ra* 1.6	*Ra* 只采用"16%规则"
b	*Ry* 3.2	*Ry* 3.2　*Ry* 3.2	*Rz* 3.2	除了*Ra*"16%规则"的参数
c	—[d]	1.6max	*Ra* max 1.6	"最大规则"
d	1.6/0.8	1.6/0.8	−0.8/*Ra* 1.6	*Ra* 加取样长度
e	—[d]	—[d]	0.025−0.8/*Ra* 1.6	传输带
f	*Ry* 3.2/0.8	*Ry* 3.2/0.8	−0.8/*Rz* 6.3	除*Ra*外其他参数及取样长度
g	1.6 *Ry* 6.3	1.6 *Ry* 6.3	*Ra* 1.6 *Rz* 6.3	*Ra* 及其他参数
h	—[d]	*Ry* 3.2	*Rz*3 6.3	评定长度中的取样长度个数如果不是5

续表 17.15

	GB/T 131 的版本			
	1983(第一版)[a]	1983(第二版)[b]	2006(第三版)[c]	说明主要问题的示例
j	_d	_d	L Ra 1.6	下限值
k	3.2 1.6	3.2 1.6	U Ra 3.2 L Ra 1.6	上、下限值

a. 既没有定义默认值,也没有其他的细节,尤其是:
无默认评定长度;
无默认取样长度;
无“16% 规则”或“最大规则”。

b. 在 GB/T 3505—1983 和 GB/T 10610—1989 中定义的默认值和规则仅用于参数 Ra、Ry 和 Rz(十点高度)。此外,GB/T 131—1993 中存在着参数代号书写不一致问题,标注正文要求参数代号第二个字母标注为下标,但在所有的图表中,第二个字母都是小写,而当时所有的其他表面结构标准都使用下标。

c. 新的 Rz 为原 Ry 的定义,原 Ry 的符号不再使用。

d. 表示没有该项。

四、选用表面结构的粗糙度参数值的参考表

表 17.16 表面结构粗糙度的参数值、表面特征、加工方法及应用举例

粗糙度 $Ra/\mu m$	表面形状特征	加工方法	应 用 举 例
50	明显可见刀痕	粗车、镗、钻、刨	粗制后所得到的粗加工面,为粗糙度最低的加工面,一般很少采用
25	微见刀痕	粗车、刨、立铣、平铣、钻	粗加工表面比较精确的一级,应用范围很广,一般凡非结合的加工面均用此级粗糙度。如轴端面,倒角、钻孔,齿轮及带轮的侧面,键槽非工件表面,垫圈的接触面,轴承的支承面等
12.5	可见加工痕迹	车、镗、刨、钻、平铣、立铣、锉、粗铰、磨、铣齿	半精加工表面。不重要零件的非配合表面,如支柱、轴、支架、外壳、衬套、差等的端面;紧固件的自由表面,如螺栓、螺钉、双头螺栓和螺母的表面。不要求定心及配合特性的表面;如用钻头钻的螺栓孔、螺钉孔及铆钉孔等表面固定支承表面,如与螺栓头及铆钉头相接触的表面;皮带轮,联轴节、凸轮、偏心轮的侧面,平键及键槽的上下面,斜键侧面等
6.3	微见加工痕迹	车、镗、刨、铣、刮 1~2点/cm^2、拉、磨、锉、液压、铣齿	半精加工表面。和其他零件连接面不是配合表面,如外壳、座加盖、凸耳、端面和扳手及手轮的外圆。要求有定心及配合特性的固定支承表面,如定心的轴肩、键和键槽的工作表面。不重要的紧固螺纹的表面,非传动的梯形螺纹,锯齿形螺纹表面,轴与毡圈摩擦面,燕尾槽的表面

续表 17.16

粗糙度 $Ra/\mu m$	表面形状特征	加工方法	应用举例
3.2	看不见的加工痕迹	车、镗、刨、铣、铰、拉、磨、滚压、刮1~2点/cm^{2}铣齿	接近于精加工、要求有定心(不精确的定心)及配合特性的固定支承表面,如衬套、轴承和定位销的压入孔。不要求定心及配合特性的活动支承面,如活动关节、花键结合、8级齿轮齿面、传动螺纹工作表面,低速(30~60 r/min)的轴颈 $d<50$ mm,楔形键及槽上下面、轴承盖凸肩表面(对中心用)端盖内侧面等
1.6	可辩加工痕迹的方向	车、镗、拉、磨、立、铣、铰、刮3~10点/cm^2,磨、滚压	要求保证定心及配合特性的表面,如锥形销和圆柱销的表面;普通与6级精度的球轴承的配合面,按滚动轴承的孔,滚动轴承的轴颈。中速(60~120 r/min)转动的轴颈,静连接IT7公差等级的孔,动连接IT9公差等级的孔。不要求保证定心及配合特性的活动支承面,如高精度的活动球状接头表面、支承热圈、套齿叉形件、磨削的轮齿
0.8	微辩加工痕迹的方向	铰、磨、刮3~10点/cm^2、镗、拉、滚压	要求能长期保持所规定的配合特性的IT7的轴和孔的配合表面。高速(120 r/min以上)工作下的轴颈及衬大方的工作面。间隙配合中IT7公差等级的孔,7级精度大小齿轮工作面,蜗轮齿面(7~8级精度),滚动轴承轴颈。要求保证定心及配合特性的表面,如滑动轴承轴瓦的工作表面。不要求保证定心及结合特性的活动支承面,如导杆、推杆表面 工作时受反复应力的重要零件,在不破坏配合特性下工作,要保证其耐久性和疲劳强度所要求的表面,如受力螺栓的圆柱表面、曲轴和凸轮轴的工作表面
0.4	不可辩加工痕迹的方向	布轮磨、磨、研磨、超级加工	工作时承受反复应力的重要零件表面,保证零件的疲劳强度、防腐性和耐久性。工作时不破坏配合特性的表面,如轴颈表面、活塞和柱塞表面等;IT5~IT6公差等级配合的表面,3、4、5级精度齿轮的工作表面,4级精度滚动轴承配合的轴颈
0.2	暗光泽面	超级加工	工作时承受较大反复应力的重要零件表面,保证零件的疲劳强度、防蚀性及在活动接头工作中的耐久性的一些表面。如活塞键的表面、液压传动用的孔的表面
0.1	亮光泽面	超级加工	精密仪器及附件的摩擦面,量具工作面,块规、高精度测量仪工作面,光学测量仪中的金属镜面
0.05	镜状光泽面		
0.025	雾状镜面		
0.012	镜面		

17.4 渐开线圆柱齿轮的精度

一、精度等级及其选择

渐开线圆柱齿轮精度国家标准对齿轮及齿轮副规定了13个精度等级,第0级的精度最高,第12级的精度最低。

选择齿轮精度等级的主要依据是齿轮的用途、使用要求和工作条件等。在机械传动中应用最多的是既传递运动又传递动力的齿轮,其精度等级与圆周速度有关,可按齿轮的最高圆周速度,参考表17.17确定齿轮的精度等级。

表17.17 齿轮的精度等级及其选择

精度等级	齿轮用途	齿轮圆周速度/(m·s⁻¹) 直齿轮	齿轮圆周速度/(m·s⁻¹) 斜齿轮	工作条件
0级、1级、2级(展望级)				
3级(极精密级)	测量齿轮、汽轮机减速器、航空发动机、金属切削机床	到40	到75	要求特别精密的或在最平稳且无噪声的特别高速下工作的齿轮传动;特别精密机械中的齿轮;特别高速 传动(透平齿轮);检测5~6级齿轮用的测量齿轮
4级(特别精密级)	测量齿轮、汽轮机减速器、航空发动机、金属切削机床	到35	到70	特别精密分度机构中或在最平稳、且无噪声的极高速下工作的齿轮传动;特别精密分度机构中的齿轮;高速透平传动;检测7级齿轮用的测量齿轮
5级(高精密级)	测量齿轮、汽轮机减速器、航空发动机、金属切削机床、轻型汽车	到20	到40	精密分度机构中或要求极平稳且无噪声的高速工作的齿轮传动;精密机构用齿轮;透平齿轮;检测8级和9级齿轮用测量齿轮
6级(高精密级)	汽轮机减速器、航空发动机、金属切削机床、轻型汽车、机车、载重汽车、一般减速器、拖拉机、轧钢机	到16	到30	要求最高效率且无噪声的高速下平稳工作的齿轮传动或分度机构的齿轮传动;特别重要的航空、汽车齿轮;读数装置用特别精密传动的齿轮
7级(精密级)	航空发动机、金属切削机床、轻型汽车、机车、载重汽车、一般减速器、拖拉机、轧钢机、起重机	到10	到15	增速和减速用齿轮传动;金属切削机床送刀机构用齿轮;高速减速器用齿轮;航空、汽车用齿轮;读数装置用齿轮
8级(中等精密级)	金属切削机床、轻型汽车、载重汽车、一般减速器、拖拉机、轧钢机、起重机、矿山绞车、农业机械	到6	到10	无须特别精密的一般机械制造用齿轮;包括在分度链中的机床传动齿轮;飞机、汽车制造业中的不重要齿轮;起重机构用齿轮;农业机械中的重要齿轮,通用减速器齿轮
9级(较低精度级)	载重汽车、一般减速器、拖拉机、轧钢机、起重机、矿山绞车、农业机械	到2	到4	用于粗糙工作的齿轮
10级(低精度级)	拖拉机、轧钢机、起重机、矿山绞车、农业机械	小于2	小于4	
11级(低精度级)	矿山绞车、农业机械			
12级(低精度级)	农业机械			

二、检验项目的选用

考虑选用齿轮检验项目的因素很多,概括起来大致有以下几方面:

① 齿轮的精度等级和用途。

② 检查的目的(是工序间检验还是完工检验)。

③ 齿轮的切齿工艺。

④ 齿轮的生产批量。

⑤ 齿轮的尺寸大小和结构形式。

⑥ 生产企业现有测试设备情况等。

齿轮精度标准 GB/T 10095.1、GB/T 10095.2 及其指导性技术文件中给出的偏差项目虽然很多,但作为评价齿轮质量的客观标准,齿轮质量的检验项目应该主要是单项指标即是齿距偏差(F_p、f_{pt}、F_{pk})、齿廓总偏差 F_α、螺旋线总偏差 F_β(直齿轮为齿向公差 F_β)及齿厚偏差 E_{sn}。标准中给出的其他参数,一般不是必检项目,而是根据供需双方具体要求协商确定的,这里体现了设计第一的思想。

根据我国多年来的生产实践及目前齿轮生产的质量控制水平,建议供需双方依据齿轮的功能要求、生产批量和检测手段,在以下(推荐的)检验组(表 17.18)中选取一个检验组来评定齿轮的精度等级。

表 17.18 推荐的齿轮检验组

检验组	检验项目	适用等级	测 量 仪 器
1	F_p、F_α、F_β、F_r、E_{sn}或E_{bn}	3~9	齿距仪、齿形仪、齿向仪、摆差测定仪,齿厚卡尺或公法线千分尺
2	F_p 与 F_{pk}、F_α、F_β、F_r、E_{sn}或E_{bn}	3~9	齿距仪、齿形仪、齿向仪、摆差测定仪,齿厚卡尺或公法线千分尺
3	F_p、f_{pt}、F_α、F_β、F_r、E_{sn}或E_{bn}	3~9	齿距仪、齿形仪、齿向仪、摆差测定仪,齿厚卡尺或公法线千分尺
4	F''_i、f'',E_{sn}或E_{bn}	6~9	双面啮合测量仪,齿厚卡尺或公法线千分尺
5	f_{pt}、F_r、E_{sn}或E_{bn}	10~12	齿距仪、摆差测定仪,齿厚卡尺或公法线千分尺
6	F''_i、f''_i,F_β,E_{sn} 或 E_{bn}	3~6	单啮仪、齿向仪,齿厚卡尺或公法线千分尺

三、齿轮各种偏差允许值

表 17.19　$\pm f_{pt}$、F_p、F_α、$f_{f\alpha}$、$f_{H\alpha}$、F_r、f_i'、F_i'、F_w 和 $\pm F_{pk}$ 偏差允许值(摘自 GB/T 10095.1～2—2008)　μm

分度圆直径 d/mm		偏差项目 / 精度 等级 / 模数 m_n/mm		单个齿距极限偏差 $\pm f_{pt}$				齿距累积总偏差 F_p				齿廓总偏差 F_α				齿廓形状偏差 $f_{f\alpha}$				齿廓倾斜极限偏差 $\pm f_{H\alpha}$				径向跳动公差 F_r				f_i'/K 值				公法线长度变动公差 F_w			
大于	至	大于	至	5	6	7	8	5	6	7	8	5	6	7	8	5	6	7	8	5	6	7	8	5	6	7	8	5	6	7	8	5	6	7	8
5	20	0.5	2	4.7	6.5	9.5	13	11	16	23	32	4.6	6.5	9.0	13	3.5	5.0	7.0	10	2.9	4.2	6.0	8.5	9.0	13	18	25	14	19	27	38	10	14	20	29
		2	3.5	5.0	7.5	10	15	12	17	23	33	6.5	9.5	13	19	5.0	7.0	10	14	4.2	6.0	8.5	12	9.5	13	19	27	16	23	32	45				
20	50	0.5	2	5.0	7.0	10	14	14	20	29	41	5.0	7.5	10	15	4.0	5.5	8.0	11	3.3	4.6	6.5	9.5	11	16	23	32	14	20	29	41	12	16	23	32
		2	3.5	5.5	7.5	11	15	15	21	30	42	7.0	10	14	20	5.5	8.0	11	16	4.5	6.5	9.0	13	12	17	24	34	17	24	34	48				
		3.5	6	6.0	8.5	12	17	15	22	31	44	9.0	12	18	25	7.0	9.5	14	19	5.5	8.0	11	16	12	17	25	35	19	27	38	54				
50	125	0.5	2	5.5	7.5	11	15	18	26	37	52	6.0	8.5	12	17	4.5	6.5	9.0	13	3.7	5.5	7.5	11	15	21	29	42	16	22	31	44	14	19	27	37
		2	3.5	6.0	8.5	12	17	19	27	38	53	8.0	11	16	22	6.0	8.5	12	17	5.0	7.0	10	14	15	21	30	43	18	25	36	51				
		3.5	6	6.5	9.0	13	18	19	28	39	55	9.5	13	19	27	7.5	10	15	21	6.0	8.5	12	17	16	22	31	44	20	29	40	57				
125	280	0.5	2	6.0	8.5	12	17	24	35	49	69	7.0	10	14	20	5.5	7.5	11	15	4.4	6.0	9.0	12	20	28	39	55	17	24	34	49	16	22	31	44
		2	3.5	6.5	9.0	13	18	25	35	50	70	9.0	13	18	25	7.0	9.5	14	19	5.5	8.0	11	16	20	28	40	56	20	28	39	56				
		3.5	6	7.0	10	14	20	25	36	51	72	11	15	21	30	8.0	12	16	23	6.5	9.5	13	19	20	29	41	58	22	31	44	62				
280	560	0.5	2	6.5	9.5	13	19	32	46	64	91	8.5	12	17	23	6.5	9.0	13	18	5.5	7.5	11	15	26	36	51	73	19	27	39	54	19	26	37	53
		2	3.5	7.0	10	14	20	33	46	65	92	10	15	21	29	8.0	11	16	22	6.5	9.0	13	18	26	37	52	74	22	31	44	62				
		3.5	6	8.0	11	16	22	33	47	66	94	12	17	24	34	9.0	13	18	26	7.5	11	15	21	27	38	53	75	24	34	48	68				

注:① 本表中 F_w 是根据我国的生产实践提出的,供参考。

② 将 f_i'/K 乘以 K,即得到 f_i';当 $\varepsilon_\gamma<4$ 时,$K=0.2\left(\frac{\varepsilon_\gamma+4}{\varepsilon_\gamma}\right)$;当 $\varepsilon_\gamma\geq4$ 时,$K=0.4$。

③ $F_i'=F_p+f_i'$。

④ $\pm F_{pk}=f_{pt}+1.6\sqrt{(k-1)m_n}$(5 级精度),通常取 $k=Z/8$;按相邻两级的公比$\sqrt{2}$,可求得其他级 $\pm F_{pk}$ 值。

表 17.20　F_{β}、$f_{f\beta}$和$f_{H\beta}$偏差允许值(摘自 GB/T 10095.1—2008)　μm

分度圆直径 d/mm		偏差项目 / 精度等级 / 齿宽 b/mm		螺旋线总偏差 F_{β}				螺旋线形状偏差$f_{f\beta}$和螺旋线倾斜偏差$\pm f_{H\beta}$			
大于	至	大于	至	5	6	7	8	5	6	7	8
5	20	4	10	6.0	8.5	12	17	4.4	6.0	8.5	12
		10	20	7.0	9.5	14	19	4.9	7.0	10	14
20	50	4	10	6.5	9.0	13	18	4.5	6.5	9.0	13
		10	20	7.0	10	14	20	5.0	7.0	10	14
		20	40	8.0	11	16	23	6.0	8.0	12	16
50	125	4	10	6.5	9.5	13	19	4.8	6.5	9.5	13
		10	20	7.5	11	15	21	5.5	7.5	11	15
		20	40	8.5	12	17	24	6.0	8.5	12	17
		40	80	10	14	20	28	7.0	10	14	20
125	280	4	10	7.0	10	14	20	5.0	7.0	10	14
		10	20	8.0	11	16	22	5.5	8.0	11	16
		20	40	9.0	13	18	25	6.5	9.0	13	18
		40	80	10	15	21	29	7.5	10	15	21
		80	160	12	17	25	35	8.5	12	17	25
280	560	10	20	8.5	12	17	24	6.0	8.5	12	17
		20	40	9.5	13	19	27	7.0	9.5	14	19
		40	80	11	15	22	31	8.0	11	16	22
		80	160	13	18	26	36	9.0	13	18	26
		160	250	15	21	30	43	11	15	22	30

表 17.21　F_{i}''和f_{i}''偏差值(摘自 GB/T 10095.2—2008)　μm

分度圆直径 d/mm		公差项目 / 精度等级 / 模数 m_{n}/mm		径向综合总偏差 F_{i}''				一齿径向综合偏差 f_{i}''			
大于	至	大于	至	5	6	7	8	5	6	7	8
5	20	0.2	0.5	11	15	21	30	2.0	2.5	3.5	5.0
		0.5	0.8	12	16	23	33	2.5	4.0	5.5	7.5
		0.8	1.0	12	18	25	35	3.5	5.0	7.0	10
		1.0	1.5	14	19	27	38	4.5	6.5	9.0	13
20	50	0.2	0.5	13	19	26	37	2.0	2.5	3.5	5.0
		0.5	0.8	14	20	28	40	2.5	4.0	5.5	7.5
		0.8	1.0	15	21	30	42	3.5	5.0	7.0	10
		1.0	1.5	16	23	32	45	4.5	6.5	9.0	13
		1.5	2.5	18	26	37	52	6.5	9.5	13	19
50	125	1.0	1.5	19	27	39	55	4.5	6.5	9.0	13
		1.5	2.5	22	31	43	61	6.5	13	44	
		2.5	4.0	25	36	51	72	10	14	20	29
		4.0	6.0	31	44	62	88	15	22	31	44
		6.0	10	40	57	80	114	24	34	48	67
125	280	1.0	1.5	24	34	48	68	4.5	6.5	9.0	13
		1.5	2.5	26	37	53	75	6.5	9.5	13	19
		2.5	4.0	30	43	61	86	10	15	21	29
		4.0	6.0	36	51	72	102	15	22	31	44
		6.0	10	45	64	90	127	24	34	48	67
280	560	1.0	1.5	30	43	61	86	4.5	6.5	9.0	13
		1.5	2.5	33	46	65	92	6.5	9.5	13	19
		2.5	4.0	37	52	73	104	10	15	21	29
		4.0	6.0	42	60	84	119	15	22	31	44
		6.0	10	51	73	103	145	24	34	48	68

四、齿侧间隙及其检验项目

齿侧间隙是在中心距一定的情况下，用减薄轮齿齿厚的方法来获得。齿侧间隙通常有两种表示方法：法向侧隙 j_{bn} 和圆周侧隙 j_{wt}。设计齿轮传动时，必须保证有足够的最小侧隙 j_{bnmin}，其值可按表 17.6 推荐的数据查取。

表 17.22　对于中、大模数齿轮最小侧隙 j_{bnmin} 的推荐数据（摘自 GB/Z 18620.2—2008） mm

模数 m_n	中心距 a					
	50	100	200	400	800	1 600
1.5	0.09	0.11	—	—	—	—
2	0.10	0.12	0.15	—	—	—
3	0.12	0.14	0.17	0.24	—	—
5	—	0.18	0.21	0.28	—	—
8	—	0.24	0.27	0.34	0.47	—
12	—	—	0.35	0.42	0.55	—
18	—	—	—	0.54	0.67	0.94

控制齿厚的方法有两种，即：用齿厚极限偏差或用公法线平均长度极限偏差来控制齿厚。

1. 齿厚极限偏 E_{sns} 和 E_{sni}

分度圆齿厚偏差如图 17.16 所示。当主动轮与被动轮齿厚都做成最小值，亦即做成上偏差 E_{sns} 时，可获得最小侧隙 j_{bnmin}。通常取两齿轮的齿厚上偏差相等，此时则有

$$j_{bnmin}=2|E_{sns}|\cos\alpha_n$$

故有

$$E_{sns}=-j_{bnmin}/2\cos\alpha_n \tag{17.1}$$

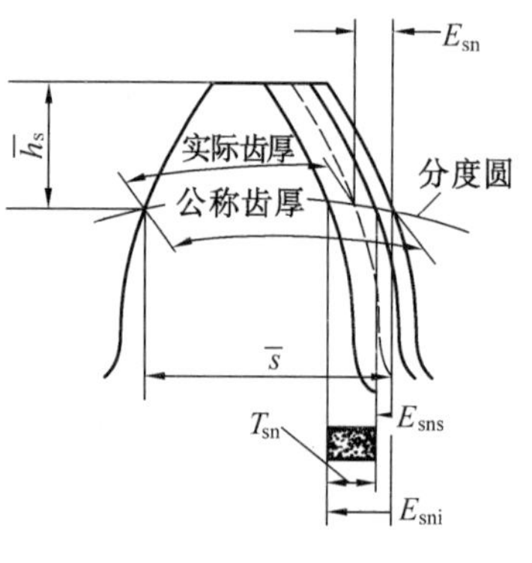

图 17.16　齿厚偏差

齿厚公差 T_{sn} 可按下式求得

$$T_{sn}=\sqrt{F_r^2+b_r^2}\,2\tan\alpha_n \tag{17.2}$$

式中，b_r 为切齿径向进刀公差，可按表 17.23 选取。

表 17.23　切齿径向进刀公差 b_r 值

齿轮精度等级	4	5	6	7	8	9
b_r 值	1.26IT7	IT8	1.26IT8	IT9	1.26IT9	IT10

注：查 IT 值的主参数为分度圆直径尺寸。

齿厚下偏差 E_{sni} 可按下式求得

$$E_{sni}=E_{sns}-T_{sn} \tag{17.3}$$

式中，T_{sn} 为齿厚公差。显然若齿厚偏差合格，实际齿厚偏差 E_{sn} 应处于齿厚公差带内。

2. 用公法线平均长度极限偏差控制齿厚

齿轮齿厚的变化必然引起公法线长度的变化。测量公法线长度同样可以控制齿侧间隙。公法线长度的上偏差 E_{bns} 和下偏差 E_{bni} 与齿厚偏差有如下关系

$$E_{bns}=E_{sns}\cos\alpha_n-0.72F_r\sin\alpha_n \tag{17.4}$$

$$E_{bni}=E_{sni}\cos\alpha_n+0.72F_r\sin\alpha_n \tag{17.5}$$

例如,已知齿轮传动中心距 $a=150$ mm,齿轮法面模数 $m_n=3$ mm,法面压力角 $\alpha_n=20°$,螺旋角 $\beta=8°6'34''$,齿数 $Z=79$,8 级精度,试确定齿轮侧隙和齿厚偏差。

解 参考表 17.22,$a=150$ mm,介于 100 ~ 200 之间,用插值法得齿轮最小侧隙 $j_{bnmin}=0.155$ mm。

由式(17.1)求得,齿厚上偏差为

$$E_{sns}=-j_{bnmin}/2\cos\alpha_n=-0.155/2\cos 20°=-0.082\ \text{mm}$$

计算齿轮的分度圆直径为

$$d_2=\frac{m_n Z}{\cos\beta}=\frac{3\times79}{\cos 8°6'34''}=239.394\ \text{mm}$$

由表 17.19 查得,径向跳动公差为

$$F_r=0.056\ \text{mm}$$

由表 17.23 和表 17.2 查得,切齿径向进刀公差 b_r 为

$$b_r=1.26\times\text{IT9}=1.26\times0.115=0.145\ \text{mm}$$

由式(17.2)求得,齿厚公差 T_{sn} 为

$$T_{sn}=\sqrt{F_r^2+b_r^2}\times2\tan\alpha_n=\sqrt{0.056^2+0.145^2}\times2\tan 20°=0.113\ \text{mm}$$

故由式(17.3)求得齿厚下偏差为

$$E_{sni}=E_{sns}-T_{sn}=-0.082-0.113=-0.195\ \text{mm}$$

实际中,一般用公法线长度极限偏差控制齿厚偏差,由式(17.4)和式(17.5)得

公法线长度上偏差 $E_{bns}=E_{sns}\cos\alpha_n-0.72F_r\sin\alpha_n=$
$-0.082\times\cos 20°-0.72\times0.056\times\sin 20°=-0.091$ mm

公法线长度下偏差 $E_{bni}=E_{sni}\cos\alpha_n+0.72F_r\sin\alpha_n=$
$-0.195\times\cos 20°+0.72\times0.056\times\sin 20°=-0.169$ mm

公法线长度 W_{nk} 在法面内测量,$W_{nk}=(W_k^*+\Delta W_n^*)m_n$,式中 W_k^* 按假想齿数 Z' 整数部分查表 17.25 获得,$Z'=KZ$,K 是假想齿数系数,查表 17.26 获得,ΔW_n^* 是 Z' 的小数部分对应的公法线长度,查表 17.27 获得。

由表 17.26 查得 $K=1.0289$,$Z'=KZ=1.0289\times79=81.283$

按 Z' 的整数部分,由表 17.25 查得 $W_k^*=29.1797$(跨测齿数 $k=10$),按 Z' 的小数部分,由表 17.27 查得

$$\Delta W_n^*=0.0039\ \text{mm}$$

所以 $W_{nk}=(W_k^*+\Delta W_n^*)m_n=(29.1797+0.0039)\times3=87.551$ mm

$$W_{nk}=87.551_{-0.169}^{-0.091}$$

五、齿厚和公法线长度

表 17.24 标准齿轮分度圆弦齿厚和弦齿高（$m=m_n=1,\alpha=\alpha_n=20°,h_a^*=h_{an}^*=1$） mm

齿数 Z	分度圆弦齿厚 $\bar{s}^*$	分度圆弦齿高 $\bar{h}_n^*$	齿数 Z	分度圆弦齿厚 $\bar{s}^*$	分度圆弦齿高 $\bar{h}_n^*$	齿数 Z	分度圆弦齿厚 $\bar{s}^*$	分度圆弦齿高 $\bar{h}_n^*$	齿数 Z	分度圆弦齿厚 $\bar{s}^*$	分度圆弦齿高 $\bar{h}_n^*$
6	1.552 9	1.102 2	40	1.570 4	1.015 4	74	1.570 7	1.008 4	108	1.570 7	1.005 7
7	1.550 8	1.087 3	41	1.570 4	1.015 0	75	1.570 7	1.008 3	109	1.570 7	1.005 7
8	1.560 7	1.076 9	42	1.570 4	1.014 7	76	1.570 7	1.008 1	110	1.5707	1.005 6
9	1.562 8	1.068 4	43	1.570 5	1.014 3	77	1.570 7	1.008 0	111	1.570 7	1.005 6
10	1.564 3	1.061 6	44	1.570 5	1.014 0	78	1.570 7	1.007 9	112	1.570 7	1.005 5
11	1.565 4	1.055 9	45	1.570 5	1.013 7	79	1.570 7	1.007 8	113	1.570 7	1.005 5
12	1.566 3	1.051 4	46	1.570 5	1.013 4	80	1.570 7	1.007 7	114	1.570 7	1.005 4
13	1.567 0	1.047 4	47	1.570 5	1.013 1	81	1.570 7	1.007 6	115	1.570 7	1.005 4
14	1.567 5	1.044 0	48	1.570 5	1.012 9	82	1.570 7	1.007 5	116	1.570 7	1.005 3
15	1.567 9	1.041 1	49	1.570 5	1.012 6	83	1.570 7	1.007 4	117	1.570 7	1.005 3
16	1.568 3	1.038 5	50	1.570 5	1.012 3	84	1.570 7	1.007 4	118	1.570 7	1.005 3
17	1.568 6	1.036 2	51	1.570 6	1.012 1	85	1.570 7	1.007 3	119	1.570 7	1.005 2
18	1.568 8	1.034 2	52	1.570 6	1.011 9	86	1.570 7	1.007 2	120	1.570 7	1.005 2
19	1.569 0	1.032 4	53	1.570 6	1.011 7	87	1.570 7	1.007 1	121	1.570 7	1.005 1
20	1.569 2	1.030 8	54	1.570 6	1.011 4	88	1.570 7	1.007 0	122	1.570 7	1.005 1
21	1.569 4	1.029 4	55	1.570 6	1.011 2	89	1.570 7	1.006 9	123	1.570 7	1.005 0
22	1.569 5	1.028 1	56	1.570 6	1.011 0	90	1.570 7	1.006 8	124	1.570 7	1.005 0
23	1.569 6	1.026 8	57	1.570 6	1.010 8	91	1.570 7	1.006 8	125	1.570 7	1.004 9
24	1.569 7	1.025 7	58	1.570 6	1.010 6	92	1.570 7	1.006 7	126	1.570 7	1.004 9
25	1.569 8	1.024 7	59	1.570 6	1.010 5	93	1.570 7	1.006 7	127	1.570 7	1.004 9
26	1.569 8	1.023 7	60	1.570 6	1.010 2	94	1.570 7	1.006 6	128	1.570 7	1.004 8
27	1.569 9	1.022 8	61	1.570 6	1.010 1	95	1.570 7	1.006 5	129	1.570 7	1.004 8
28	1.570 0	1.022 0	62	1.570 6	1.010 0	96	1.570 7	1.006 4	130	1.570 7	1.004 7
29	1.570 0	1.021 3	63	1.570 6	1.009 8	97	1.570 7	1.006 4	131	1.570 8	1.004 7
30	1.570 1	1.020 5	64	1.570 6	1.009 7	98	1.570 7	1.006 3	132	1.570 8	1.004 7
31	1.570 1	1.019 9	65	1.570 6	1.009 5	99	1.570 7	1.006 2	133	1.570 8	1.004 7
32	1.570 2	1.019 3	66	1.570 6	1.009 4	100	1.570 7	1.006 1	134	1.570 8	1.004 6
33	1.570 2	1.018 7	67	1.570 6	1.009 2	101	1.570 7	1.006 1	135	1.570 8	1.004 6
34	1.570 2	1.018 1	68	1.570 6	1.009 1	102	1.570 7	1.006 0	140	1.570 8	1.004 4
35	1.570 2	1.017 6	69	1.570 7	1.009 0	103	1.570 7	1.006 0	145	1.570 8	1.004 2
36	1.570 3	1.017 1	70	1.570 7	1.008 8	104	1.570 7	1.005 9	150	1.570 8	1.004 1
37	1.570 3	1.016 7	71	1.570 7	1.008 7	105	1.570 7	1.005 9	齿条	1.570 8	1.000 0
38	1.570 3	1.016 2	72	1.570 7	1.008 6	106	1.570 7	1.005 8			
39	1.570 3	1.015 8	73	1.570 7	1.008 5	107	1.570 7	1.0058			

注：① 当 $m(m_n)\neq 1$ 时，分度圆弦齿厚 $\bar{s}=\bar{s}^* m(\bar{s}_n=\bar{s}_n^* m_n)$；分度圆弦齿高 $\bar{h}_n=\bar{h}_n^* m(\bar{h}_n=\bar{h}_{an}^* m_n)$。

② 对于斜齿圆柱齿轮和圆锥齿轮，本表也可以用，所不同的是，齿数要用当量齿数 Z_v · 。

③ 如果当量齿数带小数，就要用比例插入法，把小数部分考虑进去。

表17.25　公法线长度 W_k^* ($m=1$, $\alpha=20°$)

mm

齿轮齿数 Z	跨测齿数 k	公法线长度 W_k^*	齿轮齿数 Z	跨测齿数 k	公法线长度 W_k^*	齿轮齿数 Z	跨测齿数 k	公法线长度 W_k^*	齿轮齿数 Z	跨测齿数 K	公法线长度 W_k^*	齿轮齿数 Z	跨测齿数 K	公法线长度 W_k^*
			41	5	13.858 8	81	10	29.179 7	121	14	41.548 4	161	18	53.917 1
			42	5	872 8	82	10	29.193 7	122	14	562 4	162	19	56.883 3
			43	5	886 8	83	10	207 7	123	14	576 4	163	19	56.897 2
4	2	4.484 2	44	5	900 8	84	10	221 7	124	14	590 4	164	19	911 3
5	2	4.494 2	45	6	16.867 0	85	10	235 7	125	14	604 4	165	19	925 3
6	2	4.512 2	46	6	16.881 0	86	10	249 7	126	15	44.570 6	166	19	939 3
7	2	4.526 2	47	6	895 0	87	10	263 7	127	15	44.584 6	167	19	953 3
8	2	4.540 2	48	6	909 0	88	10	277 7	128	15	598 6	168	19	967 3
9	2	4.554 2	49	6	923 0	89	10	291 7	129	15	612 6	169	19	981 3
10	2	4.568 3	50	6	937 0	90	11	32.257 9	130	15	626 6	170	19	995 3
11	2	4.582 3	51	6	951 0	91	11	32.271 8	131	15	640 5	171	20	59.961 5
12	2	596 3	52	6	966 0	92	11	285 8	132	15	654 6	172	20	59.975 4
13	2	610 3	53	6	979 0	93	11	299 8	133	15	668 6	173	20	989 4
14	2	624 3	54	7	19.945 2	94	11	313 6	134	15	682 6	174	20	60.003 4
15	2	638 3	55	7	19.959 1	95	11	327 9	135	16	47.649 0	175	20	017 4
16	2	652 3	56	7	973 1	96	11	341 9	136	16	662 7	176	20	031 4
17	2	666 3	57	7	987 1	97	11	355 9	137	16	676 7	177	20	045 5
18	3	7.632 4	58	7	20.001 1	98	11	369 9	138	16	690 7	178	20	059 5
19	3	7.646 4	59	7	015 2	99	12	35.336 1	139	16	704 7	179	20	073 5
20	3	7.660 4	60	7	029 2	100	12	35.350 0	140	16	718 7	180	21	63.039 7
21	3	674 4	61	7	043 2	101	12	364 0	141	16	732 7	181	21	63.053 6
22	3	688 4	62	7	057 2	102	12	378 0	142	16	740 8	182	21	067 6
23	3	702 4	63	8	23.023 3	103	12	392 0	143	16	760 8	183	21	081 6
24	3	716 5	64	8	23.037 3	104	12	406 0	144	17	50.727 0	184	21	095 6
25	3	730 5	65	8	051 3	105	12	420 0	145	17	50.740 9	185	21	109 9
26	3	744 5	66	8	065 3	106	12	434 0	146	17	754 9	186	21	123 6
27	4	10.710 6	67	8	079 3	107	12	448 1	147	17	768 9	187	21	137 6
28	4	10.724 6	68	8	093 3	108	13	38.414 2	148	17	782 9	188	21	151 6
29	4	738 6	69	8	107 3	109	13	38.428 2	149	17	796 9	189	22	66.117 9
30	4	752 6	70	8	121 3	110	13	442 2	150	17	810 9	190	22	66.131 8
31	4	766 6	71	8	135 3	111	13	456 2	151	17	824 9	191	22	145 8
32	4	780 6	72	9	26.101 5	112	13	470 2	152	17	838 9	192	22	159 8
33	4	794 6	73	9	26.115 5	113	13	484 2	153	18	53.805 1	193	22	173 8
34	4	808 6	74	9	129 5	114	13	498 2	154	18	53.819 1	194	22	187 8
35	4	822 6	75	9	143 5	115	13	512 2	155	18	833 1	195	22	201 8
36	5	13.788 8	77	9	157 5	116	13	526 2	156	18	847 1	196	22	215 8
37	5	13.802 8	77	9	171 5	117	14	41.492 4	157	18	861 1	197	22	229 8
38	5	816 8	78	9	185 5	118	14	41.506 4	158	18	875 1	198	23	69.196 1
39	5	830 8	79	9	199 5	119	14	520 4	159	18	889 1	199	23	69.210 1
40	5	844 8	80	9	213 5	120	14	534 4	160	18	903 1	200	23	224 1

注：① 对标准直齿圆柱齿轮，公法线长度 $W_k=W_k^* m$，W_k^* 为 $m=1$ mm、$\alpha=20°$时的公法线长度。

② 对变位直齿圆柱齿轮，当变位系数 x 较小及 $|x|<0.3$ 时，跨测齿数 k 按照表17.25查出，而公法线长度

$$W_k=(W_k^*+0.684x)m$$

当变位系数 x 较大，$|x|>0.3$ 时，跨测齿数

$$k'=Z\frac{\alpha_z}{180°}+0.5$$

式中，$\alpha_z=\arccos\dfrac{2d\cos\alpha}{d_a+d_f}$，而公法线长度

$$W_k=[2.9521(K'-0.5)+0.014Z+0.684x]m$$

③ 斜齿轮的公法线长度 W_{nk} 在法面内测量，其值也可按表17.25确定，但必须按假想齿数 Z' 查，$Z'=KZ$，式中 K 为与分度圆柱上齿的螺旋角 β 有关的假想齿数系数，见表17.26。假想齿数常为非整数，其小数部分 ΔZ 所对应的公法线长度 ΔW_n^* 可查表17.27。故总的公法线长度 $W_{nk}=(W_k^*+\Delta W_n^*)m_n$，式中 m_n 为法面模数；W_k^* 为与假想齿数 Z' 整数部分相对应的公法线长度，查表17.25。

表 17.26　假想齿数系数 $K(\alpha_n=20°)$

β	K	β	K	β	K	β	K
1°	1.000	6°	1.016	11°	1.054	16°	1.119
2°	1.002	7°	1.022	12°	1.065	17°	1.136
3°	1.004	8°	1.028	13°	1.077	18°	0.154
4°	1.007	9°	1.036	14°	1.090	19°	1.173
5°	1.011	10°	1.045	15°	1.104	20°	1.194

注:对于 β 中间值的系数 K,可按内插法求出。

表 17.27　公法线长度 ΔW_n^*　mm

$\Delta Z'$	0.00	0.01	0.02	0.03	0.04	0.05	0.06	0.07	0.08	0.09
0.0	0.000 0	0.000 1	0.000 3	0.000 4	0.000 6	0.000 7	0.000 8	0.001 0	0.001 1	0.001 3
0.1	0.001 4	0.001 5	0.001 7	0.001 8	0.002 0	0.002 1	0.002 2	0.002 4	0.002 5	0.002 7
0.2	0.002 8	0.002 9	0.003 1	0.003 2	0.003 4	0.003 5	0.003 6	0.003 8	0.003 9	0.004 1
0.3	0.004 2	0.004 3	0.004 5	0.004 6	0.004 8	0.004 9	0.005 1	0.005 2	0.005 3	0.005 5
0.4	0.005 6	0.005 7	0.005 9	0.006 0	0.006 1	0.006 3	0.006 4	0.006 6	0.006 7	0.006 9
0.5	0.007 0	0.007 1	0.007 3	0.007 4	0.007 6	0.007 7	0.007 9	0.008 0	0.008 1	0.008 3
0.6	0.008 4	0.008 5	0.008 7	0.008 8	0.008 9	0.009 1	0.009 2	0.009 4	0.009 5	0.009 7
0.7	0.009 8	0.009 9	0.010 1	0.010 2	0.010 4	0.010 5	0.010 6	0.010 8	0.010 9	0.011 1
0.8	0.011 2	0.011 4	0.011 5	0.011 6	0.011 8	0.011 9	0.012 0	0.012 2	0.012 3	0.012 4
0.9	0.012 6	0.012 7	0.012 9	0.013 2	0.013 0	0.013 3	0.013 5	0.013 6	0.013 7	0.013 9

查取示例:$\Delta Z'=0.65$ 时,由表 17.27 查得 $\Delta W_n^*=0.009\ 1$。

六、齿轮副和齿坯的精度

表 17.28　中心距极限偏差 $\pm f_a$(摘自 GB/T 10095—1988)　μm

中心距 a/mm 大于	至	齿轮精度等级 5、6	7、8
6	10	7.5	11
10	18	9	13.5
18	30	10.5	16.5
30	50	12.5	19.5
50	80	15	23
80	120	17.5	27
120	180	20	31.5
180	250	23	36
250	315	26	40.5
315	400	28.5	44.5
400	500	31.5	48.5

表 17.29 轴线平行度偏差 $f_{\Sigma\delta}$ 和 $f_{\Sigma\beta}$

轴线平行度偏差图示	$f_{\Sigma\beta}$ 和 $f_{\Sigma\delta}$ 的最大推荐值/μm
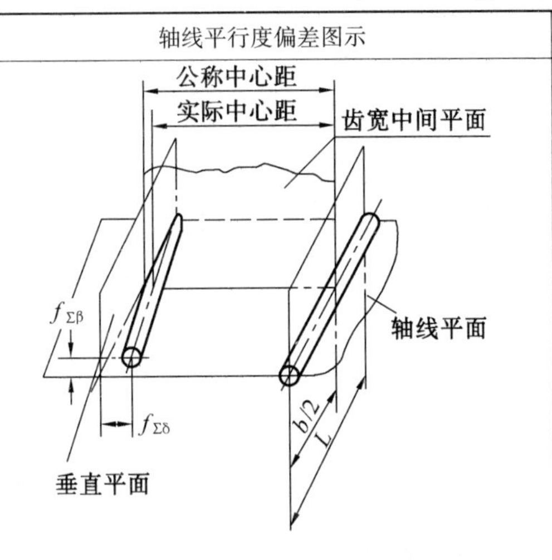	$f_{\Sigma\beta}=0.5\left(\frac{L}{b}\right)F_{\beta}$ $f_{\Sigma\delta}=2f_{\Sigma\beta}$ 式中 L—轴承跨距(mm); b—齿宽(mm)

表 17.30 齿轮装配后接触斑点(%)(摘自 GB/Z 18620.4—2008)

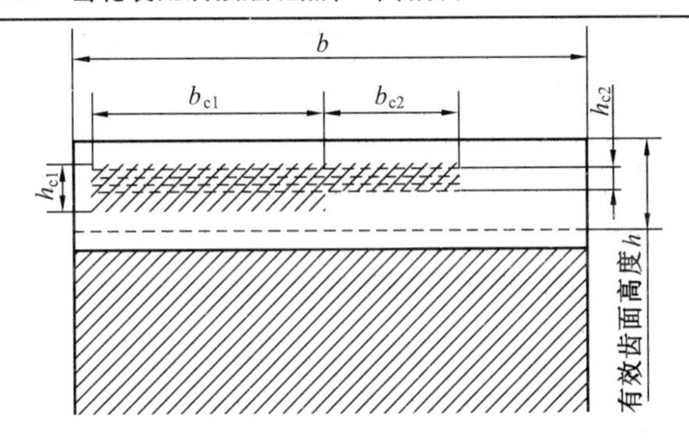

参数 / 齿轮 / 精度等级	$(b_{c1}/b)\times100\%$		$(h_{c1}/h)\times100\%$		$(b_{c2}/b)\times100\%$		$(h_{c2}/h)\times100\%$	
	直齿轮	斜齿轮	直齿轮	斜齿轮	直齿轮	斜齿轮	直齿轮	斜齿轮
4 级及更高	50	50	70	50	40	40	50	20
5 和 6	45	45	50	40	35	35	30	20
7 和 8	35	35	50	40	35	35	30	20
9 至 12	25	25	50	40	25	25	30	20

表 17.31 齿坯尺寸公差(摘自 GB/T 10095—1988)

齿轮精度等级		5	6	7	8	9	10	11	12
孔	尺寸公差	IT5	IT6	IT7		IT8		IT9	
轴	尺寸公差	IT5		IT6		IT7		IT8	
顶圆直径偏差	作测量基准	IT8				IT9			
	不作测量基准	公差按 IT11 给定,但不大于 $0.1m_n$							

注:孔、轴的几何公差按包容要求,即Ⓔ。

表17.32 齿坯径向和端面圆跳动公差 μm

分度圆直径		齿轮精度等级			
大于	至	3、4	5、6	7、8	9～12
≤125		7	11	18	28
125	400	9	14	22	36
400	800	12	20	32	50
800	1600	18	28	45	71

七、图样标注

1. 齿轮精度等级的标注示例

例如 7GB/T 10095.1

表示齿轮各项偏差均应符合 GB/T 10095.1 的要求，精度均为 7 级。

$7F_p6(F_\alpha、F_\beta)$GB/T 10095.1

表示偏差 F_p、F_α 和 F_β 均应符合 GB/T 10095.1 的要求，其中 F_p 为 7 级，F_α 和 F_β 为 6 级。

$6(F_i''、f_i'')$GB/T 10095.2

表示偏差 F_i''和f_i''均应符合 GB/T 10095.2 的要求，精度均为 6 级。

2. 齿厚偏差的常用标注方法

例如 $S_{n\,E_{sni}}^{\,E_{sns}}$

其中，S_n 为法向公称齿厚；E_{sns}为齿厚上偏差；E_{sni}为齿厚下偏差。

$W_{k\,E_{bni}}^{\,E_{bns}}$

其中，W_k 为跨 k 个齿的公法线公称长度；E_{bns}为公法线长度上偏差；E_{bni}为公法线长度下偏差。

17.5 圆柱蜗杆、蜗轮精度(摘自 GB/T 10089—1988)

一、精度等级及其选择

圆柱蜗杆、蜗轮精度国家标准对圆柱蜗杆、蜗轮和蜗杆传动规定了 12 个精度等级；第 1 级的精度最高，第 12 级的精度最低。蜗杆和配对蜗轮的精度一般取成相同等级。

按照公差的特性对传动性能的主要保证作用，将蜗杆、蜗轮和蜗杆传动的公差(或极限偏差)分成三个公差组。而根据使用要求不同，允许各公差组选用不同的精度等级组合，但在同一公差组中，各项公差与极限偏差应有相同的精度等级。

蜗杆、蜗轮精度应根据传动用途、使用条件、传递功率、圆周速度以及其他技术要求决定。其第Ⅱ公差组主要根据蜗轮圆周速度决定，见表 17.33。

表 17.33　第Ⅱ公差组精度等级与蜗轮圆周速度关系(仅供参考)

<table>
<tr><th rowspan="2">项　　目</th><th colspan="3">第Ⅱ公差组精度等级</th></tr>
<tr><th>7</th><th>8</th><th>9</th></tr>
<tr><td>蜗轮圆周速度 $v/(m \cdot s^{-1})$</td><td>≤7.5</td><td>≤3</td><td>≤1.5</td></tr>
</table>

二、蜗杆、蜗轮和蜗杆传动的检验与公差

表 17.34　蜗杆、蜗轮及其传动的公差与极限偏差和各检验组的应用

<table>
<tr><th rowspan="2">检验对象</th><th rowspan="2">公差级</th><th colspan="3">公差与极限偏差项目</th><th rowspan="2">检　验　组</th><th rowspan="2">适　用　范　围</th></tr>
<tr><th>名　　称</th><th>代号</th><th>数　值</th></tr>
<tr><td rowspan="6">蜗杆</td><td rowspan="5">Ⅱ</td><td>蜗杆一转螺旋线公差</td><td>f_h</td><td rowspan="6">表 17.19</td><td>Δf_h、Δf_{hL}</td><td>用于单头蜗杆</td></tr>
<tr><td>蜗杆螺旋线公差</td><td>f_{hL}</td><td>Δf_{px}、Δf_{hL}</td><td>用于多头蜗杆</td></tr>
<tr><td>蜗杆轴向齿距极限偏差</td><td>$\pm f_{px}$</td><td>Δf_{px}</td><td>用于 10~12 级精度</td></tr>
<tr><td>蜗杆轴向齿距累积公差</td><td>f_{pxL}</td><td>Δf_{px}、Δf_{pxL}</td><td>7~9 级精度蜗杆常用此组检验</td></tr>
<tr><td>蜗杆齿槽径向跳动公差</td><td>f_r</td><td>Δf_{px}、Δf_{pxL}、Δf_r</td><td></td></tr>
<tr><td>Ⅲ</td><td>蜗杆齿形公差</td><td>f_{f1}</td><td>Δf_{f1}</td><td>7~9 级精度蜗杆常用此项检验</td></tr>
<tr><td rowspan="9">蜗轮</td><td rowspan="5">Ⅰ</td><td>蜗轮切向综合公差</td><td>F_i'</td><td>F_p+f_{f2}</td><td>$\Delta F_i'$</td><td></td></tr>
<tr><td>蜗轮径向综合公差</td><td>F_i''</td><td rowspan="4">表 17.20</td><td>$\Delta F_i''$</td><td>用于 7~12 级精度。7~9 级成批大量生产常用</td></tr>
<tr><td>蜗轮齿距累积公差</td><td>F_p</td><td>ΔF_p、ΔF_r</td><td>用于 5~12 级精度。7~9 级一般动力传动常用此组检验</td></tr>
<tr><td>蜗轮 k 个齿距累积公差</td><td>F_{pk}</td><td>ΔF_p、ΔF_{pk}</td><td></td></tr>
<tr><td>蜗轮齿圈径向跳动公差</td><td>F_r</td><td>ΔF_r</td><td>用于 9~12 级精度</td></tr>
<tr><td rowspan="3">Ⅱ</td><td>蜗轮一齿切向综合公差</td><td>f_i'</td><td>$0.6(f_{pt}+f_{f2})$</td><td>$\Delta f_i'$</td><td></td></tr>
<tr><td>蜗轮一齿径向综合公差</td><td>f_i''</td><td rowspan="3">表 17.20</td><td>$\Delta f_i''$</td><td>用于 7~12 级精度。7~9 级成批大量生产常用</td></tr>
<tr><td>蜗轮齿距极限偏差</td><td>$\pm f_{pt}$</td><td>Δf_{pt}</td><td>用于 5~12 级精度。7~9 级一般动力传动常用此项检验</td></tr>
<tr><td>Ⅲ</td><td>蜗轮齿形公差</td><td>f_{f2}</td><td>Δf_{f2}</td><td>当蜗杆副的接触斑点有要求时,Δf_{f2} 可不检验</td></tr>
<tr><td rowspan="6">传动</td><td>Ⅰ</td><td>蜗杆副的切向综合公差</td><td>F_{ic}'</td><td>F_p+f_{ic}'</td><td rowspan="3">$\Delta F_{ic}'$、$\Delta f_{ic}'$ 和接触斑点</td><td rowspan="3">对于 5 级和 5 级精度以下的传动,允许用 $\Delta F_i'$ 和 $\Delta f_i'$ 来代替 $\Delta F_{ic}'$ 和 $\Delta f_{ic}'$ 的检验,或以蜗杆、蜗轮相应公差组的检验组中最低结果来评定传动的第Ⅰ、Ⅱ公差组的精度等级</td></tr>
<tr><td>Ⅱ</td><td>蜗杆副的一齿切向综合公差</td><td>f_{ic}'</td><td>$0.7(f_i'+f_h)$</td></tr>
<tr><td rowspan="4">Ⅲ</td><td colspan="2">蜗杆副的接触斑点</td><td>表 17.21</td></tr>
<tr><td>蜗杆副的中心距极限偏差</td><td>$\pm f_a$</td><td rowspan="3">表 17.21</td><td rowspan="3">Δf_a、Δf_x、Δf_Σ</td><td rowspan="3">对于不可调中心距的蜗杆传动,检验接触斑点的同时,还应检验 Δf_a、Δf_x 和 Δf_Σ</td></tr>
<tr><td>蜗杆副的中间平面极限偏差</td><td>$\pm f_x$</td></tr>
<tr><td>蜗杆副的轴交角极限偏差</td><td>$\pm f_\Sigma$</td></tr>
</table>

注:对于进行 $\Delta F_{ic}'$、$\Delta f_{ic}'$ 和接触斑点检验的蜗杆传动,允许相应的第Ⅰ、Ⅱ、Ⅲ公差组的蜗杆、蜗轮检验组和 Δf_a、Δf_x、Δf_Σ 中任意一项误差超差。

表 17.35 蜗杆的公差和极限偏差值

μm

第Ⅱ公差组																					第Ⅲ公差组		
蜗杆齿槽径向跳动公差 f_r[①]							模数 m/mm		蜗杆一转螺旋线公差 f_h			蜗杆螺旋线公差 f_{hL}			蜗杆轴向齿距极限偏差 $\pm f_{px}$			蜗杆轴向齿距累积公差 f_{pxL}			蜗杆齿形公差 f_{f1}		
分度圆直径 d_1/mm		模数 m/mm		精度等级					精度等级														
大于	至	大于	至	7	8	9	大于	至	7	8	9	7	8	9	7	8	9	7	8	9	7	8	9
31.5	50	1	10	17	23	32	1	3.5	14	—	—	32	—	—	11	14	20	18	25	36	16	22	32
50	80	1	16	18	25	36	3.5	6.3	20	—	—	40	—	—	14	20	25	24	34	48	22	32	45
80	125	1	16	20	28	40	6.3	10	25	—	—	50	—	—	17	25	32	32	45	63	28	40	53
125	180	1	25	25	32	45	10	16	32	—	—	63	—	—	22	32	46	40	56	80	36	53	75

注:① 当蜗杆齿形角 $\alpha\neq20°$时,f_r 值为本表公差值乘以 $\sin 20°/\sin\alpha$。

表 17.36 蜗轮的公差和极限偏差值

μm

第Ⅰ公差级				
分度圆弧长 L/mm		蜗轮齿距累积公差 F_p 及 k 个齿距累积公差 F_{pk}		
		精度等级		
大于	至	7	8	9
11.2	20	22	32	45
20	32	28	40	56
32	50	32	45	63
50	80	36	50	71
80	160	45	63	90
160	315	63	90	125
315	630	90	125	180

第Ⅰ公差级									第Ⅱ公差组						第Ⅲ公差级		
分度圆直径 d_2/mm	模数 m/mm		蜗轮径向综合公差 F_i''			蜗轮齿圈径向跳动公差 F_r			蜗轮一齿径向综合公差 f_i''			蜗轮齿距极限偏差 $\pm f_{pt}$			蜗轮齿形公差 f_{f2}		
			精度等级														
	大于	至	7	8	9	7	8	9	7	8	9	7	8	9	7	8	9
≤125	1	3.5	56	71	90	40	50	63	20	28	36	14	20	28	11	14	22
	3.5	6.3	71	90	112	50	63	80	25	36	45	18	25	36	14	20	32
	6.3	10	80	100	125	56	71	90	28	40	50	20	28	40	17	22	36
大于125至400	1	3.5	63	80	100	45	56	71	22	32	40	16	22	32	13	18	28
	3.5	6.3	80	100	125	56	71	90	28	40	50	20	28	40	16	22	36
	6.3	10	90	112	140	63	80	100	32	45	56	22	32	45	19	28	45
	10	16	100	125	160	71	90	112	36	50	63	25	36	50	22	32	50

注:① 查 F_p 时,取 $L=\pi d_2/2=\pi m Z_2/2$;查 F_{pk}时,取 $L=k\pi m$(k 为 2 到小于 $Z_2/2$ 的整数)。除特殊情况外,对于 F_{pk},k 值规定取为小于 $Z_2/6$ 的最大整数。

② 当蜗杆齿形角 $\alpha\neq20°$时,F_r、F''_i、f''_i 的值为本表对应的公差值乘以 $\sin 20°/\sin\alpha$。

表 17.37　传动接触斑点和$\pm f_a$、$\pm f_x$、$\pm f_\Sigma$的值　　μm

传动接触斑点的要求[①]		第Ⅲ公差组精度等级 7	第Ⅲ公差组精度等级 8	第Ⅲ公差组精度等级 9
接触面积的百分比（%）	沿齿高不小于	55		45
	沿齿长不小于	50		40
接触位置		接触斑点痕迹应偏于啮出端，但不允许在齿顶和啮入、啮出端的棱边接触		

传动中心距 a/mm 大于	至	传动中心距极限偏差[②] $\pm f_a$ 第Ⅲ公差组精度等级 7	8	9	传动中间平面极限偏差[②] $\pm f_x$ 第Ⅲ公差组精度等级 7	8	9
30	50	31		50	25		40
50	80	37		60	30		48
80	120	44		70	36		56
120	180	50		80	40		64
180	250	58		92	47		74
250	315	65		105	52		85
315	400	70		115	56		92

传动轴交角极限偏差[②] $\pm f_\Sigma$ 蜗轮齿宽 b_2/mm 大于	至	第Ⅲ公差组精度等级 7	8	9
≤30		12	17	24
30	50	14	19	28
50	80	16	22	32
80	120	19	24	36
120	180	22	28	42
180	250	25	32	48

注：① 采用修形齿面的蜗杆传动，接触斑点的要求可不受本表规定的限制。

② 加工时的有关极限偏差：

f_{a0}为加工时的中心距极限偏差，可取$f_{a0}=0.75f_a$；f_{x0}为加工时的中间平面极限偏差，可取$f_{x0}=0.75f_x$；$f_{\Sigma 0}$为加工时的轴交角极限偏差，可取$f_{\Sigma 0}=0.75f_\Sigma$。

三、蜗杆传动的侧隙

蜗杆传动的侧隙种类按传动的最小法向侧隙j_{nmin}的大小分为八种：a、b、c、d、e、f、g 和 h。a 种的最小法向侧隙最大，h 种为零，其他依次减小，如图 17.17 所示。侧隙种类是根据工作条件和使用要求选定蜗杆传动应保证的最小法向侧隙的，侧隙种类用代号（字母）表示，并且它与精度等级无关。各种侧隙的最小法向侧隙j_{nmin}值按表 17.38 的规定选取。

传动的最小法向侧隙由蜗杆齿厚减薄量来保证。

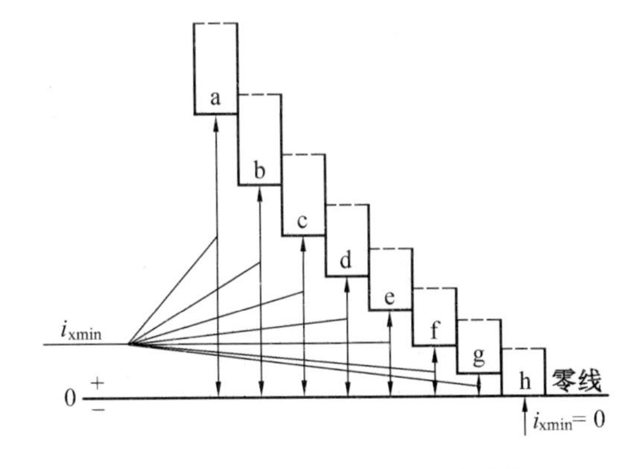

图 17.17　蜗杆传动的侧隙种类

表 17.38 传动的最小法向侧隙 j_{nmin} 值 μm

传动中心距 a/mm		侧隙种类							
大于	至	h	g	f	e	d	c	b	a
≤30		0	9	13	21	33	52	84	130
30	50	0	11	16	25	39	62	100	160
50	80	0	13	19	30	46	74	120	190
80	120	0	15	22	35	54	87	140	220
120	180	0	18	25	40	63	100	160	250
180	250	0	20	29	46	72	115	185	290

注：传动的最小圆周侧隙为 $j_{tmin} \approx j_{nmin}/\cos\gamma' \cdot \cos\alpha_n$，式中，$\gamma'$为蜗杆节圆柱导程角；$\alpha_n$ 为蜗杆法向齿形角。

蜗杆齿厚上偏差

$$E_{ss1} = (j_{nmin}/\cos\alpha_n + E_{s\Delta})$$

蜗杆齿厚下偏差

$$E_{si1} = E_{ss1} - T_{s1}$$

式中，$E_{s\Delta}$为蜗杆制造误差对 E_{ss1} 的补偿部分，见表 17.39；T_{s1} 为蜗杆齿厚公差，见表 17.40。

蜗轮齿厚上偏差 $E_{ss2} = 0$

蜗轮齿厚下偏差 $E_{si2} = -T_{s2}$

式中，T_{s2} 为蜗轮齿厚公差，见表 17.40。

表 17.39 蜗杆齿厚上偏差（E_{ss1}）中的制造误差补偿部分 $E_{s\Delta}$ 值 μm

传动中心距 a/mm		精度等级 7				精度等级 8				精度等级 9			
		模数 m/mm 大于~至											
大于	至	1~3.5	3.5~6.3	6.3~10	10~16	1~3.5	3.5~6.3	6.3~10	10~16	1~3.5	3.5~6.3	6.3~10	10~16
50	80	50	58	65	—	58	75	90	—	90	100	120	—
80	120	56	63	71	80	63	78	90	110	95	105	125	160
120	180	60	68	75	85	68	80	95	115	100	110	130	165
180	250	71	75	80	90	75	85	100	115	110	120	140	170

注：精度等级按蜗杆的第Ⅱ公差组确定。

表 17.40　蜗杆齿厚公差 T_{s1} 和蜗轮齿厚公差 T_{s2} 值　μm

蜗杆分度圆直径 d_1/mm	蜗轮分度圆直径 d_2/mm	模数 m/mm		蜗杆齿厚公差 T_{s1}			蜗轮齿厚公差 T_{s2}		
				精度等级					
		大于	至	7	8	9	7	8	9
任意	>125 至 140	1	3.5	45	53	67	100	120	140
		3.5	6.3	56	71	90	120	140	170
		6.3	10	71	90	110	130	160	190
		10	16	95	120	150	140	170	210

注：① T_{s1} 按蜗杆第Ⅱ公差组精度等级确定；T_{s2} 按蜗轮第Ⅱ公差组精度等级确定。
② 当传动最大法向侧隙 j_{nmax} 无要求时，允许 T_{s1} 增大，最大不超过表中值的 2 倍。
③ 在最小侧隙能保证的条件下，T_{s2} 公差带允许采用对称分布。

四、蜗杆和蜗轮的齿坯公差

蜗杆、蜗轮在加工、检验和安装时的径向、轴向基准面应尽量一致，并应在相应的零件工作图上予以标注。齿坯精度的有关公差值见表 17.41。

表 17.41　蜗杆和蜗轮齿坯公差

精度[①]等级	齿坯尺寸和形状公差					齿坯基准面径向和端面跳动公差/μm				
						基准面直径 d/mm				
	尺寸公差		形状公差		齿顶圆[②]直径公差	≤31.5	大于 ~ 至			
	孔	轴	孔	轴			31.5 ~ 63	62 ~ 125	125 ~ 400	400 ~ 800
7、8	IT7	IT6	IT6	IT5	IT8	7	10	14	18	22
9	IT8	IT7	IT7	IT6	IT9	10	16	22	28	36

注：① 当三个公差组的精度等级不同时，按最高精度等级确定公差。
② 当齿顶圆不作测量齿厚基准时，其尺寸公差按 IT11 确定，但不得大于 0.1 m_n。

五、图样标注

（1）在蜗杆和蜗轮的工作图上，应分别标注精度等级、齿厚极限偏差或相应的侧隙种类代号和国家标准代号，其标注示例如下：

① 蜗杆的第Ⅱ、Ⅲ公差组的精度等级为8级，齿厚极限偏差为标准值，相配的侧隙种类为c，其标注为

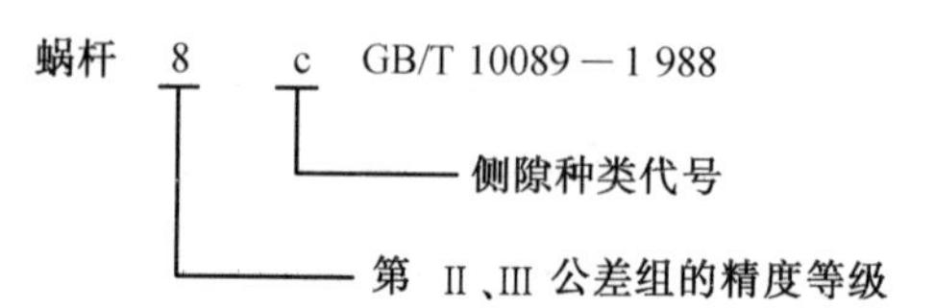

② 若①中蜗杆的齿厚极限偏差为非标准值，如上偏差为-0.27 mm、下偏差为-0.40 mm，则标注为

蜗杆　　$8\left(\begin{smallmatrix}-0.27\\-0.40\end{smallmatrix}\right)$　　GB/T 10089—1988

③ 蜗轮的第Ⅰ公差组的精度为7级，第Ⅱ、Ⅲ公差组的精度为8级，齿厚极限偏差为标准值，相配的侧隙种类为f，其标注为

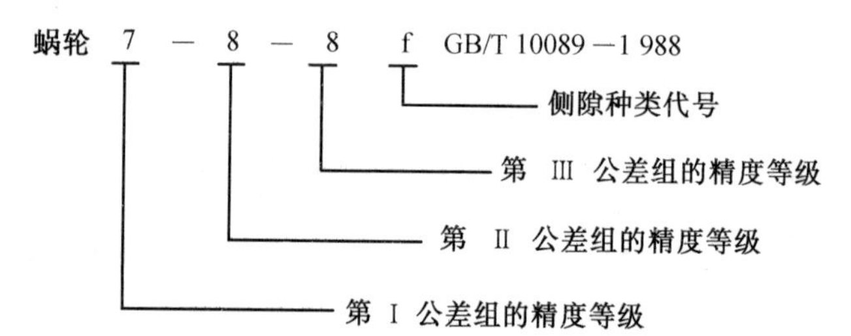

④ 蜗轮的三个公差组精度同为8级，齿厚极限偏差为标准值，相配的侧隙种类为c，其标注为

蜗轮　　8　　c　　GB/T 10089—1988

⑤ 若③中蜗轮的齿厚无公差要求，则标注为

蜗轮 7-8-8　　GB/T 10089—1988

（2）在蜗杆传动的装配图上（即传动）应标注出相应的精度等级、侧隙种类代号和国家标准代号，其标注示例如下：

① 传动的三个公差组精度同为8级，侧隙种类为c其标注为

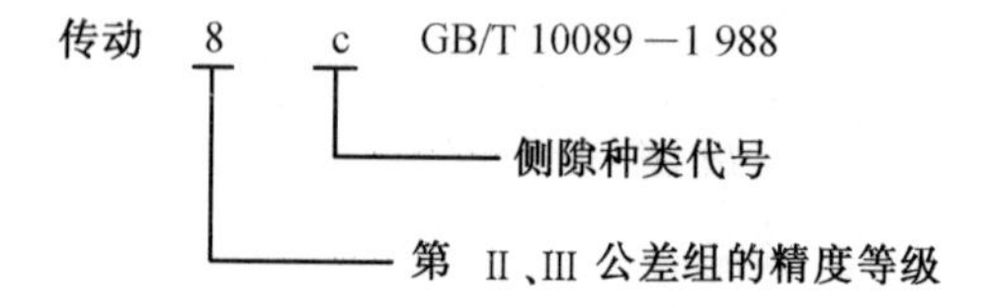

② 传动的第Ⅰ公差组的精度为7级,第Ⅱ、Ⅲ公差组的精度为8级,侧隙种类为f,其标注为

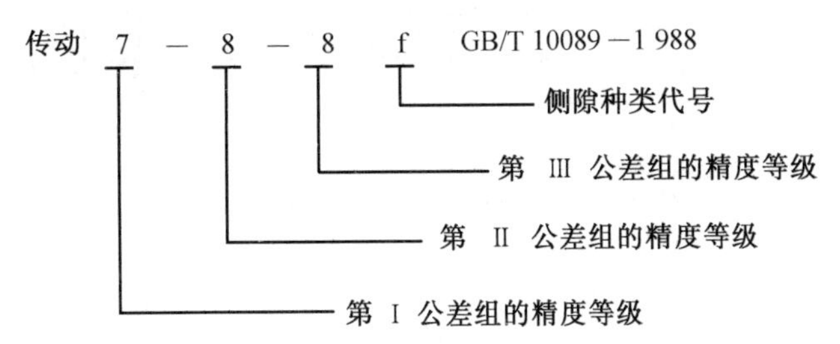

第三篇　课程设计参考图例

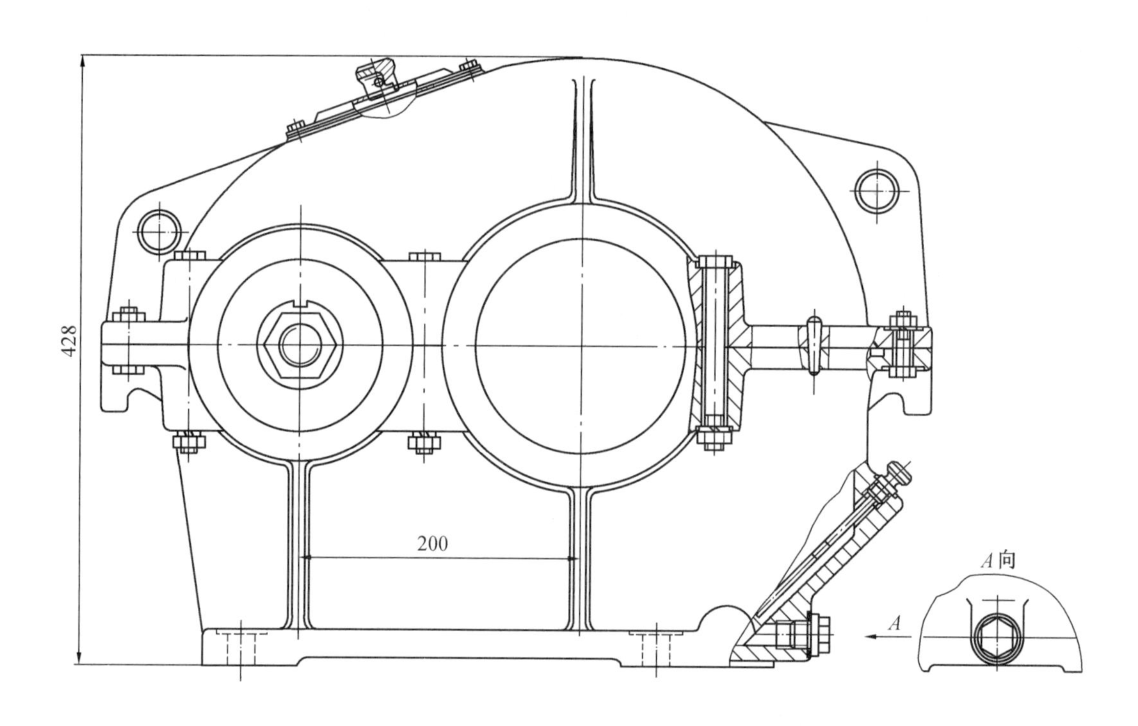

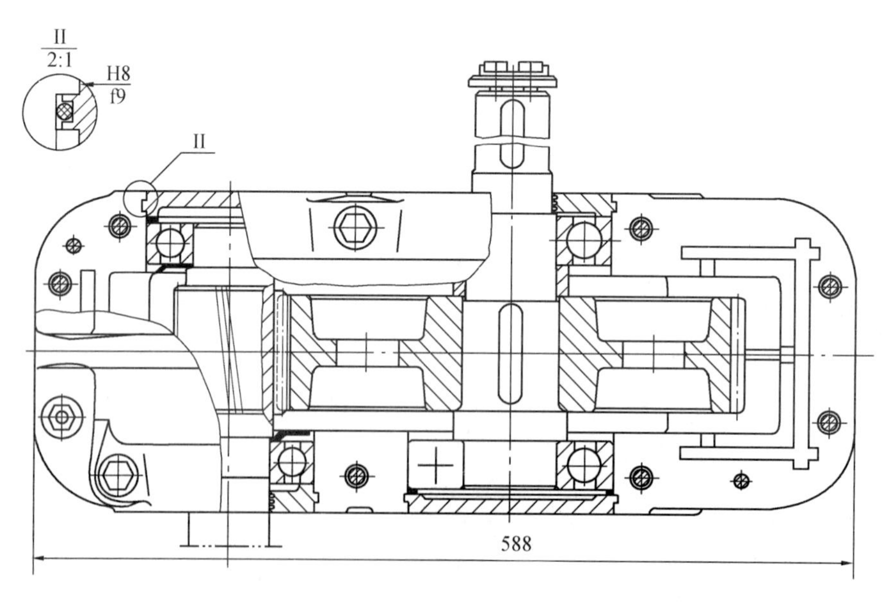

图号01　一级圆柱齿轮减速器(嵌入式)

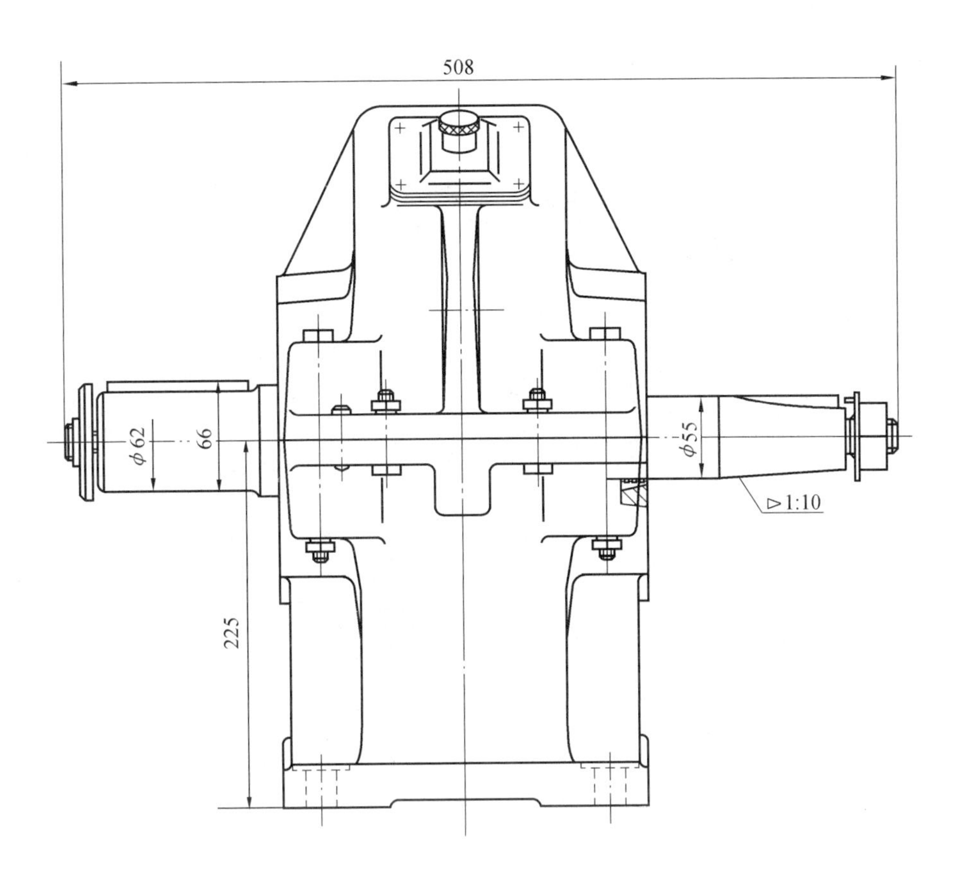

续图号01　一级圆柱齿轮减速器(嵌入式)

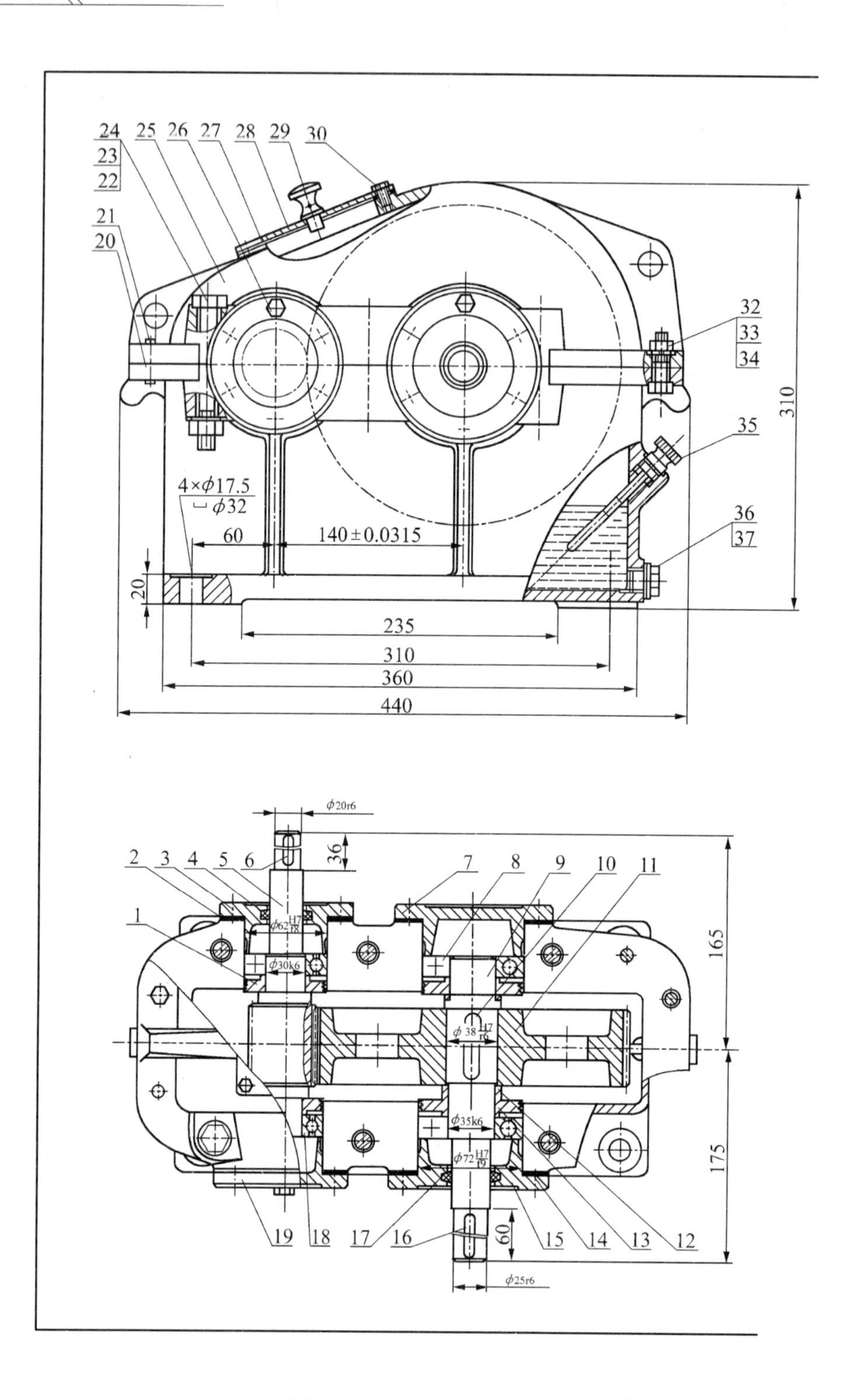

图号02　一级圆柱齿轮减速器(凸缘式)

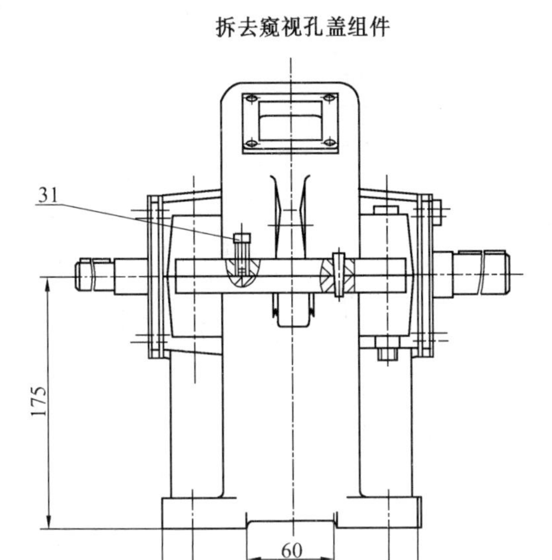

技术特性

功率	高速轴转速	传动比
3.9 kW	572(r/min)	4.63

技术要求

1. 装配前，应将所有零件清洗干净，机体内壁涂防锈油漆．
2. 装配后，应检查齿轮齿侧间隙 j_{bnmin}=0.13 mm；
3. 检验齿面接触斑点，按齿高方向，较宽的接触区 h_{c1} 不少于50%，较窄的接触区 h_{c2} 不少于30%；按齿长方向，较宽、较窄的接触区 b_{c1} 与 b_{c2} 均不少于50%，必要时可用研磨或刮后研磨以改善接触情况；
4. 固定调整轴承时，应留轴向间隙0.2~0.3 mm；
5. 减速器的机体、密封处及剖分面不得漏油．剖分面可以涂密封漆或水玻璃，使用垫片；
6. 机座内装 L－AN68 润滑油至规定高度，轴承用ZN－3钠基脂润滑；
7. 机体表面涂灰色油漆

序号	名 称	数量	材 料	备 注
37	螺塞M18×15	1	Q235 A	JB/ZQ 4450—1986
36	垫片	1	石棉橡胶纸	
35	油标尺M12	1	Q235 A	
34	垫圈10	2	65Mn	GB/T 93—1987
33	螺母M10	2		GB/T 6170 8级
32	螺栓M10×35	2		GB/T 5782 8.8级
31	螺栓M10×35	1		GB/T 5782 8.8级
30	螺栓M5×16	4		GB/T 5782 8.8级
29	通气器	1	Q235 A	
28	窥视孔盖	1	Q235 A	
27	垫片	1	石棉橡胶纸	
26	螺栓M8×25	24		GB/T 5782—8.8级
25	机盖	1	HT200	
24	螺栓M12×100	6		GB/T 5782 8.8级
23	螺母M12	6		GB/T 6170 8级
22	垫圈12	6	65Mn	GB/T 93—1987
21	销6×30	2	35	GB/T 117—2000
20	机座	1	HT200	
19	轴承端盖	1	HT200	
18	轴承6 206	2		GB/T 276—1994
17	毡圈油封30	1	半粗羊毛毡	JB/ZQ 4606—1986
16	键8×56	1	45	GB/T 1096—2003
15	轴承端盖	1	HT200	
14	调整垫片	2组	08F	成组
13	挡油板	2	Q235 A	
12	套筒	1	Q235 A	
11	大齿轮	1	45	m=2 z=114
10	键10×45	1	45	GB/T 1096—2003
9	轴	1	45	
8	轴承6207	2		GB/T 276—1994
7	轴承端盖	1	HT200	
6	键6×28	1	45	GB/T 1096—2003
5	齿轮轴	1	45	m=2 z=26
4	毡圈油封25	1	半粗羊毛毡	JB/ZQ 4606—1986
3	轴承端盖	1	HT200	
2	调整垫片	2组	08F	成组
1	挡油板	2	Q235 A	

齿轮减速器			图号		比例	
			质量		数量	
设计	(姓名)	(日期)	(校名)		共 页	
审核	(姓名)	(日期)	(班号)		第 页	

续图号02 一级圆柱齿轮减速器(凸缘式)

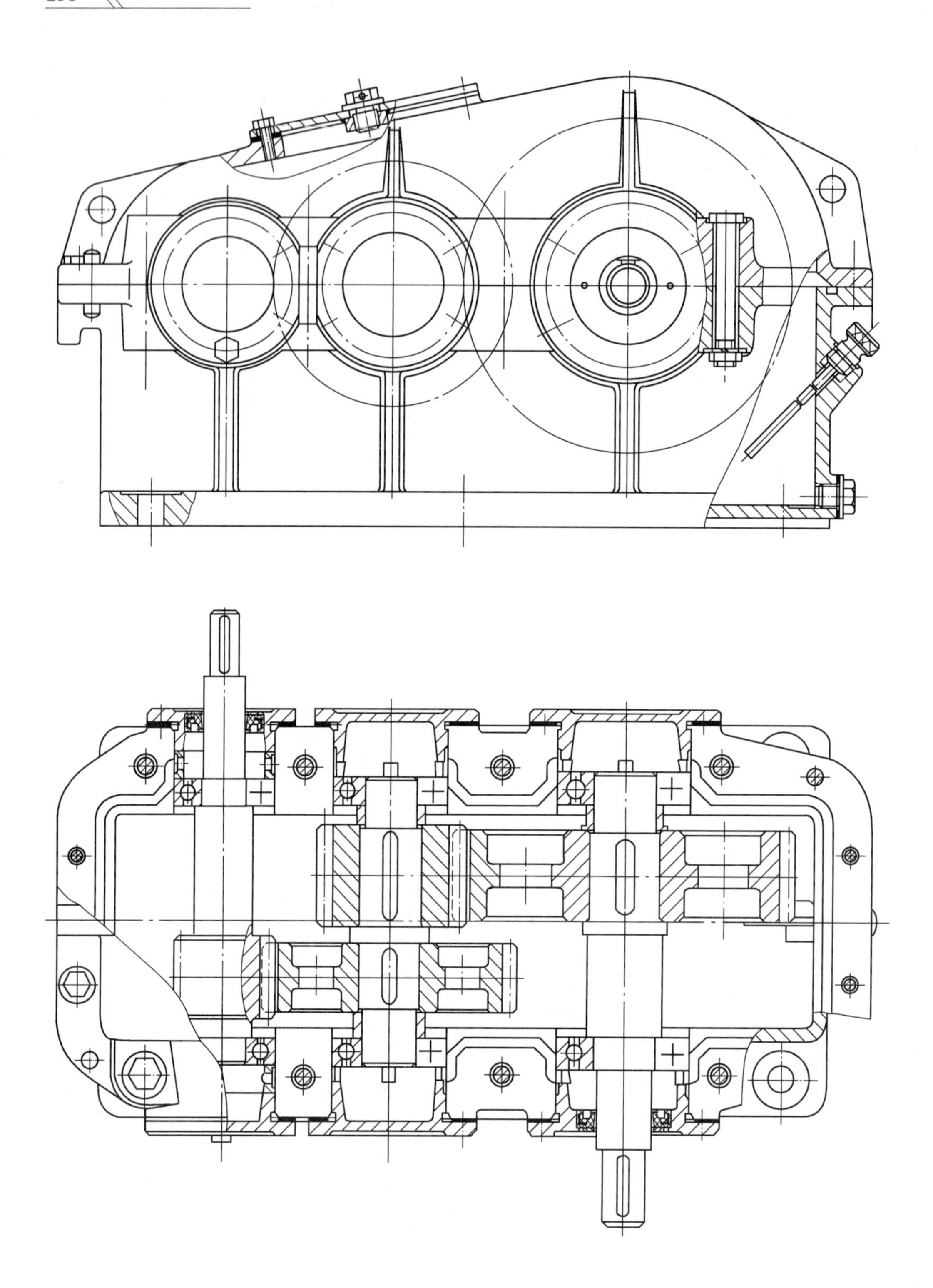

图号 03 二级展开式圆柱齿轮减速器

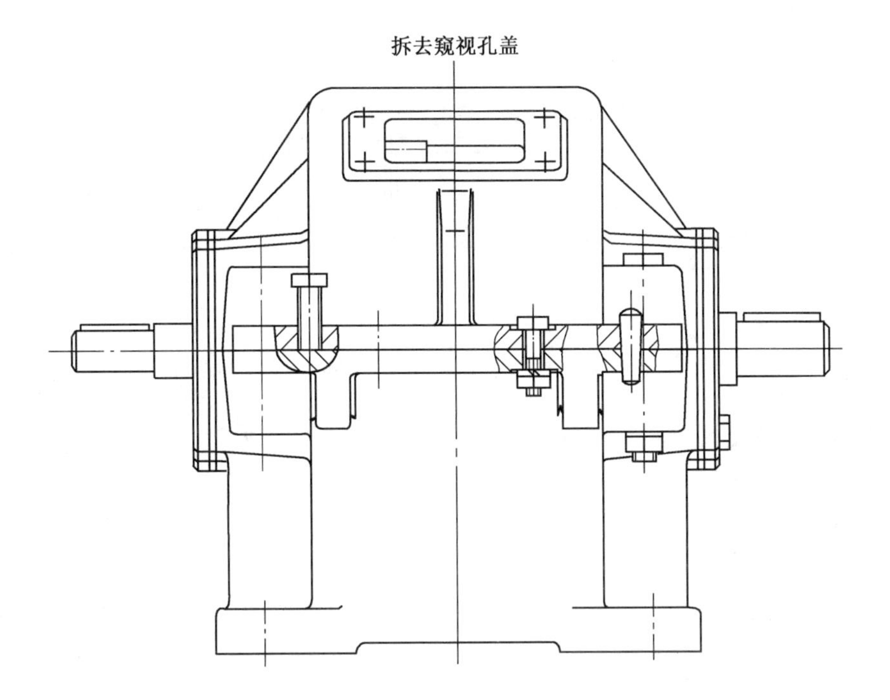

续图号 03　二级展开式圆柱齿轮减速器

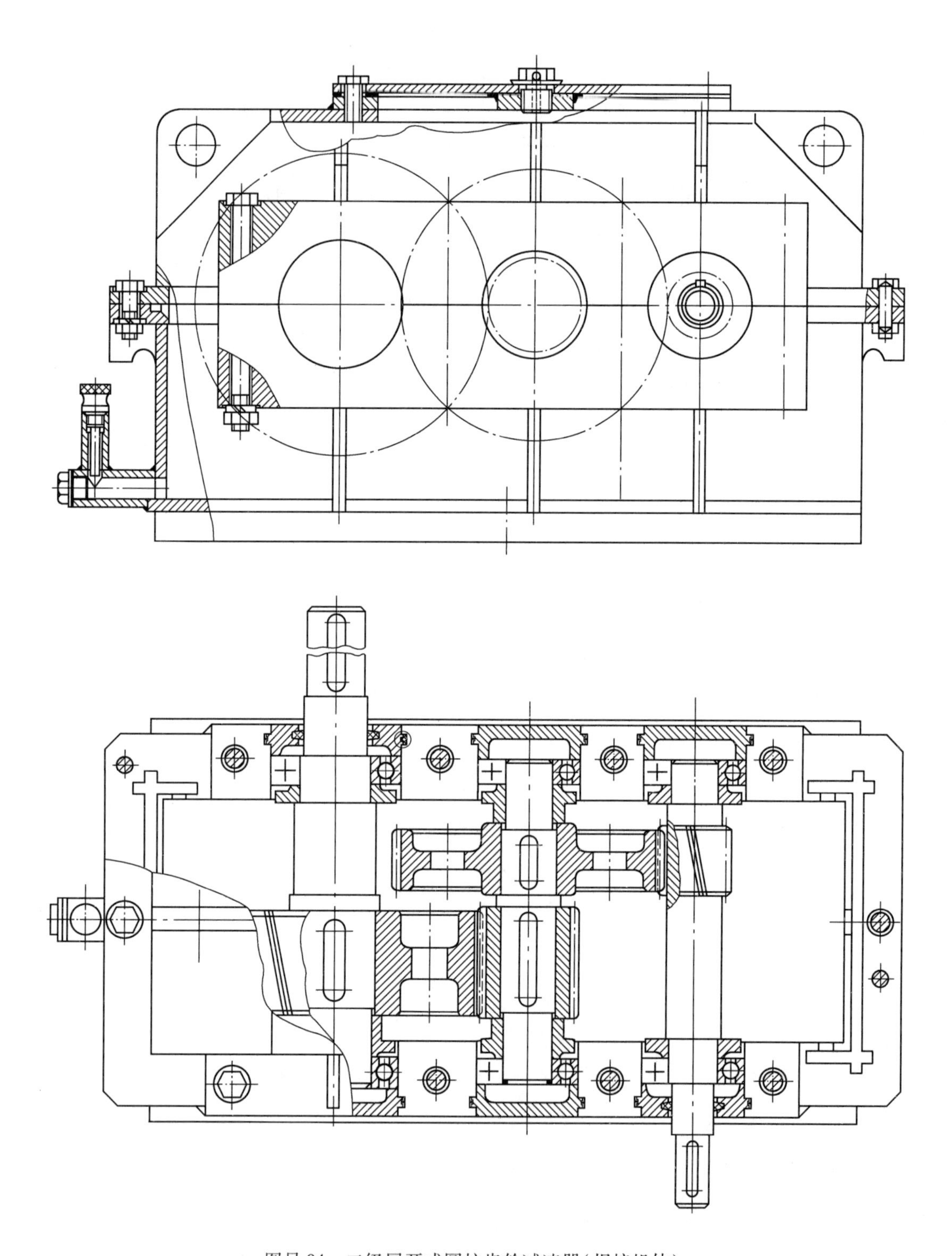

图号 04 二级展开式圆柱齿轮减速器(焊接机体)

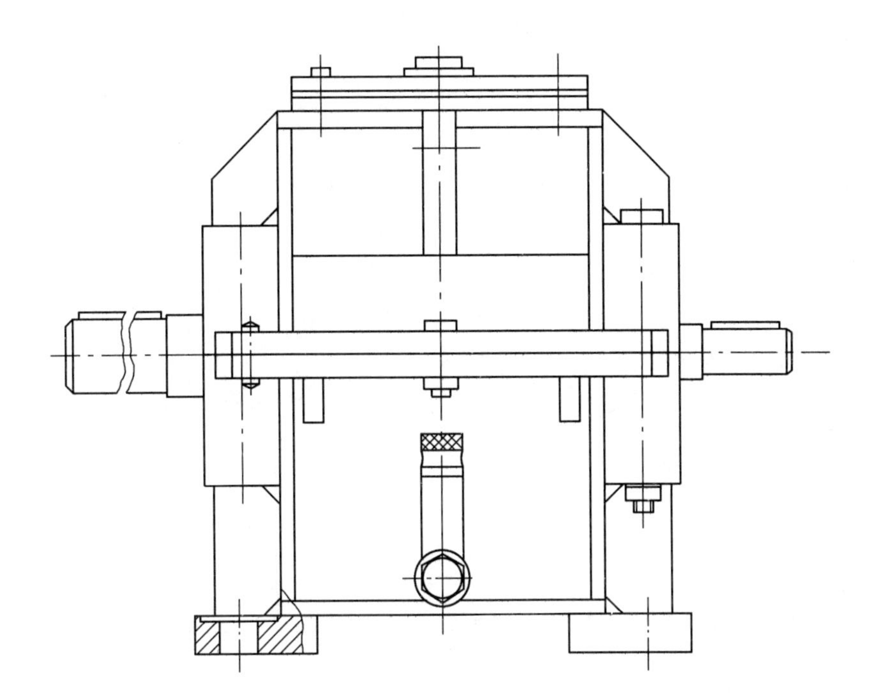

续图号 04　二级展开式圆柱齿轮减速器(焊接机体)

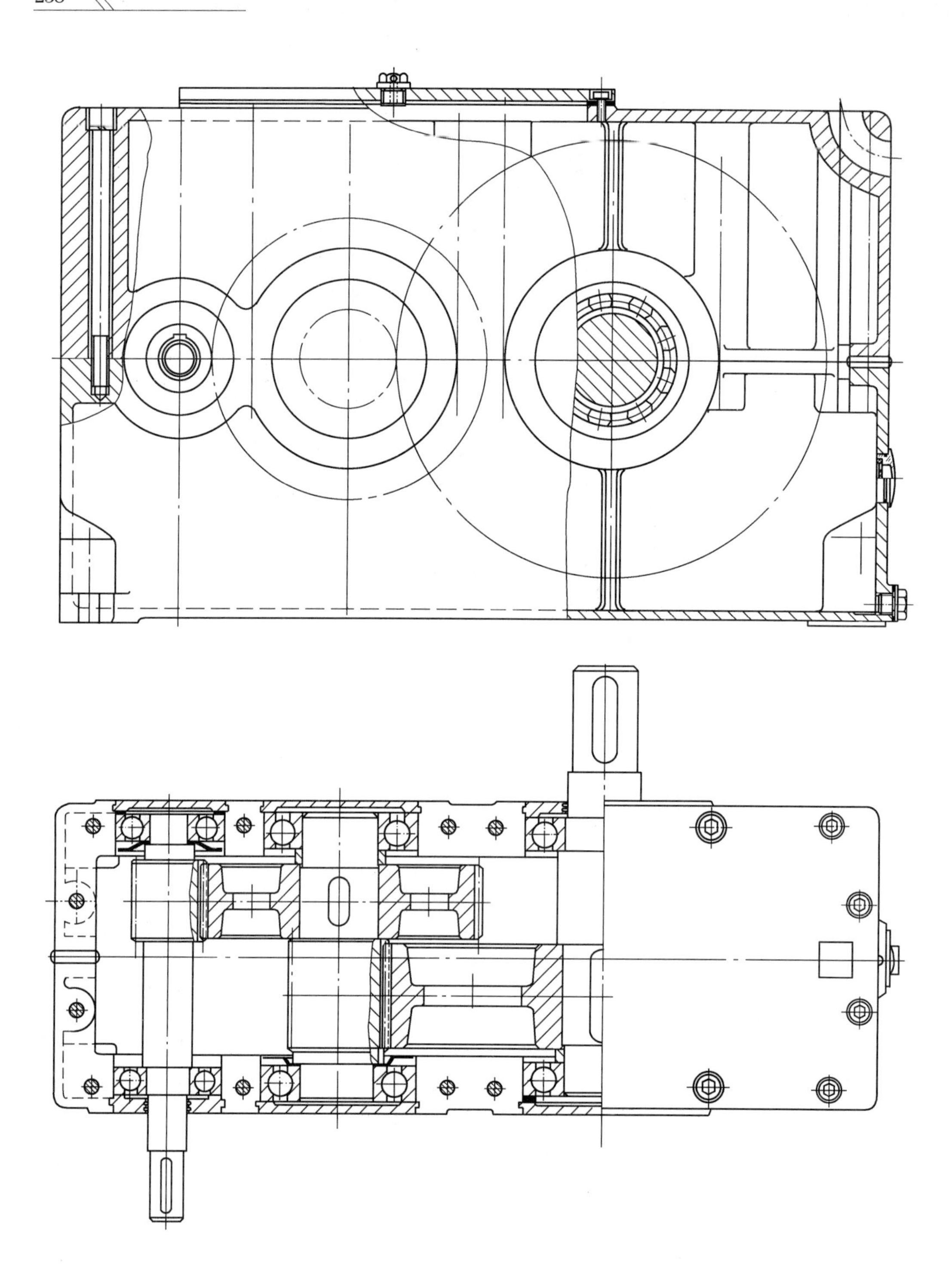

图号 05　二级展开式圆柱齿轮减速器

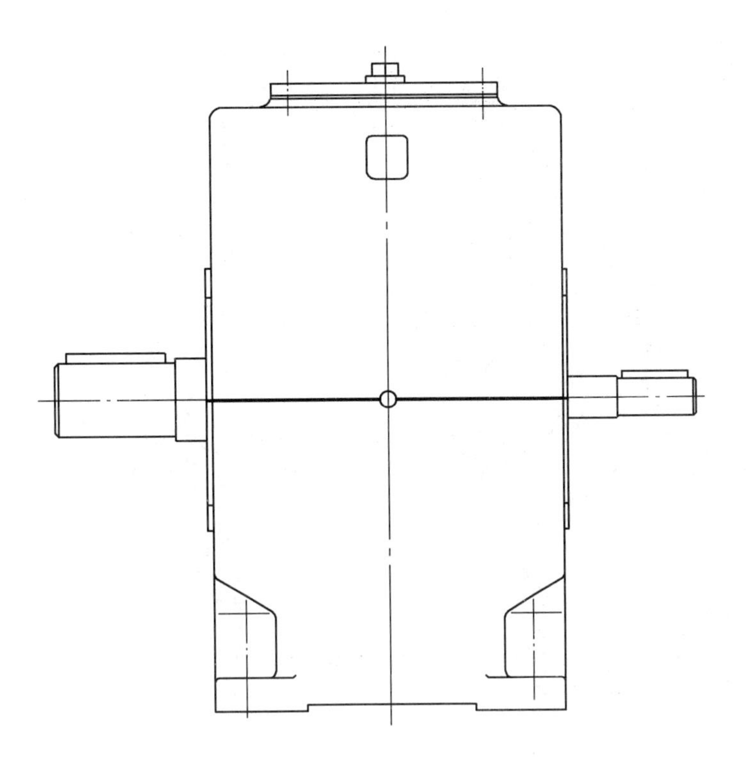

续图号 05　二级展开式圆柱齿轮减速器

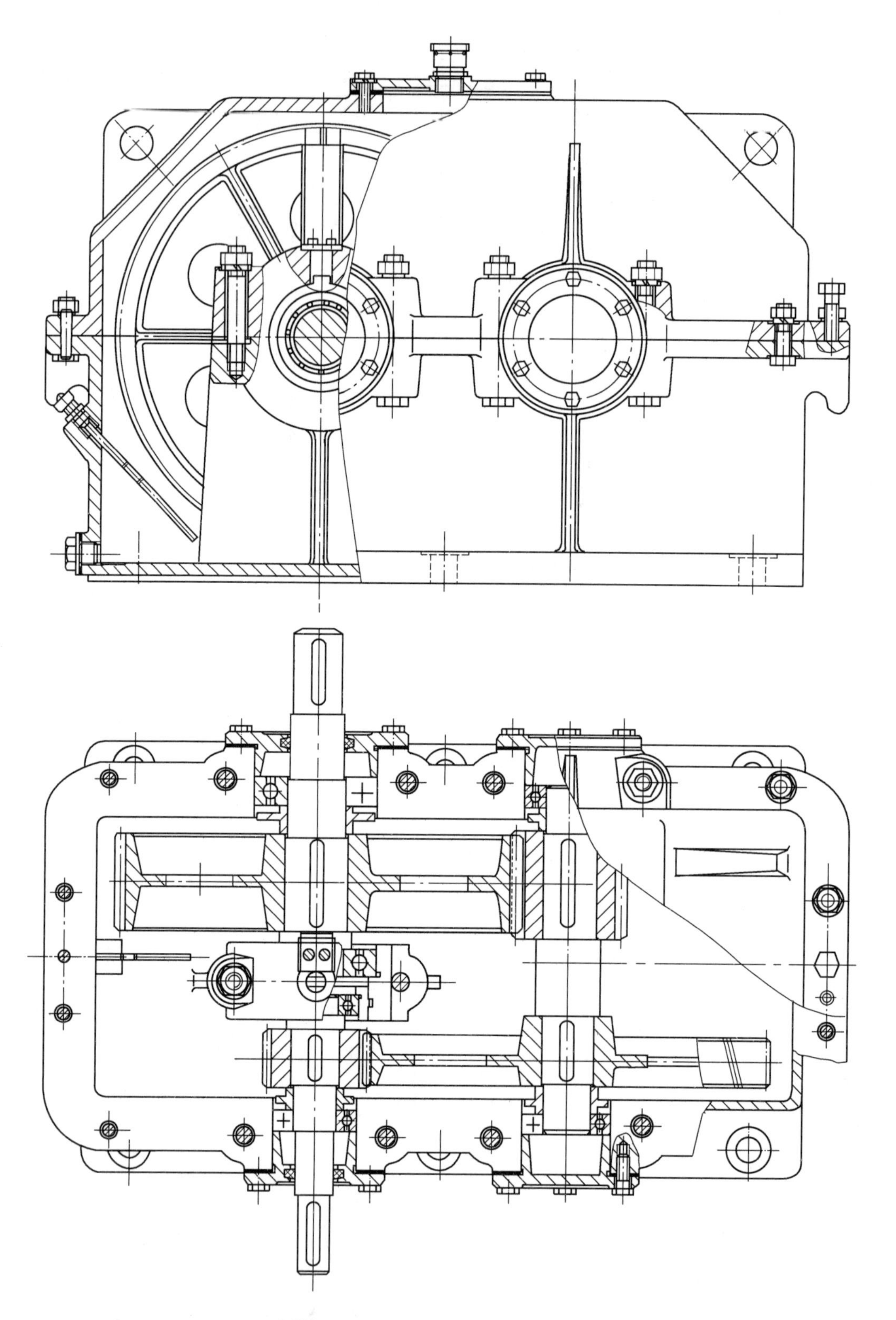

图号 06　二级同轴式圆柱齿轮减速器

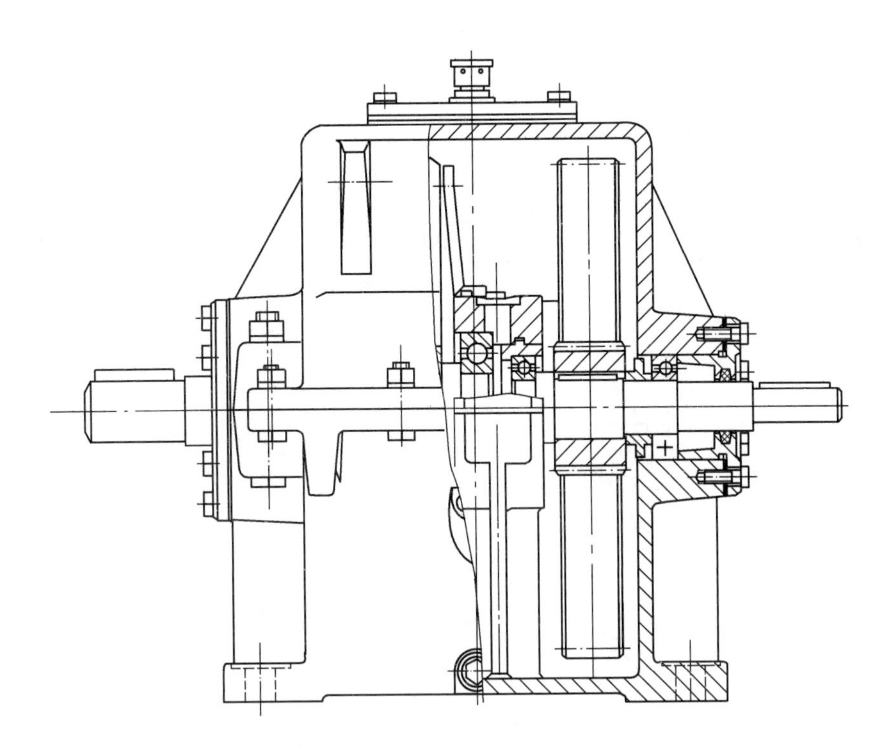

续图号 06　二级同轴式圆柱齿轮减速器

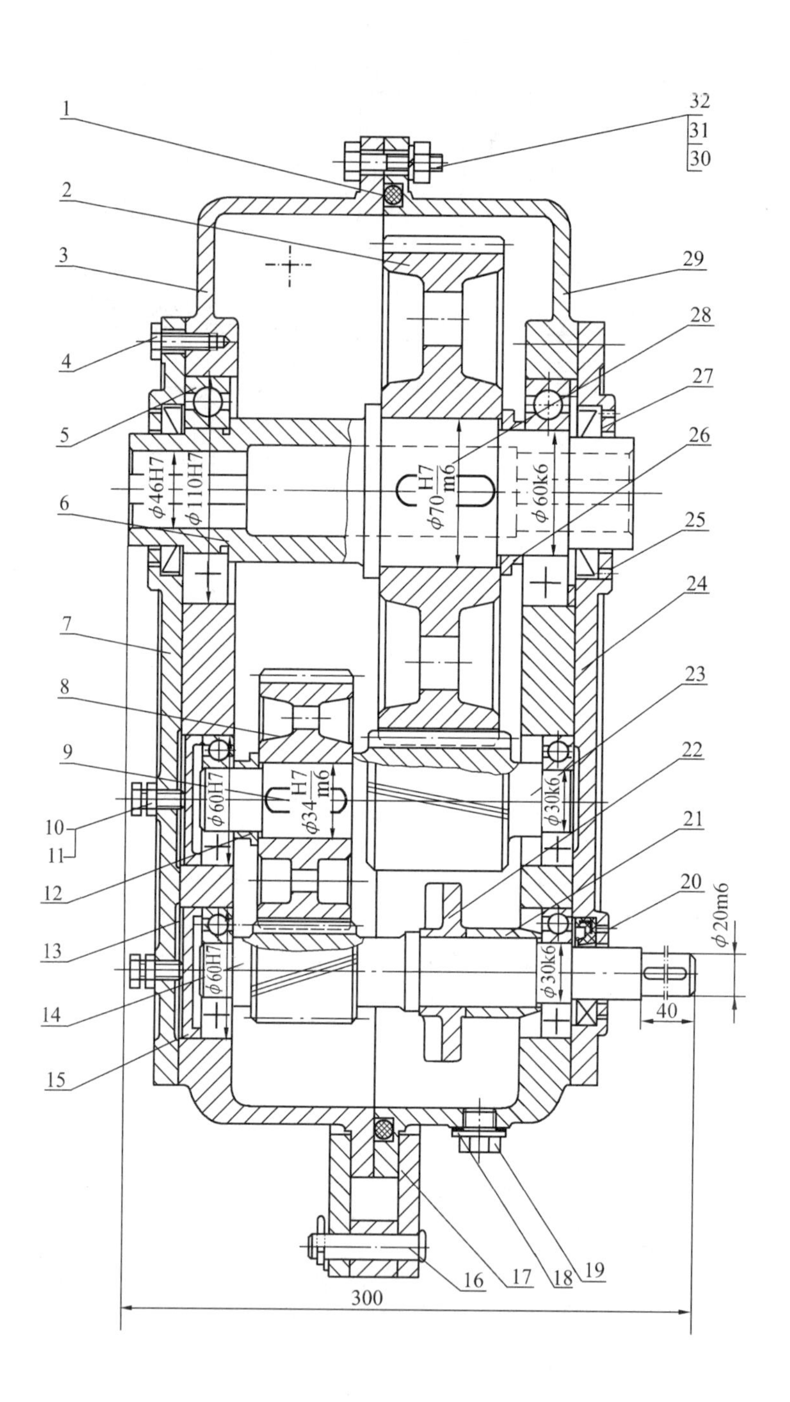

图号 07　二级轴装式圆柱齿轮减速器

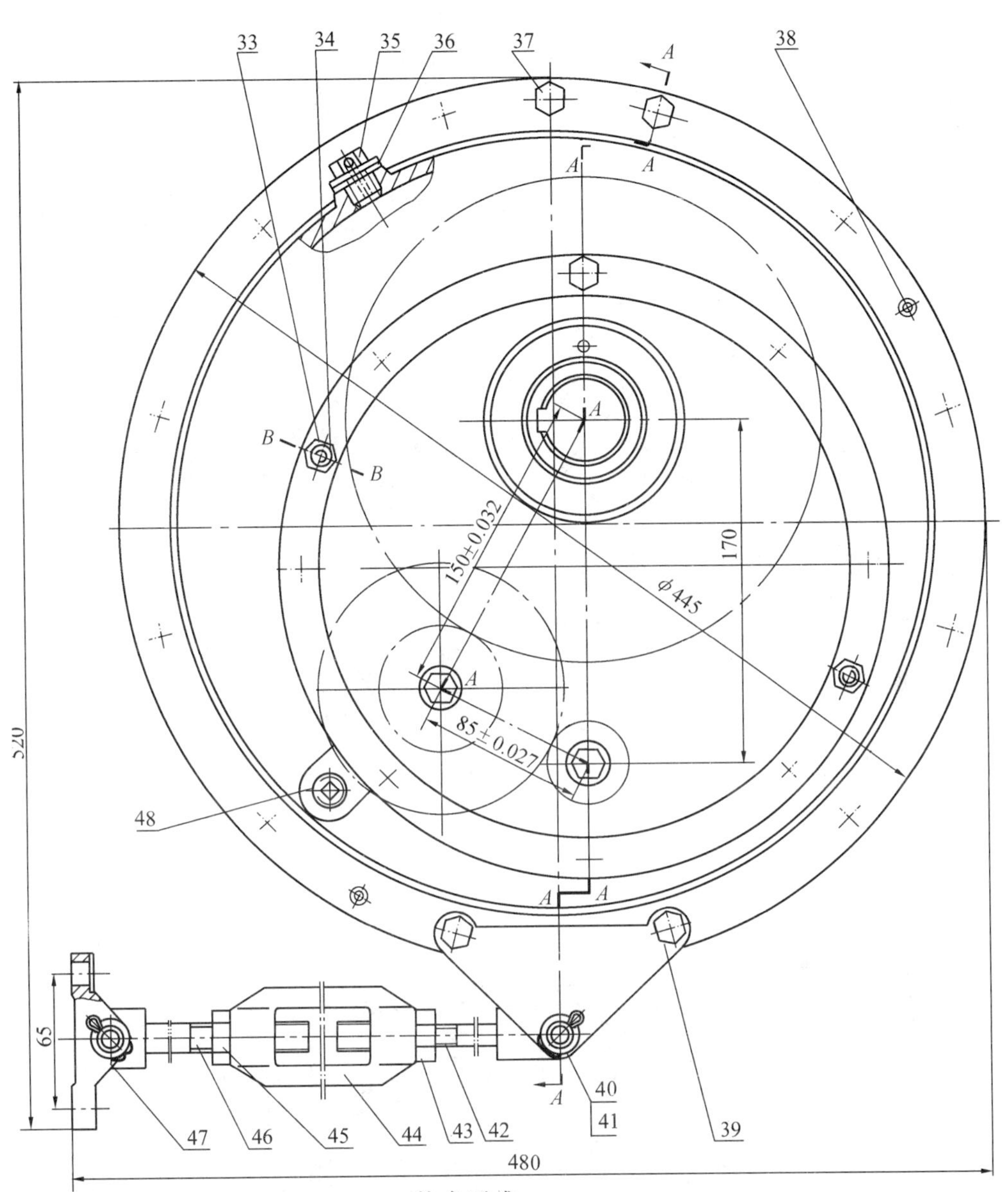

技术要求

B—B 旋转

1.装配前，应将所有零件清洗干净，箱体内壁涂防锈油漆；
2.轴承装配后应紧贴在轴肩或套筒端面上，其间隙不得超过 0.05mm；
3.检验齿面的接触斑点，应保证高速和低速级齿轮沿齿高方向较宽的接触区 h_{c1} 不少于 50%，较窄的接触区 h_{c2} 不少于 30%，沿长度方向较宽、较窄的接触区 b_{c1} 与 b_{c2} 均不少于 50%；
4.调整、固定轴承时，应使高速齿轮轴和低速齿轮轴分别留有 0.04 ~ 0.07mm 的轴向游隙，而空心轴则留 0.05 ~ 0.10 mm 的轴向游隙；
5.减速器内注入 90号工业齿轮油(SY 1172—80)至齿轮 8 浸入一齿高为止；
6.按 JB 1130—1970 的规定进行负荷试验，试验时油池温度不得超过 70℃，轴承温度不得超过 80℃；
7.减速器外壳涂灰色油漆

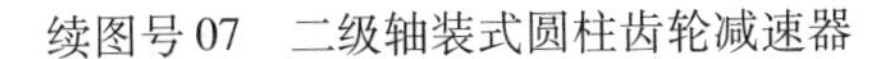

续图号 07　二级轴装式圆柱齿轮减速器

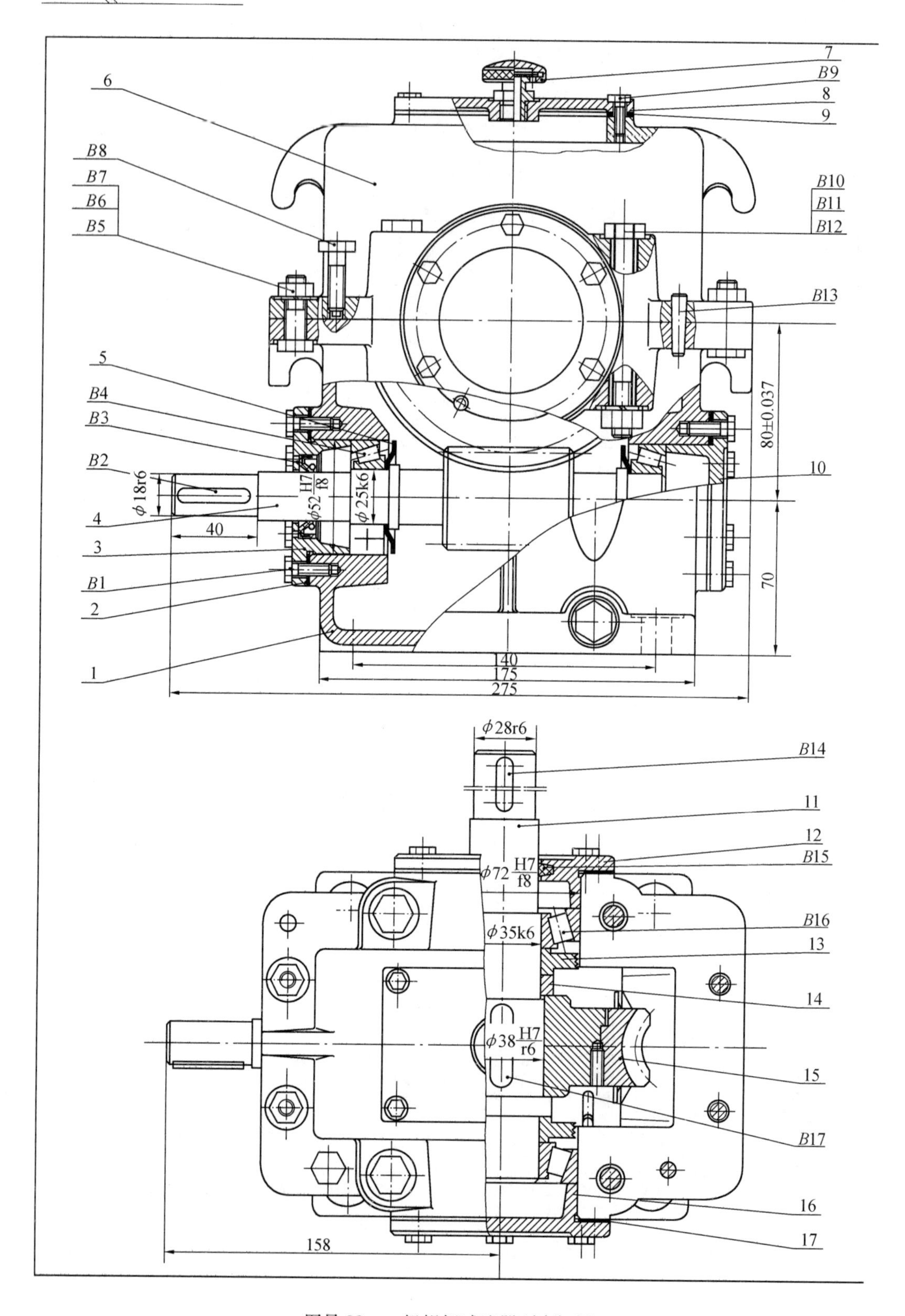

图号 08　一级蜗杆减速器(剖分式)

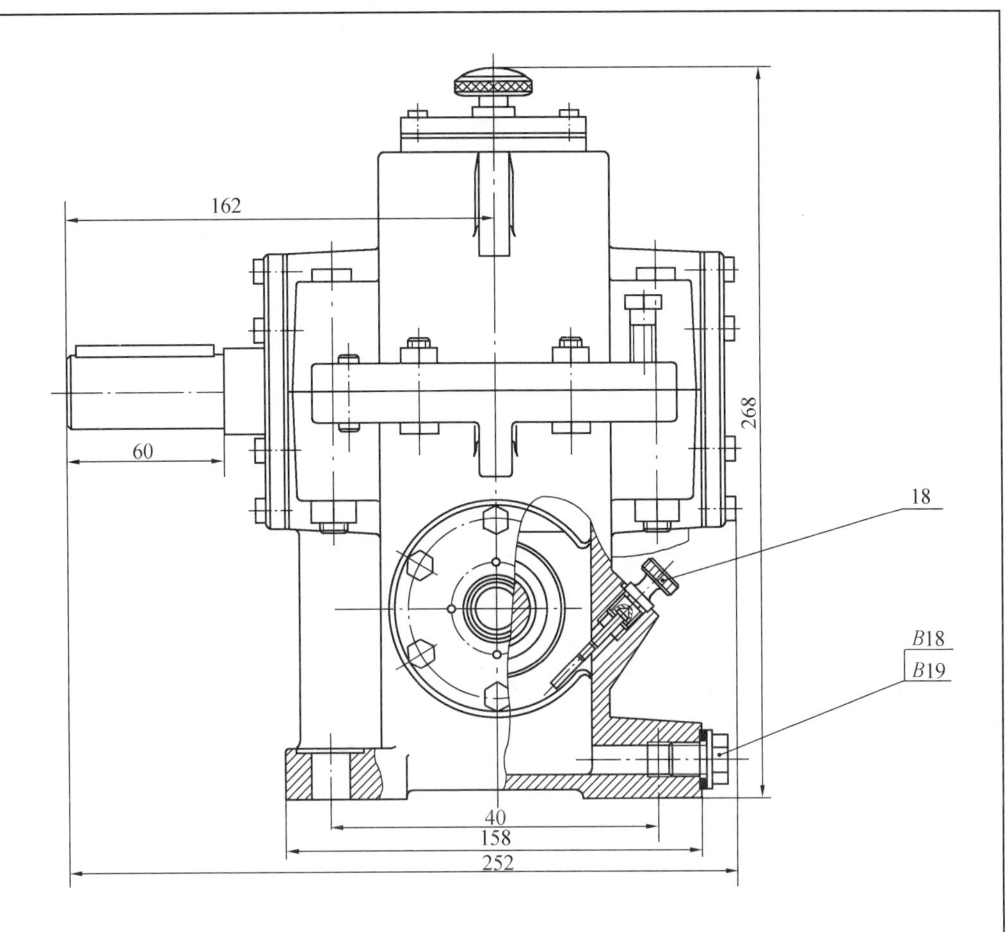

技术特性

主动轴功率 P_1/kW	主动轴转速n_1/(r·min^{-1})	传动比 i	传动效率 η
0.56	1390	30	0.72

技术要求

1. 装配前滚动轴承用汽油清洗，其余所有零件用煤油清洗；
2. 各配合、密封、螺纹连接处涂润脂；
3. 保证传动最小法向侧隙 i_{nmin}=0.074 mm；
4. 接触斑点按齿高不得小于 55 %，按齿长不得小于 50 %；
5. 蜗杆轴承的轴向游隙为 0.04 ~ 0.071 mm，蜗轮轴承的轴向游隙为 0.05 ~ 0.1 mm；
6. 装配成后进行空负荷试验，条件为：高速轴速，n_1=1 390 r/min；
7. 未加工外表面涂天蓝色油漆，内表面涂红色耐油漆

序号	名 称	数量	材 料	备 注
18	油尺	1	Q235A	组合件
17	调垫片	2 组	08F	
16	轴承端盖	1	HT150	
15	蜗轮	1		组合件
14	套筒	1	Q235A	
13	挡油板	2	HT150	
11	轴	1	45	
10	轴承端盖	1	HT150	
9	垫片	1	石棉橡胶纸	
8	窥视孔盖	1	HT150	
7	通气器	1		组合件
6	机盖	1	HT200	
5	挡油板	1	08F	
4	蜗杆	1	45	
3	轴承端盖	1	HT150	
2	调整垫片	2 组	08F	
1	机座	1	HT200	

蜗杆减速器	图号			第 1 张 / 共26张
	比例	1 : 1	数量	
设计（姓名）	机械设计课程设计		（校名班号）	
审阅（姓名）				
成绩				
日期				

续图号 08 一级蜗杆减速器(剖分式)

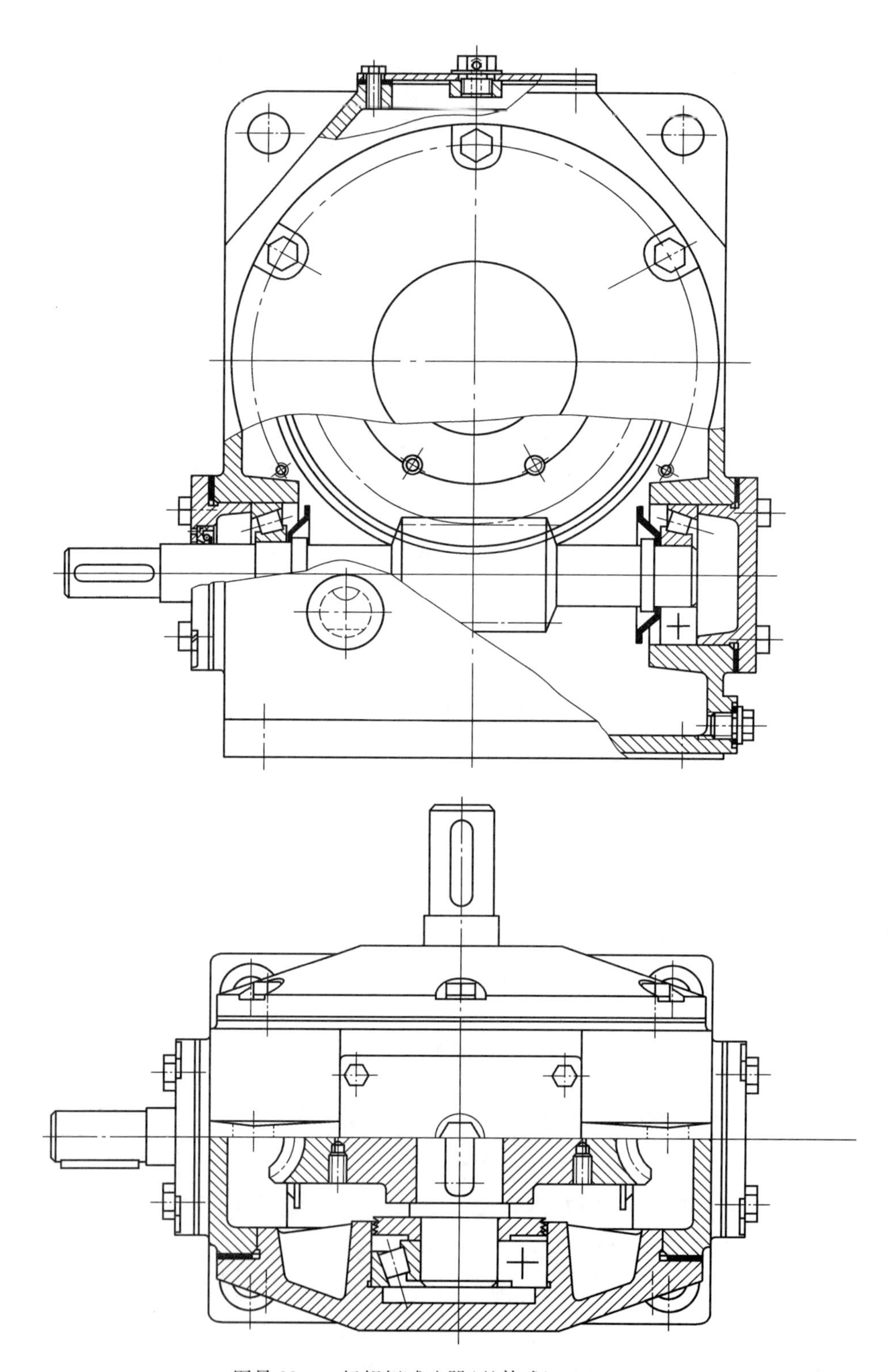

图号 09　一级蜗杆减速器(整体式)

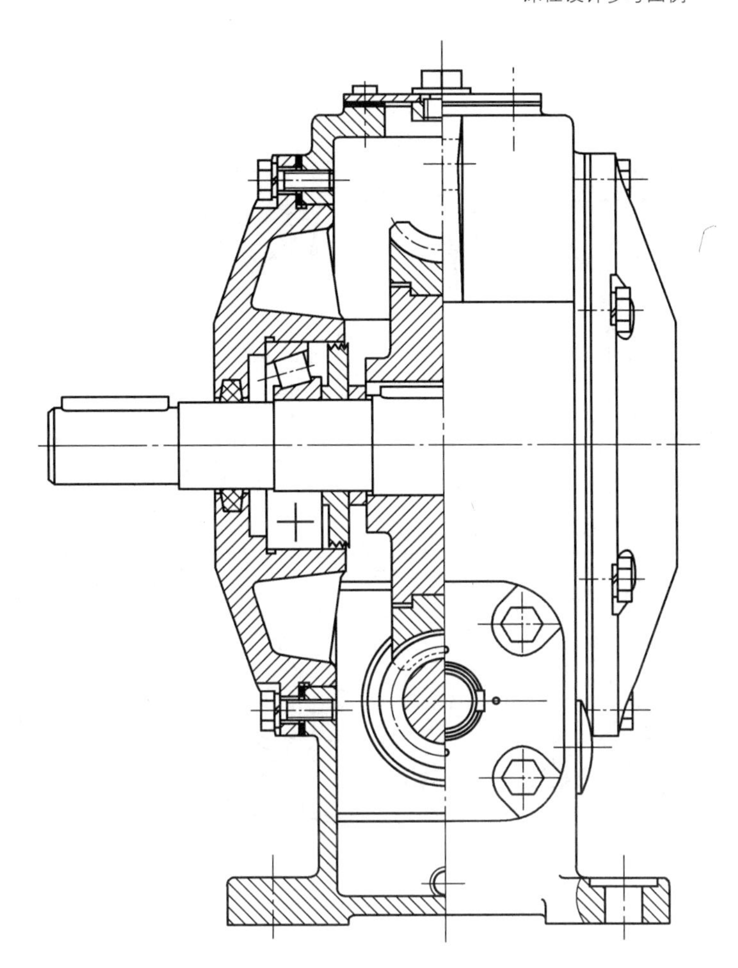

续图号 09　一级蜗杆减速器(整体式)

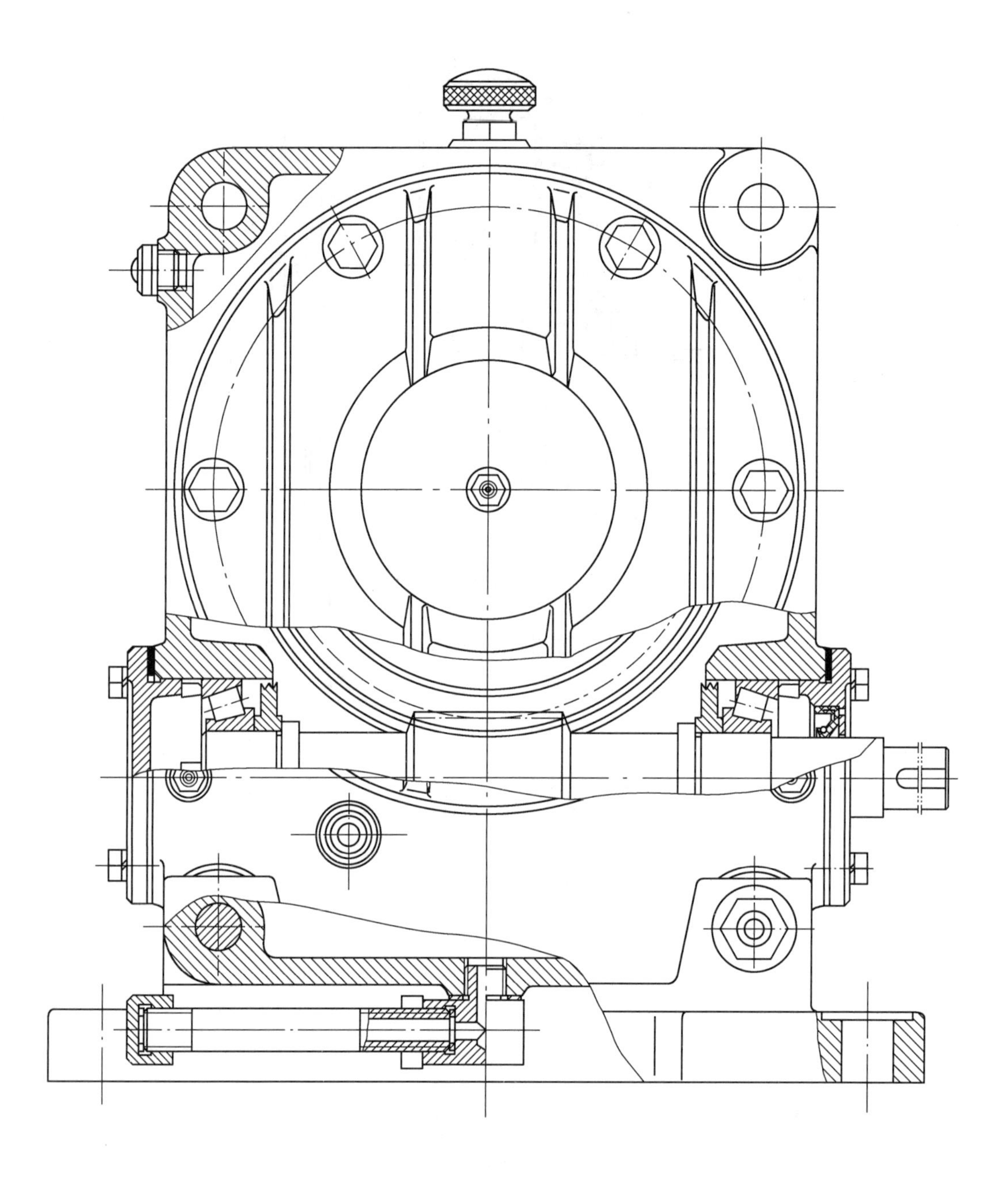

图号 10　一级蜗杆减速器(多工位)

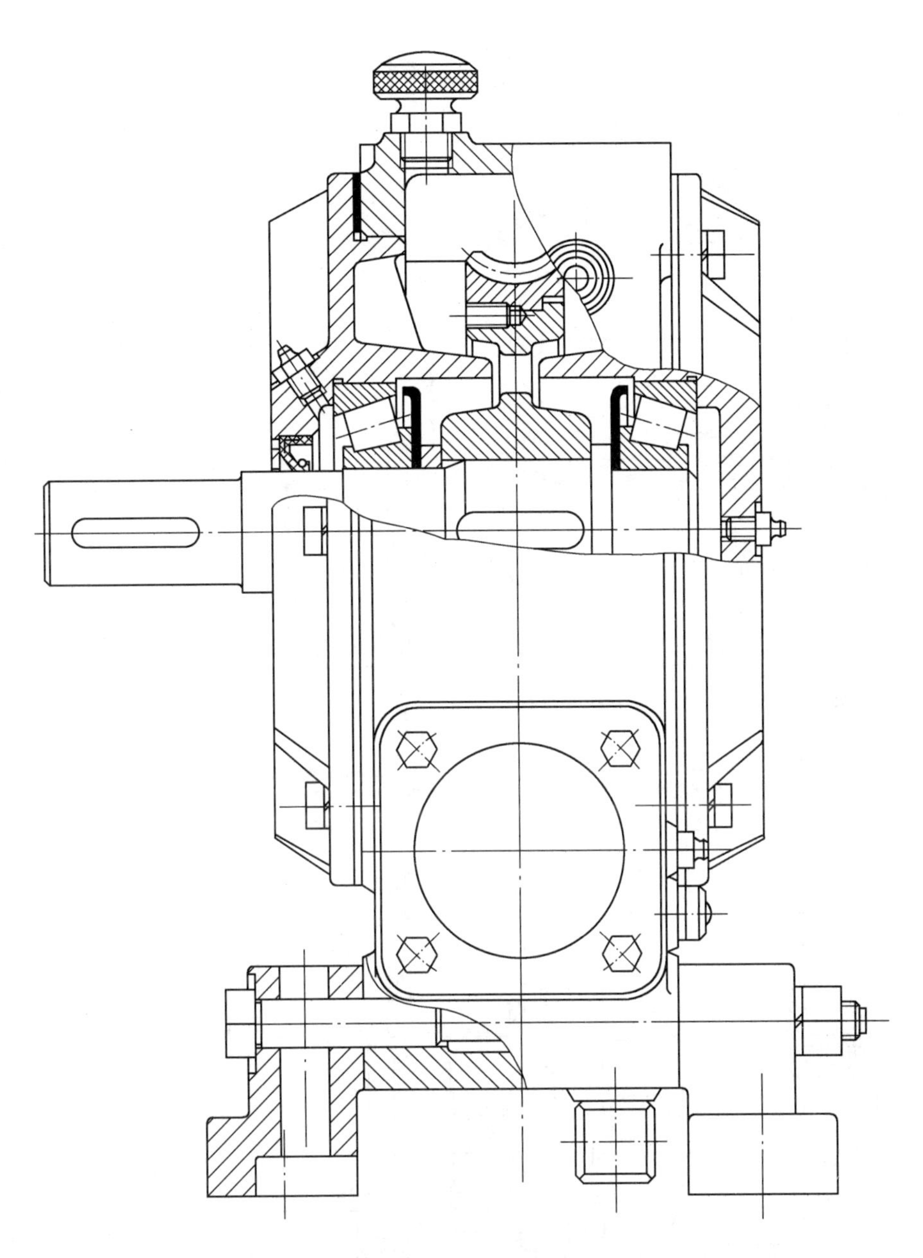

注：本图是中心距较小的蜗杆减速器，机体对轴的不同安装位置可以通用，如蜗杆在下、蜗杆在上或蜗杆蜗轮轴垂直位置等，因此扩大了使用范围，简化了制造工艺,图中有两个油面指示器，供不同装置位置时使用，图中通气器与油塞的位置可以互换，视安装位置而定，机座用螺栓连接在机体上，螺栓光杆部分与机座，机体的孔采用过渡配合，工作时螺栓承受剪切力

续图号 10　一级蜗杆减速器(多工位)

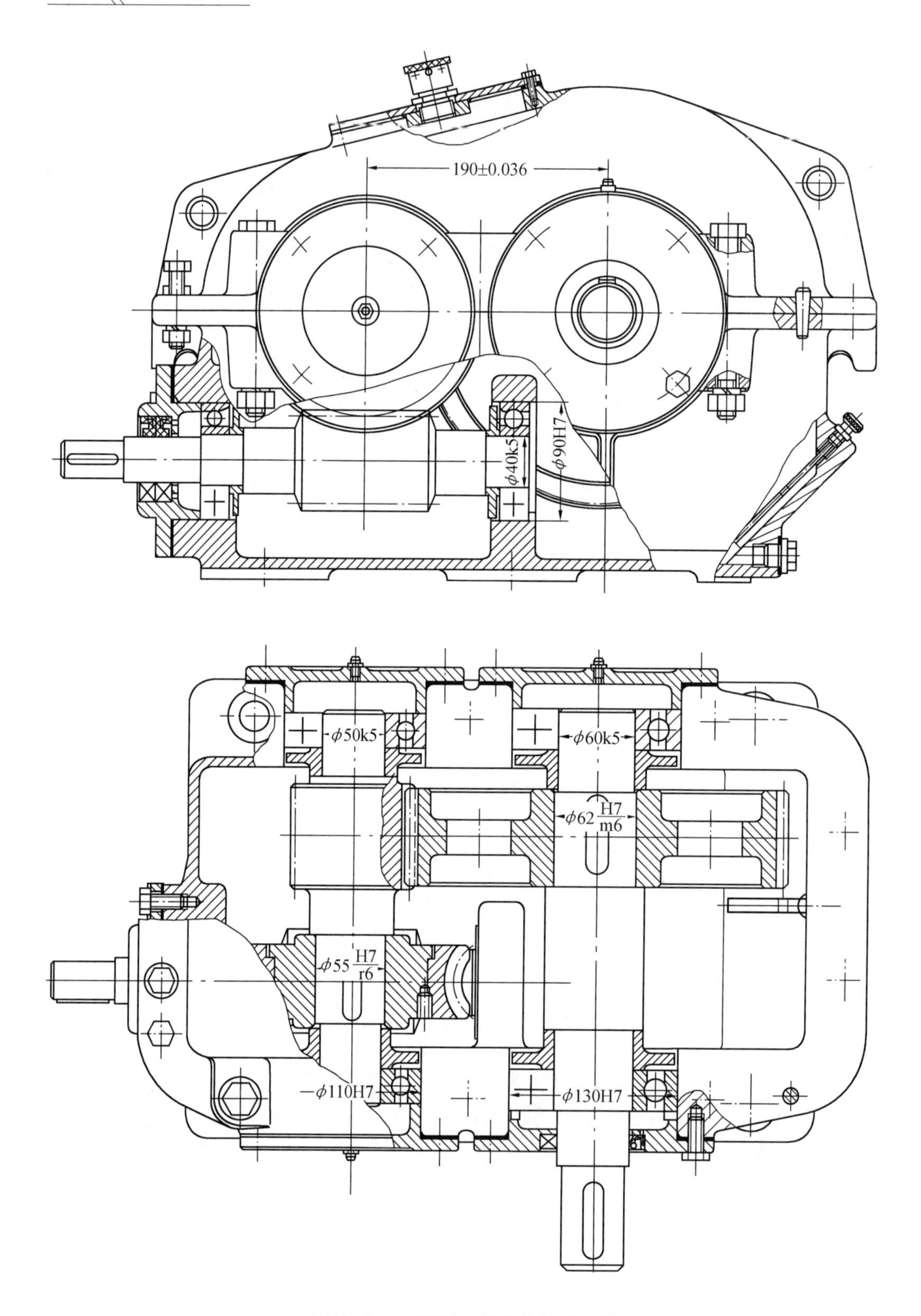

图号 11　二级蜗杆-圆柱齿轮减速器

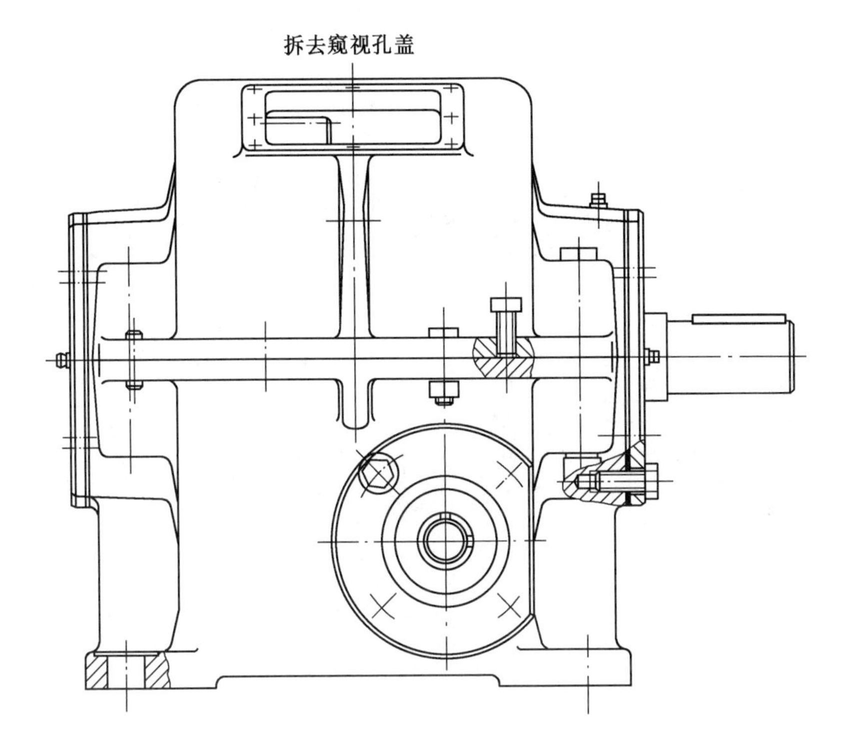

续图号 11　二级蜗杆-圆柱齿轮减速器

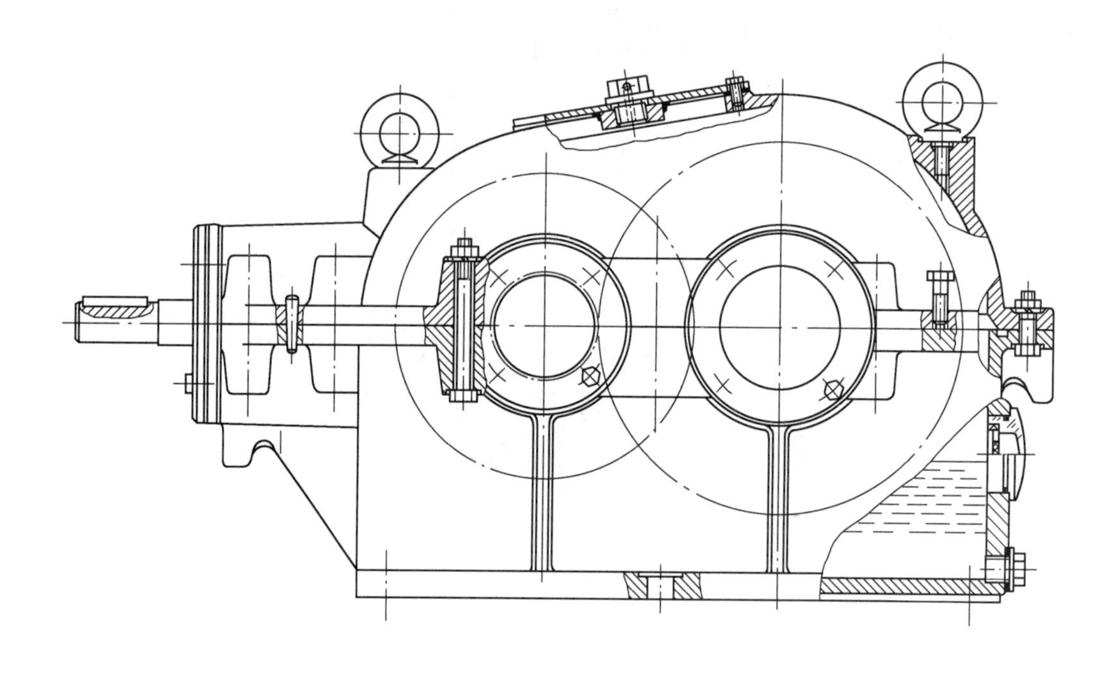

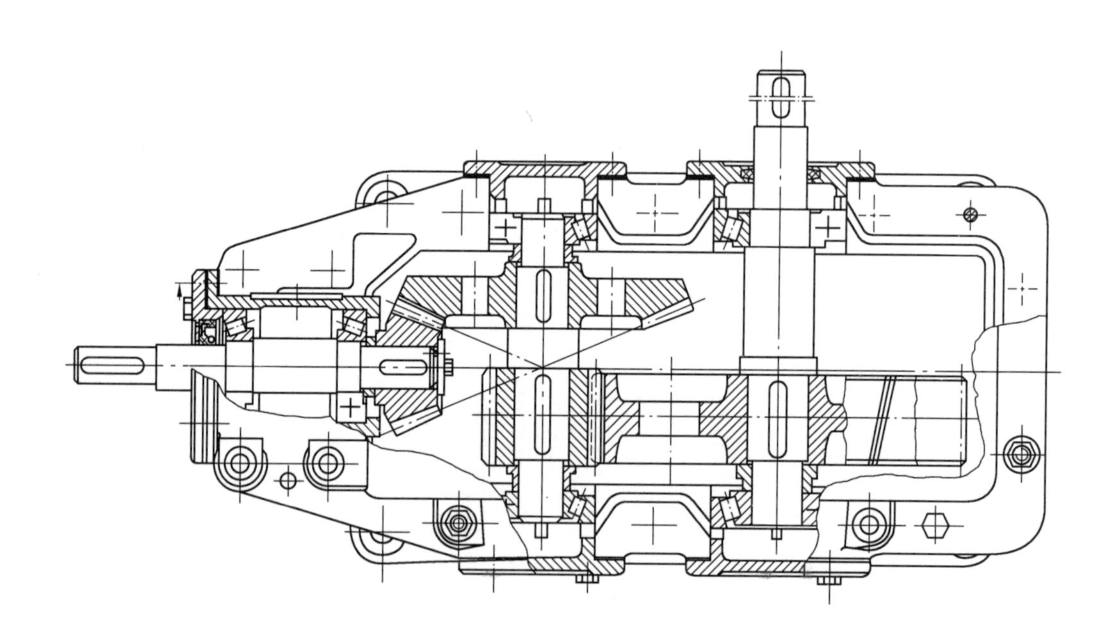

图号 12　二级圆锥-圆柱齿轮减速器

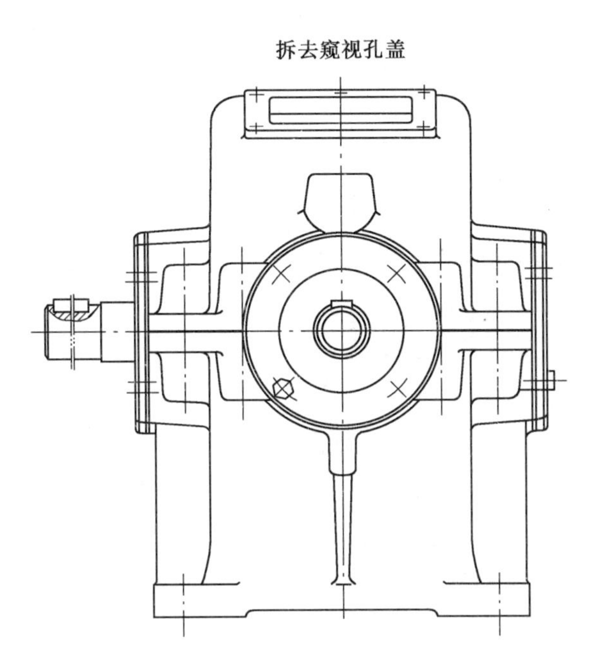

续图号 12 二级圆锥-圆柱齿轮减速器

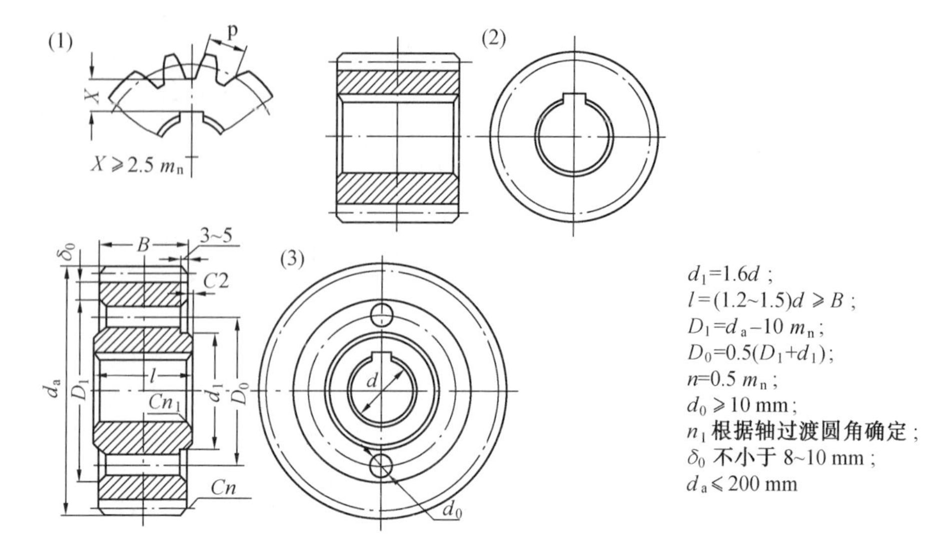

图 1 锻造圆柱小齿轮

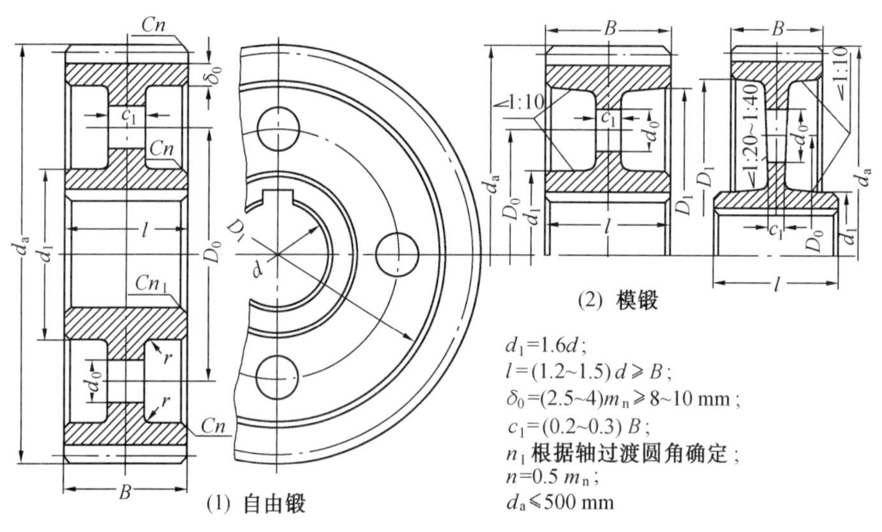

图 2 锻造圆柱大齿轮

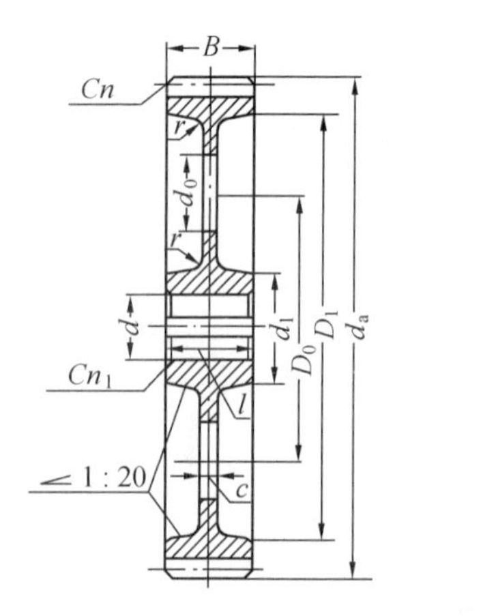

$d_1=1.6\ d$, 铸钢; $r_1=0.02a$;
$d_1=1.8\ d$, 铸铁; $r_2 \geqslant 0.075a$;
$l(1.2\sim1.5)\ d \geqslant B$ a为中心距
$D_1=d_a-10\ m_n$;
$D_0=0.5(D_1+d_1)$;
$d_0=0.25(D_1-d_1)$;
n_1根据轴过渡圆角确定;
$n=0.5\ m_n$;
$c_1=0.2\ B \geqslant 10$ mm;

图 3 铸造圆柱大齿轮

图号 13 圆柱齿轮结构

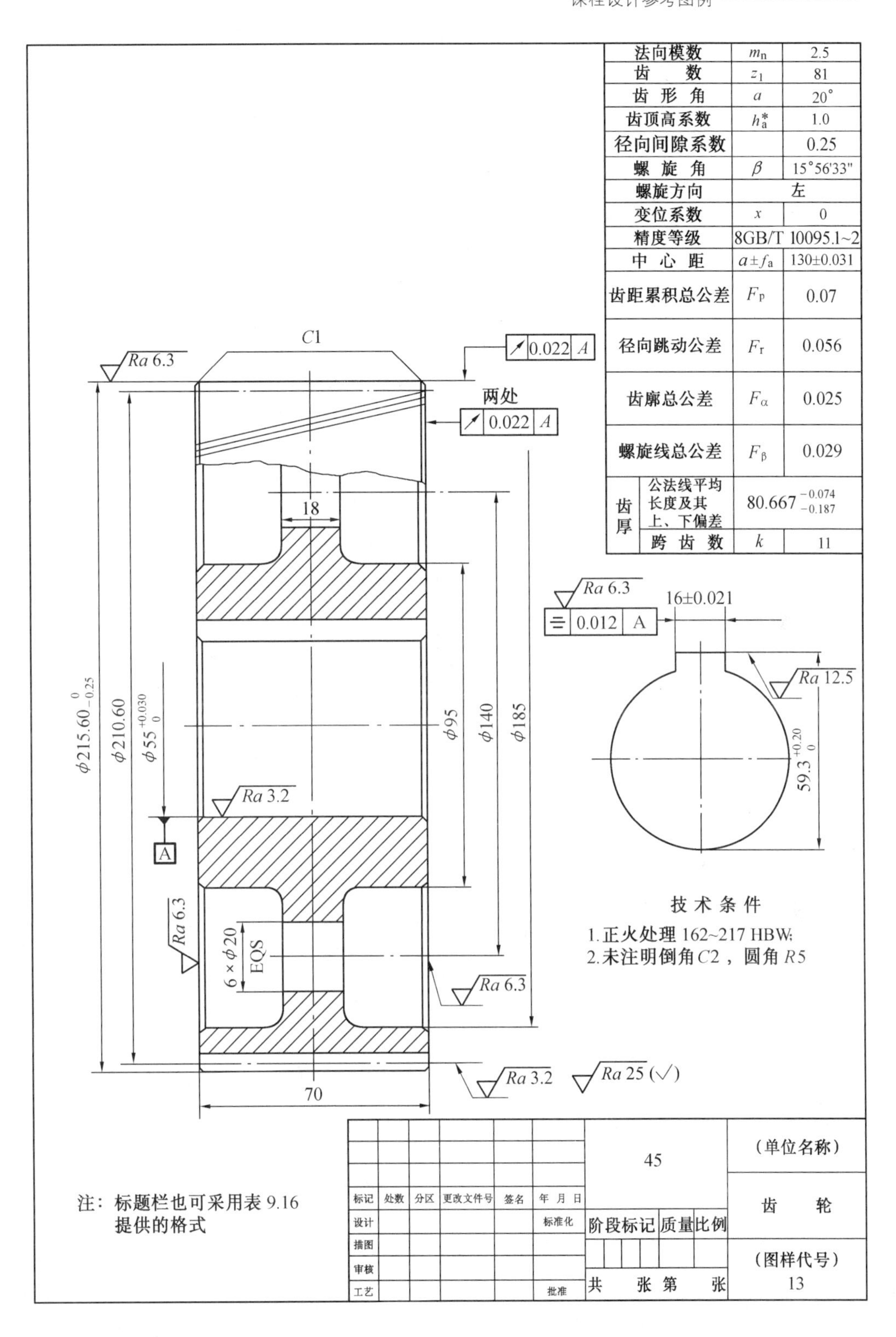

图号 14　齿轮零件工作图

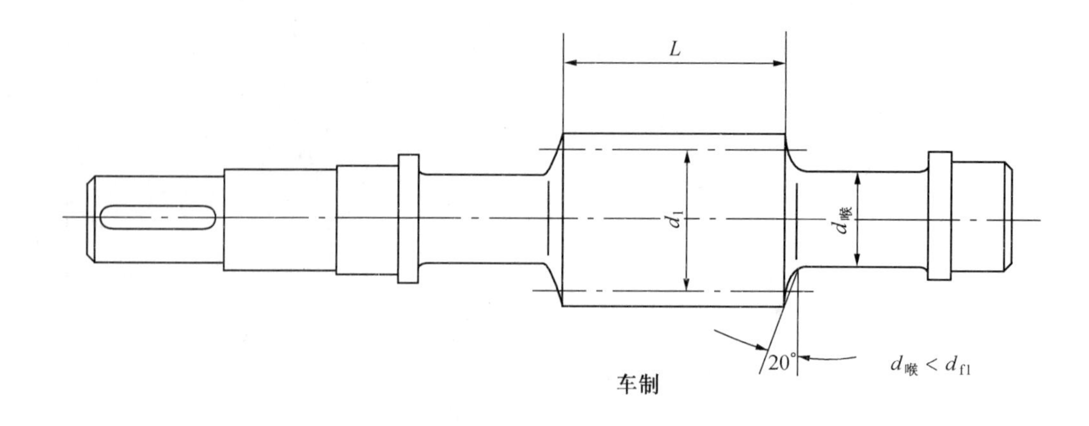

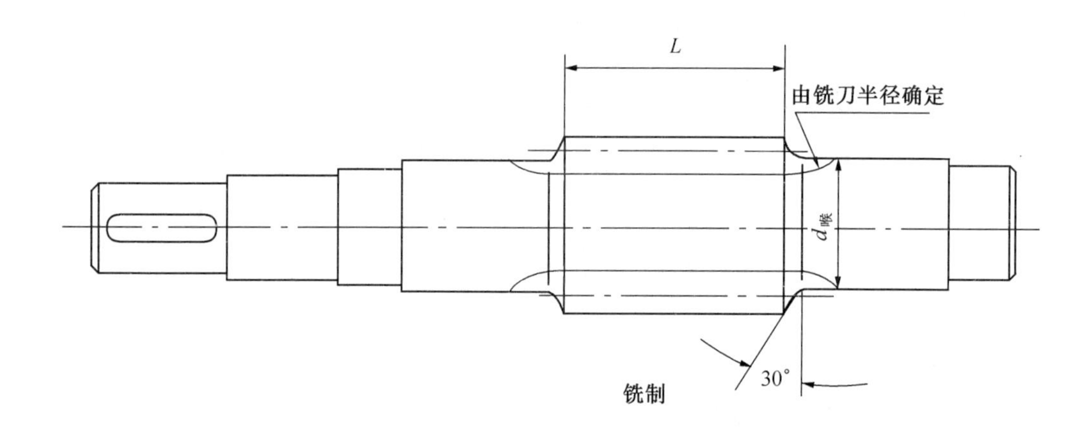

图号 15　蜗杆轴结构

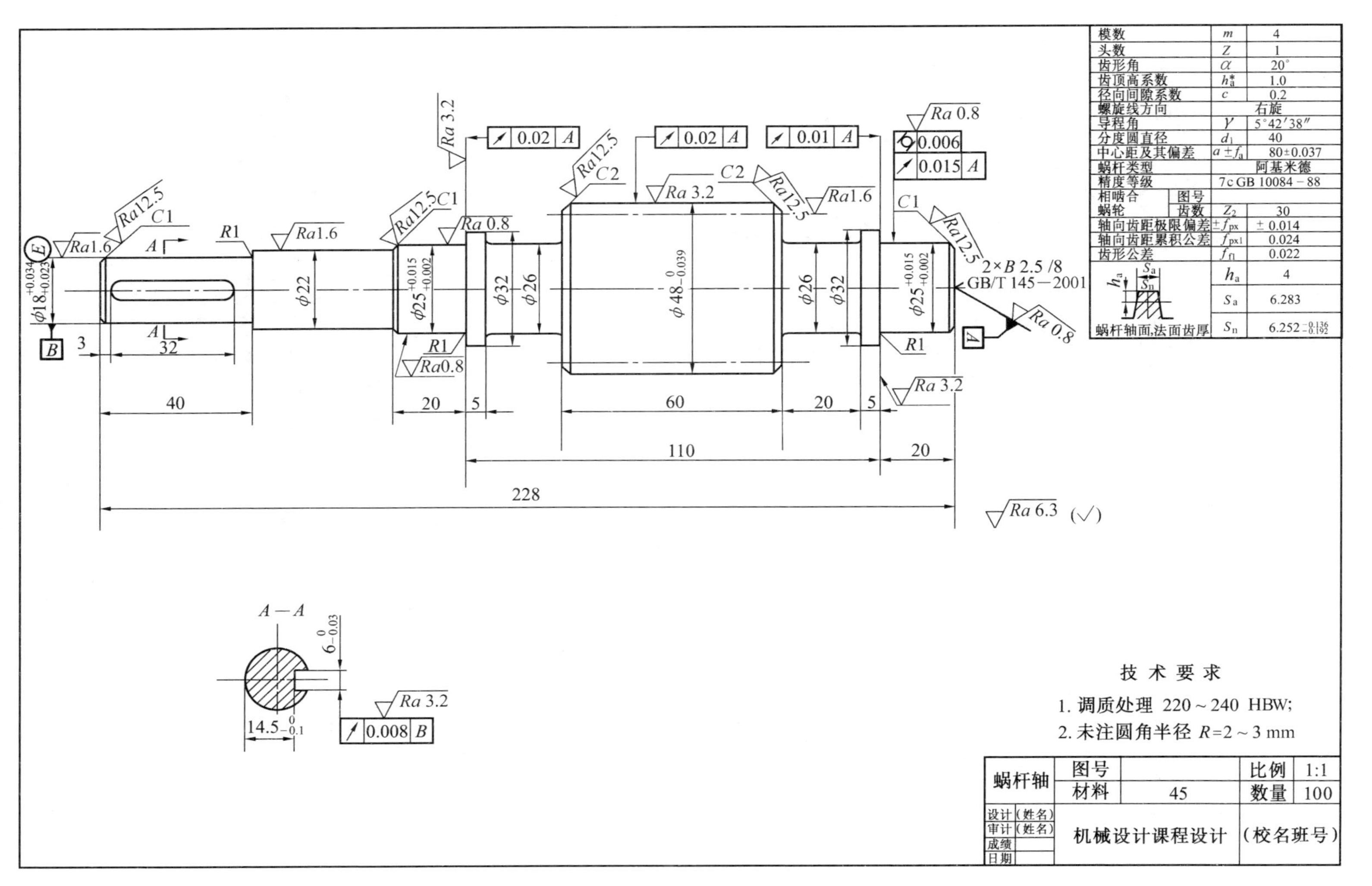

图号 16　蜗杆轴零件工作图

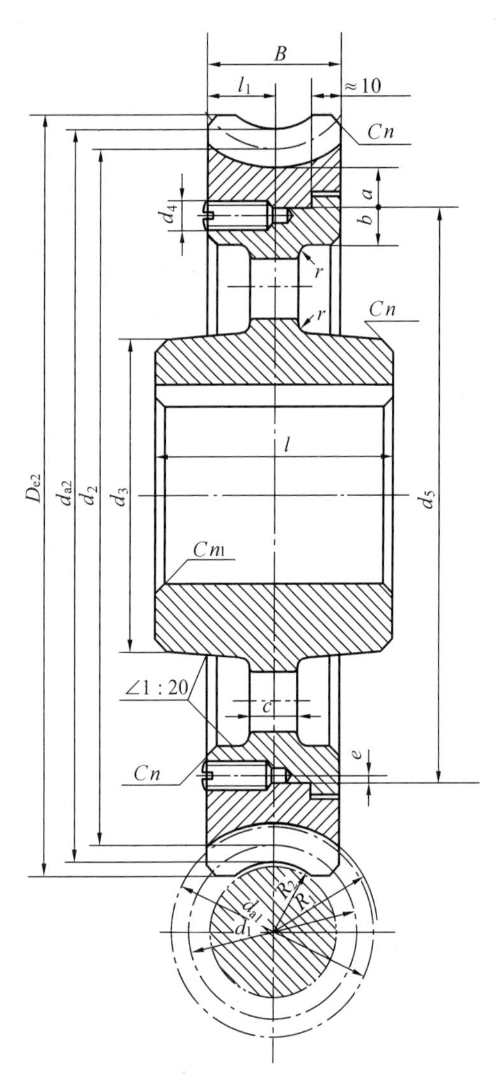

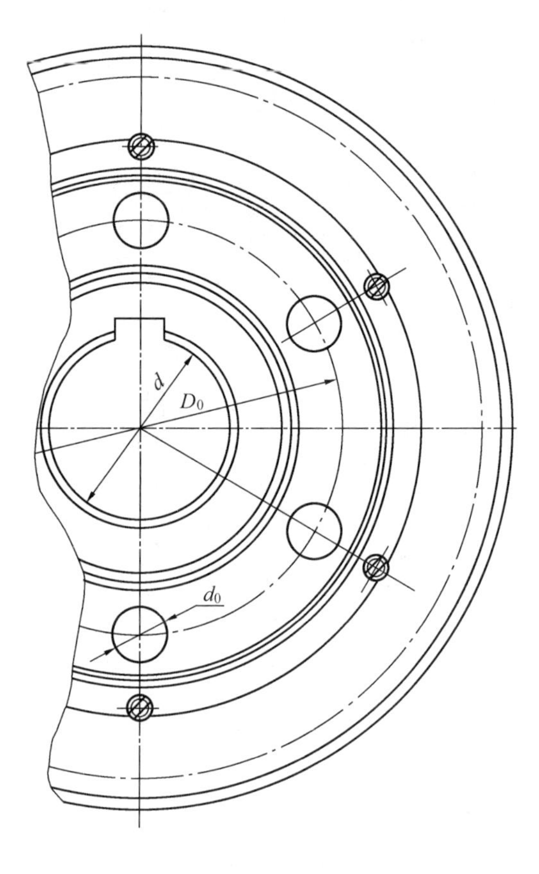

$d_3=(1.6\sim1.8)d$;
$l=(1.2\sim1.8)d$;
$c=1.7\,m\geqslant10$ mm;
$a=b=2\,m\geqslant10$ mm;
$R_1=0.5(d_1+2.4\,m)$;
$R_2=0.5(d_1-2\,m)$;
$d_2=mz_2$;
$d_{a2}=d_2+2\,m$;
$d_4=(1.2\sim1.5)\,m\geqslant6$ mm;
$l_1=(2\sim3)\,d_4$;
$e=2\sim3$ mm;
$d_5=d_2-2.4\,m-2\,a$;
$D_0=0.5\,(d_5-2\,b+d_3)$;
$n=2\sim3$ mm;
n_1、r、d_0由结构确定

B值：当$Z_1=1\sim3$时，$B\leqslant0.75d_{a1}$；
当$Z_1=4\sim6$时，$B\leqslant0.67d_{a1}$；
D_{e2}值：当$Z_1=1$时，
$D_{e2}\leqslant d_{a2}+2\,m$
当$Z_1=2\sim3$时，
$D_{e2}\leqslant d_{a2}+1.5\,m$；
当$Z_1=4\sim6$时，
$D_{e2}\leqslant d_{a2}+m$

注：根据蜗轮尺寸及用途不同，蜗轮可做成整体式或装配式。
本图为蜗轮轮缘与轮心用过盈配合连接成一体的结构，常用H7/s6或H7/r6配合，通过加热轮缘或加压装配，蜗轮上圆周力靠配合面上的摩擦力传递。对于尺寸较大或易于磨损需经常更换轮缘的蜗轮，可采用轮缘与轮心由螺栓连接成一体的结构，蜗轮上圆周力靠螺栓连接来传递。因此螺栓的尺寸和数目必须经过强度计算

图号17　蜗轮结构

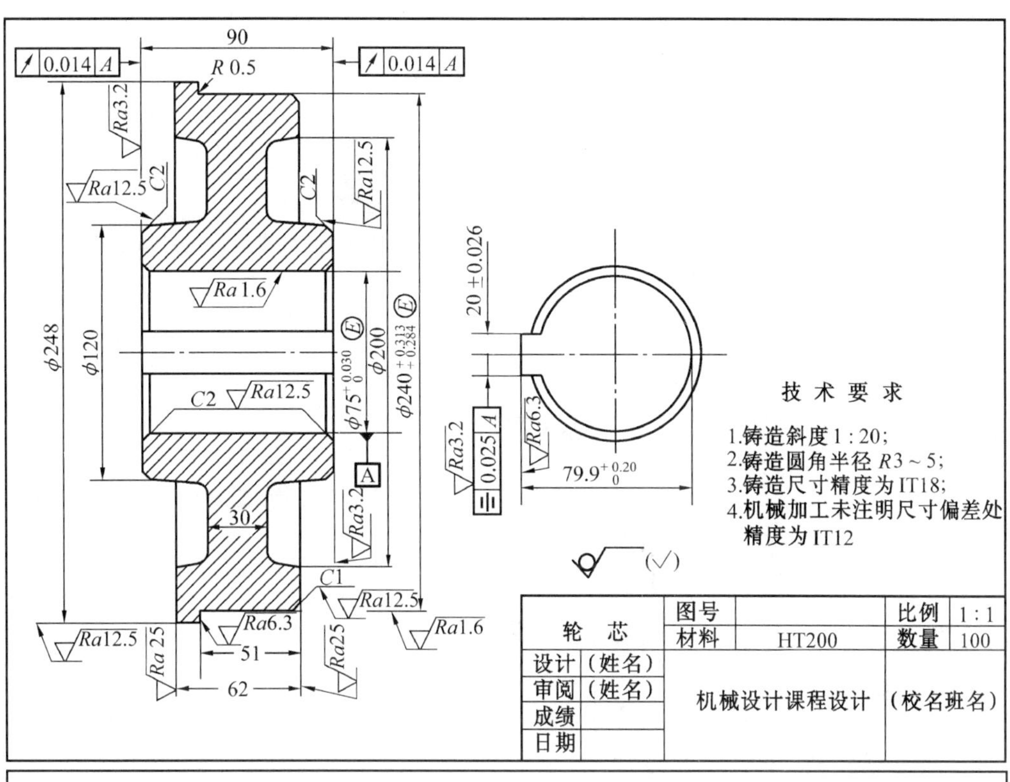

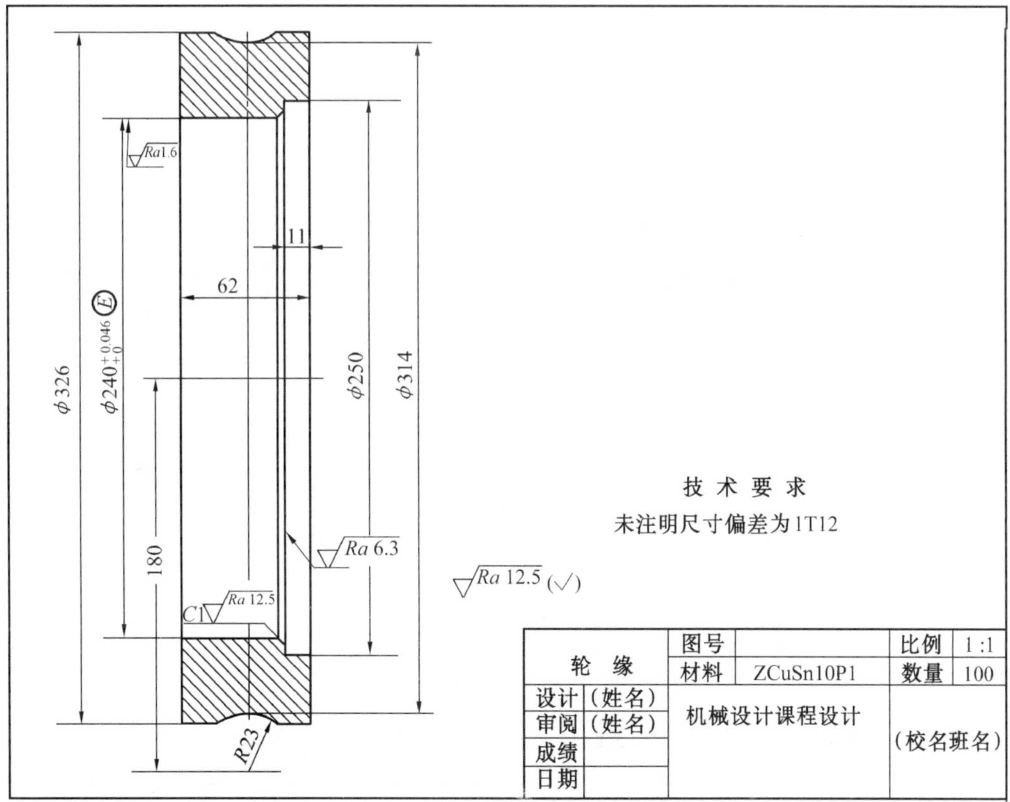

图号18 蜗轮零件工作图

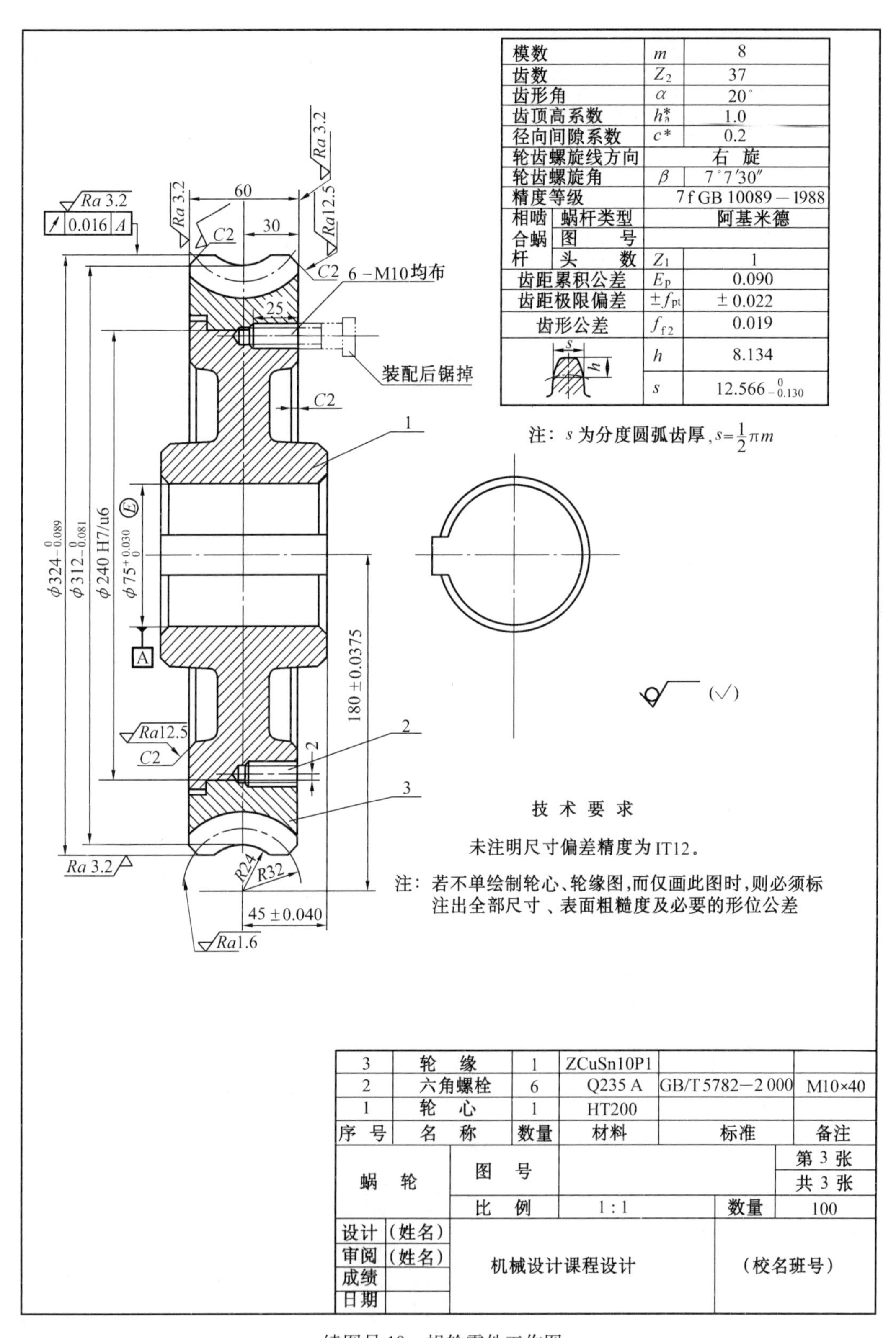

续图号 18　蜗轮零件工作图

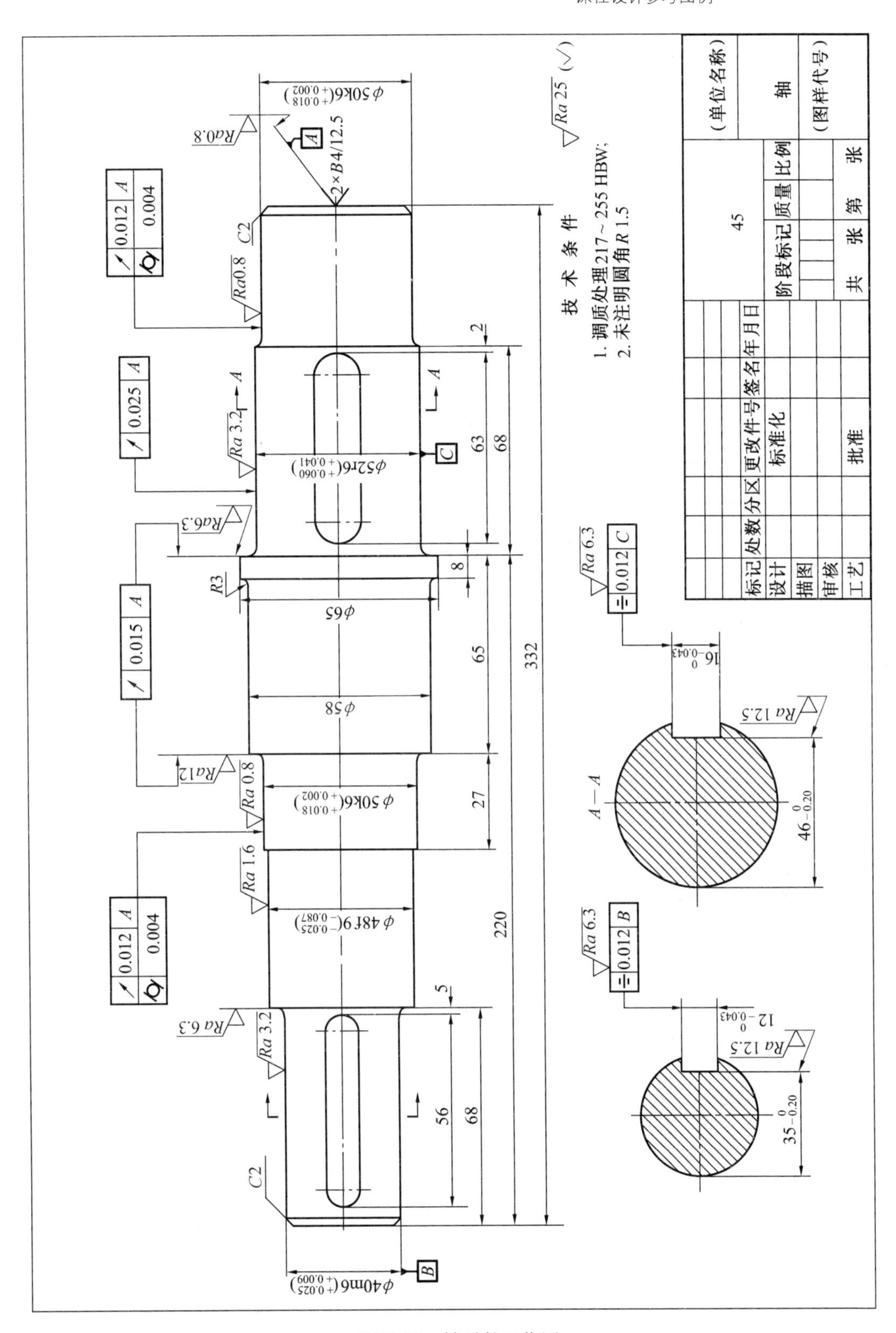
技 术 条 件
1. 调质处理217~255 HBW;
2. 未注明圆角R 1.5
Ra 25 (√)
A—A
(单位名称)
45
轴
(图样代号)
标记 处数 分区 更改件号 签名 年月日
设计 标准化 阶段标记 质量 比例
描图
审核
工艺 批准 共 张 第 张
2×B4/12.5
φ50k6(+0.018 +0.002)
φ52r6(+0.060 +0.041)
φ65
φ58
φ48f9(−0.025 −0.087)
φ40m6(+0.025 +0.009)
332
220
63
68
65
27
56
68
8
2
5
R3
C2
16−0.043 0
12−0.043 0
46−0.20 0
35−0.20 0
Ra 0.8
Ra 3.2
Ra 6.3
Ra 1.6
Ra 12
Ra 12.5
0.012 A
0.004
0.025 A
0.015 A
0.012 C
0.012 B

图号19　轴零件工作图

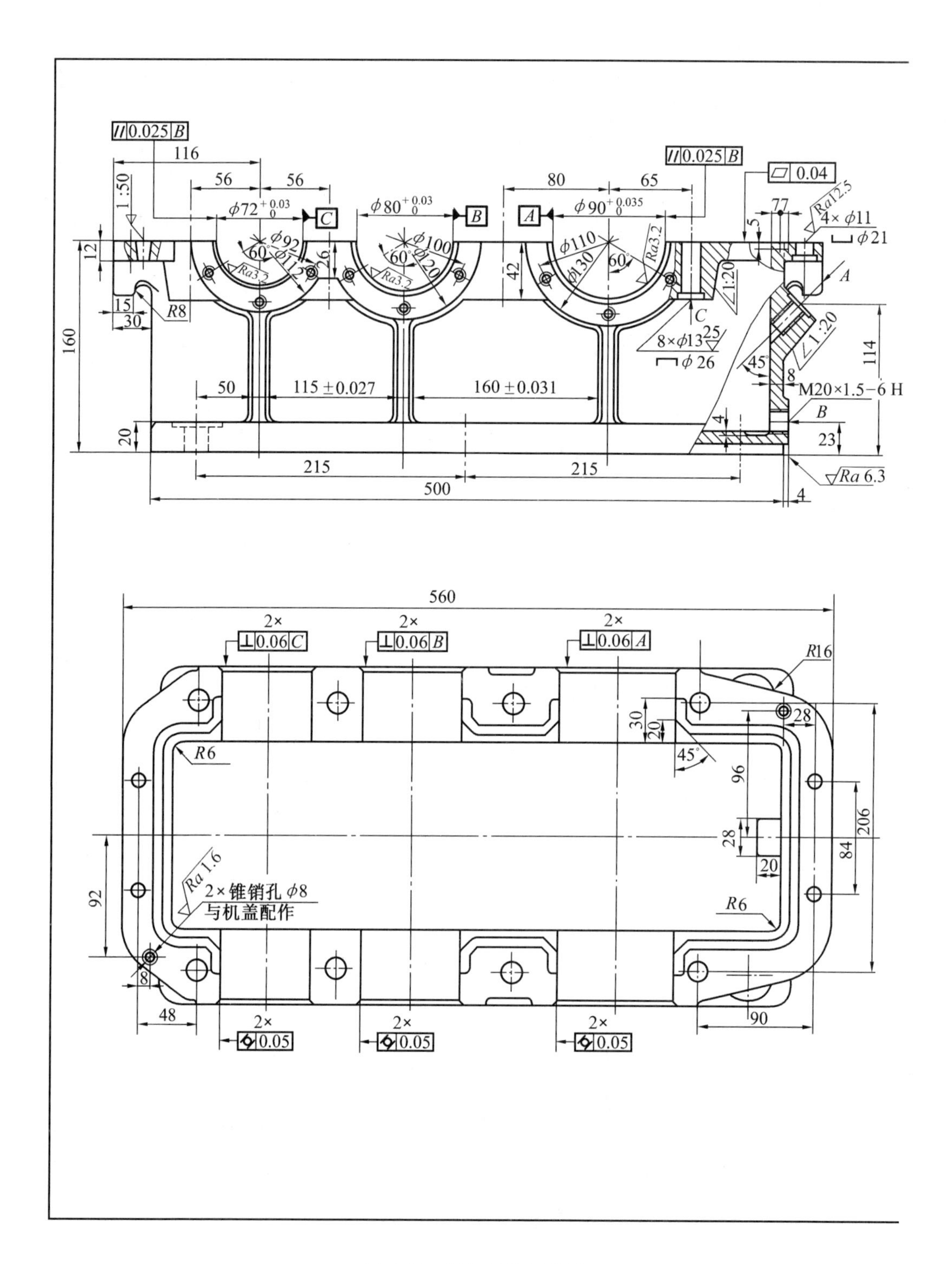

图号 20 机座零件工作图

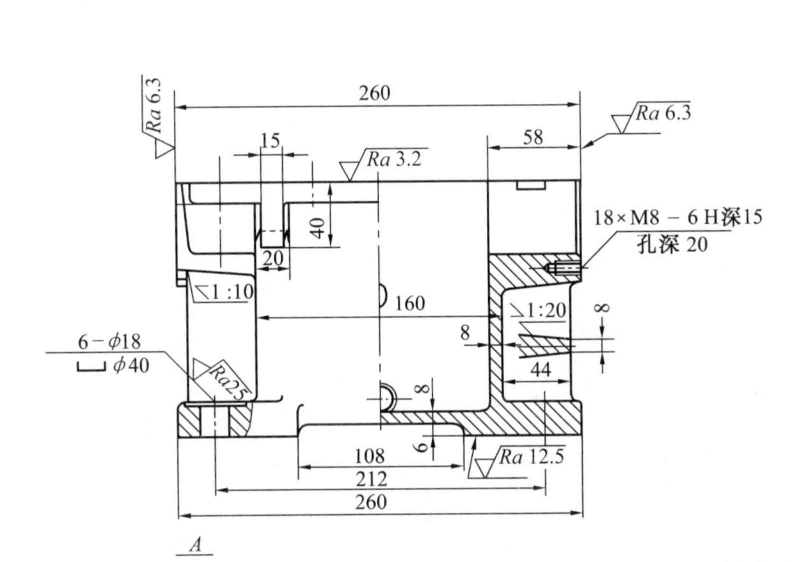

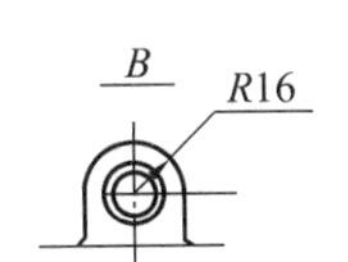

B R16

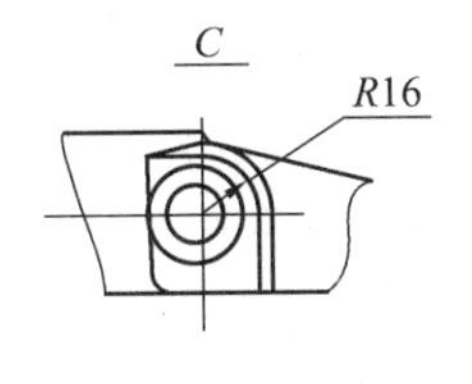

技术条件

1. 铸件清砂去毛刺不得有砂眼、缩孔等缺陷，并进行时效处理；
2. 机座和机盖合箱后边缘应平齐，错位每边不大于 1 mm；
3. 剖分面的密合性，用塞尺检查。用 0.05 mm 塞尺塞入深度不大于剖分面宽度的 1/3；
4. 机盖和机座合箱后，先打上定位销，再连接后进行镗孔；
5. 轴承孔中心线与剖分面不重合度应小于 0.15 mm;
6. 未注明铸造圆角半径 R 5 ～ 10；
7. 未注明的倒角为C2，Ra 25

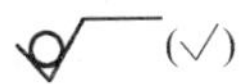

机座		图号		比例	1 : 1
		材料	HT 200	数量	1
设计		机械设计课程设计		（校名班号）	
审阅					
成绩					
日期					

续图号 20　机座零件工作图

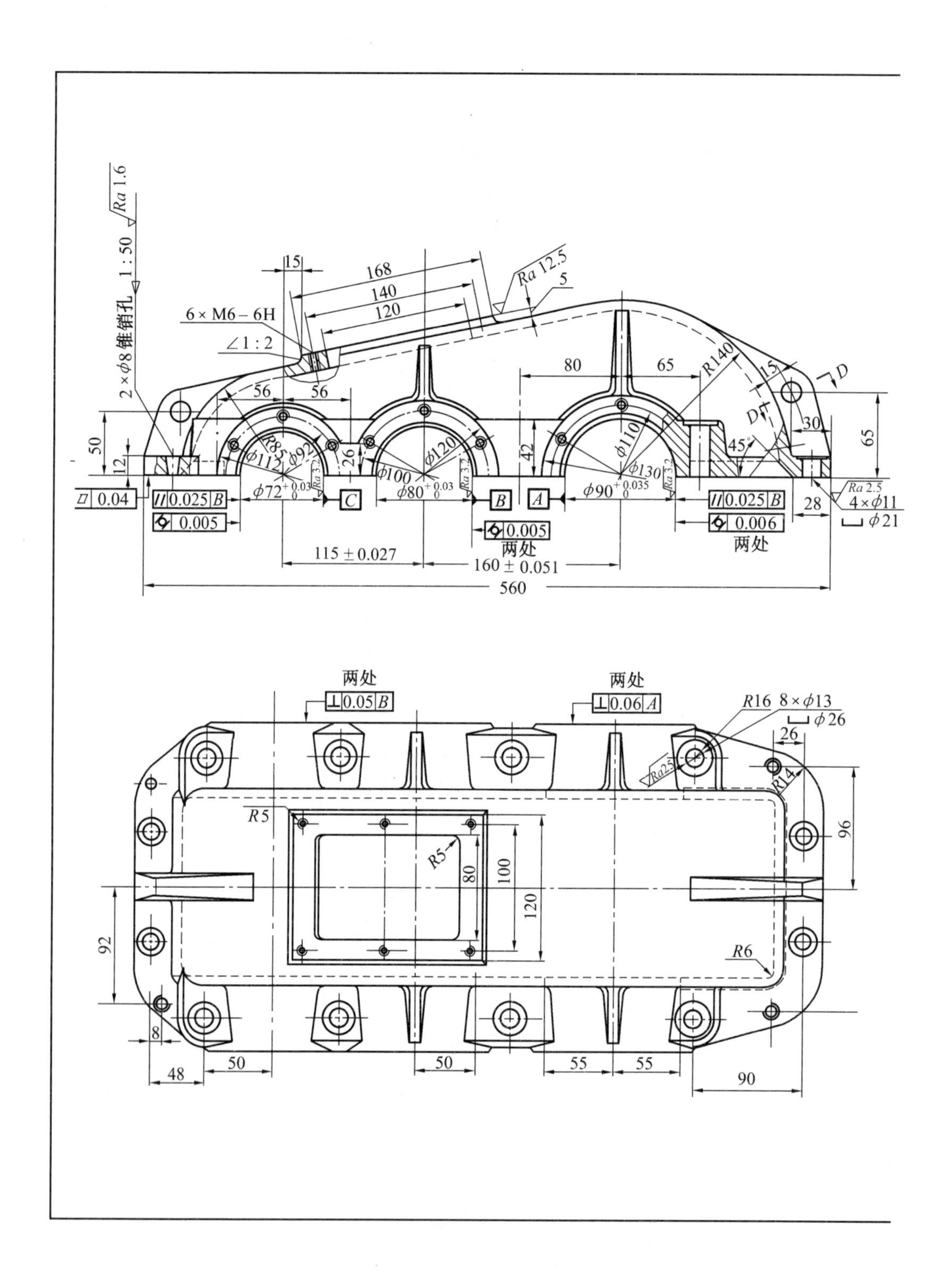

图号 21　机盖零件工作图

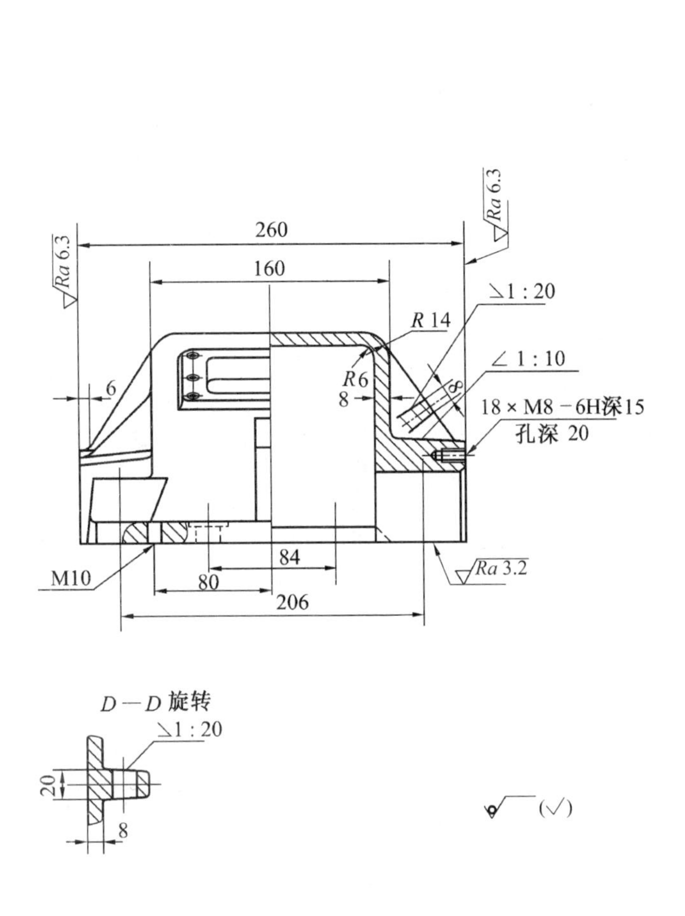

机　座	图　号		比　例	1 : 1
	材　料	HT 200	数　量	1
设计		机械设计课程设计	（校名班号）	
审阅				
成绩				
日期				

续图号 21　机盖零件工作图

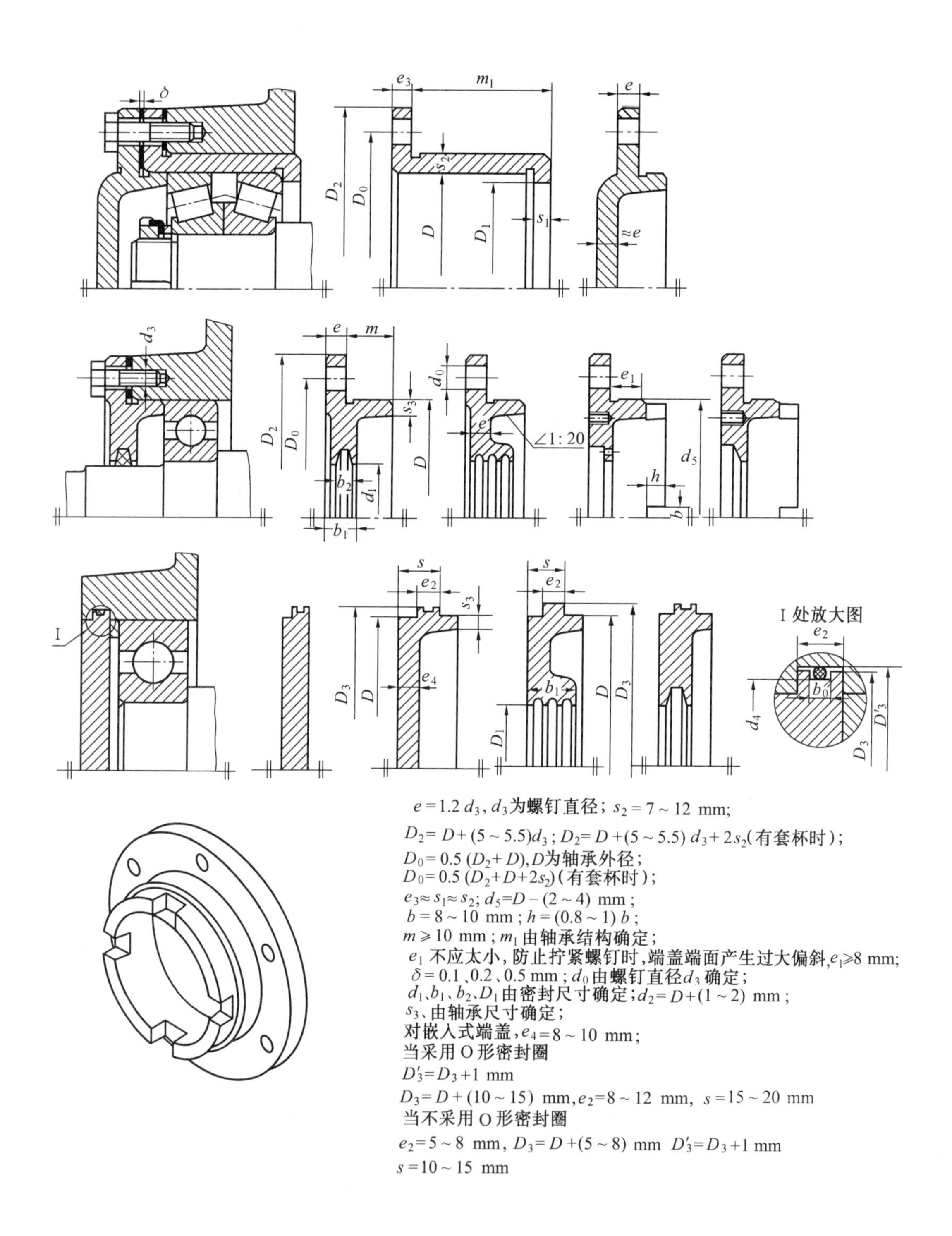
I处放大图
I
$e=1.2\,d_3$，d_3为螺钉直径；$s_2=7\sim12$ mm；
$D_2=D+(5\sim5.5)d_3$；$D_2=D+(5\sim5.5)\,d_3+2s_2$（有套杯时）；
$D_0=0.5\,(D_2+D)$，D为轴承外径；
$D_0=0.5\,(D_2+D+2s_2)$（有套杯时）；
$e_3\approx s_1\approx s_2$；$d_5=D-(2\sim4)$ mm；
$b=8\sim10$ mm；$h=(0.8\sim1)\,b$；
$m\geqslant10$ mm；m_1由轴承结构确定；
e_1不应太小，防止拧紧螺钉时，端盖端面产生过大偏斜，$e_1\geqslant8$ mm；
$\delta=0.1$、0.2、0.5 mm；d_0由螺钉直径d_3确定；
d_1、b_1、b_2、D_1由密封尺寸确定；$d_2=D+(1\sim2)$ mm；
s_3、由轴承尺寸确定；
对嵌入式端盖，$e_4=8\sim10$ mm；
当采用O形密封圈
$D'_3=D_3+1$ mm
$D_3=D+(10\sim15)$ mm，$e_2=8\sim12$ mm，$s=15\sim20$ mm
当不采用O形密封圈
$e_2=5\sim8$ mm，$D_3=D+(5\sim8)$ mm $D'_3=D_3+1$ mm
$s=10\sim15$ mm

图号22 轴承端盖结构

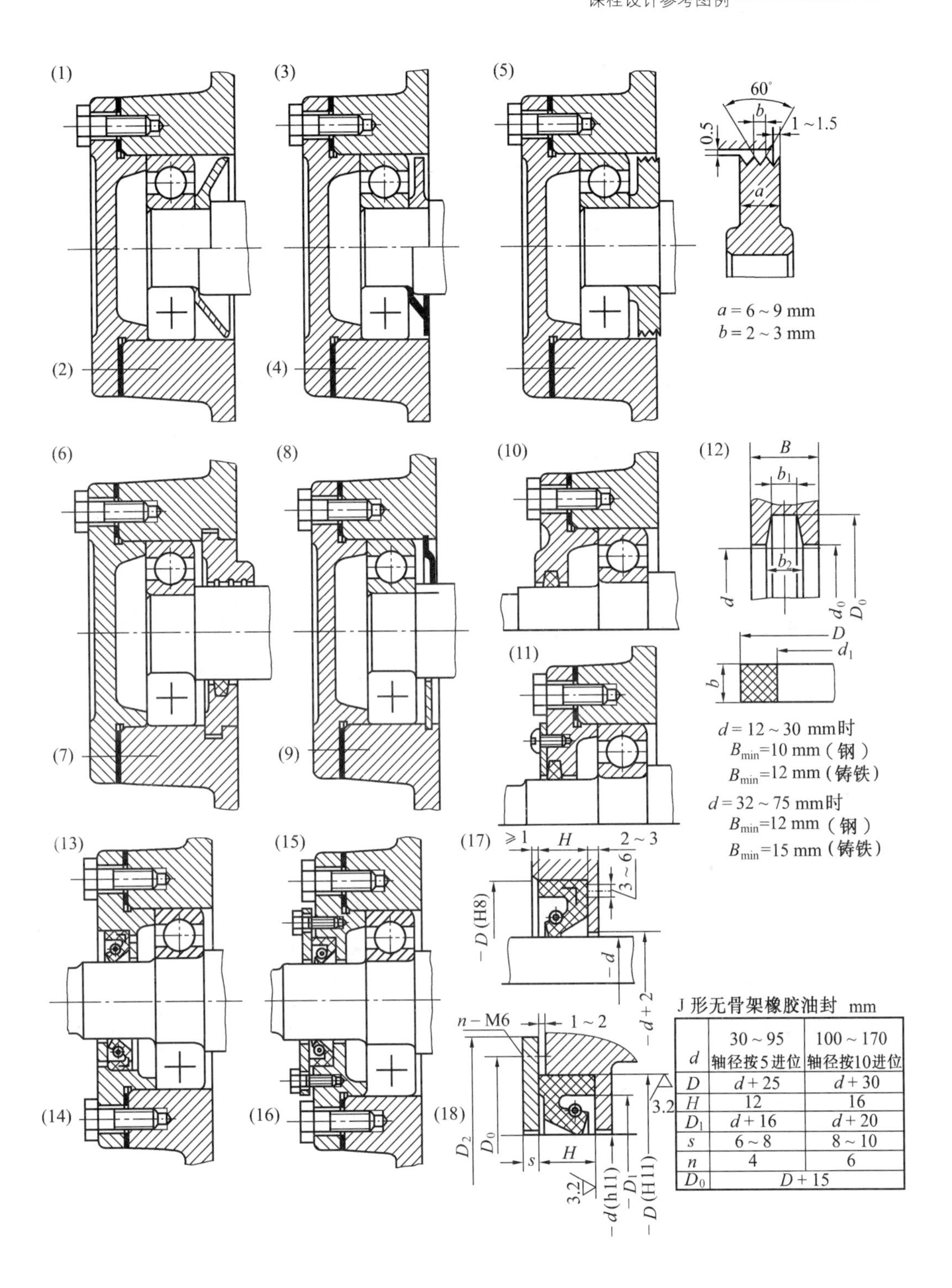

J形无骨架橡胶油封 mm

d	30~95 轴径按5进位	100~170 轴径按10进位
D	$d+25$	$d+30$
H	12	16
D_1	$d+16$	$d+20$
s	6~8	8~10
n	4	6
D_0	$D+15$	

图号23　密封装置结构

参考文献

[1] 龚桂义. 机械设计课程设计指导书[M]. 2 版. 北京:高等教育出版社,1990.
[2] 陈铁鸣. 新编机械设计课程设计图册[M]. 3 版. 北京:高等教育出版社,2018.
[3] 王昆,何小柏,汪信远. 机械设计基础课程设计[M]. 北京:高等教育出版社,1998.
[4] 鄂中凯,王金,田古新. 机械设计课程设计[M]. 修订版. 沈阳:东北大学出版社,1994.
[5] 陆玉,何在洲,佟延伟. 机械设计课程设计[M]. 北京:机械工业出版社,2002.
[6] 朱龙根. 简明机械零件设计手册[M]. 北京:机械工业出版社,2003.
[7] 吴宗泽,高志. 机械设计课程设计手册[M]. 5 版. 北京:高等教育出版社,2018.
[8] 刘品,张也晗. 机械精度设计与检测基础[M]. 9 版. 哈尔滨:哈尔滨工业大出版社,2017.
[9] 王黎钦,陈铁鸣. 机械设计[M]. 6 版. 哈尔滨:哈尔滨工业大学出版社,2016.
[10] 张锋,宋宝玉,王黎钦. 机械设计[M]. 2 版. 北京:高等教育出版社,2017.
[11] 宋宝玉. 简明机械设计课程设计图册[M]. 2 版. 北京:高等教育出版社,2013.
[12] 中国国家标准化管理委员会. 产品几何技术规范(GPS) 技术产品文件中表面结构的表示法:GB/T 131—2006[S]. 北京:中国标准出版社,2007.
[13] 中国国家标准化管理委员会. 产品几何技术规范(GPS) 几何公差形状、方向、位置和跳动公差标注:GB/T 1182—2018[S]. 北京:中国标准出版社,2018.
[14] 中国国家标准化管理委员会. 圆柱齿轮 精度制 第 1 部分:轮齿同侧面偏差的定义和允许值:GB/T 10095.1—2008[S]. 北京:中国标准出版社,2008.
[15] 中国国家标准化管理委员会. 国柱齿轮 精度制 第 2 部分:径向综合偏差与径向跳动的定义和允许值:GB/T 10095.2—2008[S]. 北京:中国标准出版社,2008.
[16] 吴宋泽,高志. 机械设计课程设计手册[M]. 5 版. 北京:高等教育出版社,2018.